吴鹤炉

数学活动又三十年

(1981~2010)

哈爾濱工業大學出版社
HARBIN INSTITUTE OF TECHNOLOGY PRESS

（一）纪念抗日战争胜利70周年

▲抗日战争纪念馆（北京卢沟桥）
（2009年5月22日摄）

▲古田会议旧址（福建上杭）
（2008年11月7日摄）

▲福建省苏维埃政府旧址（福建长汀）
（2008年11月8日摄）

▲古田会议旧址（福建上杭）
（2008年11月7日摄）

◀毛泽东、朱德同志旧居（福建建宁）
（2012年11月10日摄）

吴从炘数学活动又三十年（1981~2010）

▲芝山红楼（福建漳州）
（2010年11月12日摄）

▲中华苏维埃共和国临时中央政府（江西瑞金）
（2008年11月7日摄）

▲六盘山红军长征纪念馆
（2009年6月6日摄）

▲毛泽东旧居（延安杨家岭）
（2007年7月18日摄）

▲八路军总司令部住址（延安王家坪）
（2007年7月18日摄）

▲八路军一二九师司令部旧址（河北涉县）
（2013年4月25日摄）

吴从炘数学活动又三十年（1981~2010）

▲八路军一二九师司令部旧址（河北涉县）
（2013年4月25日摄）

▲徐向前故居（山西五台）
（2014年9月13日摄）

▲晋冀鲁豫边区革命纪念馆（河北武安）
（2013年4月25日摄）

▲晋察冀边区政府旧址（河北阜平，城厢中学）
（2013年5月17日摄）

▲晋察冀边区军政民代表大会旧址（城厢中学）
（2013年5月17日摄）

▲八路军驻重庆办事处旧址——周公馆
（2009年8月22日摄）

吴从炘数学活动又三十年（1981~2010）

▲八路军驻重庆办事处旧址——红岩村
（2009年8月22日摄）

▲南京中共办事处旧址
（2010年10月28日摄）

▲新四军重建军部旧址（江苏盐城）
（2010年6月摄）

▲新四军重建军部纪念馆（江苏盐城）
（2010年6月摄）

▲叶挺故居（广东惠阳）
（2014年5月16日摄）

▲苏南抗战胜利纪念碑（江苏茅山）
（2014年5月20日摄）

吴从炘数学活动又三十年（1981~2010）

▲浙东抗日根据地——中共浙东区委旧址
（浙江余姚）
（2014年11月3日摄）

◀冉庄地道战纪念馆
（河北清苑）
（1990年6月摄）

▲赵一曼烈士就读的宜宾市二中（四川宜宾）
（2004年10月12日摄）

▲铁道游击队影视城（山东微山湖）
（2008年6月8日摄）

▲郭沫若题诗赵一曼烈士
（2004年10月12日摄于宜宾市二中）

▲2011年12月13日摄于
昆明西南联大纪念馆（新建）

吴从炘数学活动又三十年（1981~2010）

▲台儿庄大战纪念馆（山东枣庄台儿庄）
（2008年6月7日摄）

▲昆仑关大战遗址（广西宾阳）
（2011年4月17日摄）

◀滇西抗日战争松山战役——主战场遗址之一（云南龙陵）
（2011年12月7日摄）

爆破日军主碉堡之坑道
（2011年12月7日摄）▶

◀国殇墓园（云南腾冲）
（2011年12月8日摄）

吴从炘数学活动又三十年（1981~2010）

▲侵华日军南京大屠杀遇难同胞纪念馆丛葬地
（2010年10月28日摄）

▲侵华日军731（细菌）部队旧址（哈尔滨）
（2015年4月19日重摄）

▲潘家峪惨案遗址（河北丰润）
（2013年8月2日摄）

▲龙陵董家沟日军慰安所旧址
（2011年12月8日摄）

▲龙陵董家沟日军慰安所内部
（2011年12月8日摄）

▲2010年6月13日摄于抚顺
战犯管理所内部（由日本战犯所立）

吴从炘数学活动又三十年（1981~2010）

▲驼峰飞行纪念碑（昆明郊野公园）
（1995年12月摄）

▲2010年8月13日摄于四川大邑的建川博物馆美军飞虎队馆

▲苏军烈士纪念碑（哈尔滨）
（2015年4月19日重摄）

▲人民英雄纪念碑（北京天安门）
（2012年5月23日摄）

（二）向老师、学长和前辈致敬

▲江泽坚先生（1921—2005）
（吴从炘摄）

▲1991年7月哈尔滨庆祝江先生70华诞会
与江先生夫妇合影

▲1991年7月在哈尔滨

▲2001年10月20日
江先生80寿辰研讨会

▲1985年12月，中国数学会成立50年大会
（上海），前排左起：李岳生、成平、任福尧、
吴智泉，后排陈文㟆（左四）

▲1999年6月，前排王柔怀（中）、孙以丰（右）
后排左起：李觉先、孙善利、伍卓群、吴从炘、
李荣华、刘隆复、李容录

吴从炘数学活动又三十年（1981~2010）

WUCONGXIN SHUXUE HUODONG YOU SANSHINIAN（1981~2010）

▲ 1990年9月，前排徐利治先生（左四）、孙学思（左二）、朱梧槚（左六）

▲ 2000年8月，徐先生80华诞研讨会

▲ 2007年5月14~16日，徐先生与部分早年学生在南航开座谈会

▲ 2007年5月，南航开座谈会期间

▲ 2010年7月庆祝徐先生90寿辰研讨会期间，右为董韫美院士

▲ 1982年9月27日于辽宁大学，第二排左四为王湘浩（1955年首批学部委员）

吴从炘数学活动又三十年（1981~2010）

▲ 2011年11月6日于长春

▲ 江泽坚先生诞辰90周年纪念会期间，蒋春澜（左一），龚贵华（右一）

▲ 中为谢邦杰先生

▲ 福州一中王杰官老师（左二），李昇震老师（左三）

▲ 2008年10月28日于福州一中新校区，后排左二为李迅校长

▲ 左为福州一中校友会常务副理事长兼秘书长林世昌

吴从炘数学活动又三十年（1981~2010）

▲右为刘光仁

▲ 2011 年 4 月于柳州，骆联辉（左）

▲ 1955 年大学毕业前夕
陈仲沪（前排左二）

前排左起：朱梧槚、管纪文、孙学思、韩建枢、苗先秀
后排左起：洪声贵、吴从炘、张祖毅、张功安、林龙威
2005 年 8 月大学毕业 50 年聚会▶

◀左为邵震豪

▼左三为干丹岩

▲张世光（左二），王在申（左五）

1992 年吉大数学系 40 周年系庆▶
刘隆复（左二），李希民（左三）

吴从炘数学活动又三十年（1981~2010）

WUCONGXIN SHUXUE HUODONG YOU SANSHINIAN（1981~2010）

▲ 2007年7月15日于西安，陈家正（中）家门外，右为曾孝威

▲ 2013年11月8日高中入学65年聚会期间

▲ 2008年10月28日福一中老校区

▲ 2011年10月12日福一中老校区

▲ 1995年11月与高中在榕级友聚会

▲ 2011年10月13日参观林觉民、冰心故居，中为陈地光（在集体照中未出现的福州同学）

吴从炘数学活动又三十年（1981~2010）

▲ 2013 年 11 月于林则勋家

▲ 2009 年 5 月 21 日于林衍家（北京）
黄植初（左一），林君雄（右）

▲ 2009 年 5 月与潘亮生夫妇（北京）

▲ 2013 年 7 月 31 日，左为陈鸿珍，
右为张玉英（天津）

▲ 2009 年 10 月 22 日，在梁蒲芳家（上海）

▲ 2011 年 6 月 18 日，左为陈世圻（上海）

吴从炘数学活动又三十年（1981~2010）

WUCONGXIN SHUXUE HUODONG YOU SANSHINIAN（1981~2010）

▲ 2007 年 8 月在林家骝家（长沙）

▲ 2007 年 8 月在薛贻铢夫妇家（湘潭）

▲ 2011 年 4 月 11 日在陈诸文夫妇家（广州）

▲ 2009 年 8 月 12 日（西安）
吴孝濬（左），赵婉（右）

▲ 2008 年 6 月 5 日在杨恩典家
右为其夫（山东莱芜）

▲ 2011 年 6 月 21 日在陈其纯夫妇家（苏州）

吴从炘数学活动又三十年(1981~2010)
WUCONGXIN SHUXUE HUODONG YOU SANSHINIAN(1981~2010)

▲1996年5月27日,杨爱伦家(杭州)

◀2009年4月在梁舜华(左)夫妇家附近(杭州)

▲2013年11月15日,左二为福一中高班学长陈纪英,两侧为其妹(福州西湖)

▲陈逸芳(20世纪80年代初病故)

▲2012年11月2日,原私立黄花岗中学(吴从炘初三母校)校友(福州)

▲黄花岗中学后并入福州三中

吴从炘数学活动又三十年（1981~2010）

WUCONGXIN SHUXUE HUODONG YOU SANSHINIAN（1981~2010）

▲左起：1 程民德、2 张素诚、3 孙克定、6 龙季和、7 胡凡夫、9 江泽涵、10 华罗庚、11 苏步青、12 柯召、13 吴大任、14 关肇直、16 吴新谋、17 郑曾同、18 卢庆骏

▲左起：2 王柔怀、3 郑曾同、4 孙本旺、5 程其襄、6 关肇直、9 杨宗磐、11 田方增、12 冷生明、13 江泽坚、14 杨从仁、15 李文清、16 夏道行

▲ 1995 年 6 月

1995 年 6 月
左一为：物理洪晶
左三为：化学周定 ▶

▲ 2013 年 9 月 9 日获第 2 届李昌教工奖，颁奖者为李玉

（三）应用数学教材建设组与教学指导组活动

▲1990年4月（成都科技大学）工科应用数学教材编审委员会第5次（总结）会，委员会主任萧树铁（前排右四），王荫清（后排左二），刘永清（后排左三）

指导委员会主任姜伯驹院士（第一排左六）▼

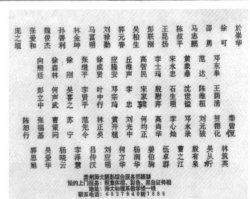

▲指导组组长李大潜院士（前排右五）
前排：左一游宏、左三贺德化、右三刘家琦
后排：左一郑宝东

▲2000年8月，左为李大潜院士

▲1990年4月，左为胡毓达

吴从炘数学活动又三十年（1981~2010）
WUCONGXIN SHUXUE HUODONG YOU SANSHINIAN（1981~2010）

◀ 1991年6月（安徽马鞍山）应用数学教材建设组首次会议
组长萧树铁（第一排左四）

▲ "创新人才的培养"研讨会，江苏无锡，2009年4月
前排左起：谢绪恺、施吉林、董光昌、胡毓达、陈祖浩、萧树铁、李心灿、胡迪鹤
后排左起：徐礼存、李庆扬、方爱农、陈维桓、石生明、王元明、吴从炘

▲ 右为柯召（1955年首批学部委员），出席教学研究的一次活动

▲ 1995年11月（西昌）应用数学教材建设组（总结）会

▲ 1993年4月，左为施吉林

吴从炘数学活动又三十年（1981~2010）

▲ 2002 年 10 月 26～30 日（湖州师院）全国数学基础课程教学教材研讨会，右一为特邀到会的林群院士

▲ 2012 年 9 月 15～16 日（烟台山东工商学院），右一为姚恩瑜

▲ 2012 年 4 月，右为萧树铁，中为王萼芳

▲ 2013 年 4 月 21 日，邯郸河北工程大学
后排：王能超（右三），马逢时（右四）

▲ 1997 年 12 月，中为游兆永

到会的老委员：姚恩瑜、吴从炘、董光昌、李庆扬、陈祖浩、徐礼存 ▼

（四）人才培养

▲ 2007年度校优秀博士论文颁奖会
左二：现任校长周玉院士
左四：时任校长王树国

▲ 刘立山（哈工大第9届校优秀博士论文获奖者，2008年获全国优秀博士论文提名奖）

▲ 1999年10月哈工大评选首批校优秀博士论文，程立新（1995年答辩）获奖

▲ 宋士吉（1996年答辩）也获首届校优秀博士论文奖

▲ 2000年张德利（1998年答辩）获第2届校优秀博士论文奖

▲ 2006年邢宇明（2005年答辩）获第8届校优秀博士论文奖

吴从炘数学活动又三十年（1981~2010）

▲吴从炘在 2007 年度颁奖会上发言

▲吴从炘的博士后严从华（2005 年出站）

▲ 吴从炘的博士后黄欢（2008 年出站）

▲左四：马吉溥（南京大学），左五：李树杰（中科院）出席刘立山答辩会，答辩委员还有：王勇、薛小平、崔云安、王玉文、李容录，秘书：吴冲

▲ 1986 年 10 月，吴从炘首位博士刘铁夫答辩，左为答辩委员戴新生（中科院）

▲ 1991 年 7 月，江泽坚（吉林大学）主持博士生孙慧颖、薛小平的答辩，杨士勤校长与江先生夫妇合影

吴从炘数学活动又三十年（1981~2010）

▲后排左起：马明（秘书）、陈述涛、吴从炘、郭大钧（山东大学）、王廷辅、刘家琦，前排为：卜庆营与黎永锦（博士生，1992年答辩）

▲李秉彝（新加坡大学），右：姚小波（1994年答辩）

▲孙善利（左五，北京航空航天大学）、王晓敏（左四，1998年答辩）

▲洪家荣（左三）、王光远（左四，院士）、哈明虎（左五，1995年答辩）、刘明珠（左八）、刘铁夫（左九）

▲史树中（左四，南开大学）、付永强（左五，1995年答辩）、程立新同日答辩，秘书宋士吉（左一）

▲薛小平（左一，秘书）、陈晓漫（左四，复旦大学）、严绍宗（左六，复旦大学）、张传义（左八）、崔成日（左九，1998年答辩），张博侃、李雷同日答辩

吴从炘数学活动又三十年（1981~2010）
WUCONGXIN SHUXUE HUODONG YOU SANSHINIAN (1981~2010)

▲王仁宏（左三，大连理工大学），主持巩增泰（左一），陈得刚（左四）2000年答辩

▲吴冲（左一，秘书），陈叔平（左五，浙江大学）刘笑颖（左六，2000年答辩），吴健荣同日答辩

▲冯英浚（左二），李利、马马杜（左五、六，2001年答辩），李邦河（右四，中科院院士），应明生（右一，清华大学，模糊数学与模糊系统委员会第6~7届主委），张传义（右二）

▲李邦河及家人在哈尔滨

▲应明生在哈尔滨

▲2007年郑崇友（首都师大）主持杨富春答辩

吴从炘数学活动又三十年(1981~2010)

▲ 2007年李军(中国传媒大学)主持孙波答辩期间

▲ 1988年4月,参加山东大学郭大钧2名博士生的答辩,中为陈文塬(兰州大学)

▲ 1996年参加郭大钧3名博士生答辩,前排左四:马吉溥(南京大学)

▲ 参加哈尔滨建筑工程学院欧进萍(后排左一)1987年答辩,前排左三:刘恢先(1955年首批学部委员),左四:导师王光远

▲ 1988年5月参加陈文塬博士生答辩会期间

▲ 2010年5月14日,参加巩增泰(左三,西北师范大学)的博士生答辩,右一为博士生

吴从炘数学活动又三十年（1981~2010）
WUCONGXIN SHUXUE HUODONG YOU SANSHINIAN (1981~2010)

▲ 2011年12月参加云南大学郑喜印（左）的博士生答辩期间，右为答辩委员刘文奇（昆明理工大学）

▲ 2010年5月28日参加浙江大学数学系博士生答辩，其中1名是武俊德（右一）博士生，右二：干丹岩

▲ 2014年11月在上海大学报告后与部分人员合影，2011年6月吴从炘曾参加导师石忠锐（右二）的博士生（左二）的答辩，该女博士分配到上海工程技术大学为2014泛函分析国际会议负责许多会务工作并已晋升副教授

▲右一、右二（李容录）、右三（鲁世杰，浙江大学）分别为武俊德的硕士、博士、博士后导师（摄于2001年10月23日）

▲ 1999年8月为云南大学主办的教育部数学研究生暑期学校主讲一门课（3周），第一排右三：刘笑颖（吴的在读博士生）

▲ 2012年5月20日，为宋士吉（清华大学）的研究生和博士后做报告

（五）参与组织专业学会学术交流活动

▲ 1990 年全国第 5 届泛函分析会议（南京大学）期间曾参加 1964 年第一届全国泛函分析会议者合影
前排左起：林有浩、陈文崦、江泽坚、田方增、李文清、杨从仁、程其襄、吴智泉、吴从炘
后排左起：赵俊峰、张石生、林　群、南朝勋、马吉溥、郑维行、刘隆复、王廷辅、严绍宗

▲ 1993 年 8 月第 8 届泛函空间理论与应用会（上海同济大学）
一排：程其襄（左四）、俞鑫泰（左五）
二排：刘吉善（左四）、张奠宙（左五）
　　　吴卓人（左七）、熊洪允（左九）

▲首排左起：龚怀云（八）、吴从炘（九）、阳名珠（十）、马吉溥（十一）、吴卓人（十二），三排左起：谢敦礼（十）

▲首排左起：陈述涛（三）、阳名珠（五）、吴从炘（六）、刘应明（七）（内蒙古满洲里）

◀ 2003 年 9 月第 13 届泛函空间理论会（武汉大学），前排十一：武汉大学校长刘经南院士

◀第二排左起：刘长凯（十二）、阳名珠（十三）、王进儒（十四）、张世勋（十五）、吴从炘（十七）、刘良深（十八）、戚征（廿一）

吴从炘数学活动又三十年（1981~2010）

◀前排左起：钟怀杰、别克、刘培德、吴从炘、石忠锐、张传义、步尚全、郭铁信、宋文、郑喜印、陈泽乾

首排：刘培德（左三）、吴从炘（左四）、▶
许全华（右五）、程立新（右四）、定光桂（右三）

◀首排左十：侯振挺（中南大学）

◀1998年5月第6届全国泛函分析会议（郑州大学）期间
左起：马吉溥、郭大均、陈文峻

1998年5月步尚全（左一）、刘培德（左三）、别克（左四）▶

▲1984年1月第4届泛函空间理论与应用会（广州华南师大）期间，阳名珠（左）、王进儒（中）

吴从炘数学活动又三十年（1981~2010）
WUCONGXIN SHUXUE HUODONG YOU SANSHINIAN（1981~2010）

▲ 1999 年 7 月第 11 届泛函空间理论会（内蒙满州里）期间，左三：刘应明院士

▲ 2003 年 9 月第 13 届泛函空间理论会（武汉大学），左三：武汉大学校长，左四：陈化，左一：刘培德

▲ 2012 年 7 月泛函空间理论联络组会（黑龙江省镜泊湖），郭铁信（左）、国起（右）

▲ 2014 年 11 月泛函分析国际学术会议（上海工程技术大学），吴从炘在做报告

▲ 2007 年 7 月纪念曾远荣百年诞辰国际会（哈尔滨师范大学）左二：卢玉峰，左四：纪友清，左五：梁进

▲ 1985 年 8 月，全国第一次 δ 函数及其在物理上应用会议（青岛潜艇学院）第二排左六：陈庆益，第一排左二：李雅卿

吴从炘数学活动又三十年（1981~2010）

◀蒲保明（左十三，首届主任委员）

◀吴从炘任第 5 届主任委员，刘应明任名誉主任委员
首排左起：

陈世权	任望平	吴名明	刘应明	吴从炘	胡诚明	王戈平	方锦暄	李洪兴
7	8	9	11	12	14	18	19	20

刘应明任第 2~4 届主任委员▶
首排左起：

李中夫	郑崇友	王国俊	张文修	刘应明	吴从炘	王华兴	李世楷	马骥良	陈永义
4	5	6	7	9	10	11	12	13	14

首排左起：▶

杨忠强	李雷	李永明	张德学	刘应明	陈水利	王熙照	吴伟志	吴冲
4	6	9	11	12	18	19	20	(右1)

◀应明生任第 6 届主委，吴从炘任第 6 届名誉主委，首排左起：

徐晓泉	吴从炘	应明生	罗懋康	赵彬	吴孟达
2	13	16	19	20	(右1)

◀应明生任第 7 届主委
首排左起：

应明生	吴从炘	哈明虎	陈议香
8	10	12	(右1)

吴从炘数学活动又三十年（1981~2010）

WUCONGXIN SHUXUE HUODONG YOU SANSHINIAN (1981~2010)

▲首排左起：
贺德伟 3、张福利 13、史应贵 16、刘应明 19、刘小平 25、薛增 29、巩泰 33

◀罗懋康（首排左10）任第8届主委

◀一排：陈国青（左一）
二排：徐泽水（左四）、王绪柱（左七）
三排：李庆国（左二）、胡宝清（左三）
汤建纲（左五）、樊太和（右一）

2005年7月，第11届IFSA大会（北京清华大学），左为王震源▼

▲1996年8月，模糊8届年会（兰州）期间，王淑丽、陈举华、吴从炘、刘应明、吴健荣、贺丕珍、金聪

▲2001年9月，模糊5届3次常委会（南昌）期间，左：李洪兴，中：王国俊

吴从炘数学活动又三十年（1981~2010）

▲ 2007年5月，模糊7届常委会（长沙）期间，前排：杨忠强（左二）、史福贵（左三）、李永明（左四）；后排左起：薛小平、方锦暄、陈永义、吴从炘、王华兴、郑崇友、胡宝清

▲ 2008年11月，模糊14届年会（武夷学院）为学生优秀论文颁奖，右二：罗懋康

▲ 2009年10月，模糊7届常委会（舟山）期间 左：吴伟志，中：王国俊夫人

▲ 2009年10月，右为刘应明院士

▲ 2010年10月，模糊15届年会（南京邮电大学）左起：李雷、叶国菊、薛小平、孙波、包玉娥、巩增泰、陈明浩、张德利、李法朝、仇计清、王桂祥

▲ 2010年10月于泰州

吴从炘数学活动又三十年（1981~2010）

▲2011年8月，模糊8届常委会（西安）期间
右：李永明

▲2011年8月，右：陈国青

▲2011年8月，左：张文修

▲2011年8月，左：张德学

▲2006年9月，第7届亚洲模糊会（保定，河北大学），左起：哈明虎、薛小平、巩馥洲、吴从炘、王熙照

▲2006年9月，右一：任雪昆，右二：陈德刚

（六）参与哈工大主办学术会议及接待来访者

▲ 1995年庆祝吴从炘从教四十周年座谈会，常宝年（左一，数学系书记）主持，洪家荣（左二）

▲唐余勇发言

▲薛小平发言

▲卜庆营作学术报告

▲在会场外，左一：王晓敏，右一：李雷

▲在会场外，王忠英（左一），李斌（左二），任丽伟（左四），张博侃（左五）

吴从炘数学活动又三十年（1981~2010）

▲ 王　勇、程立新、刘铁夫、王玉文、吴从炘、孙和义、李容录、崔云安、薛小平、尹慧英
　黄　艳、吴勃英、赵　辉、李　雷、吴健荣、王晓敏、李宝麟、武俊德、曲文波、刘笑颖、孙　波
　陈明浩、李道华、张池平、潘状元、巩增泰、陈德刚、李国成、王桂祥、叶国菊
　付永强、张　波、包革军、董增福、邓廷权、李淑玉、刘立山、NARJN、PEIRVJ、陈绍雄
　赵　亮、宋　文、计东海、任雪昆、朱志刚、李洪亮、赵志涛、钟书慧、罗来珍、邢宇明

▲学术会议会场，孙和义副校长讲话

▲刘铁夫讲话

▲李容录作学术报告

▲学术报告会场

吴从炘数学活动又三十年(1981~2010)
WUCONGXIN SHUXUE HUODONG YOU SANSHINIAN(1981~2010)

▲ 2010年泛函分析及其应用国际会议，左起：仇计清、黎永锦、卜庆营、宋士吉、吴从炘、姚小波、哈明虎、李法朝、何 强

▲ 2010年泛函分析及其应用国际会议，王桂祥（左一），叶国菊（左二），国起（左四），吴健荣（左五）

▲陈德刚（左一），胡清华（左三），王长忠（左五）

▲赵辉（左一），计东海（左三），赵亮（左四），刘笑颖（左五）

▲左为关波

▲右为刘立山

吴从炘数学活动又三十年（1981~2010）

WUCONGXIN SHUXUE HUODONG YOU SANSHINIAN (1981~2010)

▲ 1989 年 9 月，吴从炘陪波兰 Hudzik 教授（左四）在访问哈工大期间，到黑龙江省克东一中为中学生作报告

▲ 1989 年 8 月，吴从炘陪波兰 Hudzik（左四）在访问哈工大期间，到黑龙江克东一中为中学生作报告

▲ 波兰数学会副主度 Musielak 顺访哈工大

▲ 波兰 Pluciennik 教授顺访哈工大

▲ 波兰 Wisla 教授顺访哈工大

▲ 2002 年 9 月陪同到访哈工大的捷克数学与物理联合会副主席 Schwabik 顺访长春，右为张德利

吴从炘数学活动又三十年（1981~2010）

▲周长源副校长（右）会见来哈工大访问的基辅工业大学 Бойчак 教授

▲1996年7月接待顺访哈工大美籍华人林伯禄教授及家人

▲2001年6月澳大利亚 Diamond 博士来哈工大讲学，洪振英（左一），黄艳（左二），邓廷权（右一）

▲2008年7月王熙照（左一）陪同曾任 IFSA 主席加拿大 Pedrycz 及女儿顺访哈工大

▲2003年8月接待同时来访哈工大的香港中文大学讲座教授岑嘉评(右)和西南大学教授郭聿琦(左)

▲2005年1月接待来访哈工大的香港数学会副主席、香港大学张荣森

（七）境外访问点滴

▲ 1986年8月第一届国际函数空间会议（波兰，波兹南）王玉文（左一），王廷辅（左二），Musielak（左四），Hudzik（左五），刘铁夫（右一）

▲ 应邀访问匈牙利数学会一周，1986年9月（布达佩斯）

▲ 波兰（2003年7~8月间，2周）纪念Orlicz百年诞辰大会，李岩红（中），Pluciennik（右）

▲ 左为崔云安（2003年）

▲ 访问Adam Mickiewicz大学物理系某实验室（2003年）

▲ 2006年7月出席第8届国际函数空间会议（波兰，Bedlewo,Banach研究中心）应邀做1小时报告，左一为王保祥

吴从炘数学活动又三十年（1981~2010）

▲ 1994年1~2月间访问新加坡大学6周，在李秉彝教授（中）家，右为姚小波

▲ 在汪培庄夫妇家

▲ Marina公园的哈尔滨冰灯展

▲ 参观山东画家周玉莹（左一）画展，左二为工作人员，左三为南洋艺术学院吴从干院长

▲ 风景照

▲ 参观南洋艺术学院练功室

吴从炘数学活动又三十年(1981~2010)

▲1987年7月第二届国际模糊系统协会(IFSA)大会(日本东京)期间与 Fuzzy Sets and Systems 主编 Zimermann 交谈,左一为张文修

▲与大学同学两年的小田切惺子叙谈

▲2003年9月,在第19届日本模糊系统研讨会(大阪)做特邀报告后与会议主席石井博昭教授(右)合影

▲神户,20世纪20年代旧中国领事馆

▲京都,金阁寺(吴从炘摄)

▲2008年9月,在第11届捷克-日本关于不确定性研讨会上做报告(仙台)

吴从炘数学活动又三十年（1981~2010）

▲仙台，鲁迅纪念碑

◀京都，世界文化遗产醍醐寺

▲大阪，石井博昭家，左：薛小平，右：陈明浩（2008）

▲1991年5月18日，李建华夫妇摄于日本横须贺（双获日本东京大学博士）

▲2002年2月在第5届亚洲模糊系统协会会议做报告（印度加尔各答）

▲著名景点威廉城堡外的防卫工事，站立者：陈得刚

吴从炘数学活动又三十年（1981~2010）

▲ 1991年8月与美国加州理工大学Luxemburg教授会面

▲ 1991年在加州州立大学北岭分校报告后，左为任重道，右为周广南教授

▲ 2005年8月在美国佛罗里达理工大学召开的国际微分和差分方程及应用会议报告

▲ 左二：丁树森，右一：李国栋，中间是丁树森的博士导师

▲ 在特拉华州立大学做报告，凌怡在拍照

▲ 与王洪涛夫妇在旧金山

吴从炘数学活动又三十年（1981~2010）

▲ 美国空军博物馆（Dayton）
左起：关波、徐少刚、包革军、吴从炘、关忠、邢宇明

▲ 空军博物馆内

▲ 圣路易斯大学附近的密西西比河畔

▲ 西雅图华盛顿湖对岸玻璃房内有恐龙骨架

▲ 西雅图波音总部

▲ 西雅图丁树森家，前排右二为：姜民奇，后排右四、五为刘家琦夫妇

吴从炘数学活动又三十年（1981~2010）

▲1996年12月，台湾垦丁第2届亚洲模糊系统协会会议，左为模糊数学创始人 L.A.Zadeh

▲左为徐晓泉

▲在高雄的中山大学访问一周
（黄毅青博士邀请）

▲在台湾中央研究院数学所访问3日（陈明博教授邀请）合影者为陈明博夫妇

▲哈工大台湾校友会主席张益瑶及家人

▲右为台北故宫博物院陈副院长

吴从炘数学活动又三十年（1981~2010）

自 1997 年 8 月至 2006 年 8 月，曾访问香港中文大学、理工大学、香港大学 10 余次

▲ 2006 年 8 月 13～17 日应香港理工大学杨苏讲座教授邀请做 1 小时大会报告，左二：杨苏，左七：王熙照，左九：吴从炘，左十：哈明虎

▲ 2000 年，左为中文大学谭炳均博士，中为加拿大陈国强教授

▲ 2002 年 3～4 月于香港愉景湾

▲ 1997 年 1 月香港中文大学邀请访问一周，左：校外办主任，中：香港高校教职员工会主席岑嘉评

▲ 2004 年春节香港新界船湾乌蛟滕

▲ 2004 年 12 月访问香港大学两周期间（张荣森教授邀请）

吴从炘数学活动又三十年（1981~2010）

▲ 2001年7月第9届IFSA大会（加拿大温哥华）右为J.J.Buckley教授

▲ 7月，温哥华市中心某照相馆邀请免费拍摄，左为孙慧颖

▲ 8月，金斯敦旧火车站，左：孙红岩，右：马明

▲ 8月，尼亚加拉瀑布，加拿大与美国两部分交汇处

▲ 8月，金斯敦女子监狱博物馆

▲ 8月，金斯敦的皇家军事学院

吴从炘数学活动又三十年（1981~2010）

▲ 8月，应Dalhousie大学K.K.Tan教授邀请于8月12~31日访问该校（Halifax）

▲ 8月，泰坦尼克号沉没处（Halifax）

▲ 9月，在维多利亚，左：关波，右：时培林

▲ 9月1日，温哥华伊丽莎白公园，右：丁树森

▲ 2013年1月，出席澳门科技大学资讯科技学院项目研讨会，左二：张德利，右一：王长忠，右二：Eric博士（项目负责人）

▲ 2013年2月访问澳门大学数学系一周（钱涛教授邀请），左二：程立新

（八）黑龙江省政协、科协及侨联相关活动

▲ 2001年又荣获第二届全国优秀科技工作者

▲ 1987年省政协5届最后一次会议与教育组第一召集人何水清(中)及联络员合影

▲ 1984年夏，参加哈尔滨市归侨、侨眷参观学习疗养团活动，左二为团长，左一为团员协助工作

▲ 1984年夏

▲ 1983年被批准为黑龙江省政协委员，参加5届1次会议教育组活动

▲ 1984年在齐齐哈尔师院召开黑龙江省数学会第二次代表大会
首排左起：4 韩志刚、 5 刘礼泉、 6 孙学思、 7 颜秉海、
9 吴从炘、10 储钟武、12 付沛仁、13 周汝奇、
14 王廷辅、16 张德厚

吴从炘数学活动又三十年（1981~2010）

◀省数学会常务理事会
（20世纪90年代）
前排：刘式勤（左一）
　　　张永春（左二）
　　　尹慧英（右一）
后排：邓中兴（左三）
　　　陈俊澳（左四）
　　　孙德宝（左五）
　　　刘惠弟（左七）
　　　宋国栋（左八）
　　　徐中儒（右一）

▲左一：张永春，左二：郑国相

▲省数学会为全国1987年初中数学联赛命题
中为中国数学会普及委员会主任裘宗沪

▲中国数学会普及委员会主任黄玉民（右）
在黑龙江省主持数学竞赛命题

▲2002年1月在香港中文大学与参加中国数学
奥林匹克冬令营的黑龙江省中学生、带队教师和
部分家长合影

◀刘明珠2004年任理事长
首排：
　　魏俊杰（左二）
　　刘亚成（左三）
　　薛小平（左四）
　　刘明珠（左五）
　　吴从炘（左六）
　　刘绍武（左七）
　　王玉文（左八）
　　王　勇（左九）
　　崔云安（左十）

（九）哈工大数学同事与校庆活动

▲前排：辛玉梅、楚兰英、田重冬、吴从炘、
　　　刘惠弟、赵东滨
　后排：刘铁夫、薛小平、谢鸿政、李容录
　　　武立中、付永强、郑宝东

▲数学集体照

▲前排：龙文庭（左二）、赵善中（左四）

▲后排左起：刘维国、梁志远、李建华
　右起：王洪涛、李国栋、包革军
前排左起：许承德、赵达纲、郭宝琦
　　　　　林　畛、吴从炘、刘家琦
　　　　　罗声政

"文革"后数学教研室集体照▼

首排左起：

王	田	郭	富	吴	杨	郑	曹	林	罗	孙	何	赵	张	陈	万
丽	重	宝	景	从	克	家			声	肇	德	达	连	桂	大
忱	冬	琦	隆	炘	群	琦	斌	畛	政	英	同	纲	枝	林	成

▲首排左二起：
　彭淑贤
　王淑芹
　常宝年
　吴从炘
　邢吉祥
　时培林
　赵永仁

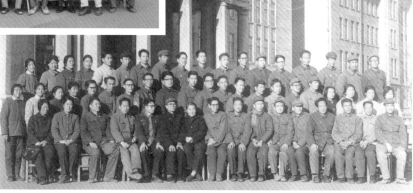

吴从炘数学活动又三十年（1981~2010）
WUCONGXIN SHUXUE HUODONG YOU SANSHINIAN（1981~2010）

▲ 2006 后 12 月 17 日，与曹斌夫妇庆 80 华诞合影，参加活动的还有田重冬、罗声政、齐宗遇、许承德和冯英浚

▲ 2007 后 6 月 16 日，与孙慧颖在道里中央大街

▲ 2010 年校庆期间，吴从炘陪同林群院士登龙塔

▲ 1997 年 9 月 24 日欢迎章绵返校

▲ 2010 年 6 月，林群院士做校庆特邀报告，王勇主持

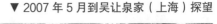

▼ 2007 年 5 月到吴让泉家（上海）探望

（十）其他

▲吴从炘夫妇及子女

▲左2人：侄女，右2人：侄子与侄媳，另3人为他们的下一代

▲长兄夫妇及4子2女

▲三哥(左一)，二嫂(左二)，二哥(左三)

▲二姐（左一）

▲中间两位是表姐

吴从炘数学活动又三十年（1981~2010）

▲ 2009年女儿与子女回国探亲

▲ 2013年女儿全家回国探亲
（摄于哈工大科学园）

▲左起：任雪昆、熊启才、李鸿亮、吴从炘、杨富春（不幸英年早逝）、包玉娥

▲欢迎关波（前左二，美国俄亥俄州立大学），程立新（前左四，厦门大学）返校与留系全体吴从炘培养的博士合影
后排左起：邢宇明、黄艳、陈明浩、
　　　　　薛小平、王勇、付永强、
　　　　　任雪昆
前排左一：包革军

▲ 2001年1月，姚小波（右）是吴从炘在福州工作的唯一博士

吴从炘数学活动又三十年（1981~2010）

WUCONGXIN SHUXUE HUODONG YOU SANSHINIAN（1981~2010）

▲ 1996 年 8 月，拉卜楞寺（甘南藏族自治州）

▲ 蒋家尚（左四）接待李秉彝（新加坡）、吴从炘顺访江苏科技学院（镇江），左一：叶国菊

▲ 王桂祥与吴从炘在浙江烂柯山（围棋名山）

▲ 2008 年 10 月于宁德，钟怀杰（左），林寿（右）

▲ 1994 年，哈明虎（左），徐日理（右），吴从炘 3 人共同完成一项模糊数学应用于眼科手术项目

▲ 2012 年 7 月，镜泊湖，许全华（左），蒋春澜（右）

2004 年，罗懋康、梁基华（不幸英年早逝）、李中夫、吴从炘、曹广福在成都望江楼▶

吴从炘数学活动又三十年(1981~2010)

▲吴健荣夫妇照

▲1997年1月于南京,右为冯纯伯院士
(宋士吉的博士后导师)

▲吴从炘与李国成在居庸关长城(2012年)

▲2004年9月,访问西南师大(重庆)
左三、四:戴执中夫妇,左五:郭聿琦

2003年答辩的马可赛是黑龙江省首次
举行授予博士学位大会的唯一留学生▶

前 言

2010 年 7 月,哈尔滨工业大学出版社出版了《吴从炘数学活动三十年(1951~1980)》一书.当时写作的目的是希望我的研究生们能通过了解我个人过往的亲身经历,对那段相当陌生的历史时期以及从事数学活动的环境与状况有所认知和感悟.

将该书分赠我的学生和在高校工作过的高中与大学同学以及少量友人与亲属后,再写一本"1981~2010"又三十年的提议与呼声时有出现,近几年尤甚,以致于不得不认真考虑了.然而,撰写"又三十年"谈何容易.这期间教学、科研已成为学校工作的主体,而我本人所承担的任务,直至 2006 年正式退休前,似仍有重荷不减之感,与数学活动完全脱钩的"工作"少之又少.

因此,在《吴从炘数学活动又三十年(1981~2010)》的逐年纪事部分动笔前,必须先明确什么样的数学活动及与之相关的活动一律不写或者原则上不写.于是就有如下的"十不写":

1. 凡某单位聘请为某个人书写评职、评奖、评基金者,书中一律不写.
2. 凡某个人约请为其书写推荐材料者书中一律不写.
3. 凡省内单位聘请出席硕士学位论文答辩者书中一律不写.
4. 凡哈工大校内聘请出席博士学位论文答辩者书中一律不写.
5. 凡境内单位聘请评审硕士学位论文、博士学位论文以及评议博士学位论文详细摘要者书中一律不写.
6. 凡国内外期刊聘请为其审稿的论文书中一律不写.
7. 凡为美国《Mathematics Review》和德国《Zentralblatt Math》所写的内容书中一律不写.
8. 凡担任哈工大教研室主任、系主任期间的日常工作书中一律不写.
9. 凡担任哈工大学术委员会、学位委员会、职称委员会委员期间的工作书中原则上不写.
10. 凡担任黑龙江省科协常委、黑龙江省政协委员期间的工作书中原则上不写.

有了"十不写",也就有了本书的第一编:数学活动年纪(1981~2010).对于跨入信息时代之今日,前书第一编用于佐证(1951~1980)数学活动真实性的附件和第二编:具体数学论文选均已失去在新书中保留相应内容的价值与必要.代之以第二编:数学综述论文与报告选,和第三编:数学相关活动文选.第一、三两编的撰写注意了可读性并将每年纪事与每篇文章的篇幅大体控制在 2 至 3 千字与 1 至 4 千字范围,保证全书份量适中.

关于附录部分,新书附录 1 系"吴从炘数学论著目录"及美国《Mathematics Review》中的相应编号(如果有的话),而不是原来的主要数学论著目录.附录 2 将原书的研究生名册扩充为"吴从炘的研究生与进修教师等名册".原有的附录 3:"吴从炘传"是历史的记载,仍保留之.增添附录 4:吴从炘其他文章选.

1981 年后,本人住所及办公地点屡经变动,条件逐次改善,然保存之原始资料多有散失,加以吾素无记事的良好习性,且记忆力如江河日下,苦不堪言.因此,本书的逐年纪事篇与其他文字中误写或漏写之处在所难免,望知情者赐教,读者谅之.

吴从炘
2014 年 10 月

吴从炘数学活动三十年(1951~1980)的序

2010年7月24日吴从炘先生75岁生日,今年也是哈尔滨工业大学建校90周年.先生是老一辈哈尔滨工业大学八百壮士的杰出代表,也是带领黑龙江省数学界,特别是哈尔滨工业大学数学学科不断发展壮大的领路人和开拓者.在吴先生的学生及各界朋友的帮助和支持下,出版《吴从炘数学活动三十年(1951~1980)》(以下简称《活动》),以做庆祝.

本书集中反映了吴从炘先生在数学、科研、学科建设、人才培养等方面从教前二十五年的光辉历程,体现了先生勤奋敬业、敏锐睿智、高瞻远瞩、光明磊落的道德风范和不屈不挠的探索精神.

《活动》的第一编用年纪的方式记录了吴先生从1951年到1980年间学习、生活和工作的经历.年纪中对先生产生巨大影响的几件大事有:在吉林大学求学及进修期间跟随我国著名数学家江泽坚先生研究泛函分析的经历;1956年先生为时任哈尔滨工业大学校长的我国老一辈革命家李昌讲授高等数学的经过;1962年由于教学、科研的突出贡献,破格从助教提升为副教授的影响.综观《活动》年纪,虽然我是吴老师的学生,但入学较晚,对1980年前先生的很多事件知之甚少,此次有幸阅读年纪,印象十分深刻,先生的光辉业绩铭记在心,为人处世的风格是我们学习的典范.

《活动》的第二编选录了吴先生在1951~1980年间发表的科研论文、教学论文、科普文章20篇.科研论文包括的研究领域有泛函分析、模糊数学及微分几何在机械中的应用.特别指出的是发表于1978年哈工大学报的论文"关于Orlicz空间范数的计算公式与严格赋范的条件",该论文于1963年完成,由于"文化大革命"的原因,直到1978年才发表,这篇论文是开展Orlicz空间几何学研究的奠基性工作,在国内外产生重要影响.

《活动》的最后部分是附录,由论著目录、研究生名册、自传等珍贵资料组成.吴从炘先生是一位高产的数学家,截止到2010年已发表学术论文逾240篇,其中约半数发表在国际SCI期刊上,出版专著及译著12部.同时,吴先生也是一位培养人才的行家,至今为止已培养了50余位博士和几十位硕士,他们中有省级领导、大学校长及几十位院长、系主任和学科带头人,可谓桃李满天下.吴先生于1978年获全国科学大会奖,是全国优秀教师(1989),航空航天部中青年专家(1990)和政府特殊津贴获得者(1991).吴先生曾三届当选为中国数学会理事,二届中国系统工程学会理事,一直到退休前都是黑龙江省数学会理事长,至今仍为国内外多种期刊的编委.

吴先生自1955年大学毕业分配到哈工大至今已有55个春秋,他辛勤耕耘、教书育人、科学研究、培养人才,为我国的教育事业呕心沥血,是我们晚辈学习的楷模.

我确信,本书的出版,对立志于数学研究的青年学子将产生巨大的鼓舞和影响!

最后,祝愿吴先生幸福安康!

学生:薛小平

于2010年7月

目　录

第一编　数学活动年纪(1981~2010)

第二编　数学综述论文与报告选(1981~2010)

71　Wu Congxin, Wang Tingfu. Research of Orlicz spaces in China. SEA Bulletin Mathematics, 14(1990), No.2, 75-85.

82　Wu Congxin, Liu Tiefu. Abstract functions of bounded variation and absolute continuity. 数学研究, 27(1994), No.1, 14-18.

87　Wu Congxin, Wang Tingfu, Chen Shutao. Advances of research on Orlicz spaces in Harbin, Functional Analysis in China. Kluwer, Dordrecht, 1996, 187-204.

105　Wu Congxin, Research on some topics of Banach spaces and topological vector spaces in Harbin, Eunctional Analysis in China, Kluwer, Dordrecht, 1996, 205-218.

119　吴从炘, 薛小平. 模糊数值函数分析学的若干新进展, 模糊系统与数学, 2002, 16:1-6.

124　Wu Congxin, Summarization of fifty papers in the International Journal "Fuzzy Sets and Systems", The 11th Czech-Japan Seminar on Data Analysis and Decision Making under Uncertainty, September 15-17, 2008, Sendai, Japan, 165-170.

第三编　数学相关活动文选(写作时间2008~　)

133　吴从炘, 李昌校长与哈工大数学学科的建设与发展

138　吴从炘, 哈工大第二届李昌奖(优秀教工)颁奖会的一分钟讲话

139　吴从炘, 学习李昌校长2000年《回忆哈工大》一文的粗浅体会——提出"规格严格, 功夫到家"的背景、历史作用与现实意义

142　吴从炘, 江泽坚教授引导我走上泛函空间研究之路——兼谈江先生对我国泛函空间理论发展的贡献

145　吴从炘, 福州一中入学60载——追思王杰官老师

147　吴从炘, 第二届"王杰官奖学金"颁奖典礼在我校高中部隆重举行

149　吴从炘, 香港见闻数则

154　吴从炘, 澳门的高等院校及其他

158　吴从炘, 追忆1996访问台湾的趣事轶闻

163　吴从炘, 对境内几所专科学校数学活动的点滴回忆

166　吴从炘, 全国高等工业学校应用数学专业基础类选修课教材征稿处理情况

169　吴从炘, 任雪昆, 一元微积分深化引论的前言与目录

附 录

177　附录1　吴从炘数学论著目录
203　附录2　吴从炘的研究生与进修教师等名册
210　附录3　吴从炘传
218　附录4　吴从炘其他文章选
　　218　吴从炘,光辉壮丽的一生——忆陈朝柱
　　220　吴从炘,怀念级友陈逸芳
　　222　吴从炘,后记——策划者的话
　　234　吴从炘,纪念著名演员张瑞芳
　　239　吴从炘,吴从炘在2011(之一)
　　243　吴从炘,2012年游南京中山北路有感——记一位爱民的警卫战士
　　245　吴从炘,福建省三明与漳州两市前六批全国重点文物保护单位考察报告
249　后记

第一编

数学活动年纪（1981~2010）

1981 年

- 1月8日,吴从炘在《哈尔滨工大》刊登"勤奋工作 甘为人梯"一文.
- 5月10日,吴从炘被黑龙江省科委聘为基础科学组副组长,共13人,组长1人,副组长2人.
- 这一年吴从炘先后被邀请担任于本年度创刊的《模糊数学》副主编(主编楼世博,华中工学院出版社出版)、《数学研究与评论》编委(主编徐利治,华中工学院出版社出版)和《科学探索》编委(未设主编,湖南科学技术出版社出版).

关于这三个刊物,后来增设主编,更换主编,更换出版社以及变更刊名或停刊等情况,书中一般不再作介绍.

- 本年,吴从炘于1978年招收的5名研究生:刘惠弟、李容录、武立中、刘铁夫、陈述涛顺利通过硕士学位论文答辩,取得硕士学位.其中李容录和刘铁夫2人,按照教育部下达关于某些高校允许招收4年制研究生[注]的通知,通过自愿申报与审批手续,录取为吴从炘的4年制研究生.4年制研究生似乎仅此一批,国家学位条例颁布后,培养研究生制度就转为招收硕士生和博士生的正常方式.
- 在1980年于江西庐山召开的首次全国泛函空间理论与应用学术讨论会上,代表们建议下次会议仍请泛函分析该分组负责人之一的吴从炘(其他两位负责人是王进儒和阳名珠)与王廷辅,按上次先就"Orlicz 空间理论"合写讲义,再作系统报告的模式继续讲"Orlicz 空间应用".于是,吴从炘在1981年8月2~10日于黑龙江省牡丹江市举办的全国第二次泛函空间理论与应用学术讨论会开幕时,就把与王廷辅再次合作完成的"Orlicz 空间应用"讲义带到了会场.这次会议历时9天,有9个系统的专题报告,在宣读的29篇论文中有17篇的作者为研究生或本科生,他们的人数只占与会的67位代表的20%.泛函分析学科4位总负责人中分管泛函空间理论与应用分组的关肇直(另外3位是田方增、江泽坚、夏道行)同志因病不能到会,但在筹备过程中一直给予关心和指导,并委托阳名珠在专题报告中代他宣读论文:"关于中子迁移理论中出现的一类本征值问题",令人感动不已.会议期间牡丹江日报记者采访吴从炘,吴则举荐他的首批硕士之一,仅任哈师大数学系教员的陈述涛.8月18日《牡丹江日报》刊出对陈述涛的专访:"自学也是登攀之路".为了使与会者能够一览镜泊湖美景,吴从炘与牡丹江市科协分管副主席及秘书长到牡丹江市政府拜会分管的副市长,恳请市里支持这次全国性学术会议,让来自五湖四海全国各地的科技工作者们对牡丹江留下美好的记忆,……,副市长欣然允诺,大笔一挥,问题解决:"汽油票"到手,这才摆脱了"有车无油"的窘况.此情此景决非眼下青年朋友们所能想象.
- 4月4~6日,在华中工学院院长朱九思的大力支持下,《模糊数学》杂志编委会会议于武汉举行.会议期间,中国系统工程学会学术委员会发来委托书(1981年4月3日),委托四川大学蒲保明教授筹组"模糊数学与模糊系统"分会,当日下午蒲先生主持了筹备组会议,包括了吴从炘在内的《模糊数学》正、副主编及各方面代表14人参加,会议商定了有关事项,正式上报申请成立分会.4月6日上午、下午和晚间还组织了三场由北京师大等高校的9名研究生的硕士答辩会.吴从炘参加了其中4人的答辩,并主持了他们中间的一位的答辩,就是这名研究生被答辩委员会提出:修改补充后再答辩,其余3位都顺利通过,这表明此次答辩会决非流于形式.
- 应新疆大学10月10日发函邀请,吴从炘于11月25日与26日下午参加了王曾贻导师与陈德璜导师各自的 2 名研究生的答辩会.同日上午,中文系也有 1 名研究生进行答辩.在 26 日晚间,学校宴请数学系和中文系的答辩委员会全体委员,由校党委书记主持.宴会上数学系的汉族导师和中文系的维吾尔族客人,尽管互不相识,却在交谈中产生分歧,语言逐步升级,维族客人为了更准确表达意见,改用俄语,汉族导师也用俄语回应,吴与同来出席答辩会的西北大学王戌堂就不知所云.稍后党委书记宣布宴会结束.不久,党委书记到王、吴住处解释,称:"当时双方用俄语争执的激烈程度,使得宴会已经不可能继续下去了",书记也是留苏的,语言自然毫无障碍.对吴从炘而言,这是一次永远难忘的经历.

● 北京师范学院数学系主任林有浩通过教务处正式邀请吴从炘,为该系研究生讲授"拓扑线性空间和某些特殊空间",为期 2 周,从 2 月 16 日开始.吴从炘是这样安排的,每周讲 4 次,第 1 周讲拓扑线性空间一般理论,第 2 周讲 Köthe 序列空间,广义 Orlicz 空间,Hardy 空间 $H_p(0<p<1)$ 等特殊拓扑线性空间.听讲的还有部分系内教师,与吴相熟的几位校外老师及研究生也闻讯而来,如方锦暄、张传义.这也是吴从炘第一次到外地院校系统讲授一门具体课程.

● 中国运筹学会东北分会与辽宁人民出版社拟出版一套运筹学丛书,并于 11 月 27~29 日在大连工学院召开该丛书编委与作者会议.吴从炘应邀参加了这次会议,但在会上吴觉得暂时还没有比较适合自己参与的工作可做,会后就再无联系.会议期间吴从炘探望了一位在大连某医院工作,已患病多年的高中同年级同学.该同学曾就读哈尔滨医大,系 6 年制,吴分配到哈工大工作后,时有见面,1956 年秋吴返母校进修时,该同学又去长春毕业实习,也有往来,这位年长的女党员对吴多有指教与关心.找到病房,已甚危重,不能言语,尚可动笔,劝慰多时,然她自知不治,吴甚为伤感!

注.关于我国高校在 20 世纪 80 年代初曾经存在过"四年制研究生"这件事,恐怕目前绝大多数在校师生都很不清楚,甚至没有听说过.因此,在这里结合哈工大具体实行情况作一简要介绍,俾使读者对中国研究生制度发展过程中的这段经历多少能有所了解.1978 年国家在高校开始招收二年制研究生,在此基础上教育部颁发了《关于 1980 年全国有关重点高等学校选拔四年制研究生的暂行办法》(即[80]教高工字 009 号文件).哈工大根据该文件于 1981 年 3 月在 78 级研究生中通过外语和两门专业基础或专业课的考试选拔了 12 名学生成为四年制研究生.其中刘铁夫、李容录 2 人的导师是吴从炘教授,研究方向为特殊泛函空间.

然而,1981 年 1 月 1 日起《中华人民共和国学位条例》开始生效,7,8 月份教育部、国务院学科评议会审定了各单位的专业博士学位授予权.此后自然一律按已取得专业博士学位授予权的单位才能招收相应专业的博士生.至于已招收的四年制研究生该如何处理,10 月哈工大经请示教育部,教育部同意对哈工大已招收四年制研究生的专业,不论该专业的博士学位授予权是否获得批准(基础数学专业根本没有申报),目前均可按学位条例中规定获得博士学位的要求,制订培养计划,进行培养工作.

于是,哈工大于 1981 年 12 月 29 日在该学年的第 9 次校务会议通过《1980 级四年制研究生培养工作试行办法》.最后,各专业以不同方式顺利完成了对这 12 名四年制研究生的培养,结束了哈工大这所重点高校关于招收四年制研究生的历史任务.

1982 年

- 3月29~31日，吴从炘参加了哈尔滨市第5届归国华侨代表大会.
- 4月4~5日，应大庆石油管理局科学研究设计院与黑龙江省应用数学研究所的邀请，吴从炘以鉴定专家身份出席《大庆油田开发规划经济数学模型》鉴定会.
- 吴从炘参加了这一年黑龙江省高校教师提职学科评审中的数学、软件组评审工作，该评审组共7人，戴遗山为组长.评审组共17个，其中4个组中没有教授，6个组只有组长是教授，仅3个组中的教授超过2人.整个评审专家中副教授占75%以上，有的副教授评审委员同时又是教授的被评审者.这样，在评审教授时就不得不并组进行，吴也参加了对教授的并组评审.结果哈工大数学教研室林畛晋升教授，3位20世纪60年代毕业的青年教师：戚振开、刘兴隆和冯英浚被评为副教授.
- 黑龙江省数学会兼哈尔滨市数学会理事长吴从炘于1月15~17日出席在哈尔滨科学宫举行的黑龙江省数学会第2次年会暨哈尔滨市数学会换届年会.经换届，吴从炘仍兼任哈尔滨市数学会理事长，并在闭幕式上讲话.省、市数学会联合召开的形式，这也是唯一的一次.
- 吴从炘应西北大学的邀请，出席王成堂教授的3名研究生的论文答辩会，并评阅其中1位的学位论文.答辩会上有1位研究生被多名系内答辩委员所质疑，对其研究方向颇有异议，而对该生论文中的研究成果及水平却无人提及.作为答辩委员会主席，吴从炘觉得答辩不能久拖不决，且他的论文的水平不成问题，遂建议可否先讨论论文能否通过，至于研究方向可以在会后再作深入的交流与探讨.这才结束这次很有意思的答辩会.
- 吴从炘在春季和秋季学期各招收2名硕士生，同届2人又分别有泛函分析方向与模糊数学方向各1名，他们是：

王洪涛（来自黑龙江大学77级），李建华（来自哈尔滨师范大学77级）；

关波（来自哈尔滨船舶学院78级），马明（来自哈尔滨工业大学78级）.

取得硕士学位后，李建华去深圳教育学院任教，后获东京大学教育学博士；王洪涛赴美攻读博士学位并留在美国工作；关波与马明同时留校，1987年又同时成为吴从炘的博士生，不久关波转为与美国联合培养的方式，取得美国博士学位并任教，近年曾担任厦门大学长江讲座教授，马明则在哈工大继续读博.

- 7月30日至8月8日在山西大学举行第3次全国泛函空间理论与应用学术会议，与会代表141人，交流论文58篇，负责人王进儒、阳名珠、吴从炘3人均出席会议.这次会议出现一段插曲：刚从瑞典取得博士学位归国的南开大学定光桂在报告中提到的一个问题，被在场听讲的研究生侯晋川、讲师杜鸿科所解决，在侯晋川向全体听众讲述他们解决问题的思路和步骤后，立即获得定老师的首肯和赞许，全场轰动，一时传为佳话.
- 11月21日《数学研究与评论》编辑部函告吴从炘："拟在编委会中设常务编委并拟请吴从炘为本届常务编委".
- 中国数学会理事会会议于9月21~27日在沈阳市辽宁大厦举行.出席会议的理事56人，因故不能到会，而派有全权代表的理事15人，缺席28人，另有特邀代表和中国科协学会部工作人员18人.会议分三个小组进行讨论，吴从炘参加第3组.会议组织了12个专题学术报告，综合介绍应用数学和纯粹数学某些方向的发展概况，重点是应用数学，题目如下：

冯 康　数学物理方程的反演问题；
马希文　计算机科学与数学；
周毓麟　非线性偏微分方程组的若干问题；
廖山涛　流形上的动力系统介绍；
王梓坤　统计预报简述；
成 平　应当大力发展数理统计；
陈兆国　时间序列概况；
吴洪鳌　国防科研中应用数学工作的一些情况；
肖树铁　渗流中的数学问题；
秦化淑　为四化服务发展控制理论；
朱永津　运筹学介绍——运筹学的组合问题、最优化与网络；
洪加威　计算——理论的和现实的可计算性.

● 吴从炘参加了哈尔滨市科协组织的去黄山休息的专家、教授及科技工作者团,连同工作人员共 50 人,由市科协专职副主席孙超带队.这是吴从炘经历的第一次公费疗养,一切安排得体,十分愉快.

南京是这次旅行的中转地,吴从炘很容易就找到小时候的住处斜斗巷 40 号,两栋先后住过的小平房及一个冬天可以结成冰盖的椭圆形小水池都依然如往昔,院子对面曾被日寇夷为平地的"中国公学"已盖起一片楼房,成为一所中专,童年记忆又回到眼前.

● 吴从炘出席了 4 月 11~15 日在长沙湖南宾馆召开的中国系统工程学会 1982 年年会.见到住院期间仍特意看望与会代表的国防科技大学副校长,原哈军工的孙本旺教授.孙先生在哈尔滨期间对吴从炘有过许多提携和帮助.遗憾的是,不久孙先生被查出癌症,过早地离开了大家,甚为惋惜与哀痛.

● 12 月,应四川大学聘请,吴从炘出席了导师为刘应明的研究生彭育威、梁基华的硕士论文答辩会,论文做得很好,梁基华留校任教.

1981 年 2 月,方锦暄(后排左一)、张传义(前排右一)等到北京师院旁听吴从炘为该院数学系研究生讲授的"拓扑线性空间与某些特殊空间"课

中科院李邦河、李树杰(右中、右前)和赵善中(左,赴美进修返校)参加吴从炘 1982 年春季招收的研究生王洪涛与李建华的硕士学位答辩

1983 年

● 8月31日《黑龙江科技书讯》刊登黑龙江科技出版社翟明秋的文章:"吴从炘教授及其近著". 他是吴从炘为第一作者的专著《奥尔里奇空间及其应用》(1983)和《有界变差函数及其推广应用》(1988)的责任编辑,并且还在本年8月策划出版了吴为第一作者的普及读物《微分和积分》.

● 9月22日中国科学院系统科学研究所聘请吴从炘为研究生曹志强博士学位论文答辩委员会委员. 早在1982年5月16日中科院技术科学部就致函吴从炘评审曹已独立发表的6篇英文论文,准备组织博士答辩,后因导师关肇直同志病重于11月13日逝世,需办理变更导师为许国志等手续,导致答辩推后一年以上,错过曾被媒体隆重报导的我国第一批授予博士学位的机会.

● 应中国科学院系统科学研究所6月15日来函邀请,吴从炘出席了11月3～6日在北京科学会堂召开的"纪念关肇直同志逝世一周年学术会议",并作了题为:"关于Orlicz空间的近期工作"的大会报告. 大会报告共16个,另有分组报告,其中有3个大会报告分别介绍关肇直同志在控制理论、泛函分析、数学物理等方面的贡献,另有一报告为"关肇直同志对自然辩证法研究的一点贡献"(何祚庥),会议还组织了参观中南海和瞻仰毛主席纪念堂.

● 中国系统工程学会模糊数学与模糊系统学会(后称为专业委员会)于1月7～12日在武汉华中工学院召开成立大会暨首届年会. 学会理事长蒲保明教授在开幕式上报告了学会成立的过程,学会副理事长刘应明致闭幕词,吴从炘作为副理事长也出席了会议. 会议进行了学术交流,有17人和95人分别在大会与分组会上做报告. 大会对为我国模糊数学与模糊系统研究起首创作用的关肇直教授不幸逝世表示深深的悼念.

● 中国数学会第四次全国代表大会于10月22～27日在武汉举行. 会议选出由89位理事组成的新理事会,吴从炘继续当选为理事. 代表们还热烈地推选:华罗庚、苏步青、江泽涵、柯召、吴大任为学会名誉理事长. 会后,全体理事以无记名通讯选举方式产生19名常务理事,通过常务理事会民主协商,提出正副理事长和正副秘书长候选人名单,再由全体理事以无记名通讯选举方式选出正副理事长和正副秘书长,吴文俊为理事长,杨乐为秘书长,此时已经是1984年的1月底.

● 3月份,黑龙江科技出版社出版了吴从炘、王廷辅的《奥尔里奇空间及其应用》一书(在本年度记事第一段,提到翟明秋撰文"吴从炘教授及其近著",作者目的就是从责任编辑角度介绍这本书和书的第一著者吴从炘). 这是继苏联两位数学家1958年的专著《凸函数和奥尔里奇空间》(吴从炘译,1962年科学出版社出版)之后,国际上的第2本专著. 该书是在两位作者先于1979,1980和1981年召开的三次泛函分析大会与分组会中所作的综合报告与系统报告的基础上加工、修改而成. 吴从炘执笔的是第1章N函数、第3章Orlicz空间的几种推广与第5章Orlicz空间的应用,王廷辅则撰写第2章Orlicz空间与第4章Orlicz空间上的线性算子. 两人完成的篇幅都是230个印刷页左右. 在该书赠送前辈泛函专家和同行的过程中,作者得到许多鼓励、支持、关怀与爱护,1984年获得国防科工委科技成果二等奖.

● 12月17～21日,全国模糊数学与模糊系统应用成果学术交流会在广州执信中学举行,接待工作由暨南大学安排,与会人员达150余名. 中国系统工程学会模糊数学与模糊系统学会副理事长吴从炘代表学会致闭幕词.

会议期间,暨大同行得知吴从炘近来视力更差,在哈尔滨又被断言无法配镜,就告诉吴:暨南大学校医院眼科很好,主任是原北京协和医院眼科主任,后被打成右派辗转来到他们校医院,不妨一试.经检查,果然医术高超,将吴的 1 200 度镜片一下子增加 900 度,达到 2 100 度,视力立即从 0.1~0.2 提高至 0.4~0.5,头也不晕,行动自如,不胜感激!其原因是吴的双眼患核性白内障,必须大幅度增加镜片度数,不能因小幅度增加度数无效果,而断言配镜无济于事.

● 6 月 23 日,哈工大数学教研室党支部大会讨论一致通过:接受吴从炘同志为中国共产党预备党员.7 月 8 日《哈尔滨工大》刊登"志当存高远——访新党员吴从炘教授".

● 这一年,国防科工委对吴从炘 1979 年以来在模糊拓扑线性空间方面的研究成果给予肯定,颁发了二等奖奖状,名称为:"Fuzzy 拓扑线性空间的研究".

● 12 月 27~28 日,哈尔滨市数学会 1983 年年会在哈尔滨科学宫召开.理事长吴从炘传达中国数学会第四次代表大会情况,会议分 6 个小组进行学术交流,另有 4 个大会学术综合报告,还给青年优秀数学论文作者发奖.

● 第三届全国泛函分析学术会议于 5 月 10~16 日在昆明召开,与会代表 150 多位,吴从炘和李容录、武立中为哈工大代表.除大会报告外,分非线性泛函分析、线性算子理论、泛函空间理论与应用三个组进行学术交流.为保证分组交流的进度,强调严格依照规定时间报告.会议对我国泛函分析学科奠基人之一的关肇直同志不幸逝世表示深切哀悼.会议还宣布自关先生去世,泛函分析联络组决定由江泽坚教授兼管泛函空间理论与应用组.

● 4 月 4 日哈工大党委统战部通知吴从炘:经省政协现届常委会通过,并经省委同意,被批准为省政协 5 届委员.随即在五届一次会议,参加第 16 组(教育)活动,该组共 23 名委员,召集人为何水清、庞士铨、李璞.在会议简报第 4 期和第 26 期上有吴从炘发言摘要.

● 8 月 10 日~9 月 3 日,哈市侨办组成一个由 19 位归侨与侨眷组成的参观学习疗养团,成员大都来自高校教师和企事业单位科技人员,吴从炘是团内唯一的教授.市政府副秘书长兼侨办主任、归侨吴道真为团长,市委统战部刘副部长为副团长,侨办处、科长各 1 位负责具体事务,还有 1 位任区人大常委的团员协助,三位都姓李.因市副秘书长带队,颇受优待,疗养团大部分时间都住在青岛"八大关"景区的一栋别墅内,作为经常性活动的海水浴也被安排在不对外开放的第二浴场,既不拥挤,又可见到李立三夫人李莎等人物,连从不敢下水的吴,也能浮起来活动两下了.该团还去了大连、济南,观看了许多景点.总之,此次行程大家都很满意,后来还稍有联络,三位负责具体事务姓李者联系略多.

1983 年 5 月 14 日吴从炘在参加第三届全国泛函分析学术会议(昆明)期间与中科院泛函室到会人员合影,前排右三为田方增先生

1983 年 5 月 14 日摄于昆明路南石林,左为郭大钧,右为杨从仁先生

1984 年

● 中国科协于 9 月 15～28 日,分两批组织内蒙、黑龙江、广西、云南、贵州、青海、宁夏、新疆等 9 个边远省、自治区的 66 名有贡献的老、中年科技工作者到桂林休养.桂林市科协和科技活动中心给予了热情支持,使科技工作者渡过了难得的休养假期.吴从炘是第二批到桂林休养的,正值桂林欢庆建国 35 周年.桂林市委、市政府邀请全体来桂休养的科技工作者出席 9 月 30 日晚庆祝中华人民共和国成立 35 周年文艺晚会和 10 月 1 日上午桂林各族人民的游园活动.由于这一年国庆期间,外地赴京人员需持专用的进京许可证.这样,当吴返哈在京中转住宿过夜时,北京显得十分宁静.

● 第一次全国模糊拓扑学术讨论会于 5 月 6～12 日在南京师大举行,代表共 44 人.中国模糊数学与模糊系统学会副理事长兼秘书长刘应明教授、副理事长吴从炘教授出席会议.《南京日报》报导了会议开幕式的消息,最后吴从炘致闭幕词.

● 7 月,吴从炘应邀访问大连海运学院,院长亲自授予兼职教授聘书.这样,吴从炘就可以列入该校硕士研究生导师目录,招硕士生,由学院数学教研室自己培养,指导论文,为日后争取建立数学硕士点做准备.吴先后以这种方式招了 2 名硕士生,除了第 1 位学生,海运学院曾告诉吴该生姓名外,就再也没有向吴提供任何相关信息了,此种作法,实在不妥.

● 12 月,吴从炘前往武汉华中工学院参加数学系 2 名研究生——胡祥恩、刘齐金的硕士学位论文答辩会.这两位学生也是吴从炘以兼职教授名义在华中工学院直接招来的,但情况与大连海运学院完全不同.胡祥恩在撰写论文时曾到哈工大访问 3 个月,刘齐金在华工有合作导师胡诚明(胡原在内蒙古大学数学系工作,后调入华中工学院,模糊拓扑学是他的研究方向,当时尚无高级职称,不能招生).吴从炘的兼职教授聘书是华中工学院院长朱九思于 1981 年 11 月 24 日签发的.

● 8 月 25 日,教育部部长何东昌签发聘书,聘请吴从炘为教育部高等工业学校应用数学专业教材编审委员会委员,聘期 5 年.

● 11 月 14 日,吴从炘被聘请为吉林大学数学研究所主办数学刊物《东北数学》的编委.该刊为季刊,1985 年第三季度创刊,当时未设主编,在编委中特别设有 6 位责任编委和 1 位执行编委.吴从炘非常支持母校数学刊物,创刊初期多次寄稿供刊物选用.

● 5 月,西安交通大学主办以游兆永为主编的《工程数学学报》.吴从炘在创刊号"研究简报"第 141～145 页刊登了"δ 函数对力学应用的几点注记"一文.该文并没有给出证明,其内容是吴在文革后期的某些工作.

● 1 月,在广州华南师范大学召开第 4 次全国泛函空间理论与应用学术会议,吴博儿教授承担会务工作,该学科分组负责人王进儒、阳名珠、吴从炘都参加了会议.丁夏畦先生也到会了.丁先生于 1983 年 9 月出版的专著《可微函数与偏微分方程》(湖北科技出版社)中引入了"一类新的函数空间 $BL_p(\varphi)$"(第 1 章第 5 节).第三章至第五章全部都是函数空间对偏微分方程的应用,书中参考文献[1],[2]是丁先生 1957,1958 年在《科学记录》新辑发表的两篇论文.吴从炘开展 Orlicz 空间的研究工作就是通过学习丁先生这两篇论文,再结合对 Luxemburg 的 1955 年的博士论文已有研读基础上完成了两篇论文,也就是丁先生书中参考文献[63],[64],于 1959 年同样发表在《科学记录》新辑.会后阳名珠与吴从炘前往王进儒的工作单位华南理工大学进行了访问.

● 7 月在北京科学会堂曾举行一次"中美模糊研讨会".该会中方由中国电力研究院牵头,搞模糊"数学"的人来了不少,但仅当陪衬,以壮声势,无一人在与会人员合影中有一席之"座".美方到了 7 位,以模糊集创始人 L. A. Zadeh 为首,有 1 名女性,似乎只有她是搞模糊"数学"的. 会议休息时,Bezdek 告诉吴从炘:"您在其主编的一本书中已录用的文章,由于您不能赴会而被撤销." 吴从炘与马明随即将它改投并刊于 1985 年的《科学通报》:

"Fuzzy topological algebras and locally multiplicatively convex fuzzy topological algebras."

Bezdek 对吴从炘所讲的话中,"会"是指这次"中美会"后在美国夏威夷召开的"模糊信息处理国际会议",James C. Bezdek 为该会的程序委员会主席,而"其主编的一本书"指的是"由他任主编的该会论文集." 中国参加这个会的有刘应明、汪培庄、吴望名、王震源、王国俊等 10 人,吴从炘因经费问题未能到会.

我国第一次有人出席关于模糊数学与模糊系统领域的国际会议应该是 1983 年 7 月在法国马赛召开的"模糊信息、知识表示与决策"国际会议,刘应明、汪培庄、张文修等 5 人赴会. 该会程序委员会主席 Elie Sanchez 曾于 1982 年 11 月 13 日向吴从炘发出正式邀请,吴同样未能参会.

● 《黑龙江青年》于本年度第 5 期"成才之路"栏登载常玉礼、霍华民撰写的文章:

"志在顶峰的人"

——记二十六岁成为副教授的吴从炘

注. 本年度之后,有关吴从炘参加省内外的硕士学位论文答辩的情况与信息书中就不再提及.

1984 年 9 月中国科协组织边远省、自治区部份有贡献的老、中年科技工作者到桂林休养时的合影. 后排左八:吴从炘,左九:哈尔滨伟建厂祁总,左十:哈尔滨铁路局龙总

20 世纪 80 年代前期吴从炘兼任哈尔滨市数学会理事长,参与多次市中学生数学竞赛,这是其中一次命题组前往考场巡视的照片.

左起:吕庆祝(哈尔滨师院)
　　　冯宝琦(哈尔滨师专)
　　　颜秉海(哈尔滨市数学会秘书长,黑大)
　　　吴从炘(市数学会理事长,哈工大)
　　　王万良(市数学会普及委员会主任,市教育学院)

1985 年

● 3月在上海召开高等工业学校关于应用理科、技术科学、新兴边缘学科等八个教材编审委员会成立大会. 吴从炘为应用数学专业教材编审委员会委员(共19人,主任1人,副主任2人. 名单见高等教育出版社出版的《教材通讯》1985年第1期第15页). 因为与其他会议时间冲突,杨克邵副教授代表吴从炘出席这次会议.

该教材编审委员会与1981年所成立的教育部部属高等工业学校应用数学专业协作组的分工是编审委员会主抓教材建设,而哈工大并不是协作组的成员单位.

● 12月6~10日吴从炘出席在上海复旦大学召开的《中国数学会成立50周年纪念会》(黑龙江省与会的还有刘家琦),并在泛函分析分组会上(共有16个分组)作"Orlicz空间近期进展"的报告(该分组共5个报告). 陈省身作了"国际数学50年"的大会报告,龚升作了"华罗庚教授在数学上的贡献"的大会报告(共有16个大会报告),华罗庚教授6月间在日本讲学时不幸逝世,这是中国数学界和国家的巨大损失. 吴从炘在会上又见到中学时的启蒙老师王杰官和为吴开启泛函分析研究之门并多方提携的恩师江泽坚两位先生. 欣喜之情,难以言表,同时向受到中国数学会表扬的学会工作积极分子(仅24位),长期担任福建省数学会副理事长兼秘书长的王杰官先生表示最衷心的祝贺.

● 春季,吴从炘邀请严绍宗教授来哈工大主持四年制研究生李容录的毕业答辩. 这是因为李容录要申报副教授的职称评定,学校又规定申报者必须先结束研究生的学习,而当时哈工大基础数学专业还不是博士授予专业点,无法举行博士答辩. 李容录如愿以偿,当上了副教授.

● 5月,高教出版社出版了吴从炘、唐余勇编的《微分几何讲义》. 此书是他们两人通过应征教育部工科院校数学教材编审委员会关于《微分几何》教材的征稿方式,经过专家审阅,作者修改和编审委员会评定同意后才得以出版. 该书之所以能够被选用,很可能与书中包含了作者自"文化大革命"后期开始,从事微分几何和机械工程相结合的研究成果有关,这主要体现在共分5节的附录Ⅱ:微分几何在机械工程中应用举例,以及正文曲线论中的平面曲线法向等距线两部分.

● 吴从炘接受唐余勇建议,秋季学期两人从机械工程系应届毕业生中招收2名攻读应用数学专业的硕士学位的学生. 主要由唐余勇负责,指导他们撰写学位论文,吴从炘也曾为他们讲授"计算几何"课和"平面齿轮啮合原理"讲座. 实际上,这仅仅是一种尝试. 随后,唐余勇在这方面的研究越来越深入、越来越广泛,成果也越来越丰富,引起台湾机械工程界陈朝光等知名学者的关注,多次赴台作较长时间讲学并指导许多博士生撰写论文.

● 9月10日是首届教师节,黑龙江省人民政府授予吴从炘"省优秀教师"的荣誉证书. 节前《黑龙江日报》于9月6日刊登"侯捷、李和、何首伦、包琼慰问省城大学教师". 报导5日上午省长侯捷、省委常委李和、省政协副主席包琼看望哈工大吴从炘教授和哈师大、东北农学院另两位副教授、教授;副省长何首伦则看望了哈船院某教研室主任,哈医大某系主任与哈建工某讲师. 向他们祝贺我国第一个教师节. 当侯捷省长在吴家得知吴视力极差后,提出可以出国就医,吴回答说:"国外治病,费用太高,他本人仍可正常工作,还是不要去吧."9月6日,侯省长即请黑龙江省医院眼科主任申尊茂来吴家为吴仔细诊治开方并嘱咐各种应注意事项. 此事在媒体广为流传,盛赞省长关怀知识分子之举,不少读者还致函吴从炘表示鼓励,提供治疗眼疾的各种方法或偏方等,这一切吴都铭记在心.

● 8月,吴从炘经大连乘船去青岛,出席在潜艇学院召开的"全国第一次δ函数及其在物理上应用会议,"陈庆益教授为负责人,参会约30人,数学界熟人还有王进儒、李雅卿;物理方面的代表只记得湘潭大学的谭天荣,1957年北京市大学生中的一位著名"右派".吴报告的题目与在《工程数学学报》1984年创刊号发表的文章差不多,讲的时候内容要更开阔些.吴的太太是物理老师也去听会.会后吴夫妇与李雅卿一行4人登泰山、观泉城.离哈期间硕士生孙慧颖帮吴夫妇管理子女,实在谢谢她了.

● 吴从炘的另一位四年制研究生刘铁夫,不像他同学李容录那样发表了不少文章,若要评上副教授,必须先将已经得到的结果尽快投稿,设法刊登出去才有机会.功夫不负有心人,刘铁夫很快收到了回报.这一年,吴从炘、刘铁夫在《东北数学》1(1985) No.1 和 2(1986) No.3 刊出、录用论文:

"抽象二级囿变函数";

"关于抽象二级绝对连续函数".

在《科学通报》30(1985) No.20 和 No.21 刊出论文:

"关于抽象二级绝对连续函数的注记";

"抽象K级囿变函数".

在《自然杂志》9(1986) No.5 录用论文:

"K级绝对连续函数".

……

这样,刘铁夫就为博士论文的完成打下了坚实的基础.

● 在哈工大建校(1920年)65周年画册中有一幅吴从炘的工作照片,所附的文字说明为:"吴从炘教授从事泛函分析、模糊数学和应用几何方面的研究".

● 中国系统工程学会于7月14~19日在西安举行第4届学术年会暨第二届理事会.会前经过两轮通讯选举产生106位理事,其中第一届理事只占30%,刘应明、汪培庄、吴从炘作为新当选理事出席了此次会议.第二届理事会选举许国志为理事长,刘应明为常务理事.会议由第一届理事会副理事长1955年首批学部委员李国平致开幕词,最后由新当选理事长许国志致闭幕词,参会代表共256人.

1986年吉大邹承祖、孙善利访问哈工大.
左起:戚振开、邹承祖、吴从炘、孙善利

吴从炘于1986年9月访问匈牙利期间为
刘铁夫(右)与Laczkovich(左)拍摄

1986 年

- 按照国务院学位委员会《关于做好第三批博士和硕士学位授予单位的审核工作的通知》要求,航天工业部于 1 月 4~8 日在北京京西宾馆召开部第三批学位授予单位的初审工作会议,吴从炘被聘为部第二届学位委员会学科、专业评议组委员并出席这次会议,分在专业评议第 6 组(共 11 人,2 人为召集人).部学位委员会初审通过哈工大基础数学专业为博士授予专业点,吴从炘为该专业博士生导师,上报国务院学位委员会,并得到批准.

8 月 25 日国务院学位办向哈工大下达第三批博士生导师名单,吴从炘名列其中.

- 10 月 10 日吴从炘的第一位博士刘铁夫(系四年制研究生转为博士生)通过了博士学位论文:"抽象 K 级斜囿变函数与抽象 K 级斜绝对连续函数"的答辩,答辩委员会主席是北京工业学院(现为北京理工大学)孙树本教授.当时博士答辩程序复杂,除论文的全文评阅,还需 25 位专家对论文详细摘要进行评议.

- 应母校邀请吴从炘于 10 月 5 日参加了吉林大学建校四十周年庆祝大会,并且接受校刊记者的专访,刊登于《吉林大学》1986 年 10 月 5 日第 6 版,题为:

"愿母校走向第一流——访校友、哈工大吴从炘教授"

- 黑龙江省政府侨务办公室、黑龙江省归国华侨联合会于 1986 年 3 月 20 日授予吴从炘"省归侨、侨眷、侨务工作先进个人"光荣称号.

- 7 月,航天工业部为吴从炘、马明、方锦暄完成的项目(项目编号 85B2416)"Fuzzy 凸性与 Fuzzy 拓扑代数"颁发二等奖奖状.

- 这一年吴从炘和博士答辩前的刘铁夫应邀访问波兰,参加 8 月 25~30 日在波兰波兹南召开的"第一届国际函数空间会议"和 9 月 4~7 日仍在波兹南召开的"第二届波兰国际模糊数学与区间数学会议".这也是吴从炘首次出访国外.在第一个会议上,吴从炘被安排为会议执行主席之一并且是唯一作了 2 个报告的与会者,报告题目为:"无穷矩阵的拓扑代数 $\Sigma(\lambda)$","Orlicz-Musielak 空间的凸性与复凸性";刘铁夫也宣读了他的博士论文主要内容.会议论文集 1988 年在东德的 Leipzig 正式出版.在第二个会议上,依然作为大会执行主席的吴从炘除了已被收入会议论文集的一篇和他学生马明合作的论文之外,还作了"模糊拓扑线性空间的研究进展"报告.哈尔滨科技大学王廷辅、王玉文参加了第 1 个会议,陈述涛两个会议都参加了.

两次会议的前前后后,吴从炘等与各国数学家进行广泛的接触和交流,如美国的 W. A. J. Luxemburg,捷克的 J. Kolomy,波兰的 Musielak, Hudzik, Kaminska, Wisla, Plucienik, S. Rolewicz, Taberski 等等,也访问了两个会议的承办单位:Adam Mickiewicz 大学和波兹南工业大学.格外令吴从炘等感到兴奋荣幸的是,他们被邀请访问波兰科学院波兹南数学分所,会见了 Orlicz,得到他的赞许和鼓励,吴从炘还在该所举办的欢迎部分到会数学家的酒会上,作了"Orlicz 空间研究在中国"的即席专题讲话.通过这次访问,哈尔滨与波兹南从事 Orlicz 空间研究的数学工作者建立了紧密联系.Orlicz 本人还曾正式表示:"波兹南与哈尔滨是世界上研究 Orlicz 空间的两个中心."

- 应匈牙利数学会的邀请,吴从炘于 9 月 9~12 日顺访布达佩斯,刘铁夫以随员身份同时前往.吴从炘是"文化大革命"后首批访问匈牙利科学院数学所的中国数学工作者,在数学所做了两个报告:"近三年吴从炘在泛函分析方面的研究成果"和"中国数学会关于泛函分析方面的学术活动."吴从炘还会见了世界著名数学家,Wolf 奖得主、Eötvös Lorand 大学数学学院院长 P. Erdös 教授. 吴从炘一行受到匈牙利数学会极其热情的接待, Petruska 和 Laczkovich 两位博士每日白天晚上轮流开车陪吴、刘游览市内与郊外的名胜和夜景. 虽然匈方支付吴从炘的生活补贴费按牌价折算成美元似乎很少, 但餐餐均在饭店, 甚至有时餐厅还有乐队演奏, 直到告别聚会, 每餐均 3~4 人就餐, 才稍欠些许, 足见那时匈牙利的物价是何等便宜.

● 10 月 16~22 日第 4 届全国泛函分析学术会议在西安交通大学举行, 游兆永教授负责会务工作, 参加会议开幕式合影的与会代表达 220 人. 到会的泛函分析联络组成员仅田方增先生一人 (江泽坚先生身体不适), 泛函空间理论与应用分组 3 位负责人中的阳名珠和吴从炘都到会了, 另一负责人王进儒年过 6 旬, 可能因此就不再参会. 游先生对会议安排得周到细致, 还有伊斯兰餐厅可供就餐. 1978 年吴从炘招收的首批研究生李容录也来参加, 1985 年就评为副教授, 这在此次会议的代表中还并不多见.

● 全国高等工业学校应用数学教材委员会第二次全体会议于 5 月 11~17 日在浙江大学举行. 与会人员包括吴从炘在内, 有委员 14 人, 秘书 1 人及高等教育出版社有关编辑 3 人, 由主任肖树铁主持. 会议一致认为: 教材应提倡多风格、多层次, 具有自己的特点; 教材应现代化, 力求反映现代科学技术成就; 教材应结合中国实际并符合教学规律. 委员会投票通过《微分几何》等 7 本教材向高等教育出版社推荐出版并决定公布第二批公开征稿的 21 本教材目录及编委会责任委员, 吴从炘系《应用数学方法》《广义函数与索伯列夫空间》和《组合拓扑学》的责任委员.

委员会还委托哈尔滨工业大学于 12 月份组织召开"数学分析"及"高等代数"这两门课的教材讨论会并单独公开征稿, 游兆永、吴从炘、王能超为责任委员. 会议如期在哈尔滨召开, 对应征稿进行了评议, 没有选出可向教材委员会提出推荐的书稿, 并将评议情况向委员会如实反映.

● 《哈尔滨日报》1986 年 5 月 27 日报导了省、市科协在市科学宫联合举办的庆"六一","科苑苗苗与园丁"座谈会. 其中有这样一段:"我省著名学者洪晶、吴从炘、巴德年等向小朋友们介绍了物理、数学、医学等方面的科学知识, 欢迎小朋友将来从事科学研究工作, 愿意与小朋友结为朋友, 建立关系."

注. 吴从炘 1986 年被评为国家第三批博士生导师, 当年就收到多篇寄来要求评审的博士论文详细摘要, 至 1993 年所收到要求评审, 由前三批国家批准的博士生导师指导的博士学位论文或详细摘要 (不包括本书正文中已经提到在此期间及以前, 吴所参加中国科学院系统科学所、山东大学、兰州大学、吉林大学、四川大学、大连工学院、哈尔滨建工学院等单位的博士生学位论文答辩者) 的学校有: 复旦大学、西安交通大学、四川大学、北京大学 (以上为详细摘要) 与山东大学、川大 (挂靠导师)、北大、南京大学、西交大、大工、哈建工等. 这里再介绍两个情况. 一个是: 自第三批开始, 国家批准了一些博士学科专业点的博士生导师, 其所在单位并未取得该学科专业点的博士授予权. 此时获批导师可以挂靠到具有授予相应学科专业点博士学位的单位进行招生. 如吴从炘所参加的川大博士生答辩就属于这种情况, 该博士生的导师王国俊是挂靠在川大的第三批国家批准的博士生导师, 其工作单位为陕西师大. 另一个情况是: 吴从炘目前仍保存有复旦大学博士生导师夏道行、严绍宗指导的 3 位研究生侯晋川、陈晓漫、黄超成的博士学位论文手写的详细摘要, 篇幅分别为 35 页, 34 页与 30 页. 他们填写的完成日期, 侯为 1986 年 1 月, 陈与黄则为 1986 年 2 月.

1987 年

- 春季,吴从炘到北京参加哈工大四年制研究生崔明根的导师章绵为他组织的在职人员申请博士学位的论文答辩,可以举行这次答辩的依据是 1986 年 9 月国务院学位办下发《关于在职人员申请硕士、博士学位的试行办法(送审稿)》,见《学位与研究生教育》1987 年第 1 期的文件摘登.这时哈工大基础数学已经是博士学位授予专业,也已经有一名博士生刘铁夫获得博士学位,符合试行办法要求.1988 年崔明根得到基础数学博士学位,他在最后上报国务院学位办的博士学位论文中导师的署名是:陈光熙、章绵、储钟武.
- 吴从炘于 4 月 28 日在黑龙江大学召开的黑龙江省系统工程学会成立大会上当选为副理事长,邓三瑞为理事长.吴还在会上做"模糊数学及应用"的综合性学术报告.
- 哈尔滨建筑工程学院学位评定委员会聘请吴从炘为结构力学学科研究生欧进萍的博士学位论文答辩委员会委员,其论文题目与答辩日期如下:

论文题目:模糊随机振动,答辩日期:1987 年 10 月 17 日.

欧进萍在攻读博士学位期间已正式发表论文 24 篇(不包括会议论文),其博士论文在评审与答辩中得到高度评价.2003 年欧进萍当选工程院院士.

- 11 月 28 日,哈尔滨建工学院举行结构力学研究生陈树勋的博士学位论文答辩会,论文题目是:"结构多目标模糊优化及天线结构保型优化设计."学院又聘请吴从炘为答辩委员会委员,此前吴已经评阅了陈的博士论文.
- 7 月 21~25 日在东京举行国际模糊系统协会(IFSA)第二次大会,来自 25 个国家的 350 余名代表出席了这次盛会.吴从炘是大会程序委员会委员并在分组会上作了一个报告;刘应明为该委员会副主席;汪培庄在大会上作"模糊数学在中国"的报告.会议期间,吴从炘与 Zadeh,《Fuzzy Sets and Systems》主编 H. J. Zimmermann 进行过交谈并合影.与中国到会的其他人不同,吴从炘的经费是托刘铁夫从别人项目中暂借的,后来刘铁夫又设法完成了大兴安岭十八站林业局一个项目,这笔债务才得以归还.吴非常感谢他的首位博士生刘铁夫以及愿意为吴垫付费用的那位哈工大同人.

这次访日使吴从炘特别感到高兴的是,见到了在东北人民大学数学系同班的日本同学小田切惺子,她于 1953 年读完 2 年级时回到日本,结婚后改称渡边惺子.

- 7 月 1 日哈尔滨工业大学数学系与石油部物探局研究院签订《地震物理模拟与波动方程反问题方法与应用软件研制》协议书,为期三年(1987 年 7 月 1 日~1990 年 6 月 30 日).哈工大数学系设"微分方程反问题""微分方程正问题""模糊诊断与识别问题""最优控制与选择问题"四个课题组,分别由刘家琦、郭宝琦、吴从炘、冯英浚担任组长.这是吴从炘参加签约的唯一横向项目,吴从炘去过设在河北涿州的物探局研究院,并和该项目技术负责人范祯祥有过多次交流与讨论,吴所负责的课题组,研究工作主要由吴当时的硕士生邓廷权、孙红岩完成.该项目获中国石油天然气总公司(部级)1989 年科技进步 1 等奖,有 9 位主要完成者可授予奖励证书,而分配给哈工大这个完成单位只有 2 个名额,身为数学系正、副系主任的吴从炘与冯英浚理应主动退出获奖机会.证书是 1989 年 10 月颁发的,项目的完成单位还有其他高校.
- 《哈尔滨工大》5 月 15 日刊出博士点导师介绍之二十五:"基础数学吴从炘教授"并附工作照片.
- 全国模糊数学与模糊系统学会于本年在国防科技大学创办学会机关刊物《模糊系统与数

学》,国防科大政委汪浩任主编,吴从炘是副主编,共8位副主编.为创办会刊,国防科大作出突出贡献,不仅承担办刊经费,成立刊物编辑部,而且成功地向湖南省申请办理了注册登记.另外,华中工学院创办的《模糊数学》为了处理好已收稿件,1987年仍出版发行,次年停刊.

● 这一年吴从炘获得了第1项国家自然科学基金:"模糊拓扑线性空间的对偶理论"(1987年1月~1989年12月,批准号:1860534).

● 本年度在郑州召开的第5次全国泛函空间理论与应用会议,吴从炘因故未去,他的学生孙慧颖、赵东滨与刘磊前往参加并宣读论文.

● 这年秋季,高等工业学校应用数学教材委员会第三次会议在湖南省大庸(即张家界)举行,由湖南大学承办,吴从炘参加了这次会议.会前在长沙已经召开过由方爱农责任委员主持的关于第二批公开征稿的《应用泛函》教材推荐讨论会.该会在所提交的3本书稿中确定了向本次全会推荐天津大学熊洪允等3人所编的《勒贝格积分与泛函分析基础》一书.全会投票决定推荐该教材在高教出版社出版,并委托吴从炘为此书的主审人,直接将审稿意见寄给高教出版社.会外花絮一则:游览时郑权、王荫清、吴从炘自行增添"往返金鞭溪"项目,并健步如飞安抵集合地,然吴、王二人登车即精疲力竭,动弹不得,说不出话,郑却仍谈笑自若.后询之方知,彼日跑五千(米),才有如此功力.

左四为石油部物探局研究院主管合作项目的负责人,左一、二、五为哈工大冯英浚、吴从炘、郭宝琦,左三为研究院工作人员(1987年摄于哈尔滨)

1987年7月,吴从炘在东京召开的第二届IFSA大会上借助望远镜听报告

1988 年

- 9 月 22~27 日在湖北宜昌举行高等工业学校应用数学专业教材委员会第 4 次会议. 吴从炘参加了会议, 是本次会议公布的 15 本第四批公开征稿中《组合拓扑学》一书的责任委员, 其截止收稿日期为 1989 年 4 月 30 日. 由于这本教材的基本要求及内容说明尚无人制订, 吴也请人草拟了一份, 后来仍无应征者, 不了了之. 另外, 这次会议在听取了各评审小组对 8 本应征教材评审意见后, 又进行了认真细致的研究, 无记名投票通过了 1 本教材向高教出版社推荐出版.

- 山东大学聘请吴从炘担任 4 月 23 日在山东大学举行的郭大钧的研究生杜一宏、孙勇的博士学位论文答辩委员会委员. 这是吴从炘第一位博士生毕业后, 首次到外地院校参加博士生答辩. 这次答辩会同时还有 1 名硕士生进行答辩, 吴从炘也是这 3 位研究生的论文评阅人. 陈文峴是另一位来自外校的答辩委员. 次日早晨马、吴和潘承洞校长的博士生答辩委员会主席王元院士 3 人去首批全国重点文物保护单位: 四门塔游览, 潘校长竟亲自来餐厅准备午餐食物, 甚感不安.

- 5 月 16 日, 兰州大学举行基础数学专业程建钢、王海明、钟承奎、汪守宏等 4 位博士生的论文答辩, 其导师均为陈文峴, 学校聘请吴从炘为答辩委员, 吴事先已评阅了汪守宏、程建钢的博士论文. 另一位来自外校的答辩委员是郭大钧.

- 12 月 12 日, 吴从炘荣获黑龙江省科协授予的 1988 年黑龙江省优秀科技工作者称号.

- 11 月, 中国现代设计法研究会模糊分析设计学会聘请吴从炘为该会顾问.

- 11 月, 黑龙江省科协编的《黑龙江科技精英第二集》, 由北京学苑期刊出版社出版, 其中 286~294 页为于先龙执笔的"奥尔里奇空间"的娇子——记数学家吴从炘教授, 该文后来被收集到: 于先龙著,《在冻土带上崛起》, 1994 年 3 月, 由黑龙江人民出版社出版.

- 5 月, 吴从炘、赵林生、刘铁夫的专著《有界变差函数及其推广应用》在黑龙江科技出版社正式出版. 书中包括二级有界变差函数, 斜有界变差函数, K 级有界变差函数, M 有界变差函数, Λ 有界变差函数, 二元有界变差函数, 抽象有界变差函数等类型的推广, 也包括对积分理论, Fourier 级数, 逼近论, 泛函分析等方面的应用.

- 由云南民族学院承办的全国模糊数学与模糊系统学会第四届年会于 10 月 12~16 日在昆明举行, 吴从炘没有到会, 吴还因故缺席第 2, 3 两次年会. 尽管如此, 在 1986 年那次会上吴仍被选为第二届专业委员会副主任委员.

- 华中理工大学在本年创办刊物《应用数学》, 陈庆益教授为主编, 吴从炘被聘请为编委.

- 1 月 6 日四川大学数学系致函吴从炘, 请吴为刘应明的首位博士生孙叔豪的博士论文《Locale 拓扑结构与 Grothendieck 广义层论》写评议意见.

- 11 月间, 中山大学刘良深教授邀请吴从炘为他的硕士生开一门为期 3 周的"特殊泛函空间"课, 讲的是 Köthe 序列空间与 Orlicz 函数空间. 搞泛函的一些老师如韩景銮等也来听, 所以又成为一个讨论班. 其中快毕业的研究生黎永锦, 第二年考到吴那里读博士. 同时, 过去跟吴进修过序列空间的林萍得知消息也到广州来了. 民以食为天, 中大伙食极好, 极方便, 给吴以极深印象. 在其他学校食堂, 来访者只能是"给什么, 吃什么", 中大不然, 对访客按就餐天数和邀请部门提供每日伙食标准算出总额度, 在规定的天数和额度范围内, 客人自由支配, 吃饭方式变成了"吃什么, 点什么", "给"与"点"一字之差, 乃天壤之别. 系里还安排了随旅行团的深圳二日自由行, 想得很周到. 吴的学长李岳生教授当时正在中山大学校长任内, 他还拨冗款待吴的来访, 不胜荣幸.

● 5月,吴从炘邀请南京师范大学方锦暄和吴的大学同班同学、南京大学朱梧槚来哈工大参加吴在模糊数学方面的硕士生吴健荣与程利军的学位论文答辩.

● 5月3日《人民日报》第3版刊登"吴从炘列为世界知识界名人". 内容摘录"……他主持的奥尔里奇空间的研究,在国内外有较大影响,他和王廷辅等人合写的两本专著,受到奥尔里奇空间理论创始人的高度称赞……此外,他还在模糊数学、凯特空间、抽象函数等领域……".

● 6月在牡丹江市镜泊湖哈工大招待所召开一次模糊数学与模糊系统委员会的常委会,吴从炘负责会务,马明协助. 这个哈工大招待所原先是20世纪50年代为在哈工大工作的苏联专家暑期度假而建的别墅群中的一部分,另一部分在"文革"期间被其他单位所占用. 有趣的是某常委居然马大哈到如此程度,拿着会议通知去哈尔滨市内的哈工大招待所报到,等辗转赶至镜泊湖哈工大招待所,会议已经结束,成为笑柄.

会后,吉林师院的常委马骥良还另有安排,约请刘应明、李中夫、王国俊、吴从炘和马明同往长白山天池. 一行先抵延边师专中转,副校长张某邀这6人顺访该校,次日在山区长大的张某亲自带领大家登山,恰逢修路封山禁行,为难之际,遇到执行巡逻任务边防军人,称跟随他们即可到达. 一路艰险,终抵池边,待坐下稍事休息时奇迹发生:坐在池边,发烫的臀部与伸进水中冰冷的手臂的感觉,令人难以置信,再环视四周,阳光底下野花盛开与背荫之处白雪皑皑呈现出巨大反差. 真不虚此行,美哉天池!

多年之后,吴从炘又去了一次天池,曾经走过的那条路已彻底被封闭,人们都只能开车按指定路线驶至环抱天池的某处山峦,从远处俯视. 吴遇到的情况更糟,风雨雾交加,什么也看不见.

张文修、王国俊、方锦暄、朱梧槚在哈尔滨(1988)

1988年6月摄于长白山天池池边(不久就不允许游客到池边了)
左起:马明、李中夫、刘应明、吴从炘

1988年6月摄于吉林市北山,第二排左一为马骥良

1989 年

● "高等工业学校应用数学教材委员会第 5 次会议"本年夏季在佛山召开,负责单位为华南理工大学. 这是一次以交流教学经验为主的扩大会议. 吴从炘未出席此会.

吴对佛山大学却留过极为深刻、永不消失的印象:吴曾乘坐谢(正)校长亲自驾驶之专车赴宴,此其一;其二是吴被安排在佛大的一套五室二厅副教授标准住房午休.

● 航空航天工业部国际合作司下文批复哈尔滨工业大学,邀请波兰米西开维奇大学数学研究所 H. 胡吉克博士于 9 月 6 日至 10 月 6 日访华,进行讲学和学术交流,按文件中日程安排予以接待. 吴从炘具体负责胡吉克来访的各种事项,除在哈工大的学术活动外,吴还陪同胡吉克到牡丹江市游览镜泊湖,到齐齐哈尔市游览扎龙鹤乡,并前往克东县一中讲学. 此后,胡吉克与吴从炘建立了长期的友好合作关系.

● 4 月,第 6 届全国泛函分析空间理论与泛函分析应用会议在浙江淳安(千岛湖)举行,约 90 人到会. 吴从炘在参观蛇岛时率先将一条粗约 5 厘米左右、长超过 1 米的蛇围在脖子上拍照,一些不敢与蛇直接接触的女士,赶忙与吴合影留作纪念. 蛇是冷血动物,围在脖子上很凉爽.

● 5 月,黑龙江省优选法、统筹法与经济数学研究会推荐吴从炘为该学会第三届年会名誉理事长.

● 7 月,数学辞海编委会聘请吴从炘为《数学辞海》学术审查委员会副主任委员.

● 12 月,国家教委基金资助项目"矢值函数、矢值函数空间及其对数值分析和数字仿真的应用"完成了工作总结,并以成果"矢值函数积分"的形式由哈尔滨工业大学组织鉴定,主要完成者为吴从炘、刘铁夫、薛小平、马明等 5 人,该项目的起止年月为 1987 年 1 月~1989 年 12 月. 该成果在航天部登记号为 89280060(90 年 2 月 9 日).

● 12 月马明的博士论文《F 赋范空间理论与 F 数的嵌入问题》通过学位论文答辩,成为吴从炘的第二个博士,主持答辩会是中科院数学所研究员许以超、马明取得博士学位后,接连两次破格提升,没几年就是教授了.

● 3 月高等教育出版社出版赵义纯编著的《非线性泛函分析及其应用》一书,该书系全国高等工业学校应用数学专业教材委员会推荐出版,吴从炘委员是书的主审者,作者在序言中称"哈尔滨工业大学吴从炘教授在百忙中仔细审阅了书稿,提出许多宝贵意见,增强了本书的适用性."

● 刊物《Fuzzy Sets and Systems》创刊于 1978 年,1985 年国际模糊系统协会成立并在西班牙 Mallorca 召开第一次大会,该刊(简称 FSS)成为该协会(简称 IFSA)的官方刊物. 吴从炘由于经费所限,未能接受会议于 1984 年 5 月 21 日发出的邀请,出席 IFSA 第一次大会,于是吴从炘与马明将投寄该会的论文改投 FSS,石沉大海. 1987 年吴参加了在日本举行的第二次 IFSA 大会后,吴、马于 12 月又向 FSS 投了另一篇稿,很快寄来要求修改的意见,1988 年 6 月编辑部收到吴、马的修改稿,这时第一篇稿突然起死回生,竟原封不动地被录用. 两篇文章依投稿先后均刊登在 1989 年的 FSS,即 30(1989)63-68 的"Fuzzy normed algebras and representation of locally m-convex fuzzy topological algebras"和 31(1989)397-400 的"Some properties of fuzzy integrable function space $L^1(\mu)$".

其中,第二篇证明了当 μ 为模糊测度时对任何 Orlicz 函数 ϕ,函数类 $L_\phi(\mu)=L^1(\mu)$ 且可测函数列的 ϕ-平均收敛等价于测度收敛,因此,引进相应的 Orlicz 空间并不需要.

● 8 月黑龙江省模糊数学与模糊系统学会在哈尔滨工业大学正式成立,出席成立会议的有哈工大、黑龙江大学、哈师大、哈尔滨医科大学、哈师专、哈尔滨水利专科学校、哈尔滨市人事局等单位的代表共 12 人,推荐吴从炘为负责人,并商讨有关学会开展活动等事宜,由刘铁夫具体落实.

● 薛小平由哈工大 1986 年数学师资班本科毕业,并推荐为吴从炘的硕士生,他很快就在吴所建议的研究方向:取值局部凸空间的抽象函数方面取得成果. 吴从炘遂决定将薛改为硕博连读,直接攻读基础数学博士学位,并让薛将所得结果整理成文,经吴审阅修改,分别于 1988 年 2 月与 7 月寄往《数学学报》与《数学年刊》,随后又向《科学通报》投寄一文,这三篇论文的作者为吴从炘、薛小平,题目依次为:"取值于局部凸空间中的抽象囿变函数""取值于局部凸空间中的抽象绝对连续函数"和"关于 Pettis 积分的一个注记"并在 1989 年与 1990 年相继发表.

● 吴从炘与王廷辅在本年度《哈尔滨科技大学学报》第 1 期 89~93 页发表了这样一篇文章:"试论引进 Orlicz 空间的意义",有兴趣者不妨一看.

● 吴从炘蒙李秉彝,H. Hudzik,L. Maligranda 等外国友人惠赠:

Lee Peng-Yee, Lanzhou Lectures on Henstock Integration, World Scientific, Singapore, 1989.

V. G. Celidze, A. G. Dzvarseisvlli, The Theory of the Denjoy Integral and Some Applications, World Scientific, Singapore, 1989.

L. Maligranda, Orlicz Spaces and Interpolation, Seminars in Mathematics 5, Universidade Estadual de Campinas, Brasil, 1989.

Proceedings of the Second International Function Spaces Conference, Poznan, 1989 August 28-September 2.

● 本年度教师节,吴从炘被国家教育委员会、人事部和中国教育工会全国委员会评为(首批)全国优秀教师并授予优秀教师证书与奖章. 黑龙江省普通高等学校共 51 位教师获此殊荣,名单见《黑龙江日报》1989 年 9 月 11 日第 3 版.

1989 年 12 月,中科院许以超(前排左二)来哈工大主持吴从炘的第 1 个模糊数学方向博士生马明(后排右一)的学位答辩

1989 年 4 月,在浙江淳安千岛湖召开第 6 届全国泛函空间理论与应用会议,摄于蛇岛

1990年

- 4月,高等工业学校应用数学教材委员会在成都召开本届任期工作总结会,由成都科大承办.会议认为:这一届委员会主要工作是通过推荐教材由高教出版社出版等方式,初步解决了应用数学专业教材的有无问题.任期届满,庆祝一番,全体与会人员驱车前往九寨沟,住在沟内藏人简易旅社.时逢淡季,游人稀少,可以尽情欣赏九寨沟湖泊所呈现出五颜六色水面之美景,堪称一绝.

- 12月国家教委决定将数学(力学)、应用数学等10个高等学校理科教材委员会,改建为7个首届理科教学指导委员会.数学和力学是其中的一个委员会,该委员会包括几何学与拓扑学、代数与数论、分析与函数论、微分方程、概率论与数理统计、计算数学、高等数学、应用数学、力学等10个教材建设组,共128人.吴从炘是应用数学教材建设组中的一员.该组有26人,肖树铁为组长,董光昌、游兆永、李大潜、沈世镒为副组长,任期为1990~1995年.

- 4月28日航空航天部授予吴从炘"中青年有突出贡献专家"证书,编号为7090006.

- 吴从炘建议陈述涛以哈尔滨师范大学为牵头单位,就项目"奥尔里奇空间几何与应用"申报国家教委科技进步奖,排名顺序为陈述涛、吴从炘、王廷辅.该项目于本年获得国家教委科技进步2等奖.

- 11月,第5届全国泛函分析学术会议在南京举行,这是一次联络组实现新老交接班的会议.原联络员田方增、江泽坚(关肇直已病故,夏道行移居海外)两位先生主动提出年事已高,希望中青年出来接班.经协商将原泛函分析空间理论与应用组分成泛函分析空间理论与应用泛函分析两组,连同原有的非线性泛函分析与线性算子理论两组,分别推选出吴从炘、阳名珠、陈文㟷、严绍宗为分组负责人.他们4人再加上中科院数学所的李炳仁(为便于与中国数学会沟通),共5人组成泛函分析新的联络组并推荐严绍宗为负责人,完成了新老联络组交接班.吴从炘随即返回哈工大参加校职称评定委员会会议.

- 8月23~26日,由西南交通大学承办的全国模糊数学与模糊系统学会第五届年会在成都召开,并由该校出版社在会前出版了年会的论文选集.该文集从收到的280余篇论文中,经过审稿小组的审查,收入了188篇.吴从炘参加了文集的审编工作,并继续当选学会第三届副主委.

- 吴从炘与王廷辅在《Southeast Asian Bulletin of Mathematics》这一年的第2期第75~85页发表综述文章"Research of Orlicz Spaces in China",这篇文章是应该刊物两主编之一的Lee Peng Yee(李秉彝)的约稿而写.

- 10月15~18日,在北京召开了"中日关于模糊集与系统双边会议",会议主席为刘应明和M. Sugeno,吴从炘担任程序委员会委员.国际科学出版社出版了该会议论文集,共收入论文109篇,其中吴从炘等有2篇论文:

[1]吴从炘,宋士吉,王淑丽. Generalized triangle norm and generalized fuzzy integral;

[2]吴从炘,马明,包玉娥. LF fuzzy normed spaces and their duals.

文[1]通过引入一种广义三角模,定义了广义模糊积分,它以Sugeno积分和(N)积分作为特例;文[2]通过对模糊赋范空间的对偶的讨论,初步说明了引入并研究LF-模糊赋范空间是需要的.吴从炘还代表中方作了"有关中方在模糊集与系统方面某些研究工作介绍"的报告,报告的主持人是日方的K. Hirota.当吴回答了一些关于报告的提问后,Hirota开始讲话了.吴当时自以为是地认为,他再说几句客套话,会也就结束了,吴干脆就没有听,没想到Hirota却越讲越长,吴才发觉不对劲,问了一下在场的人,才知道他也在提问题,弄得吴相当狼狈,很有意思.

● 9月,在大连举行"庆祝徐利治教授执教四十五周年暨庆70华诞会议",吴从炘携礼品到会.外地前来参会的徐老师的早期学生有李荣华、孙学思、朱梧槚、刘隆复、董加礼等,在会上吴从炘也发言致以热烈祝贺.

● 1月,刘应明与李中夫两教授抵哈尔滨,主持吴从炘的4名硕士生付强、武俊德、邓廷权、李淑玉的论文答辩.那时哈工大还没有正规的招待所,住到黑龙江省委组织部招待所,原苏联驻哈尔滨总领事馆隔壁.刘先生帮助重庆籍的付强返回故里,到重大这所名牌大学任教,付大喜过望.吴曾陪刘、李二位在松花江面上乘坐马车游江,领教一下什么叫作"寒风刺骨",自然已经从鞋到帽更换装备加强防护,否则后果不堪设想.刘、李回到成都仍久久不能忘却这"寒风刺骨"的滋味.

● 1988年初,国防科工委决定每年拨专款设立国防科技图书基金,对评选出给予资助的图书,由国防工业出版社出版.吴从炘与马明获此信息就着手写本模糊分析的书,力争取得该基金资助出版.当时国内外还没有一本有关模糊分析的书,两人认为根据他们在这方面已有相当研究基础,只要能把书写好,得到资助应该很有可能.吴、马研究确定该书分六章:

第一章 模糊集、模糊代数与模糊拓扑引论;第二章 模糊测度与模糊积分;第三章 模糊数;第四章 模糊集值映射;第五章 模糊拓扑线性空间;第六章 模糊赋范空间.

两人还确定在撰写时力求注意:(1)对要用到的模糊数学其他方面知识尽量做较完备的介绍;(2)取材侧重于基本概念、基本理论与基本方法;(3)在二、三、四章中设专节介绍应用问题,但尽量避免过多涉及具体应用中较繁的细节;(4)除第一章外,在每章末单列一节为"进展与注",专门介绍该章内容进一步的进展状况并附有一定数量文献;(5)为便于读者,篇幅控制在150页左右.经过对初稿的反复推敲和修改,本年度最后提交的书稿,获评审委员会认可.该书1991年7月由国防工业出版社出版,书名为《模糊分析学基础》,责任编辑为张赞宏.本书得以正式出版与张编辑的帮助和辛勤劳动密不可分,在此谨致谢意.随着模糊分析研究的不断发展,现在来看那本书,还是有若干欠妥与不足之处,可以改进.

第二排左起:11. 定光桂,12. 赵俊峰,13. 马吉溥,14. 李炳仁,15. 吴卓人,16. 阳名珠,17. 吴从炘,18. 林有浩,19. 林辰,20. 江泽坚,21. 田方增,22. 李文清,23. 杨从仁,24. 程其襄,26. 严绍宗,27. 郑维行,28. 陈文𪻐,29. 林群,32. 陈广荣,33. 王廷辅

1990年在天津召开Henstock积分会议
第一排左起:4. 丁传松,5. 吴从炘,7. 李秉彝,8. 王廷辅,9. 李万选

1991 年

- 吴从炘作为主席团成员出席了 5 月 4~6 日在哈尔滨市北方大厦召开的"黑龙江省科协第四次代表大会",当选为第 4 届委员会的常务委员.

- 6 月 10~15 日,吴从炘出席了在马鞍山的华东冶金学院召开的应用数学教材建设组成立大会.此次会议根据已批准的"八·五"应用数学教材建设规划就下列 4 本教材进行公开招标征稿:《数值分析》《运筹学》《控制理论基础》《概率统计》.征稿截止日期为 1993 年 3 月 31 日,每本各有 3 名建设组成员负责组织评审工作.

- 1 月 13~17 日,南京大学马吉溥教授应邀前来哈工大,为吴从炘的研究生段延正(副导师陈述涛)主持博士学位论文答辩会.令人遗憾的是,由于接站电报未能及时送达,造成马教授在无人迎接、艰难地找到哈工大招待所时,恰好又无空床位的难堪局面的出现,等吴从炘赶到招待所致歉并安排好住宿已近午夜,回想当年的通讯联络是何等的落后,更无法想象如今的手机时代的快捷与便利.

- 7 月 23~28 日,哈工大邀请吉林大学江泽坚教授主持他的学生吴从炘的两位博士生孙慧颖、薛小平的论文答辩会.哈工大杨士勤校长与江先生夫妇及答辩委员合影留念,江先生还出席哈工大数学教研室部分教师的一个座谈会.吴从炘等人陪同江先生游览了松花江.

- 是年恰逢江先生的 70 华诞,吴从炘特意在哈尔滨为恩师筹办一次庆祝盛会,组织在哈尔滨市内的吉林大学数学系文革前毕业生、约 50 人参加祝寿午宴,师生相聚,其乐融融,共祝老师身体健康,寿比南山,福如东海.校友王耕学为这次活动的成功提供了有力的支持与帮助.

- 根据 1990 年 4 月 4 日印发的航空航天部文件"关于录取 1990 年航天部系统自筹资金出国进修人员的通知",哈工大有 6 人被录取,其中仅 2 名可以去美国或加拿大,并确定吴从炘去美国.于是,吴从炘与美国衣阿华(Iowa)大学研究泛函分析的林伯禄(Lin Bor-Luh)教授联系访问事宜,1990 年 10 月 15 日衣阿华大学数学系主任 William A Kirk 教授发出欢迎吴从炘来访的邀请信,接着办妥赴美签证,为期 6 个月(当时高级职称人员出国进修均以半年为限).早已移居美国的任重道闻讯力邀吴从炘去衣阿华前,先到他所在的加州大学 Riverside 分校访问,等秋季学期开学时到达林伯禄处即可.8 月上旬,吴从炘抵达 Riverside,任重道除安排许多旅游参观活动外,还陪同吴去 Pasadena 加州理工学院拜会 Luxemburg 教授.这时吴从炘在华中工学院招收的研究生胡祥恩已改行学心理学,正在加州大学 Irvin 分校从事研究工作.到胡所在的研究室了解之后,吴才知道原来心理学需要如此之多的数学工具,大出意外.使吴从炘更出意外的是胡祥恩在家里用电脑一会儿就将近 5 年吴所发表的全部论文的题目、刊登的刊物名称,文章摘要和美国《数学评论》内容等一应俱全,打印出来共 27 页,吴惊叹不已,如今这 27 页打印稿仍完好如初地为吴所收藏.接着,吴从炘又应加州州立大学北岭分校数学系周广南教授的邀请前去访问.在报告之前,吴突然发觉右眼有四分之一区域完全看不见了,吴坚持作报告,结束后才随周到一所私人眼科医院就诊,立刻被诊断为视网膜脱落,建议马上回国手术.这样一来,吴从炘这次访美进修计划宣告流产.而任重道的无私帮助,令吴感念至今,就连回到北京能及时住进同仁医院,也靠的是任的鼎力相助.

- 11 月 27 日,吴从炘的户口从美国迁回哈尔滨,当时规定出国进修半年以上的人员必须迁出户口.后来,哈尔滨欧美同学会有一次居然通知吴去开会,吴没有去,连出国拟前往进修的大学都没到过,又有什么资格参加这样的同学会呢.

- 这一年吴从炘开始获得国务院颁发的政府特殊津贴,每月100元,终身享有.
- 吴从炘误认为国家自然科学基金必须结题之后,才能再次申报,结果吴的第2项获批项目:"模糊分析学的研究"(1991年1月~1993年12月,批准号:19071024)与前一项未能无缝对接,此后又连续4次申报成功,直至2005年12月最后一项完成,吴退休.前后历时19年,其中前3项为模糊分析方面,接着两项属于泛函分析,第6项则是模糊分析与泛函分析之间的联系,层次清晰.
- 4月,模糊数学与模糊系统委员会在宁波召开常务委员会,吴从炘在上海乘慢车前往,自以为早6点开车肯定可以赶上19点的会议末班接站车,然而该列车正点到达宁波竟然需要16个小时,除了乘摩托已别无选择,途中曾有一段路颇荒凉,精神顿然紧张起来,还好不久即抵达目的地甬港饭店.这次会议更令人难忘的莫过于陈世权教授表现出非凡的特异功能,连一起参会的国防科大政委汪将军都暗暗称奇.
- 这一年在武夷山召开的第7次全国泛函空间理论与应用会议,吴从炘因眼疾无法前往与会.同样因眼疾,吴从炘未能参加黑龙江省科协于9月26日在省政协礼堂召开的"科技专家迎国庆座谈会"和10月29~31日在大连理工大学召开的"《数学研究与评论》编委会会议".
- 本年度吴从炘未招博士生,拟赴美探索新研究方向,然而事与愿违,无果而返.思之再三,决意今后招收博士生的研究方向以模糊数学取代已招博士生中泛函分析为主的情况,这样可使学生有更多的发展机会.同时不限制博士生的研究方向,导师不熟悉就尽力与学生共同学习研究,给予力所能及的帮助,虽然老师很累,学生收效会更快.

1991年1月中旬马吉溥(右二)到哈工大主持吴从炘的博士生段延正(右一)学位答辩工作期间拍摄

90年代初吴从炘与数学系两位副系主任冯英浚(右)、邢吉祥(左)在一起

1992 年

● 应用数学教材建设组在 4 月 25～28 日于武汉华中理工大学召开扩大会议,到会的还有来自全国各高校应用数学专业代表,共 55 人. 与会代表认真学习并讨论了国家教委颁布的文件《高等学校应用数学专业基本培养规格和教学基本要求》,分三组进行,东北与华北组组长为沈世镒、吴从炘,另有 6 个单位代表作了大会交流.

● 在 1990 年 Orlicz 去世前不久,李秉彝教授准备将 Orlicz 本人 1958 年在北京中科院所做系列讲座的德文讲义,由数学所泛函室和李文清所译的中文本:《线性泛函分析》(科学出版社,1963)再转译成英文,在征得 Orlicz 同意后,李秉彝邀请吴从炘为该书的英文版写一个关于 Orlicz 空间的附录并增添一些习题和参考文献,吴高兴地接受了邀请. 该书英文版《Linear Functional Analysis》于 1992 年由新加坡的 World Scientific 出版社出版,很不幸,此时 Orlicz 已经去世. 吴从炘写的附录是《Addendum:Some results in Orlicz spaces》共 7 节,其中第 6 节 新加坡大学周选星提供了材料,增添的习题和参考文献也都单独列出,分别见书的 153-210 页,228-236 页与 240-243 页. B. Sz. –Nagy 在 1995 年 5 月德国《Zentralblatt Math》(* 46002)中写道:"…and an important 'Addendum' by Wu Congxin provides …".

2001 年 4 月 5 日,德国《Zentrabratt MATH》于柏林向吴从炘寄出该刊评论员的登记表(编号:9958),于是,吴就一直在为该刊撰写评论.

● 6 月 23 日吴从炘应邀出席在邯郸市召开的河北煤炭建筑工程学院不确定性数学研究所成立大会.

● 中共黑龙江省委组织部、省人事厅、省科委、省科协发请柬,邀请吴从炘 1 月 25 日下午 2 时出席在和平邨宾馆和平会堂举行的专家学者迎新春联欢会,吴准时到会.

● 6 月 10 日,吴从炘作为答辩委员和论文评阅者之一出席吉林大学基础数学专业研究生蒋春澜博士论文:"有界线性算子的相似约化与逼近"的答辩会. 该论文证实了江泽坚教授 1987 年的一个重要猜测,得到答辩委员会和 7 位论文评阅者一致好评.

接着,应东北师大校长黄启昌亲笔邀请,吴从炘顺访该校,由数学系副主任、留日回国不久的史宁中博士主持吴的报告会.

● 3 月,吴从炘受聘参加哈尔滨建工学院结构力学专业博士生张跃的论文答辩会,题目是:"模糊随机过程论与模糊随机振动理论".

● 该年是吉林大学数学系建系 40 周年系庆,以"数学科学学术研讨会"名义举行了庆祝活动,时间为 9 月 11～14 日,并由吉林大学出版社出版了会议论文集,共收入 129 篇论文摘要. 吴从炘应邀到会,论文集中有吴与卜庆营的 1 篇论文摘要. 报到当晚,吉大数学系领导在看望校友时,告诉吴从炘明天开会发个言,讲几句,吴欣然接受,毫不在意,以为就是一个普通座谈会,无需事先准备,更不用写稿或提纲. 第二天到了会场,吴从炘才知道情况糟透了,昨晚完全误解领导的意思. 台下是数不清的学生,台上是一位接一位手执书面稿子照读的发言者,此时吴紧张极了,根本顾不上听别人的发言,只顾努力拼命思索组织自己就要来临的即席发言,至于到底讲了什么,发言结束就全部忘记了. 后来,听说此次发言还很出彩,真幸运!

● 第 6 届全国模糊数学与模糊系统委员会年会于本年 8 月在黄山市举行,吴从炘没有参会.

● 5 月,高等教育出版社出版熊洪允、邱忠文、陈荣胜编《勒贝格积分与泛函分析基础》一书.

该书系全国高等工业学校应用数学专业教材编审委员会推荐出版,吴从炘委员是书的主审者并为此书作序(1990年3月8日).该书"编者的话"称"为了本书的出版,哈尔滨工业大学吴从炘教授认真仔细地审阅了全书,提出了具体修改意见,并为本书作序".

● 马明博士论文第二部分"F 数的嵌入问题"的主要内容在 1989 年 12 月答辩时还在审稿中,直到三年后的今年才全部刊出.《Fuzzy Sets and Systems》于 36(1990)137-144,44(1991)33-38,45(1992)189-202,46(1992)281-286 分别刊登了吴从炘、马明如下的 4 篇论文:"Fuzzy norms, probabilistic norms and fuzzy metrics","Embedding problem of fuzzy number space: Part I-III".

其中"文Ⅰ"证明了模糊数空间可以等距同构地嵌入到一个具体 Banach 空间 $\bar{C}[0,1] \times \bar{C}[0,1]$ 并成为其内顶点为零元 θ 的闭凸锥, $\bar{C}[0,1]$ 是仅具有第一类间断点的左连续且在 $t=0$ 处右连续的函数全体;"文Ⅱ"则是"文Ⅰ"对以模糊数为值的函数的可测性、连续性、可积性与可微性的应用.这两篇文章常被引用.

● 吴从炘连任黑龙江省政协的第 6 届委员,该年是 6 届委员任期的最后一年.在这一届任期内,吴从炘做了一件对黑龙江省广大科技人员很有价值的实事,这就是在 1989 年省政协 6 届 2 次会议期间,吴从炘独自提出一个提案:"设立黑龙江省自然科学基金".

该提案得到黑龙江省人民政府的采纳与落实.吴在 1991 年省政协 6 届 4 次会议讨论李敏副主席关于《省政协 6 届 3 次会议以来提案工作报告》时作过一次正式发言,其中涉及此提案的落实经过.简述如下:

"提案转到省科委,通过省科委,特别是计划处同志的积极努力,在省政府的关怀和财政厅的大力支持下,尽管 1990 年省财政情况困难,仍然同意把'省基金'列入 90 年财政预算,拨款 50 万元.然后,计划处成立了省基金办公室,于 7 月 3 日组成共 11 人的黑龙江省自然科学基金委员会,下设数理、化学、生物一、二组、材料与工程、信息 6 个组,吴是基金委委员,12 月 8 日从 250 项申请中批准了 79 项."

● 7 月 15 日吴从炘收到美国《Mathematical Reviews》聘请吴为该刊评论员的邀请函.吴回复同意后,于 8 月 8 日收到该刊,简称为 MR 来函通知吴从炘成为 MR 的评论员(编号:018896).9 月 24 日吴收到 MR 请吴评论的首篇论文.自此,吴从炘开始为 MR 写评论,直到如今,所完成数目似应超过 150 篇.

● 3 月,山东大学郭大钧教授接受哈工大数学系邀请前来哈尔滨主持吴从炘的博士生卜庆营与黎永锦的学位论文答辩会.

这是吴从炘参加"95 省自然科学基金评审会"的代表合影.左起:马淑洁(十三),黄文虎(十四),吴从炘(十八)

1993年

● 吴从炘于11月1~7日参加在厦门集美举行的"厦门国际实分析研讨会".应李秉彝教授之邀,吴在2日上午做了一个大会报告,又主持了4日下午的报告会,对日本S. Nakanishi教授内容涉及核空间的报告,指出空间核性的重要性和 И. М. Гелъфанд 在其《广义函数论》卷4的序中对此的有关论述,并提及今年在美国召开一个国际会议庆祝他的80华诞,会议名为"展望20世纪泛函分析与物理"(未提吴也接到邀请,没能参会).与会者约50多人,有10几位来自国外.在国际上从事这个领域研究的学者每年都要召开一次会议,关于每次会议的有关信息在刊物《Real Analysis Exchange》中均可查到.

● 8月25~30日,上海同济大学吴卓人教授承办第8届全国泛函空间理论学术会议,吴从炘首次以泛函空间理论组负责人身份主持了这次会议(自1990年第5届全国泛函分析会议决定将泛函空间理论与应用组分成泛函空间理论与应用泛函分析两组后,1991年秋泛函空间理论组单独主办了第7届全国泛函空间理论会,吴从炘因眼疾未能到会).期间,吴从炘见到了从海军工程学院调回上海,已在同济数学系任教多年的周忆行.1956年秋季学期吴从炘返母校进修时与同为进修教师的周忆行及另外3位也来自海军学校的老师曾共同住在吉大永昌三舍的同一个房间.

● 1月3~6日,吴从炘作为留任老委员继续出席在北方大厦举行的黑龙江省政协7届1次会议.哈工大共有11位委员,委员们不负师生的重托,联名写了关于"扩建教化街道路要考虑哈工大校园完整"的提案,表示出关心学校建设的强烈责任感.

● 吴从炘缺席4月在海南召开的模糊数学与模糊系统常务委员会和《模糊系统与数学》杂志常务编委会的联合会议.

● 1月,吴从炘为华南师范大学刘郁强执笔完成的书稿《序列空间方法》给出评审意见并撰写序言,该书以下列形式于1996年7月由广东科技出版社出版:刘郁强,吴博儿,李秉彝著,《序列空间方法》.

● 在贵州科技出版社等单位的大力支持下,国际模糊系统协会中国分会和全国模糊数学与模糊系统学会组织了一个《模糊数学及其应用丛书》编委会,主编之一的刘应明于1991年9月为这套丛书写了前言,该丛书共13册.吴从炘是丛书编委会委员并和马明、方锦暄共同承担《模糊分析学的结构理论》编著工作.书稿于当年提交贵州科技出版社,并于1994年9月出版.在作者的编写说明中指出:"本书与1991年出版的《模糊分析学基础》一书,主要部分不重复,凡前书属于结构方面研究的内容,如模糊拓扑线性空间、模糊赋范空间、一维模糊数空间等,除为承上启下所必须外不再列入.全书共6章,第1章为预备知识,第2~4章基本上是国内的研究工作,第5,6两章分别介绍国外关于模糊线性邻域空间和多种广义模糊赋范空间的近期研究."

● 3月份一种新的模糊数学刊物《The Journal of Fuzzy Mathematics》在美国加州洛杉矶问世.每年1卷,每卷4期,每期约235页,第1卷共940页,其主办单位为International Fuzzy Mathematics Institute,主编是Hu Cheng-ming(胡诚明).该刊设有由34人组成的顾问编委会,其中中国11人,美国10人,加拿大、法国、印度各3人,德国、比利时、希腊、日本各1人,并在征稿通知中说明该刊不收版面费且文章发表还免费提供25份该论文抽印本,另外该刊从第2卷起又增大刊物每页的版面面积.胡君靠一己之力,独自创办此刊,为国际模糊数学界做了一件大好事,精神可嘉,值得赞许,也受到国际同行的欢迎.这从该刊前几期刊登论文中,中国与非中国作者之间的比例依次为6:8(1

卷1期),9:15(1卷2期),9:15(1卷3期),4:17(1卷4期),5:15(2卷1期),6:12(2卷2期)即可窥及.

吴从炘是该刊顾问编委,并且胡诚明还是1981年吴以华中工学院兼职硕士生导师名义招收硕士生的合作导师,更义不容辞,要支持胡的事业,在1992年10月和12月先后投寄吴从炘与马明和吴从炘与哈明虎的两篇论文至该刊,并刊登于1(1993)No.1,13-24和1(1993)No.2,295-301.胡诚明后来离开华中工学院移居美国,时间不详.

● 吴从炘接受大连理工大学数学研究所聘请于6月26日至7月1日前往该校主持王仁宏的博士生尹宝才的学位论文答辩.

● 9月7日黑龙江省科协第5届代表大会在哈尔滨开幕,吴从炘是省科协4届常委会委员,自动作为"五大"的正式代表参加会议.同时经黑龙江省数学学会推荐参选5届常委并继续当选.

黑龙江省委省政府对此次省科协"五大"的召开高度重视,省委省政府领导出席开幕式并与代表们合影留念,哈工大黄文虎、杨士勤在前排就坐.

● 4月,应用数学教材建设组举行第三次会议,由贵州大学承办.自此,本届建设组的中心任务转为对全国高等学校的应用数学专业进行评估.会上成立了评估专家组并确定评估有关原则和事宜.教材评审成为例行工作.吴从炘出席会议.

1993年11月在厦门的集美师专召开厦门国际实分析研讨会时的合影
第一排:李秉彝(会议主席,左四),叶以宁(右二),王廷辅(右三),吴从炘(右四),李岩红(右五)
第三排:丁传松(左四),李万选(左五)

后排为胡诚明,摄于1984年5月参加全国模糊拓扑学术讨论会(南京师大)期间

1993年8月,8届全国泛函空间会期间看望周忆行(左),1956年在吉大进修时曾住在同一间宿舍

1994 年

● 5月16～25日于昆明召开应用数学教材建设组第四次会议,由云南民族学院承办,吴从炘到会. 会议对投标的教材,在责任委员们报告评审情况的基础上,进行大会评审及表决. 关于对应用数学专业的评估工作,在全国高校数学和力学教学指导委员会副主任、应用数学教材建设组组长肖树铁主持下,委员们听取了《高校理科应用数学专业评估指标体系(草案)》和华东理工大学与四川大学进行试评的汇报,提出对草案的修改意见以及对评估程序的建议,待国家教委审批后实行.

● 吴从炘与程立新在《Journal of Functional Analysis》1994年第1期的112-118页发表论文"Extensions of the Preiss differentiability theorem".

该文有如下的评审意见:"It gives several nice extensions of Preiss's very deep differentiability theorem, by combining his theorem with Ekeland's variational principle and the Baire category theorem in suitably clever ways."

● 中国系统工程学会第八届年会暨第四届理事会于11月16～18日在北京召开. 经过事先进行的通讯选举,吴从炘当选为第四届理事.

● 10月,吴从炘申报国家自然科学基金的下列项目获得批准:"模糊微分方程与积分方程的研究"(1994年1月～1996年12月,批准号:19371025).

● 全国第7届模糊数学与模糊系统年会于7月21日在太原开幕,在委员会换届选举中吴从炘继续当选为副主任委员. 这次会议有一位很特殊的代表,来自北京同仁医院眼科的徐日理主任医师,她和吴从炘向会议提交了一篇论文:"模糊回归在治疗视网膜脱落中的应用".

原来,吴从炘1991年在美访问时右眼视网膜脱落,回国住到同仁医院后,徐日理是主刀医生. 由于病情复杂,住了两个月医院,手术虽然成功,但视力仍严重受损,吴深感如果能从患者的术前条件,对术后效果有一定的预测判断,无疑是患者很需要的. 吴从炘住院期间的乐观态度,感染了主刀的徐医生,她终于同意与吴合作开展针对该手术的模糊数学应用研究. 在哈明虎的全力协助下,该研究最终取得一定成效,获得1994年北京市卫生局科技成果二等奖. 因此,徐医生才来到了会场,还作了报告.

● 本年度在国家第5批博士学位授予权专业点及增列博士生导师的评定工作结束后,教育部决定不再进行全国性的博士生导师增列,凡具备所规定条件的高等学校当年即可自行增列博士生导师,但增列数目要根据教育部制订的具体规则确定. 哈尔滨工业大学是一所可以自行增列博士生导师的高校,经测算哈工大在已有27个专业博士点中总共只能增列22名导师. 校学位评定委员会委员吴从炘所在的基础数学博士点有2人申报增列博士导师,一位是李容录,他在申报第5批增列导师时已经通过国家通讯评议(这种情况哈工大还有1位,属于理科物理的光学专业);另一位叫游宏,刚从东北师大将档案发到哈工大,他就是为了增列博士导师才愿意调入哈工大. 基础数学专业要想一次增列2个谈何容易. 吴从炘在学校专为此事召开的学校学位评定委员会上抢先发言,阐明从学校全局考虑,基础数学专业所申报这两个人都应该被增列. 评委们都在认真思索吴的建议是否合理,投出自己神圣的一票,结果没等到唱票、计票工作结束,李、游2人得票就已过半,吴心里的那块石头也就提前落了地,吴的发言取得大家的信任. 类似地,通过面对面讲道理的办法在校内外同样取得成功的事例,书中不再列举.

这里需要说明的是,在1993年9月20～30日召开的国务院学位委员会学科评议组会,评定通过国家第 5 批博士生指导教师时,还规定对于某些高校的优势学科可以自行评定本批博导. 如哈工大的第 5 批国家博导除了在国家学科评议组会上通过的 13 位,接着于 12 月 14 日国务院学位委员会办公室又来函通知,同意哈工大优势学科自行评定的 16 位为第 5 批国家博导. 另外,1993 年吴从炘曾应邀出席吉林大学数学学科自行评定第 5 批国家博导的评审会.

● 元旦刚过,吴从炘和博士生姚小波就去北京航天部办理赴新加坡大学访问手续,这是由该校数学系李秉彝教授资助方得以成行,为期 6 周. 由于办手续时没给出境卡,在厦门机场无法出境,需补办出境卡,经了解,海关人员称:"如果厦门市外办同意开出境卡,那也可以."于是抱一线希望找到厦门大学数学系主任陈文忠教授,他热情地将吴、姚领到校外办,由一位年长黄姓工作人员接待,黄同志极热情,不断与市外办、航天部外事司沟通联络. 因为需要航天部委托厦门市外办,才能办理,中间又出现意想不到的曲折,黄同志还和外交部打起交道. 经黄同志高度热心地高效运作,吴、姚 2 人很快顺利地出了境. 黄同志真是个好人,太难得了,至今每当想起此事,吴依然心潮澎湃,不能自已.

吴、姚在新加坡大学的主要任务是姚将已经写就的博士论文正文部分初稿,每日上午在李、吴、姚三人讨论班上逐一报告,李、吴提问,倘若姚答复欠圆满,讨论班后姚再继续思考应如何解答,李、吴也得同步思索,以便次日姚仍未能正确完整回答时能够共同讨论解决. 如此轮转,日复一日,约 1 个月挂零,工作全部完成,大家都松了一口气. 此外吴从炘还要为该校数学系做两次报告,一次关于 Orlicz 空间,另一次与有界变差函数有关. 李先生对吴、姚照顾甚佳,并陪着游览新加坡,曾特意带吴、姚寻访新加坡当年最早填海造地的所在位置,似乎精确到极致程度. 吴还看望了正在该校任教的,原全国模糊数学与模糊系统委员会副主委汪培庄教授,并顺访过新加坡艺术学院.

● 6 月李秉彝访问中国,吴从炘邀请李先生顺访哈尔滨,与中科院数学所李炳仁研究员一起出席姚小波的博士学位论文答辩会. 随后吴陪同李先生夫妇参观了哈尔滨风景名胜,还一起去了吉林市,并在吉林师范学院数学系各作一个报告,由马骥良教授接待且安排游览. 姚小波接着到西安电子科技大学做博士后,从此离开了数学界.

接着,吴从炘应吉林大学邀请于 6 月 8 ~ 11 日访问长春,参加江泽坚、孙善利的博士生曹广福和江泽坚、邹承祖的博士生田国辉的学位论文答辩,其题目分别为"关于 Toeplitz 算子与紧扰动的若干问题","有限协变系统 K-理论的周期定理".

前文证实 Davie 与 Jenell 一个猜想及……,后文则证实 A. Van Daelee 一个猜想,但论文仅 31 页,17 篇文献且相应文章尚未发表,足见理科大学与工科大学间之差异.

1994 年 2 月在访问新加坡大学时曾到过某蓄水池附近的抗日烈士墓

左为谢敦礼,1994 年摄于杭州

1995 年

- 10 月 20～24 日吴从炘作为黑龙江省第三批优秀中青年专家评审组成员,参加第一评审组(共分 5 组)的评审工作,该组共 7 人,组长邓三瑞.
- 3 月 6～8 日在北京钓鱼台国宾馆召开中国模糊数学与模糊系统学会理事长扩大会议,吴从炘参加了这次会议.会议的食宿等均在 10 号楼,一切费用由企业赞助,并有媒体参与,全国人大常委会副委员长卢嘉锡等领导到会指导,与会及相关人员约 30 人(会议提供宾馆内路线示意图).
- 9 月,国家教委成立第二届高等学校理科各学科教学指导委员会(1995～2000),共 13 个学科.将原来的教材建设组改成教学指导组并进行较大的调整和合并,人员也作较大压缩.数学与力学教学指导委员会则从 10 个组合并调整为 5 个组(基础数学、概率论与数理统计、高等数学、计算数学与应用数学、力学),人数也由 128 人压缩为 80 人.其中计算数学与应用数学教学指导组为 25 人,组长李大潜,副组长沈世镒、应隆安.吴从炘仍继续留任委员.
- 应用数学教材建设组于 5 月 5～11 日在宁波大学开会,吴从炘出席会议.这次会议对由国家教委高教司批准,全国共 24 所高校应用数学专业作为首批评估单位所进行的评估工作进行了讨论,经过认真分析和充分讨论一致通过了《关于应用数学专业首批评估单位初评工作小结》上报国家教委.
- 本届应用数学教材建设组的最后一次会议,由成都电子科大协办于 11 月 23～26 日在西昌召开.会议在对第二批约 40 所高校继续进行应用数学专业评估工作基础上,综合前后两批参加评估的应用数学专业实际状况写出书面评估意见,上报国家教委.吴从炘参加了这次会议,会议还组织参观西昌卫星发射中心.
- 中国数学会第七次代表大会暨 60 周年年会于 5 月 17～21 日在清华大学召开,会议代表约 170 人,黑龙江省参会代表为吴从炘、王廷辅与向新民三人.会议有陈省身和丘成桐 2 个 1 小时大会报告,31 个 45 分钟分组综述报告和 120 个分组报告,吴从炘与王廷辅在动力系统、泛函分析、优化等这个小组分别报告了"Banach 空间上微分与积分的若干问题"与"Orlicz 空间及应用研究".吴从炘接替第 6 届中国数学会(黑龙江省的名额)理事王廷辅成为第 7 届理事.理事会选举张恭庆为理事长.
- 这一年吴从炘在哈工大任教满 40 年.元旦当日,已调至哈工大出版社工作的原数学系党总支副书记唐余勇即以打印的信函形式向有关人士发出倡议:在 6,7 月间召开庆祝吴从炘执教四十周年会议,并提出具体设想,征求反馈意见.

在黑龙江省数学学会,黑龙江省工业与应用数学学会,黑龙江省系统工程学会和哈工大数学系诸方面的大力支持下,会议如期举行,由大会发言、学术报告、江北野游聚餐三部分组成,开得有声有色,多彩多姿.尤其由唐余勇组稿,薛小平联络,李淑玉排版印刷,人手一册近百页的纪念册:《驰名中外 桃李满园——吴从炘教授执教四十周年回顾》,内容丰富生动,更为此活动增色添分.本次活动能够取得圆满成功,实在太感谢大家了.

- 10 月 28～31 日,首届全国《余新河数学题》学术研讨会在福州西湖宾馆隆重召开.余新河是福建师大数学系 1963 年毕业生,20 世纪 70 年代末,赴港经商,事业有成,1993 年 3 月 3 日《福建日报》头版头条公布《余新河数学题》以百万港元巨奖征解.出席此次会议的代表达百余人,凡被邀请与会者,其食宿和旅费均由会议承担,吴从炘也是应邀而来的.会议期间,吴从炘与云南大学数学系主任郭聿琦教授同住一室,甚为投缘,成为莫逆,以后吴得到郭的诸多关照和帮助.

会上,吴从炘还见到两位与吴同在 1948 年秋入福州一中高中部的"锻炼"级级友也来参会,其中林可华是福建师大原党委书记.在他们的协调安排下,时任福建省台办主任,曾与吴同桌的级友林勤在于山宾馆欢迎吴从炘回乡,16位同学共聚一堂,吴也汇报了这些年来工作简况,并且用一口流利福州方言来讲,大家称赞吴离乡数十年,乡音仍不忘.

● 6月4~11日第9届全国泛函空间理论学术会议在大连水产学院召开,吴从炘主持会议,与会代表40几位.会议邀请大连工学院著名数学家徐利治教授到会报告,他讲演的题目是:"数学与长寿",他说:"我今年已年满75岁,可以有资格讲这个题目了,……."

● 2月,吴从炘完成了高等学校博士学科点专项科研基金资助项目"映射系统与空间理论"(1992年9月~1995年2月)的研究工作总结.

● 6月份,吴从炘邀请南开大学史树中教授担任吴的论文博士生程立新和博士生付永强的学位论文答辩委员会主席,并在哈工大数学系作了"关于金融数学"的学术报告.之后,很快程立新就进入南开大学博士后站,史树中是他的合作导师.

● 在此之前,吴从炘邀请哈尔滨建工学院王光远院士主持吴的博士生哈明虎的学位论文答辩会.然后哈明虎到哈建工力学博士后站工作,合作导师为王院士,接着又到哈工大管理科学博士后站工作,合作导师是李一军教授.

● 4,5月间吴从炘应邀前往西安,主持挂靠四川大学的博士生导师、陕西师范大学校长王国俊教授的博士生陈仪香的学位论文答辩会.其博士学位论文题目为《稳定Domain理论及其Stone表示定理》,郑崇友、罗懋康是参加答辩的校外委员.两年前,即1993年差不多相同时间吴从炘还主持过王国俊另一位博士生赵彬的答辩,其博士论文题目是"分子格范畴中的极限及其应用".

王国俊校长很关心模糊数学界老朋友吴从炘,自吴1991年末眼部手术后,视力很差,惧怕冬季在哈尔滨凹凸不平与光滑似镜的冰雪上活动,王总是在吴需要帮助的时候伸出援手,安排吴访问陕师大,并提供安静,舒适的学习、工作与生活环境,吴对此感激不尽,铭刻在心.国俊校长任职期间依然坚持为本科生授课,在校园里时可见到王课后略显疲惫、两手俱为粉笔灰的身影,每逢此刻,不禁肃然起敬!

应该是1994年,陕师大数学系负责培养一批在职硕士生,也就是在系里修满课程学分后,返回所在单位边教学,边做论文,再择期答辩.吴从炘有幸于1995年4月应邀为他们开设"Orlicz空间介绍"讲座,共4次.听课者还有来自新疆和河南的教师,多年后其中一位到哈工大攻读在职博士,后来由于身体缘故,无法在承担繁重教学任务的同时完成学位论文,很可惜.

1995年4~5月间吴从炘应王国俊之邀前往陕西师大,这张照片是王的博士生陈仪香答辩后,王与答辩委员会罗懋康(左一)、郑崇友(左二)、吴从炘(左四)及答辩秘书杨忠强(右一)合影

1993年5月吴从炘夫妇随同王国俊夫妇访问宝鸡师院

1996 年

- 5月,在贵阳贵州师范大学召开第二届国家教委数学与力学教学指导委员会所有5个教学指导组的全体会议.吴从炘出席了会议,但其所在的计算数学与应用数学教学指导组仅12人到会,恰好不足该组共25人的半数.

- 经过邀请方与我方努力,吴从炘以"1996亚洲模糊系统研讨会"顾问委员会委员身份,如期出席12月11~14日在台湾垦丁召开的这次会议,并受邀做了报告:"On the fuzzy differential equations". 会上再次与模糊集创始人L. A. Zadeh见面、交谈并合影. 15~20日应黄毅青博士之邀前往高雄中山大学数学系访问一周,其间还顺访台南成功大学数学系,各做一次报告. 接着,于21~23日乘机访问台北中央研究院数学研究所,由陈明博教授接待. 在他主持的"泛函分析及相关课题研讨会"上报告了"Banach空间上凸泛函的微分". 同时还参观了该所的图书馆,馆内竟藏有大量刊载数学论文的大陆高校学报,其齐全程度令人意外. 最后,在24~27日到达会议的主办方台湾大学. 主办人严庆龄工业研究中心主任范光照教授除安排一次报告外,还邀请吴从炘和他一起出席台湾机械工程学会理事会会议. 这期间,吴也见到了台湾机械工程界在国科会兼职的陈朝光教授. 特别是,吴有机会拜会了哈工大台湾校友会会长张益瑶先生,恰好张先生之女时为台湾故宫博物院副院长,特邀吴去参观,此乃天赐良机,也为吴从炘17天台湾之行划上完美句号.

- 12月28日~1997年1月3日,吴从炘应香港中文大学数学系教授岑嘉评的邀请,从台湾返大陆在香港转机时,对该校进行一星期的访问并做一次报告. 这次访问是由大学外事处长出面,由校方提供住宿与生活补贴,岑教授支付讲课酬金. 吴从炘能够在香港回归前进行这次访问,以及对台湾中山大学和台湾中央研究院的访问均得益于岑教授的大力帮助.

- 这一年由李炳仁、王声望、严绍宗、杨重骏主编的英文书《泛函分析在中国》在Kluwer科学出版社于荷兰印刷出版. 书中包括21篇综述文章和9篇研究论文,吴从炘撰写了两篇综述文章,即由吴从炘署名的"Research on some topics of Banach spaces and topological vector spaces in Harbin"和由吴从炘、王廷辅、陈述涛共同署名的"Advances of research on Orlicz spaces in Harbin"分别见该书205~217页和187~204页.

- 8月3日在兰州举行"模糊理论与应用国际学术会议暨八届年会".

为什么在"八届年会"之前又多了一个"国际会议"名称呢?这是因为部分日、韩学者想借"国际会议"之便到西安旅游,而向中方提出将国内年会改成国际会议的请求,考虑中日韩间的友好合作,中方变更了会议的名称. 然而,在会议代表合影中可以看到带夫人的韩方代表,却不见任何日方人士的踪影,原来他们根本就没来兰州,直奔西安去了,似乎他们是些什么高贵人种,岂有此理! 相反,韩方代表做完报告,会议进入使用中文阶段,吴从炘告诉他们可以离开会场,他们却坚持到会议结束,中规中矩. 这次会议由兰州大学杨凤翔负责会务,安排大家去敦煌莫高窟,汽车往返途径武威、张掖、酒泉、嘉峪关、玉门等地,很吸引人.

返回兰州后,吴从炘又随同刘应明院士访问西北师范大学,还去了临夏、甘南草原和拉卜楞寺. 8月16日回到哈尔滨.

- 9月30日,吉林大学校长刘中树续聘吴从炘为《东北数学》杂志编委会编委. 任期自1996年9月30日起至2000年9月30日止.

- 5月5日吴从炘由哈尔滨赴济南出席山东大学郭大钧教授的3名博士生:李福义、韦忠礼和张福保的学位论文答辩会,马吉溥教授也来了.由于老郭出访国外,一切准备事宜,全权委托马、吴二人,责任重大,决不能辜负老朋友的信任.郭夫人与郭的较年长的学生黄春朝、孙经先等都很尽力,答辩工作总算一切顺利.

其中黄春朝会讲吴家乡方言福州话,答辩后某天,约请吴到他家吃晚饭,还有孙经先,边吃边聊很起劲,不知不觉夜已深了,根本找不到任何公共交通工具将吴送回相距颇远的招待所.只好土法上马,那时人们大多以骑自行车代步,像吴这样因视力过差而不会骑车的人很少.于是,让吴坐在体格较壮的孙经先自行车后座,黄春朝在外侧骑行护卫,在寂静大街上一路骑来倒也挺神气,如此这般安抵吴的住处.时间虽已过去近20年,至今仍令人记忆犹新.

● 6月吴从炘的博士生宋士吉举行学位论文答辩会,王光远院士与哈工大计算机系国评博导洪家荣出席会议,王任主席.洪是文革前计算数学专业59级学生,吴教过他六门课,可惜不久后因肝癌逝世,壮志未酬身先死!

● 12月吴从炘另一位直攻博学生吴冲独自完成的论文"RSu integral of interval—valued functions and fuzzy—valued functions redefined"在《Fuzzy Sets and Systems》84(1996)301-308 上发表(1995年2月收到,8月修改).吴冲正因为此文于1994年完稿,从一名1993年录取的硕士生转为博士生.这一年吴冲还与导师共同完成了一篇论文"The supremum and infimum of the set of fuzzy numbers and its applications"并投到《J. Math. Anal. Appl.》.论文有这样一个结果,证明了序有界的一维模糊数集必有上、下确界,且给出其具体表达式.该结果曾被人误认为自动成立,导致在研究中出现问题与错误.此文次年刊于该刊 210(1997)499-511,至今仍时有引用.

1996年1月摄于西安八路军办事处旧址

1996年摄,右为马骥良,中为岑嘉评

1997 年

● 10月14~16日,国家教委科技委在太原理工大学(原山西矿业学院校区)召开"跨世纪优秀人才培养计划基金1997年度专家评审会暨97高校优秀年轻专家科技交流研讨会".会议的评审是在通讯评议的基础上进行的,每位申请者到会介绍自己的工作情况,回答评审专家的质疑;评审专家对本学科的申请者进行综合排序,给出概括性评语和资助意见;最后,由国家教委该计划领导小组审定,确定最终的入选者.吴从炘被邀请作为评审专家参加数学组的评审,另有化学组与化工组,每组的评审专家均为5人.数学组的申请者为19人.

● 高等工业专科学校高等数学课委会,于9月24~29日在成都大学举行第二次会议,修订数学课程教学基本要求,制定"九五"教材计划,交流数学试题库和计算机辅助教学工作.会议专门邀请吴从炘到会介绍"高等数学如何结合教学开展理论与应用两方面研究"的相关经验.

● "国家教委数学与力学指导委员会计算数学与应用数学教学指导组工作会议暨高等院校应用数学专业教学改革研讨会"于8月11~15日在浙江定海召开,由浙江大学数学系承办.指导组组长李大潜院士在开幕式上指出,本次会议的主旨是落实"九五"计划,在1995年国家教委开展的全国高校应用数学专业评估的基础上,交流总结经验,进一步搞好应用数学专业教学改革.出席会议的有指导组部分成员以及来自全国30多所高校数学系的40余位同志.吴从炘在会上作了即席发言,谈到在教学改革中似可考虑最大限度地遵循以下的四个结合及其16个着重点,即:

(1)证明与发现相结合,着重体现在问题的直观性,结论的预见性,推导的必然性与条件的必须性;

(2)数学与模型相结合,着重体现在模型的科学性,模型的合理性,模型的可解性与模型的普遍性;

(3)课程与发展相结合,着重体现在课程的提升,课程的联系,课程的前沿与课程的创新;

(4)理论与计算相结合,着重体现在连续的离散,定量的定性,算法的效率与计算的操作.

吴的发言引起与会者的一定关注,有人说:"这不是即席发言,是有备而来".

● 秋季学期,吴从炘应哈工大数学系的要求为四年级上学期的本科生开设了一门20学时的《数学分析(续)》课.这门课就是力求贯彻上述的四个结合及其16个着重点的一种尝试.

● 《哈工大报》11月13日的图片新闻报道:"数学系为了进一步提高系里教师及博士生硕士生的教学和科研能力,开学以来特邀请博士生导师吴从炘教授于10月17日与11月7日分别作了关于'从单调增加函数类谈起''从黎曼积分的定义谈起'的教学与科研相结合的讲座,这也是实施'国家工科基础课程教学基地':哈工大数学基地的重要活动之一."

● 秋季学期,教育部将一批由中国提供奖学金的非洲留学生调剂到哈尔滨工业大学,基本上还都是要读数学的.吴从炘查阅他们有关材料得知,他们读的是3年制大学本科和2年制硕士研究生,基础薄弱,从未开展过研究工作.但学校考虑到包括国与国之间关系等各种因素,希望数学系予以录取.吴从炘收了2名博士生,分别是来自马里的马马杜(Mamadou)和喀麦隆的李利(Lele),还有一个学统计的博士生,由系内一位同事担任副导师.他们要先学一年中文,共4年.

● 本年度吴从炘被批准的国家自然科学基金项目为"无穷维分析与泛函空间"(1997年1月~1999年12月,批准号:19671021).

● 第10届全国泛函空间理论会议于5月8~11日在南宁市广西大学召开.参加合影的会议

代表共30人,会议有3个大会报告,报告人分别是:陈述涛、肖体俊与高继,另有18篇论文在会上宣读.该分组负责人吴从炘出席了会议并作为最后一位报告人宣读了所提交的论文.会后会务组安排大家领略了北海银滩的美丽风光.

● 12月哈尔滨工业大学研究生院聘请复旦大学副校长严绍宗和陈晓漫两位教授来校主持吴从炘的博士生张博侃、李雷以及吴从炘与李容录(副导师)共同指导的论文博士生崔成日的学位论文答辩会.吴从炘还陪同严校长与陈教授出席哈尔滨理工大学校长、数学教授邓中兴专为他们两位举行的欢迎会,会上陈教授回答了许多相关问题的提问.

● 林群院士提议厦门大学数学系主任梁益兴教授(当时前主任陈文忠教授已不幸病故)邀请吴从炘来系作教学性质的系列报告,并双方确定于5月19日至6月9日到厦大访问3周,就"数学分析"课,借助5个专题,说明如何在教学中开展带有科研性质的教学研究,还作了一次学术报告.这期间得到张福基教授、林亚男副主任诸多关照,也见到才调入厦大的吉大校友赵俊宁教授.

6月10~14日吴从炘又访问了福建师大与福州大学.

● 春季,吴从炘的博士生王晓敏进行博士学位答辩,吴约请北京航空航天大学孙善利教授来哈任答辩委员会主席.

● 1月,黑龙江省政协第7届委员会第5次会议召开,这是吴从炘担任15年省政协委员参加的最后一次会议,在会议秘书处于17日印发的第20期简报中,以"严厉打击玩忽职守和渎职罪犯"为标题刊出:

吴从炘(哈工大理学院博士生导师)委员说,对因受骗而使国家遭受重大损失的玩忽职守罪犯和因决策失误造成的重大经济损失的渎职罪犯,要严加处理,不能由纪检部门去处理,应追究其刑事责任,大吃大喝、偷税漏税、走私等造成的浪费也是很惊人的,严重的也应划入玩忽职守罪这一类之中,这样才能强化反腐败的力度.

注.自本年度起,有关吴从炘出席校内其他博士导师(含吴从炘作为副导师)的博士生学位论文答辩会的情况或信息,书中原则上不再提及.

1997年12月5日随同云南大学郭聿琦等往返西双版纳途经普洱市墨江(哈尼族自治县)的北回归线

1997年1月4日李建华前往香港中文大学接出访台湾并顺访香港的吴从炘回到深圳,他的读初二的女儿及友人表示欢迎

1998 年

- 11月某晚,吴从炘观看中国女排一次比赛电视直播后,突然发觉原来靠它看书的左眼也不行了.急忙与北京同仁医院1991年为吴右眼视网膜复位手术的主刀大夫徐日理联络,并于18日入院.由著名的施文英大夫做左眼核性白内障摘除手术,在手术台上她发现以吴左眼散瞳后的状况来判断,可以改变原定手术方案采用对眼部创伤更小的超声乳化方法手术,征得吴同意后以新方案进行了手术.手术效果很好,术后吴的左眼视力达到接近0.5的水平.不久,吴出现有一定比例患者会产生的后发障现象,于12月23日又再次来到同仁医院,由一位王姓大夫实施了激光手术,刹那间视力即告恢复,神速至极.

- 教育部高教司委托清华大学承办"数学教育在大学教育中的作用"研讨班,于10月22~25日在北京香山别墅召开,吴从炘参加了这次会议.

- 这一年,吴从炘与李秉彝合作的文章"Topological algebras of infinite matrices"发表在由印度Narosa出版社出版,Pawan K. Jain主编的著作《Functional Analysis—Selected Topics》的23~31页,这也是他们两位仅有的一篇共同署名论文.

- 中国系统工程学会模糊数学与模糊系统委员会第9届学术会议于8月10~14日在河北省保定市召开,本次会议由河北大学承办,出席会议的代表共136人.主任委员刘应明院士在本届委员会工作报告中总结了四年来我国模糊数学界在理论研究和科技开发方面所取得的可喜成就,同时指出了存在的某些问题,还介绍了当今国际上模糊数学与模糊系统研究中的一些新动向和热点.代表们受到极大的鼓舞,也引起广泛的兴趣,对第四届委员会的工作给予充分肯定.代表们出于减轻刘应明院士工作负担,以免因委员会具体工作分散精力的心情,接受他主动提出不再担任主任委员的这种高风亮节的请求,一致推选刘应明院士为委员会名誉主任委员.会议通过民主协商,选举产生第五届模糊数学与模糊系统委员会的46名委员.吴从炘任主任委员,王国俊、任平、李中夫、应明生、张文修等5人任副主任委员,郑崇友任秘书长.一些年轻教授进入本届委员会领导层,标志着委员会向年轻化迈出了重要一步.

- 《哈工大报》10月22日报道:"新当选的中国模糊数学与模糊系统学会理事长吴从炘教授应邀访问香港中文大学,9月29日结束了为期1个月的访问,他所作的有关'模糊数学'和有关'泛函分析'学术报告受到关注".

- 吴从炘负责的高校博士点基金项目:模糊数、模糊数值函数的研究(1996年1月~1998年6月),实际上3月份就已完成,并及时由哈工大科研处上报该课题研究工作总结,从而争取到申报从1999年1月~2001年12月的博士点基金的机会.

- 吴从炘于8月17日到北京航天工业总公司体检康复中心进行为期一周的健康体检,吴未要求(需要本人提出)做胃肠镜检查.

- "文革"后,1979年在济南召开第2届全国泛函分析会议,确定关肇直、田方增、江泽坚、夏道行4人组成泛函分析联络组,并且每4年召开一次大会.到了1990年在南京举行的第5届泛函分析会议,改由推选产生的线性算子、非线性泛函、泛函空间理论、应用泛函四个分组的负责人严绍宗、陈文𡵆、吴从炘、阳名珠,再加上为便于与中国数学会联系沟通所增添的中国科学院数学所李炳仁,共5人为泛函分析联络组,推举严绍宗为总负责人.时隔8年,在全国泛函分析界共同热切期盼下,终于决定于5月4~9日在郑州召开第6届全国泛函分析会议,参会代表达170人之多.

吴从炘接到阳名珠事先通知"联络组成员要提前一天到,开联络组会议,商定大会有关事宜"的要求,和阳名珠、陈文巚都如期抵达郑州.因为获悉严绍宗不能来,于是阳、陈、吴三人一起等待李炳仁的到来.尽管阳名珠一再说明:"李炳仁事先答应也一定早一天到",坚持至晚 8 时,李仍未现身.阳、陈、吴只好三人商议,将第二天开幕式有关事宜安排妥当,免得临时慌乱.大会开会之前,李炳仁赶来了,听说阳、陈、吴昨晚对会议已做了一些安排,大发脾气,向阳、陈、吴声称:"一切必须推倒重来,否则立即返回北京".于是这位李某人,会上独断专行,为所欲为,阳、陈、吴为避免直接冲突,也就听之任之.有了这场闹剧,会议自然不欢而散.此后各分组就完全自行活动,联络组名存实亡.

● 6 月,吴从炘的论文博士生张德利和博士生任丽伟、吴冲同时举行博士学位论文答辩,王光远院士是他们三人的答辩委员会主席,哈工大管理学院李汉铃教授也是答辩委员会委员,之后他成为吴冲在管理科学与工程博士后站的合作导师,吴冲出了站就在管理学院发展.

● 3 月,科学出版社出版哈明虎,吴从炘著《模糊测度与模糊积分理论》一书,146 页.这是由科学出版社出版的《博士丛书》中的一种,该丛书是从 1993 年 10 月起,由卢嘉锡、钱伟长为名誉主编,白春礼任主编的编委会负责编辑工作.

● 12 月 31 日大连理工大学聘请吴从炘续任"数学研究与评论"编委,任期从 1999 年起.

● 9 月,吴从炘在岑嘉评邀请访问香港中文大学一个月的期间内,有幸出席由香港高等院校教职员庆祝国庆筹委会主办的、于 9 月 28 日在九龙尖沙咀香格里拉酒店举行的"香港高等院校教职员国庆联欢晚会".

晚宴前国家发展计划委员会宏观经济研究院常务副院长林兆木作了讲演,题目是:"目前内地经济发展中的几个热点问题",晚宴中还有新华社香港分社王副社长致国庆贺词和岑嘉评致贺词.

1998 年 4 月出访山西大学
前排:燕居让(右一)、梁展东(右二),后排:李福义(右一)、吴从炘(右二)

1998 年 5 月摄于郑州.左起:滕岩梅、王廷辅、吴从炘、程立新、段延正、薛小平、张传义、郝翠霞

1999 年

● 5月28~31日,在丹东市召开由丹东师专承办的1999年东北地区模糊数学与模糊系统学会会议,参加会议约30余人.会议由吉林省教育学院张德利教授主持,马骥良教授致开幕词,吴从炘代表上级学会讲话并致闭幕词.

● 模糊数学与模糊系统委员会第五届常务理事会于7月20~23日在长春市召开,由吉林省教育学院承办,出席会议的常务理事共13名,超过总数23人的半数.会议由吴从炘理事长,王国俊副理事长,郑崇友秘书长主持,讨论了由江西财经大学与江西师范大学共同承办第10届年会的筹备工作及其一些相关事宜.名誉理事长刘应明院士十分关心本次会议,提出了许多宝贵建议.吉林省教育学院常家忠院长、张笑庸副院长到会发表了热情洋溢的讲话,数学系主任张德利负责具体会务工作,受到好评.

● 第11届全国泛函分析空间理论会议于7月5~9日在满洲里市举行.该学科组负责人吴从炘到会致开幕词,满洲里市有关负责人和哈尔滨师范大学校长陈述涛到会致贺,来自北京、新疆、武汉、浙江、大连、哈尔滨等地专家、学者近30人参加会议.本次会议特别邀请了中国数学会副理事长刘应明院士和应用泛函分析组负责人阳名珠研究员.在会上刘院士作了题为"格上拓扑与fuzzy数学"的学术报告,阳教授则结合《应用泛函分析》学报的创刊阐述泛函分析的重要性.满洲里市电视台报道了大会开幕式的经过,代表们对会议组织的参观访问留下了深刻印象.

● 本年度教育部对论文博士生进行学位论文答辩提出新规定,获得省部级科技奖是必备先决条件.哈工大照章办理,绝不通融.好在吴从炘的论文博士生李宝麟与叶国菊早已胸有成竹,于5月10日顺利通过论文答辩,西北师大数学系主任鲁梦僧教授参加了答辩会.

● 10月8日中国现代设计法研究会模糊分析设计学会聘请吴从炘担任学会顾问.

● 10月哈工大学位委员会评选首届校优秀博士论文,1995,1996,1997这三届取得博士学位的论文均可参评.吴从炘的博士生程立新(1995届)与宋士吉(1996届)的论文均当选首届哈工大优秀博士论文,他们的博士论文题目分别是:"凸函数、可微性及其应用","两类广义模糊积分与模糊微分方程".

● 春季学期,吴从炘为开阔两名非洲留学生马马杜和李利(分别以模糊分析与模糊代数作博士论文选题)对整个模糊数学的视野,专门开设《模糊数学基础》课,内容包括:

(1)模糊集与模糊点;

(2)模糊代数与模糊拓扑;

(3)模糊数、模糊数值函数及其分析学;

(4)模糊测度与模糊积分.

该课程着重讲基本概念,也讲一些基本性质和基本方法.为帮助留学生更好理解,用英语讲授,这促进了未曾受过正规训练的吴的英语水平有所长进,也算是教学相长的一种体现.

● 香港中文大学岑嘉评教授邀请吴从炘于7月24日~8月3日前往访问,商讨共同合作研究的领域.双方确定以岑的代数学与吴的模糊数学为基础,相互学习对方研究方向,进而展开模糊代数学的合作研究,共同培养博士生,共同发表论文,共同出席模糊数学或代数学的学术会议.由于两人均有较深厚的研究积累,方向一经确定,模糊代数学的合作研究迅速开展,并陆续取得成效.

● 吴从炘的论文博士生张德利的论文被评为第二届哈工大优秀博士论文,其题目为:"单值模糊积分、集值模糊积分与模糊值模糊积分".

● 6月,吴从炘与李容录出席吉林大学数学系的博士论文答辩会.吴主持博士生李觉先题为"算子权移位与Cowen-Douglas算子的若干结果"的学位论文答辩,导师为孙善利,论文评阅人为孙顺华、刘隆复、李炳仁、陈晓漫、马吉溥、鲁世杰、蒋春澜、侯晋川和吴从炘等9人.李容录则主持江泽坚、林辰的论文博士生钟怀杰的学位论文答辩,其题目为:"空间结构与算子理想".

吉林大学此次对博士生的学位论文答辩要求评审专家为9人,真够严格.他们的论文也都包含有回答他人提出的公开问题的内容,前者回答了算子权移位何时是Cowen-Douglas算子,后者则回答Herrero-Davidson关于函数空间$L_p(1<p<\infty)$上黎斯算子是否均可West分解.

● 10月14~19日在成都西南交通大学召开"第四次全国工科数学课程教学经验交流会",该会是由全国高校工科数学教学指导委员会组织举办.吴从炘很少参加这个系列的会议,很可能也是仅有的一次.会议开、闭幕式分别由两位副主任向隆万与汪国强主持,四川大学、吉林工业大学、东南大学、西安交通大学与华南理工大学在会上作大会报告,每个报告长达两小时.刘家琦也出席了会议,会后吴随刘夫妇去旅行,到了九寨沟与牟尼沟(替代因修路而无法前往的黄龙).

● 9月9日黑龙江省科协授予吴从炘黑龙江省优秀科技工作者奖牌与荣誉证书.

● 吴从炘出席了于10月17~21日在杭州耀江大酒店召开的中国科协首届学术年会.年会的论文集《面向21世纪的科技进步与社会发展》(上、下册)于1999年8月由中国科学技术出版社出版,主编为中国科协主席周光召.数学部分在论文集上册,共有论文摘要64篇,除西藏、贵州、上海外,其他的省、直辖市和自治区均有数学论文摘要在论文集上刊出,其中以浙江省数量最多,为10篇(杭州8篇,宁波2篇).吴从炘宣读的论文题为"模糊数空间的嵌入问题".

● 在国家自然科学基金委天元基金的委托和资助下,由云南大学主办、山东大学和西安交通大学协办的"数学研究生昆明暑期课程班"8月份在云大举办,为期4周,包括:分析(微分方程)课程班,代数课程班与数值分析和科学与工程计算课程班.每个班有两门课程和若干次讲座.非线性分析与泛函空间是分析(微分方程)课程班的一门课,聘请郭大钧(山东大学)与吴从炘主讲.吴从炘主讲的题为"Banach空间的凸性、光滑性与可微性",共7次.内容包括Banach空间的严格凸与一致凸,光滑性与范数可微性,其他凸性与光滑性,再赋范与凸性及光滑性,Banach空间上连续凸泛函的次微分、微分与Asplund空间,局部Lipschitz泛函的可微性与Preiss定理等.课程结束,吴与31位听讲者合影留念,其中有吴的博士生刘笑颖,系1997年入学.

● 5月4日,南京师大数学与计算机科学学院发函邀请吴从炘出席该院于5月28日举行的成立大会并作学术报告,系列学术报告会安排在5月26日至31日期间.吴从炘如期赴宁并作了报告:无穷矩阵算子代数.

1999年春,李宝麟(左五)、韩志刚(左六)、鲁梦僧(左二)

2001年9月摄于清华大学.左:宋士吉,右:李邦河

2000 年

- 模糊数学与模糊系统委员会第 10 届学术会议于 10 月 17~20 日在南昌召开,本次会议由江西师范大学和江西财经大学联合承办,有 120 多位代表出席. 主任委员吴从炘作工作报告,总结了近两年来我国模糊系统与模糊数学界在理论研究与应用开发方面所取得的成就,以及下属的学术交流、国际联络、教育普及、应用开发、编辑出版等 5 个工作委员会的工作成绩,同时指出了某些存在的问题与今后努力的方向. 名誉主委刘应明院士作重要讲话,介绍了近来国际模糊集与系统研究中的一些动向与热点问题,开阔了代表们的学术视野,引起了广泛关注. 会议还同意张序君同志因工作调动辞去编辑出版工作委员会主任职务,并聘请吴孟达教授为新的主任.

- 由于过去泛函分析各分组的学术会议往往都在同一年度召开,给国内泛函界有意多参加一些分组活动的同仁们带来一定不便. 因此,在 1999 年举行的第 11 届全国泛函空间理论分组会上决定,将原定 2001 年召开的第 12 届该分组会议提前到 2000 年举行. 这次会议在 8 月 17~21 日召开了,由宁波大学数学研究所与哈尔滨工业大学共同主办,宁大数学所具体承办. 会议由该组负责人吴从炘致开幕词,到会的应用泛函分析分组负责人、中国原子能科学研究院研究员阳名珠也讲了话. 会上作大会报告的有:郭铁信、周颂平(宁大数学所所长)、宋文、刘培德、谢敦礼、钟怀杰、郑喜印和王保祥等 8 人.

- 《Fuzzy Sets and Systems》是国际模糊系统协会(IFSA)的唯一官方刊物. 该刊对从 1998 年 5 月 15 日出版的第 96 卷第 1 期至 2000 年 11 月 1 日出版的第 115 卷第 3 期(刊物在这个时间段为半月刊)这 20 卷中刊登过论文的作者作了统计. 发表论文最多的作者有 3 位,同为 16 篇,吴从炘是其中之一,另两位为模糊理论专家 J. J. Buckley 与模糊应用专家 A. Kandel.

- 4 月 11 日黑龙江省科协正式宣布首届黑龙江省优秀科技工作者的获奖人员名单,吴从炘名在其中.

- 2 月下旬吴从炘主持的国家自然科学基金项目:无穷维分析与泛函空间(1997 年 1 月~1999 年 12 月,批准号:19671021)的结题报告已经送到哈工大科研处.

- 吴从炘委托岑嘉评教授出席 5 月 31 日至 6 月 3 日在日本筑波科学城召开的"第 4 届亚洲模糊系统研讨会"时,代为宣读吴和陈得刚合作的论文:"The theory of the fuzzy set—valued measure of fuzzy sets on the induced locally compact T_2 fuzzy topological space".

该文论述了陈得刚在吴指导下所完成的博士论文的主要内容,特别是证明了诱导局部 T_2 模糊拓扑群上的模糊集值 Haar 测度的存在性和本质上的唯一性. 因为文章由 5 个部分组成,篇幅太长,造成无人愿审的尴尬局面,只好先公布结果,留待他日再徐图处理. 然而,陈的兴趣屡经变动且成绩彰显,此文也就束之于高阁.

- 4 月 26 日,大连理工大学数学研究所所长王仁宏教授来哈工大主持吴从炘的博士生巩增泰与陈得刚的学位论文答辩. 6 天前浙江大学理学院常务副院长陈叔平教授(不久后,接任贵州大学校长达 10 年)也来哈工大主持吴从炘的博士生刘笑颖和吴健荣的学位论文答辩. 他们两位为数学系师生贡献了别开生面的学术报告.

- 8 月 4~5 日,吴从炘前往大连祝贺徐利治教授 80 寿辰,向老师鞠躬致敬表达学生深深的祝福.

- 10 月,吴从炘、哈明虎、吴冲、仇计清与李法朝等 5 人申报的项目"模糊测度与模糊积分"获黑龙江省科学技术进步奖3等奖.

于是,吴从炘的论文博士生仇计清与李法朝随后就顺利通过学位论文的答辩,河北科技大学翟建仁教授参加了答辩会.

● 第三届非线性分析世界大会(WCNA—2000)于7月19～26日在意大利西西里岛的Catania召开,V. Lakshmikantham任总组织委员会主席.由K. K. Tan和J. -C. Yao组织的Session:Set—valued analysis and applications,邀请吴从炘作45分钟邀请报告,但会议无经济资助.由于办理赴意大利签证必须先落实在会议当地住宿的旅馆,而落实旅馆这件事,吴觉得难以很快办妥,因此放弃了这个比较难得的机会.

● Phil Diamond与Peter Kloeden于1994年在新加坡的世界科学出版社出了一本专著:"Metric Spaces of Fuzzy Sets".该书仅178页,却能较全面扼要地介绍了模糊数空间与模糊数值函数的分析学以及所需的预备知识,Diamond本人在此领域也取得不少研究成果.当吴从炘在本年度从学校人事处获悉,可通过向国家外国专家局申请资助的方式邀请国外专家来访,就立即提出邀请Diamond博士(澳大利亚Queensland大学)的申请并得到批准.

第二年的5月29日至6月28日,Diamond在哈尔滨工业大学工作一个月,在吴从炘领导的模糊数学讨论班作了系列报告,特别提到了微分包含意义下的模糊微分方程.吴还和他一同前往吉林省教育学院进行学术交流.

● 本年度第二届全国高校数学与力学教学指导委员会到届.吴从炘所参加以李大潜院士为组长的计算数学与应用数学指导组也要举行这一届的最后一次会议.至于会议在什么地方开是在1999年举行的指导组会议上确定的.那次会议是8月初在福州开的,福大杨信安负责会务,会上许多委员建议下次到哈尔滨去,凉爽一些,吴接受了委员们的倾向性意见.本届教学指导组末次会议,地点就定在哈尔滨,由哈工大承办.为办好此会,哈工大还安排委员们到镜泊湖一游.遗憾的是,出发前品尝俄式大餐之时,某委员携带装有贵重物品的背包不慎被盗,扫兴至极,这也是承办方大意所致,吴本人也深以为憾,无可奈何.

摄于2001年,右为李玉

2000年8月与严从华(右),摄于淮安

2001 年

- 5 月,中国科协授予吴从炘全国优秀科技工作者荣誉称号,并发给荣誉证书.这也是中国科协第二次开展此项工作.
- 7 月 25～28 日在加拿大温哥华举行国际模糊系统协会(IFSA)第 9 次大会,该会每两年召开一次.经刘应明与陈国青(时任清华大学经管学院常务副院长,院长为朱镕基)在 IFSA 理事会上力争,中国北京取得了 2005 年第 11 次 IFSA 大会的承办权.吴从炘在本次会上作了邀请报告"n 维非紧模糊数空间的嵌入问题",还分别宣读了与博士生合作的 3 篇论文,并会见了模糊分析学方面的美国学者 J. J. Buckley 等.这次会议之所以能成行,得益于哈工大在新世纪成立了可自由申请的"出国参加国际学术会议专项基金",一旦申请被批准,该基金即可提供国际旅费和注册费的资助.这与 1987 年吴赴日参加第 2 次 IFSA 大会的窘境相比,乃天壤之别.此后,这项基金还支持吴几次应邀出国参会.

会议结束,吴从炘又访问了加拿大几所大学,特别是 Halifax 的 Dalhousie 大学 K. K. Tan 教授邀吴于 8 月 12～31 日到访该校数学系,对方还特意补贴了加拿大东西两端间的部分旅费.此次访加期间见到了多位吴在加、美工作或学习的过去的学生或哈工大数学系青年教师,非常高兴,也承蒙他们的诸多帮助与关照,至感!整个境外行程共 40 多天,到了加拿大不少地方,诸如维多利亚、温哥华、萨斯卡通、多伦多、金斯敦、哈利法克斯等城市以及 Whistler 雪山、Niagara 瀑布等著名景点.

- 模糊数学与模糊系统委员会五届三次常务理事会于 9 月 14～16 日在江西省南昌市召开,由江西师大承办,学会理事长吴从炘主持了这次会议.主要议题有:(1)讨论 2002 年学会第 11 届会议由集美大学师范学院承办的相关事宜;(2)通过"2002 年学会理事会换届工作的意见"决议;(3)陈国青代表学会名誉理事长 IFSA 中国分会主席刘应明院士介绍中国北京取得 2005 年第 11 次 IFSA 大会承办权的有关情况;(4)接受会刊《模糊系统与数学》主编汪浩(前国防科大政委)因年事已高辞去该职务的请求,建议聘请刘应明担任主编.会议对汪浩为会刊做出的突出贡献表示衷心感谢,并致以崇高敬意.会议期间,江西省副省长胡振鹏教授看望了与会的常务理事.
- 吴从炘在出席温哥华 IFSA 大会之前,完成了博士生马马杜和李利的论文答辩工作,两人均有论文刊登于 SCI 或国际刊物.答辩委员会中有清华大学计算机系国家重点实验室学术委员会主席应明生教授(翌年任模糊数学与模糊系统委员会主委)和李邦河(年末当选为中科院院士),马、李二人是哈工大数学系首批外国博士.
- 这一年以肖树铁教授为首的原全国工科院校应用数学教材编审委员会和全国高校数学和力学教学指导委员会应用数学教材建设组委员都已不在该委员会继续任职了.他们为了表达对新世纪的大学教学改革的关切,开始运作民间活动并力求取得官方的支持.经肖先生及正在温州大学兼职的上海交大胡毓达教授等的努力,于 10 月 16～19 日在温州大学召开了由教育部高教司主办、高教出版社和温州大学承办的"大学数学教学改革与新世纪展望研讨会".吴从炘参加了这次会议,对胡毓达教授关于"20 世纪初温州地区数学教育与人才培养"的报告印象深刻,特感兴趣,它反映出中国现代数学史的一个重要侧面.
- 云南大学李耀堂教授与吴从炘在《模糊系统与数学》2001 年第 4 期 14～19 页上刊登"模糊映射的完全广义混合型强变分不等式"(英文)一文.这是 20 世纪 90 年代后期,吴从炘因视力过差在冰雪覆盖地区行走极度困难,而应当时云南大学理学院院长郭聿琦教授邀请,在这样的季节到昆明兼职以来唯一与那里数学系老师共同撰写发表的文章.

吴从炘在云大兼职期间,不仅科研上对系里无所建树,教学上也从未主讲任何课程,只是开过一些讲座,例如对硕士生讲过"实数基本定理与距离及拓扑(Ⅰ-Ⅲ)","广义函数简介(Ⅰ-Ⅲ)","Stieltjes 积分与有界变差函数(Ⅰ-Ⅲ)","Orlicz 空间引论(Ⅰ-Ⅳ)","非可加测度及相应的可测函数(Ⅰ,Ⅱ)",又对本科生讲过"导数概念的推广与应用","Henstock 积分","模糊集介绍"等.然而数学系却把吴从炘当成系里的一员,随系参加校内外各项活动.系领导郭聿琦、杨华康对吴更关怀备至,为吴创造各种方便和机会,令吴感激至今,终生难忘.在此不妨略述一二.

1. 郭老师引荐吴遍访昆明设有数学系的所有高校,如云南师大、昆明工学院、云南工大、云南民族学院、云南财大、云南省教育学院、昆明大学、昆明师专等,使吴得以认识云南数学界许多同行与多位校系领导.郭还带吴造访楚雄、曲靖、蒙自等师专数学系,有的学校曾多次前往.

2. 欢迎并协助吴的亲友、学生到访春城,安排参观我国首次举办时为世人所向往的昆明园博会.如邀请吴的早期学生李容录来云大数学系作报告,进行学术交流等.

3. 介绍吴结识某些代数学界的专家学者,如特意让吴与一位娶了云南姑娘的半群领域知名人士,同乘面包车一路往返于昆明西双版纳,且游览了穿过墨江(归属普洱市的哈尼族自治县)的北回归线.

● 由香港理工大学、华南理工大学、清华大学和西安交通大学四校组织的"国际工科数学教学及应用研讨会"1 月 7~11 日在香港理工大学举行,会议邀请刘应明院士等 7 人做大会报告,安排了 77 个分组报告.吴从炘的报告被安排在 9 日上午后半段的第二分组,在吴之后有一个报告的主题系计算机图形学,报告人提到其基础是法向等距线,并在回答吴的提问时称"记不清法向等距线概念的提出者及具体文献,但应该是在 20 世纪 80 年代".吴则告之"复旦大学于 1977 年在科学出版社出版的《曲线和曲面》和吴从炘在 1976 年《应用数学学报》创刊号上发表的论文中均独立提出了法向等距线概念并讨论了它的性质及在机械工程方面的应用".数学就是这样的奇妙,殊途可以同归.会后吴从炘借正在香港理工大学合作研究的王熙照帮助,继续留港访问数日.哈工大刘家琦、韩波两教授也参加了这次会议,会前吴还与韩游览了粤北的丹霞山风景区.

● 10 月 20 日在南京理工大学召开"新世纪数学研究与教育改革研讨会暨江泽坚教授 80 寿辰庆典".在祝寿活动中继南理工与吉大两校领导讲话后,发言的有扬州大学党委书记葛锁网和东北师大校长史宁中两位数学教授,以及江先生的学生代表同济大学吴卓人教授,接着是江教授本人讲话.到会的江教授的学生有:伍卓群、李荣华、吴卓人、刘隆复、吴从炘、钟怀杰等,到会的嘉宾还有清华大学肖树铁,南京大学马吉溥,南理工杨孝平,吉大高文杰等教授,他们都积极参与了数学的学术报告与数学教育改革的研讨.吴从炘在会上也表达了对先生的长期教导、关心与提携的感恩之情,并祝老师健康长寿.

● 吴从炘力推薛小平作为第一申报人申请黑龙江省科技奖,并以项目《集值分析及其应用》获得本年度黑龙江省科技进步 3 等奖,荣誉证书由黑龙江省人民政府于 2002 年 1 月 22 日印发.吴是项目组 5 个成员之一也持有此证书.

● 11 月,哈尔滨工业大学出版社出版吴从炘、林萍、卜庆营、李秉彝著的"序列空间及其应用",吴从炘对序列空间一般理论的学习和研究是于 1956 年 9 月至 1958 年 11 月期间跟随江泽坚教授进修泛函分析时,在江的指导和安排下开始的.该书系吴从炘专门献给老师的 80 华诞礼物,以表对老师最崇高的敬意和最深切的感谢.

● 12 月,吴从炘邀请吉林大学尹景学教授来哈工大担任吴的在职博士生国起的学位论文答辩会主席.不久,尹即调往广州华南师范大学.

2002 年

● 吴从炘参加了 2002 年 8 月 20～28 日在北京召开的 24 届国际数学家大会(International Congress of Mathematicians). 这次大会的主席是吴文俊,陈省身是名誉主席,马志明为会议组织委员会主席. 会议的开幕式于 8 月 20 日 15 时在人民大会堂举行并设有晚宴,讲话者除国际数学联合会主席 Palis Jacob 和大会主席、名誉主席外,还有副总理李岚清、中国科协主席周光召、北京市长刘淇等领导. 本次会议有 20 位国际知名数学家作 1 小时大会报告,共安排 174 名各国学者在 19 个学科组(逻辑、代数、数论、微分几何、拓扑、代数与复几何、李群与表示论、实与复分析、算子代数与泛函分析、概率与统计、偏微分方程、常微分方程与动力系统、数学物理、组合、计算机科学的数学、数值分析与科学计算、数学在科学中的应用、数学教育与数学的普及、数学史)作 45 分钟邀请报告,还有 1 114 人做 15 分钟学科组内分组报告,另有 93 篇以墙报方式张贴. 大会期间还印有每日新闻,其中包含有报告人员、时间、地点的调整等内容. 大陆数学家做 45 分钟的邀请报告有(按学科组、报告时间的字典序): 龙以明、张伟平、丁伟岳、王诗宬、周向宇、葛利民、陈木法、洪家兴、严加安、郭雷、肖树铁等.

颁发菲尔兹(Fields)奖是国际数学家大会的一项重要内容,本届大会菲尔兹奖得主是法国 L. Lafforgue 与美国 V. Voevodsky. 首届菲尔兹奖是在 1936 年于挪威奥斯陆召开第 10 届大会上颁发的,至 23 届大会共 43 人获此奖项,而首届国际数学家大会系 1897 年于瑞士苏黎世举办.

● 与其他许多国际会议不同的是,本次数学家大会有 46 场卫星会议作为其重要组成部分,于 8 月 11 日至 8 月 30 日期间分别举行. 吴从炘出席了 8 月 14～17 日在香港中文大学召开的"Algebra and Related Topics"的卫星会议,并主持了 16 日下午的"Fuzzy and MV—Algebras"分组会. 这所大学的数学系博士生李淑仪(Lee Suk Yee)在该分组做了"Fuzzy implicative semigroups"的报告,她是岑嘉评与吴从炘指导的学生,吴也是应岑之邀到港访问一个月、具体帮助李的论文写作时,参加这次卫星会议的.

● 2 月 2～6 日在印度加尔各答举行第 5 届亚洲模糊系统国际会议,即 AFSS2002,会议总主席是印度统计学院 N. R. Pal,会议也是在该学院召开,文集作为 LNAI(Lecture Notes in Artificial Intelligence)2275,由 Springer 出版,吴从炘是本次会议顾问委员会委员,并在会上报告了与王桂祥合作的论文"Derivative and differential of convex fuzzy valued functions and application"(见文集 478～484). 会议期间,亚洲模糊系统学会主席 M. Mukaidono 召集部分亚洲国家和地区相关人员开会,商讨 2006 年第 7 届会议的举办地,与会者普遍认为应在中国举办,吴从炘表示原则上可以接受,但必须由中国模糊数学与模糊系统学会作最后确定,对此将与主席保持沟通. 此次赴印,因与陈得刚同往返,一切甚感方便. 我们是大陆仅有的两位到会者,间或也和其他与会代表进行会外交流,还会见了加尔各答数学会前任主席 M. K. Sen.

● 6 月间,吴从炘应河北大学之邀,到该校协助林群院士具体校核《大学文科数学》一书. 该书是林先生作为河北大学特聘教授并兼任数学改革研究中心主任期间教改成果的一部分,曾在文科各学院试讲四个学期,经过五次较大修改. 吴针对编著者过多,作了某些处理后,12 月由河北大学出版社出版.

● 9 月,吴从炘邀请捷克数学与物理联合会副主席、捷克科学院数学研究所 S. Schwabik 教授,在参加北京国际数学家大会并访问中国科学院数学与系统科学研究院之后,顺访哈工大数学系一周,为师生介绍了 Kurzweil 积分与相应广义微分方程.

● 4 月,南京师范大学校长宋永忠邀吴从炘来访,随后数学与计算机学院请吴到宁主持方锦暄教授两位博士生严从华与黄欢的博士答辩,吴主持答辩的照片并被学院收入"庆百年华诞,创世纪辉煌"所特制的介绍画册.

● 严从华于 10 月份又成为哈尔滨工业大学数学博士后流动站的第一位成员,并以吴从炘为合作导师.

● 10 月 26~30 日,教育部高教研究中心委托高教出版社和湖州师院承办并举行"全国数学基础课程教学教材改革研讨会". 吴从炘随同肖树铁先生及原教育部应用数学教材建设组部分成员应邀前来参会,大连理工大学施吉林教授报告了会议筹备经过和主旨. 大会特邀中科院院士钟万勰、林群作"应用力学中的数学方法"与"数学的普及"的精彩报告. 出席的还有来自中国科大、北京理工大学、吉林大学、重庆大学等高校和单位的同仁,共 70 余人.

● 9 月 27 日《CHINA DAILY》(中国日报英文版)第 5 版刊登了一篇由 CHEN BIN 撰写的文章"Pushing fuzzy maths forward". 文中写到"Professor Wu Congxin,…".

● 9 月 5 日《哈工大报》第 2 版专访中刊载了这样一篇文章:"基础研究——创新的原动力,访中国国际数学家大会归来的吴从炘教授".

● 11 月 9 日,李洪兴教授函告吴从炘:当日从教育部科技发展中心网上下载了"博士点基金"资助课题成果简介(2001),共 6 项,其中第 2 项为:

"由哈尔滨工业大学吴从炘教授承担的模糊分析及其对不确定性信息处理的应用"课题(1999 年 1 月~2001 年 12 月),近期获得了新的进展. 这些进展包括:(1)通过得到 n 维模糊数非紧的函数型表示定理及构造一个具体泛函空间解决了 n 维非紧模糊数空间的嵌入这一困难问题. (2)定义了一维模糊数值函数的汉斯托克积分,非绝对可积型且借助引入模糊函数的囿变性与绝对连续性建立了这种积分的基本理论. (3)指出并纠正了帕普等人关于模糊测度萨克斯分解和正则性问题的错误还作了推广,提出并研究了实值函数的菅野积分. (4)对巴拿赫空间中的模糊数值测度和模糊数值映射获得拉东-尼可丁等一系列著名定理的相应形式. (5)给出了单调增加模糊映射的一个不动点定理,并用于鱼类资源的平衡问题. (6)初步建立了更自然且更方便的模糊复分析框架. (7)给出了有界模糊数集的上、下确界具有实用形式的刻划". (2002/07/05 科技发展中心供稿).

● 春季,哈工大数学系聘请吉林大学高文杰教授来校主持吴从炘博士生邓廷权和系里另一位博士生的学位论文答辩会. 本学期吴从炘的博士生王桂祥也进行了学位论文答辩,王与吴共同发表的论文"Directional derivatives and subdifferential of convex fuzzy mappings and application in convex fuzzy programming"(FSS,138(2003)559-591)是吴所有论文中最长的 1 篇.

● 全国模糊数学与模糊系统委员会第 11 届年会于 10 月 18~22 日在福建厦门集美大学举行,陈水利教授负责会务工作. 本次会议是换届会议,因此,第 5 届委员会的工作报告和选举产生第 6 届委员会是委员会自身的两件大事. 主任委员吴从炘受委员会委托向到会代表报告第 5 届委员会 4 年来的主要工作,分三个方面:

(一)为提高我国模糊界的国际地位和为广大模糊界人士提供参与国内外学术交流的机会方面所做的工作;

(二)为紧密联系国民经济主战场方面所做的工作;

(三)为加速学会领导年轻化与换届方面所做的工作.

在换届中明确规定:新提名的理事,其年龄不能超过 60 岁,继续提名的理事则不能超过 65 岁.

应明生当选为第 6 届委员会主任委员,吴从炘当选为第 6 届委员会名誉主任委员.

● 12 月,中国系统工程学会模糊数学与模糊系统委员会与国防科技大学理学院向吴从炘颁发了担任《模糊系统与数学》杂志副主编,任期为 2003~2006 年的聘书.

● 吴从炘通过哈工大国际化基金资助项目,邀请日本大阪大学大学院情报科学研究科主任石井博昭教授于 9 月 21~26 日访问哈工大数学系,讲学题目为"Conjoint 分析及应用",该题目属于统计领域,听众很有兴趣,觉得颇有应用价值.

2002 年 2 月,亚洲模糊会(印度)期间,吴从炘拍摄,右为 Fuzzy Sets and Systems 主编 Dubois

2002 年 8 月,北京 24 届国际数学家大会期间,与云南大学部分老师合影.右起:李耀堂、杨富春、吴从炘、郑喜印

摄于 2002 年 8 月国际数学家大会期间 李民丽(左),刘莉芳(右)

2003 年 3 月 1~4 日在清华大学召开"模糊信息过程"国际会,为 2005 年 7 月在清华召开的 IFSA 大会做准备.邓廷权与吴从炘在会上合影

2003 年

● 吴从炘出席了 3 月 1～4 日在北京清华大学召开的国际"Fuzzy Information Process"会议,并由清华大学出版社与 Springer 共同出版了两卷论文集,吴是这次会议程序委员会委员. 特别应指出:本次会议主要是为 2005 年将在清华举办 IFSA 大会做好事先的模拟工作.

● 吴从炘应邀参加了以波兰总统为名誉赞助人的纪念 W. Orlicz 百年诞辰暨第 7 届函数空间会议. 这次会议是在二战后 Orlicz 长期工作的城市——Poznan,于 7 月 21～25 日召开的,与吴同行的有哈师大王玉文,哈理工崔云安和北工大李岩红,他们三人都曾是王廷辅的硕士并先后成为波兰的论文博士. 7 月 24 日下午,吴从炘主持了一个分组会,当晚 Hudzik 邀请中国、瑞典、西班牙、澳大利亚、日本、泰国与波兰与会代表共 17 人到家赴宴,出乎意料的是席间竟然唱起"祝您生日快乐",向吴表示祝福,远在异国他乡出现如此动人场面,令吴感动不已. 事后,李岩红还特地购买精美明信片,找那晚赴宴者,逐一签名表达对吴的祝贺,更为此喜庆日子增色良多. 此次大会,波兰教育与文化部长亲自到会致辞祝贺,举行 Orlicz 头像揭幕典礼,省长、市长与校长还分别宴请参会全体代表,盛况空前. 尤其,让来自中国的四个人格外兴奋的是:在放映 Orlicz 生平的影片中出现了吴从炘、王廷辅著的《奥尔里奇空间及其应用》和吴从炘、王廷辅、陈述涛、王玉文著的《Orlicz 空间几何理论》两本书的画面以及称赞的字幕. 会后,吴从炘继续在 Poznan 的 Adam Mickiewicz 大学数学与计算机科学学院访问一个星期,与 Hudzik 进行学术交流,此行还去了华沙、Gdansk 和 Wroclaw.

● 9 月 5～17 日,日本石井博昭教授邀请吴从炘访问大阪大学. 具体任务有两项. 一是应邀在第 19 届日本模糊系统会议做 1 小时特别讲演,该会是 9 月 8～10 日在大阪府立大学举行,每日下午有一个特别讲演,吴是唯一非日本的特别讲演人,他讲演的题目为:"Some advances on the calculus of fuzzy mappings",时间是 9 月 10 日 13:00～14:00,会议执行主席是 Ichihashi(大阪府立大学),另一是 9 月 16 日中午对石井研究室作半个小时"介绍模糊点"的报告.

访问期间,石井赠送吴从炘两本封面上盖有大阪大学工学部石井研究室蓝色印章的刊物《Mathematica Japonica》,一本是 45(1997) No. 1,其中 125～132 页刊登吴从炘和卜庆营的文章"Operator spaces and characterizations of nuclearity",另一本是 57(2003) No. 1,其内有该刊编委名单,吴从炘从这一卷开始成为刊物编委,也是此刊唯一的中国编委. 对此,吴从炘自然十分感谢! 除此次访问大阪外,吴还到过京都、神户和奈良.

● 9 月 22～26 日,泛函空间理论及其应用国际会议暨全国第 13 届学术年会在武汉大学举行. 刘培德任组织委员会主席,G. Schechtman(以色列)与许全华(法国)任科学委员会共同主席,吴从炘为名誉主席. 到会代表达 100 多人,其中来自国外的超过 7 人和 3 个国别,符合召开国际会议的有关规定. 开幕式上吴从炘代表泛函空间理论联络组致词,并简要回顾了 1998 年第 6 届全国泛函分析大会以来空间理论组的工作,吴从炘还主持了联络组的换届事宜,推选刘培德为新一届联络组组长. 本次会议论文集经主编刘培德联系,于 2004 年在英国正式出版,该文集包含 33 篇论文,吴从炘有 1 篇题为"An embedding problem of two metric function spaces"的论文刊出.

● 是年 7 月,吴从炘来自非洲马里的博士生马可赛(Ousmane Magassy)通过学位论文答辩,并且他成为黑龙江省首次举行博士授予大会上唯一外国留学生,受到与会青年人的热烈欢迎.

● 在哈工大国际化基金资助下,吴从炘邀请多次担任东南亚数学会会长、亚洲数学会筹委会主席的香港中文大学讲座教授岑嘉评于 8 月 16～22 日访问哈工大数学系. 岑教授就金融数学和代数学做了两次报告并同吴讨论了在这些方向上与模糊数学相结合的继续合作问题.

与此同时,吴从炘也邀请与岑嘉评长期合作的1986年"国批"博士生导师、西南师大郭聿琦教授来访哈工大进行学术交流.

● 11月15~29日,吴从炘先后访问了曲阜师范大学及其日照校区、徐州师范大学和淮海工学院. 吴15日由哈启程至青岛,在吴的论文博士生刘立山陪同下抵日照,与曲师大日照校区相关领导见面,其中有教务处郑桓武处长、郭聿琦的博士. 随即到曲师大本部,22日做了一个模糊数学方面的报告. 次日去徐州,25日在徐师大又做了一次内容相近的报告. 接着前往连云港,27日与淮海工学院数学教师座谈. 然后经徐州于29日返哈. 访问中,吴从炘也见到曲师大、徐师大及淮工的多位校系领导和教授,除连云港外,吴之夫人均同行.

● 9月4日《哈工大报》就吴从炘出访波兰刊出:
"中文出版　英文评论　国际影响
吴从炘教授在国际会议上再受关注".

● 10月23日《哈工大报》再次报导吴从炘访日等活动:"吴从炘教授参加系列国际学术会议".

● 2月下旬吴从炘按时将所主持国家自然科学基金项目:"泛函空间及其应用"(2000年1月~2002年12月,批准号:19971019)总结提交哈工大科研处.

● 10月18~20日中国系统工程学会模糊数学与模糊系统专业委员会第6届第2次常务委员会在湖南长沙举行,由国防科技大学理学院和湖南大学数学与计量经济学院联合承办. 这次会上,武汉大学数学与统计学院代表汇报了2004年第12届年会的筹备工作,2005年IFSA第11届(北京)大会筹备工作领导小组副组长陈国青代表领导小组做了筹备工作总结,与会常委进行了认真审议,提出了建设性意见. 吴从炘首次作为委员会名誉主任委员之一参加了会议.

● 8月8~20日. 吴从炘再次通过申请国际化基金资助,邀请石井博昭教授访问哈工大数学系,作了两个专题的学术报告:"模糊最优化及其在工业中的应用","模糊随机最优化的若干问题",并就双方开展进一步合作取得共识.

● 12月28日至2004年1月1日,吴从炘前往成都出席四川大学数学学院的一项国家自然科学基金重点项目验收会.

● 4月28日下午2时吴从炘应学校邀请出席哈工大迎"五一"劳模座谈会,吴还结合本人与学科情况作了发言. 后来从哈工大人事处2007年11月19日的一份函件,吴才获悉:原来吴从炘在1978年1月召开的黑龙江省科学大会被评为省科技战线先进工作者(见《吴从炘数学活动三十年(1951~1980)》第32页),可以列为省级劳模.

应哈工大邀请香港中文大学岑嘉评与西南师大郭聿琦于2003年8月来校访问. 吴从炘拍摄,岑做报告,郭在听讲(首排左一)

2003年12月31日摄于成都,左为曹广福

2004 年

- 香港理工大学计算机系杨苏(Daniel S. Yeung)讲座教授邀请吴从炘于1月13日至2月13日赴港访问一个月,其本意是对吴的多名学生和他合作融洽的一种友善表示,让吴来港放松一下,无任何要求,完全自由.既然来了,吴就尝试听听他们的讨论班,那段时间讨论班全部由河北大学数学硕士何强主讲:"支持向量机(SVM)",用到不少数学,引起吴的兴趣.杨的助手曾祥财(Eric. C. C. Tsang)博士,遂为吴找了一些文献资料以及 B. Schoelkopf 与 S. Smola 的专著:Learning with Kernel,MIT Press,Cambridge,2002.吴逐渐感觉 SVM 和泛函分析、模糊数学应该很有关系,值得关注.

在香港,春节有4天半假期,吴从炘、王熙照、陈得刚、巩增泰、何强等,最多时可达8~9人,踏遍新界、港岛不少罕有访客之去处.

- 4月18~23日吴从炘到锦州师院讲学一周.其实是应在该校数学系工作的陈得刚之约,在何强来系为陈的硕士生讲授 SVM 的同时,吴、陈两人共同对何在数学素养方面如何提升予以指点.

- 岑嘉评为了保证他和吴从炘共同指导的博士生李淑仪能够在秋季学期顺利通过博士答辩,再次邀请吴从炘从5月14日至6月14日访问香港中文大学,仔细审阅李的博士论文初稿,特别是尚未经吴看过的最后一章,更需进一步讨论确定.经吴、李二人努力,6月12日最终完稿,即可在校方所要求的8月底之前,将博士论文提交学校.

此外,5月18日晚,吴随同岑嘉评等前往香港殡仪馆向香港数学界元老黄用诹的遗体告别,黄系伦敦大学博士,东南亚数学会(1972)、香港数学会(1979)创会会长,曾任香港大学副校长,终年91岁.

- 6月17~21日,吴从炘接受刘明珠之邀,到哈工大威海校区参加5名计算数学专业研究生的硕士答辩,同行的还有中科院数学所孙耿研究员等.威海校区领导与孙、刘、吴一行举行座谈,探讨在数学领域开展合作的意向与可能.

- 从云南大学转到西南师大工作的郭聿琦,邀请吴从炘夫妇于9月25日至10月5日访问重庆,郭同时还邀请曾任江西大学校长的代数学界前辈戴执中来渝.9月27与29日下午,吴从炘分别对本科生与研究生做了"积分概念推广"与"从实数到模糊数"的报告.宋校长、数学学院陈院长会见了戴、吴两位.

- 接着,吴夫妇去了成都,见到了长期关心和帮助哈工大数学系发展的刘应明院士、罗懋康教授,以及当年在哈尔滨时吴的合作者、后任成都电子科大常务副校长的赵善中教授,他们又给予诸多关照.更要感谢此时已略显病症的梁基华教授,她仍陪同吴夫妇游览都江堰、青城山和新都宝光寺.后来,吴又在她的大力协助下实现了观赏蜀南竹海美景的夙愿,不料梁基华教授竟于2007年3月21日英年早逝,痛哉!

随后,吴从炘再从成都赶赴武汉出席10月15~19日在武汉大学召开的中国系统工程学会模糊数学与模糊系统专业委员会第12届学术会议,名誉主委刘应明院士任大会主席,武大校长刘经南院士任组织委员会主席,主委应明生任程序委员会主席,吴从炘系委员并主持10月17日下午的大会报告.

- 会议结束,吴马不停蹄地带着放弃10月18日会议安排的旅游项目所写就的报告稿胶片返回重庆,参加10月20~24日于西南师大举行的"Discrete Mathematics with Application to Information

Science and Related Topics"国际会议. 吴从炘在分组会上报告题目为"Some notes on the space of fuzzy measures and discreteness", 他也主持了二次分组会. 大会开幕式上王元院士、岑嘉评讲座教授与校院领导都做了讲话. 与会期间吴见到多位熟人, 还认识了一些新人, 也和在重庆大学工作的学生付强一起驱车观看夜景.

● 10月25日, 岑嘉评当即率领刚参加完重庆会, 以1994年菲尔兹奖得主E. Zelmanov的导师L. A. Bokut为首的若干位代数学界知名学者赶往香港中文大学, 出席10月26日晚18时30分开始的李淑仪博士论文答辩会, 借以保证李的答辩能够顺利通过. 其原因是李所发表论文虽已足够, 但岑已从中大退休, 并接受香港大学的5年聘期, 李淑仪又不同意校方为此建议她更换导师, 且按规定答辩委员会要有3位本校教师. 所以, 岑对李的答辩能否顺利存有疑虑. 然而, 答辩获一致通过, 老师和学校怎么能不爱护自己的学生呢. 吴从炘和印度加尔各答大学数学系主任T. K. Dutta教授是李淑仪博士论文的两位港外评阅人, 他们都是李的答辩委员会委员.

● 12月16~30日, 吴从炘获香港大学几何学家张荣森(Wing-Sum Cheng)教授的合作研究的邀请, 实际上仅仅是为了出席张的一名博士生黄志荣(Chi-Wing Wong)的学位答辩会. 该生入学后将研究方向从几何改成泛函分析, 论文题目为: "Drop theorem, variational principle and their applications in locally convex spaces"(全文144页, 参考文献45篇). 因之, 吴夫妇同行, 正在港大攻读博士、吴的硕士蔡宏民来接. 吴陆续与岑嘉评、李淑仪、郑喜印、杨苏、曾祥财、王熙照等等会面叙谈. 经深圳时还参观了李建华夫妇在南山区带有屋内花园的新居.

● 1月6~13日吴从炘邀请国家杰出青年基金获得者、国家级有突出贡献中青年专家、教育部"长江学者"计划特聘教授罗懋康到哈工大数学系做"不确定性的数学处理——缘起、需要和方式"的报告. 报告极有说服力, 非常精彩.

●《科技日报》于1月9日第10版刊发如下文章: "吴从炘: 驰骋在泛函空间".

文中介绍: 吴在新世纪头三年仍活跃于泛函空间领域, 在国际刊物与国内一级刊物发表论文30余篇, 出版《序列空间及其应用》与《集值分析》两部专著, 在加拿大、日本、波兰召开的3次学术会议上作大会报告或邀请报告, ……

● 是年8月, 吴从炘主持了黑龙江省数学会在哈工大举行的第11次年会. 依惯例, 吴作为第五届理事会理事长, 做了理事会工作报告. 这次年会是一次换届年会, 又是一次新老交替的年会, 此时文革前非博导的大学毕业生均已退休. 经多方酝酿协调、研究讨论后提出的第六届理事会理事推荐名单具有以下特点: $1°$新成员约占80%, $2°$有博士学位者约占40%, $3°$博士生导师约占20%. 因此, 这也是一个高学历、高水平的理事会, 理事会选举刘明珠为理事长, 薛小平为秘书长.

下面简要回顾省数学会未在哈尔滨召开的第3至10次年会情况. 经过1984年在齐齐哈尔的3次年会(换届)和1986年在大庆的4次年会, 于1988年在佳木斯的第5次年会, 换届产生了第三届理事会, 吴从炘留任理事长, 秘书长由刘惠弟接替已退休的储钟武, 副理事长是王廷辅、张永春、向新民、陈述涛、刘家琦. 接着1990年在牡丹江、1992年在克山、1994年在齐齐哈尔分别召开6次、7次(换届)、8次年会, 到了1996年在呼兰举行的第9次年会(换届), 选出的第五届理事会, 秘书长更换为游宏, 吴从炘续任理事长. 随后1998年在黑河召开了第10次年会, 2000年与2002年由于高校教师处于退休高峰期等原因未举办年会. 曾担任过6届以前省数学会副理事长还有: 戴遗山、曾慕蠡、付沛仁、林畛、周汝奇、孙学思、徐中儒、邓中兴、宋国栋、曹重光等.

吴从炘曾缺席省数学会1990与1994两次年会, 还曾在年会上作过"介绍法国Bourbaki学派"、"Orlicz生平和学术成就"等大会报告.

2005 年

● 3月23日哈工大数学博士后流动站首位博士后严从华出站,他出站报告的题目是"两种形式的 L—模糊拓扑向量空间",合作导师为吴从炘.黑龙江省人事厅博士后管委会领导也出席了严的出站会.

● 1月11~25日香港数学会副主席、香港大学张荣森教授,应吴从炘的邀请访问了哈工大数学系,做了两个报告:"微分几何与变分法","积分不等式及其应用".

● 由于吴从炘对 SVM 与机器学习表现出的兴趣,杨苏和 Eric 又邀请吴于5月27日~6月25日到香港理工大学访问一个月.当时理工大学住宿不好安排,吴住在中文大学.两校之间有火车相通,半小时即到,也很方便.吴除了继续读专著"Learning with Kernel"和相关文献,以及与仍在理工大学进行合作研究的陈得刚时有讨论外,也就是间或做些推导和思考.令吴意外的是在这里还见到了美国的王保硕(P. P. Wang, Information Sciences 的前主编),他介绍了近期所成立的新数学会及相应刊物等.在此期间,吴和岑嘉评、张荣森、谭炳均、郑喜印、王震源、李淑仪以及在温哥华 IFSA 大会时认识的范红兵等都有见面和聚会.

● 第11届 IFSA 大会在7月23~31日于北京清华大学举行,L. A. Zadeh 为名誉主席,刘应明为大会主席且做第一个一小时大会报告,陈国青为组织委员会主席,应明生为程序委员会主席.吴从炘是程序委员会委员并与日本的 Mina Ryoke(女)共同主持了一次分组会,李淑仪在该分组会上作报告,岑嘉评也到场听讲.此次大会与会326人,中国代表仅120名.IFSA 授刘应明等7人为 Fellows,至此 Fellows 总数至35人,应明生当选 IFSA 副主席.7月29日下午16:30~18:30 中国模糊数学与模糊系统委员会还召开了一次理事会,谈论明年10月中旬西安大会及换届等事宜.

举办国内成果展是北京 IFSA 大会的主要组成部分,其中有一项为陈列"历届 IFSA 大会论文集".但1999年在台湾和2003年在土耳其伊斯坦布尔召开的 IFSA 大会,大陆皆无人参会.前者由于赴台申请过于艰难,后者则受"非典"影响,难以成行.吴从炘想方设法通过种种渠道借到了这两届大会论文集原件.另外,吴还提供了2002年亚洲模糊系统会的论文集及若干照片等.

● 7月29日晚,吴从炘离开清华入住北京机场国航宾馆,与吴的两位博士生和同事包革军、邢宇明会合.翌日晨6:00同机赴美国 Frolida 州的墨尔本(Melbourne),出席由 Frolida Institute of Technology 数学科学系主办,于8月1~5日召开的国际"微分和差分方程及应用"会议.吴、包、邢三人均获会议组织者 Ravi P. Agarwal 的45分钟报告邀请,吴报告时间是8月4日下午5:45~6:30,题目为:"Some notes of fuzzy and non-fuzzy differential equations",原哈工大数学系、后在美工作的丁树森博士是吴等3人所在分组的组织者,同样从哈工大赴美工作的李国栋博士也在该组报告.会议中,吴见到 Agarwal、张荣森、丁的老师 Nolder 及多位大陆出身的同行.

接下来的半个月,吴等3人访问了多所大学,也去了不少城市和景点.先是受 Delaware 州立大学数学系主任刘凤山邀请,吴在8月8日下午做了一个报告,并与某副校长会见、合影及共同进餐.随后到了关波所在的俄亥俄州立大学与系主任 Peter March 会面(8月11日),并遇见应用数学中心主任著名学者 Fridmann.此外,还与丁树森工作的西雅图大学前系主任 Jenet(女,8月16日),斯坦福大学某教授(8月20日)以及伊利诺大学某教授(8月11日)见面并一起就餐.吴等此行所到城市包括奥兰多、费城、特拉华、华盛顿特区、哥伦布、芝加哥、克利夫兰、圣路易斯、西雅图、旧金山等,所见景点不少富有特色,如 Dayton 的空军博物馆(展品中含未服役飞机和未曾使用飞机)等等.

这一切归功于哈工大数学系旅美人士丁树森、李国栋、凌怡、徐少刚、姜民奇、关忠和吴的学生关波与王洪涛等的鼎力相助!

● 7月14日午间,吴、包、邢三人在沈阳美国领事馆刚办妥赴美签证,江泽坚先生的第1位博士孙善利电话告吴:"江老师病故,7月15日上午9:00举行遗体告别会".闻恩师突然辞世,吴至为哀痛.当即购午后沈阳到常州机票,再转乘火车至南京理工大学门外之宾馆已是午夜.遗体告别会由吉大党委宫副书记介绍江先生生平,孙善利代表江的学生、江的女儿代表先生家属分别作了讲话.到场的有吉大与南理工校院领导,南京数学界部分师生以及江的外地学生伍卓群、李荣华、吴从炘、孙善利、蒋春澜、钟怀杰、曹广福、纪友清、卢玉峰、李觉先等.许多国内知名人士、朋友与学生也以发唁电、送花圈等不同方式寄托哀思.

● 8月25~28日,吉大数学系1955届毕业生在长春聚会,到会有:管纪文、朱梧槚、洪声贵、苗先秀、吴从炘、张祖毅、韩建枢、张功安和他的研究生同学林龙威、孙学思.观看洪声贵的链鞭演练VCD成为本次聚会最精彩的一幕.与会者十分感谢吉大计算机学院和软件学院为会议提供的各项资助.

● 12月5~7日,纪友清邀请吴从炘参加两名博士生王春鹏、徐新军的答辩会,外地来的答辩委员还有卢玉峰,卢与吴都做了一次报告,吴还去王振鹏家探视患病多年的他.

● 7月7~8日在哈尔滨召开"泛函分析与模糊分析暨吴从炘从教60年会议",哈工大孙和义副校长出席并讲话,刘铁夫介绍吴的教学科研工作.到会合影者共50人,外地来哈参会的有:程立新、李雷、吴健荣、王晓敏、李宝麟、武俊德、刘笑颖、巩增泰、陈得刚、王桂祥、叶国菊、张波、刘立山、李国成、曲文波、陈绍雄和哈明虎、张德利、李法朝(后3人未赶上合影).会议有7个学术报告,其中后三个报告在哈师大西泉眼活动中心进行,报告人依次为:李容录、宋文、程立新、计东海、刘笑颖、刘立山与薛小平.作为哈师大校长的陈述涛,为此次活动提供了支持.

● 12月9~12日在广东江门五邑大学举行模糊数学与模糊系统专业委员会6届3次常务理事会,吴从炘与薛小平同机前往.会议内容主要是北京IFSA大会的情况汇报和明年在西安召开第13届全国大会相关事项的讨论.会后去广州大学,数学学院曹广福院长宴请吴、薛与李中夫,吴的学生黎永锦、余伟建陪同,吴也参加了庾建设校长欢迎刘应明院士的宴会.曹还陪吴游览白云山等景区.

2005年7月摄
前排右起:付永强、陈明浩、田波平

2005年7月摄
发言者:李燕杰,左五:赵林生

2006

● 3月20~22日,林群院士组织了一次由首都师范大学和高教出版社具体安排的"国际数学教育改革研讨会".这次会议,与会国很少,只有中美俄三方,参会者也很少,基本上都是报告人.报告时间的长短分两种,长为50分钟,短者约减半,美俄两方各有4名报告人,其中1名是短报告,中方倍之.再就是,每天最后有1小时的讨论,前2次是关于当前数学教改的趋势,另一次是有关"美国数学月刊"杂志.报告内容别开生面,涉及范围极广.仅以短报告为例,美国的报告人是一位女研究生,她讲:"中学阶段即可攻读大学的学分,且可带到大学",俄罗斯由1名中学女教师作报告,她说:"对数学课成绩优秀的学生,不是训练'奥数',而是请名家给他们讲现代数学的概念、思想和方法等",中国则有1个高中学生来介绍他对林群先生为中学生讲授的微积分的体会.当然本次会议最主要的演讲属于林先生的"Free Calculus".

吴从炘有幸被会议邀请,做一个长报告"一元微积分深化选讲的若干建议".吴还在讨论会上以本人读大学三年级时的亲身经历,说明"美国数学月刊"对他选择泛函分析作为长期研究方向的重要影响,引起在场的该刊人员的关注.事后该刊曾给吴寄来超低价位的订单,可惜吴因惧于办理外汇等手续繁复,以致失之交臂.

● 第8届国际函数空间会议于7月3~7日在波兰波兹南附近的Bedlewo的Banach数学研究及会议中心举行,由波兰科学院数学研究所主办,承办单位是Adam Mickiewicz大学和Zielona Gora大学.会议名誉主席为J. Musielak,M. Novak任主席,与会人员约百人,来自北美、欧亚的20多个国家,中国到会者有王玉文、崔云安、王保祥与吴从炘,吴应邀所做的1小时大会报告的题目是:"函数空间与模糊分析及支持向量机".

这次会议专门组织了2个大会报告,分别介绍2位积极参与该系列国际会议的已故数学家的生平与学术成就,他们是Orlicz的首位博士:波兰的A. Alexiewicz和捷克的J. Kolomy.报告人分别为Z. Semadeni(Orlicz的第6位博士)和M. Fabian(Kolomy的第1位博士),吴和这两位报告人及华沙的W. Zelasko,Z. Ciesielski系初次会面并交谈.会议结束,吴从炘又在Hudzik处访问一周,还去了Krakov,Torun等城市.

● 7月27日至8月26日,香港理工大学杨苏和Eric再度邀请吴从炘访问一个月.实际上,主要是让吴在8月13~16日于大连召开,由杨苏、王熙照与IEEE Systems, Man and Cybernetics学会等所主办,每年一次的第5届国际"Machine Learning and Cybernetics"会议上做一个与泛函分析相结合的1小时报告.因此,在会前吴从炘将准备报告当作中心任务.8月15日上午吴以"泛函分析对机器学习的应用"为题做了大会报告,报告内容:1. SVM的最简单回顾,2. SVM需要无穷维空间,3. 与SVM相关的无穷维空间的某些概念和结论,4. 无穷维空间应用于SVM的若干结果,5. 几个有关问题.吴还以客人身份上了会议开幕式的主席台.会议期间,吴见到哈明虎、王熙照、何强、仇计清、李法朝、吴健荣、陈得刚、巩增泰、李雷、宋士吉、薛小平、任雪昆、李艳、黄冬梅、米据生等学生辈与会者.在港时也时常与熟人和朋友见面.理工大学计算机系博士生赵素云对吴多有帮助,很感谢.

● 吴从炘与薛小平于9月15日出席了吉林大学建校60周年庆典活动中由数学系在长春教育宾馆举行的招待会,到会的有本系的伍卓群、李荣华、冯果忱、黄明游、牛凤文等,校友董韫美院士等以及兄弟单位的北大张继平教授等.

● 第7届亚洲模糊系统学会国际会议,即AFSS2006于9月17~20日在中国保定召开.会议由中国模糊数学与模糊系统委员会、河北大学与哈尔滨工业大学共同承办,L. A. Zadeh 为名誉主席,刘应明院士为大会主席,哈明虎为组织委员会主席,王熙照、薛小平为副主席,M. Mukaidono,吴从炘,应明生为程序委员会共同主席,IFSA 主席 W. Pedrycz 等 8 人为顾问.大会开幕式由王熙照主持,哈明虎致词,刘应明讲话.大会报告共 8 个:中国 3 人,日本 2 人,伊朗、印度、韩国各 1 人,韩国人没来,小组报告分三组进行,论文集由河北大学出版社出版,刘应明、吴从炘、哈明虎、应明生任主编,共收入大会报告 7 篇和 54 篇论文.

这次会议的成功举办,归功于大会主席、IFSA 中国分会主席刘应明院士的关心与支持,他提出许多宝贵建议且亲自与 Zadeh,IFSA,国家基金委等方面联络与沟通;以及组委会主席哈明虎对会议细致周到的组织与服务并取得河北省的赞助.作为程序委员会主席之一的吴从炘也在争取亚洲国家和地区能有更多代表参会及程序委员会人员组成方面做了些工作.关于亚洲模糊系统会议吴从炘共参加 3 次:保定(2006)、加尔各答(2002)、台湾垦丁(1996),该会 2 年 1 次.

● 本年度创刊的《International Review of Fuzzy Mathematics》(IRFM)之主编 Y. B. Jun(韩国)和管理编辑们共同邀请吴从炘为该刊编委.编委共 24 人:韩国 6 人,美、欧各 4 人,非洲、伊朗各 2 人,印度、日本、中国台湾和香港各 1 人,中国内地 2 人(另 1 人为吴伟志).

● 6 月 6 日中科院李树杰研究员和南京大学马吉溥教授参加了吴从炘的论文博士生刘立山的答辩会.本年度吴从炘还有 3 名博士生蒋家尚、赵亮、黄艳相继于 1 月 13 日、2 月 24 日和 3 月 9 日通过了博士论文答辩.

● 9 月 4 日吴从炘的关门弟子、论文博士生河北大学何强来校报到.2012 年 3 月 24 日,在张德利,陈德刚主持下何强通过了学位论文答辩,他的论文题目是"基于不确定性数学的学习理论与方法研究".

● 12 月 17 日吴从炘在鲁福楼饭店为哈工大数学系元老曹彬庆贺 80 华诞,参加的还有文革前来系工作的老同事田重冬、罗声政、齐宗遇、许承德、冯英浚(以到系时间为序),曹夫妇并与这些老同事合影留念,席间曹老师更赋诗一首,令聚会大为增色.

● 5 月 1 日吴从炘为哈工大数学系同等学历研究生班主讲:"从微积分与线代数看现代数学的几个问题".

● 李大潜院士去大庆访问,特应邀顺访哈工大,于 9 月 11 日下午为数学系师生做了一场精彩报告,吴从炘在场听讲,并于次日到宾馆告别.

● 1 月 9 日吴从炘去哈工大人事处办理退休手续.

● 9 月 8 日上午 11:00 哈工大党委书记郭大成来吴从炘家看望,祝贺教师节,校人事处长及摄像、照相等人员随行.

● 9 月哈工大学位委员会为吴从炘的博士生邢宇明,于 2005 年 3 月撰写并通过答辩的学位论文"微分形式及相关算子的加权积分不等式"颁发校第 8 届优秀博士学位论文奖励证书.吴从炘另一位博士生王勇于 2005 年 10 月 24 日也通过了学位论文答辩.

● 为全力迎接哈工大本科教学评估,11 月 17 日理学院召开了"教学研究"报告会,数、理、化三系各推一位教授在会上报告,还特别邀请吴从炘作首位报告人,吴报告的题目是:"对《数学分析(续)》课程的几点建议".

11 月 23 日《哈工大报》第 7 版以"迎评之际话教学——理学院教师畅谈如何进行教学"为题,报道了这次会议.

● 11 月 23 日哈工大电视台总编室张滨楠专门采访吴从炘,并录制了吴等三位在理学院"教学研究"会报告的报道,并于 25 与 26 两日播出.12 月 1,2 日哈工大电视台更以"名师访谈"栏目播出了对吴从炘的专访,约13分钟.

● 经8月27日数学系教授会聘岗会和8月31日理学院聘岗会通过,吴从炘获数学系的3年聘期.

● 吴从炘10月4日自哈尔滨出发经北京、福州,7日抵达西安,出席全国模糊数学与模糊系统委员会在陕西师范大学召开的第13届学术会议.8日晚,吴作为名誉主任委员也参加了委员会的全体会议,等额推举了57名新一届委员的候选人.9日上午大会正式开幕,王国俊主持,承办单位领导致词,郑崇友讲话.当日有7个大会报告,并进行了委员会的换届选举,179人投了票,57位候选人全部当选.晚间召开了新一届委员会会议,选出了委员会的新领导,按照本委员会规定,吴从炘名誉主任委员任期已到届,在委员会中不再续任名誉职务,但今后仍可列席委员会和常务委员会的一切会议.哈工大管理学院吴冲教授在此会上也当选为委员会委员.

● 10月11~14日,吴从炘顺访汉中的陕西理工学院,该校数学系熊启才正在哈工大读论文博士.12日下午吴为本科生讲了"单调增加函数的线性扩张",13日下午又讲了"介绍模糊数".14日离开汉中,住咸阳,15日返哈尔滨.

● 2月22日吴从炘将所主持的最后一项国家自然科学基金:"模糊分析及与泛函空间的联系"(2003年1月~2005年12月,批准号:10271035)的结题报告按时交到哈工大科研处,再统一上报基金委.

● 11月25~26日,哈工大召开理科"十一五"规划评审会,数学评审组李勇为组长,专家有周向宇、王跃飞、张平文、白峰杉、吴微.吴从炘参加听会.

● 吴从炘深知:"自己算不上一位数学家,没有对数学做过什么实质性贡献,只是愿为数学教育和研究奋斗不息,始终不渝而已".正因如此,数年前《中国现代数学家传》丛书常务副主编周肇锡教授要吴为第三卷撰稿时,不胜惶恐而婉言拒之.2002年学长成平教授再次敦促此事,也就不得不勉为其难.直至2006年4月13日江苏教育出版社王建军先生寄来"中国现代数学家传(第6卷)320~338页标题为'吴从炘'的校样",并在首页上注明"请吴先生校阅后寄回".到了2010年吴从炘拟出版《吴从炘数学活动三十年(1951~1980)》时,曾致函王先生询问此事,获悉尚在协调中.如今成平学长已经西行,丛书常务副主编周教授据说也早已移居海外,因此,音信皆无在所难免.

2004年6月于哈工大威海校区
左起:吴勃英、吴从炘、刘德贵、孙耿

2007 年

● 5 月 14～16 日，朱梧槚出面组织原东北人民大学数学系 1955 与 1956 两届部分毕业生与当年的徐利治老师一起到南京航空航天大学聚会．参加座谈会的徐老师的学生共 6 位：朱梧槚、于丹岩、洪声贵、邵震豪、吴从炘和董韫美院士．徐老师还为南航信息学院作"兴趣、志趣、乐趣"的报告．

吴从炘还应邀至南京邮电大学数学系讲"高等数学研究及其应用"．

● 5 月 17～21 日国防科技大学在长沙举办模糊数学与模糊系统委员会常务理事会暨《模糊系统与数学》创刊 20 周年庆典活动．常务理事会主要为明年 11 月在武夷山召开下届学术会议做准备，创刊 20 周年庆典由国防科大理学院王正明院长与政委主持，《模糊系统与数学》编委参加．国防科大前政委汪浩教授出席了晚宴，朱建民系主任负责各种事务．吴从炘参加了这两个会议，并去看望原哈工大数学教研室党支部书记周联洁同志，她丈夫吴国平教授与她是川大数学系同学，曾任国防科大训练部部长，少将军衔．会议代表还考察了凤凰古城与张家界．

● 5 月 22～25 日，陈仪香教授邀请吴从炘参加他在上海师范大学的研究生答辩，王国俊、郑崇友与吴齐聚上海．博士生答辩仅吴洪祥一人，系计算数学专业；硕士生有 2 批答辩，1 批为基础数学专业只 2 人，另 1 批为计算机专业，共 7 人，其中 2 人是陈仪香学生．在沪期间，吴见到了调回上海已多年的老朋友向新民教授，他原是黑龙江大学教授、黑龙江省数学会副理事长．

● 吴从炘出席了 7 月 11～16 日在西安建筑科技大学召开的第二届国际代数与组合会议，岑嘉评（K. P. Shum）为大会主席．吴担任 7 月 15 日下午 Section B 的主席，共 4 个报告：曹永林（山东科大）、许惠生（信阳师院）、何勇（湖南科大）、陈裕群（华南师大），听众有 Bokut 等 7～8 位俄罗斯人，人数多于中国人．报告结束，请 Bokut 作评论，吴则讲了个人受苏联数学的影响．会上又见到岑的学生，Iowa 州立大学的吴笑雄，还认识了陈北方（港科大、吴学谋硕士）、周育强（加拿大纽芬兰大学，其博士生杨××曾到哈工大工作，但很快又离开了）．岑的博士生任学明承担了许多会务，很辛苦．在任的帮助下，吴找到 55 年未见面的东北工学院数学系同学曾孝威，他已改行成为马列教授且是该校督导组长与评估组长，校内很知名．吴还独自去了榆林和延安．

● 7 月 25～28 日，吴从炘出席哈尔滨师范大学主办的"纪念曾远荣百年诞辰大会"（曾远荣，1903～1994，南京大学教授，1927 年赴美，1930 年获硕士，1933 年获博士，论文题目为"关于 Hermite 算子固有值问题"，他是中国泛函分析界的元老）．会议由哈师大校长陈述涛和曾远荣的研究生马吉溥两教授致词．参会的有 H. Hudzik, L. Maligranda, M. Z. Nashed, M. Kato, H. O. Tylli 以及李树杰、刘培德、程立新、侯晋川、杜鸿科、卢玉峰、梁进、卜庆营、史金平等．

● 受中国数学会和全国泛函分析空间理论与应用泛函分析学术领导小组委托，中南大学数学学院主办的"新世纪分析数学"国际学术研讨会于 8 月 8～12 日在长沙召开．本次大会由湖南省数学会名誉理事长、中南大学侯振挺教授任执行主席并致开幕词，阳名珠研究员致闭幕词．刘培德教授主持了开幕式，发言的还有省科技厅副厅长邹捷中、数学学院院长刘再明．阳名珠、杨重骏、蔡海涛、吴从炘等在前排就座．会议安排了 8 个大会报告，共 121 人到会．令吴十分感动的是他的一位早年硕士，一直服务于金融界的李军后，闻讯从北京赶回，陪吴去了岳阳楼和洞庭湖等地．

● 黑龙江省数学学会于 1 月 13～14 日在哈工大召开第 11 届 2 次代表大会，在会上吴从炘特向省内中青年数学工作者简要介绍了原哈军工卢庆骏（1913—1999）与孙本旺（1913—1984）两教授 20 世纪五六十年代在哈期间对黑龙江省数学发展的贡献及他们的学术成就．吴从炘也出席了

11月17~18日在绥化学院举行的常务理事会并讲了话.

● 吴从炘邀请首都师大郑崇友教授主持云南大学理学院院长杨富春于3月16日的论文博士答辩,郑在哈工大期间还作了"数学结构与格上拓扑"的报告. 吴从炘又邀请中国传媒大学理学院院长李军教授来哈担任博士生孙波于7月8日的答辩委员会主席,并就"不可加测度与积分"作专题讲演,还进行了讨论与交流. 吴从炘还邀请正在哈工大访问的日本大阪大学石井博昭教授作为吴的博士生陈明浩于8月25日举行的博士论文答辩会的委员. 此外,吴从炘另一位博士生包玉娥于年初的1月22日已经通过了博士论文答辩.

● 由中国科协主管、中国科技报研究会主办的《科学中国人》刊物,本年度第1期65页刊登作者王辉的如下文章:"吴从炘:老当益壮　勤谨为学".

● 12月12日,15:30~17:00吴从炘作题为:"从Lax微积分到林群、张景中的微积分——微积分教改存在广阔空间"的讲演,听众逾200人.

● 12月23日,吴从炘作为委员参加了西南大学郭聿琦教授在哈工大招收的博士生王正攀的博士答辩会,主席是香港大学岑嘉评. 次日,岑、郭二人均在哈工大作了报告.

随后于12月25~29日,岑、郭、吴与李容录去延边大学访问,数学系接待,岑、郭都有报告,吴、李两人作补充. 一行还参观了延大科技学院,该院特色鲜明,除各种外语系,只招朝族学生,用朝语授课,图书馆有不少北朝鲜书籍.

● 8月3日冯英浚设午宴为哈工大数学系元老曹彬教授欢庆80寿辰,应邀前来的除曹夫妇外,还有老同事罗声政、田重冬、齐宗遇、许承德和吴从炘.

● 10月11日Springer出版社回复吴从炘,称"吴为Z. Y. Wang, G. J. Klir的书Generalized Measure Theory应邀所写的评审意见已经收到". 该书于2008年出版.

● 7月28日,吴从炘出席哈工大数学系83121班返校庆20年聚会,全班28人中有18人到会,该班同学吴记得姓名的有:邓廷权、李淑玉、孙红岩、汪国平、武怀勤、张少仲、李壮、吴少宏、王义等.

● 8月25日~9月16日,吴从炘因晨起出现头晕、呕吐、腹泻等症状,入住哈医大四院治疗.

2007年8月11日与李军后,摄于湘潭大学图书馆门前

2007年5月吴从炘拍摄上海朱家角(远望)城隍庙

2008 年

● 9月13~23日,吴从炘与薛小平、陈明浩三人应邀出席15~17日在日本仙台举行的第11届捷克-日本关于不确定性研讨会,同时访问大阪大学,石井博昭教授是这次研讨会的主席.吴从炘此行的路线为哈尔滨⇔大阪⇔仙台.14日,吴在大阪大学做了"模糊泛函空间与模糊数空间的嵌入空间"报告,听众中还有神户学院、广岛大学的有关人员.仙台研讨会租用的会场、住宿的旅馆、招待会的酒店三者离火车站都不远,很方便.这次会议捷克来了7个人,日本人大约有20多位,加上3个中国人,是总共才三四十人参加的小型研讨会,吴从炘报告的题目为"(吴)在《Fuzzy Sets and Systems》刊登的50篇论文的概述".

会上吴认识了早稻田大学的Watada教授以及筑波大学的Mika(女)准教授,但后来没有什么联系.19日吴、薛、陈三人顺访了京都同志社大学,该校也算日本很好的一所私立大学.吴从炘抓紧时间在午餐前先作了报告,待薛、陈作报告时,吴早已通过听讲中某来自大陆的准教授,找了一位女学生和吴一同去了著名的醍醐寺,该寺于1994年获批成为世界文化遗产.离开日本前,吴还随薛、陈赴约与大阪大学情报研究所负责人会面,商谈该所与哈尔滨工业大学理学院签订合作协议事宜,借以推进两校间的校际合作.

● 吴从炘于5月4~16日,出席由清华大学出版社与九江学院承办的"新形势下大学数学教学改革的发展途径"学术研讨会(8~12日在九江学院召开),并在会前与会后分别访问了中国传媒大学与中国科技大学.这是肖树铁教授主编的《微积分》(修订版)的一次推广会,也是吴与肖先生领导的原应用数学教材建设组成员,自2002年湖州会议后的首次聚会.肖先生作了"面向应用型人才培养的大学数学教学改革新思维"的报告.发言中吴从炘提出会后应大力推广肖先生教材的体系,吴还对教材69~70页关于洛必达法则部分写了一点修改意见,以书面形式交给肖先生,供他参考.10日晚,肖先生的学生甘筱青校长和大家在校园里的左岸咖啡厅叙谈至22:00.

5月13日下午吴从炘乘火车抵合肥,应邀于15日下午给梁进、肖体俊夫妇双博导的研究生们作报告:"模糊分析中几个具体的泛函空间".

其间,苏州大学丘京辉教授曾专程来合肥与吴相见,两人虽交往已久,见面却还是首次.

吴从炘这次外出最先来到的是中国传媒大学,受理学院院长李军教授邀请,吴为他的研究生报告了"无穷矩阵与极限顺序交换".吴最感兴趣的是参观了"播音主持艺术学院",从而对中央电视台1套节目新闻联播的主播员:薛飞、杜宪、张宏民、李瑞英、罗京、贺红梅、海霞、康辉、李梓萌等的学历了如指掌.

● 已经在2006年取得哈工大博士学位的刘立山,邀请导师吴从炘到曲阜师范大学主持他的8名硕士生于6月5日的答辩会.于是,吴先应山东省滨州职业技术学院院长,哈工大自动控制博士石忠之邀访问该校,并于到达次日,即6月3日,吴从炘又受邀去滨州学院数学系作报告,且接受兼职教授聘书,遗憾的是此后从未再去,无所作为.在曲师大答辩前后,见到了老朋友郭大钧和郭聿琦夫妇,他们也都是参加答辩的.此次吴赴鲁之行,夫人随同,因之,刘立山也全家陪吴夫妇游枣庄市,欣赏了万亩石榴园和微山湖之美景,也凭吊了台儿庄战役的遗址,是役毙日军11 000余人,战斗异常惨烈.6月10日至济南乘机返哈.

● 今年恰好是吴从炘考入福州一中高中部第六十年,年级同学决定10月28~30日举行庆祝活动,一如惯例,后两天为旅游,正式庆典在头一日.这天上午同学们都来到福一中老校区的校史室和当年风华正茂现已年逾九旬的老师,新老校长,校友会领导等嘉宾共庆这一甲子的历程,下午去新校区参观,还参加了"王杰官奖学金"的颁奖会.王杰官是吴从炘在高二、高三的数学老师,在他指导下,吴数学课学习突飞猛进,触类旁通,其他课程也得以全面提高,从高一排名全班之末升到高三的前二,且立志报考数学系.为感念杰官先生的培养,吴从炘捐资 1.5 万元,设立一次性专项奖学金,奖给 5 名数学成绩优异的学生,颁奖会上吴还发言勉励获奖同学.

● 10 月 31 日~11 月 3 日在福建武夷学院召开第 14 届全国模糊数学与模糊系统学术会议,学会中三位福州人,刘应明、郑崇友和吴从炘都到会了.吴还为优秀学生论文颁奖,共 3 位.会议结束,在厦门大学程立新教授支持下,吴从炘进行了一次红色之旅,参观了上杭的古田会议旧址,长汀的福建省苏维埃政府和瞿秋白纪念碑以及瑞金革命遗址等,哈工大吴冲博士一路随行.另外,年级聚会前,在福建师大钟怀杰教授与宁德师专林寿教授帮助下,吴从炘游览了太姥山、华严寺和三都澳,博士生任雪昆一同前往.此行中,吴在宁德师专、厦大与厦门理工都做过报告.

● 1 月 16 日哈工大召开 2007 年校优秀博士论文颁奖会,刘立山名列其中,他的论文题目是"Banach 空间微分方程解的研究",吴从炘参加了这次会议,还做了即席发言.2008 年,刘立山论文又获得了全国百篇优秀博士论文提名奖(编号:2008052),他也是获此殊荣的首位哈工大数学系博士生.6 月 4 日、8 月 30 日和 9 月 4 日吴从炘的博士生任雪昆、包革军和王长忠都通过了答辩.吴从炘作为合作导师的博士后黄欢于 7 月 8 日也出站了,她是哈工大数学博士后流动站继严从华出站后,第二位出站的博士后.

● 《Information Science》的主编 Pedrycz 于 7 月 15~19 日顺访哈工大数学系.16 日做了一个报告,18 日又专门介绍"Elsevier 出版社所出的刊物应如何撰稿"并回答问题,引起听众极大兴趣,长达 2 个半小时,吴从炘全程陪同,王熙照教授随 Witold Pedrycz 同时来哈.

● 7 月 28~30 日徐利治教授到哈师大参加《数学教育学报》编委会,吴从炘前往看望老师,并带去本年度收到的论文抽印本请老师指教,师生叙谈,十分难得.年已 88 高龄的徐老师仍不断刊发研究成果,令人叹服.

● 7 月 24~27 日吴从炘出席了在牡丹江师院召开的黑龙江省数学会第 11 届 3 次会议.在会上应佳木斯大学理学院院长李岚邀请,于 10 月 17 日赴佳木斯大学作了下述报告:"如何在微积分的学习与教学过程中开展研究".

● 1 月 18 日吴从炘出席在哈师大附中召开的奥林匹克数学冬令营开幕式,中国数学会普及工作委员会主任吴建民等领导莅会致词、讲话.

● 2 月 8 日吴从炘又因脑动脉硬化住入哈医大四院.

● 到哈访问的 A. Kaminska 教授,于 12 月 12 日下午来哈工大数学系做"关于复凸性"的报告,吴从炘到场听讲,并在次日上午陪同 Anna 夫妇寻找波兰领事馆遗址,参观东正教教堂.不幸的是其夫 12 月 17 日在上海突然去世.

● 12 月 6 日吴从炘为陈明浩的书《模糊分析学新论》作序,该书于 2009 年 3 月由北京科学出版社出版.

● 11 月 21 日,吴从炘将 1982 年 5 月已由科学出版社出版,J. L. Kelley 著"General Topology" 1955 年版的中译本与 Kelley 书的新版经仔细比对后的中译本修订形式,寄科学出版社责任编辑赵彦超,并于 2010 年 4 月以第二版方式再由科学出版社出版.原书新版修改了 28 处,其中 7 处在 1982 年中译本中已经被修改,在原书新旧版比对过程中王长忠给予不少帮助.

● 9 月 19 日上午吴从炘被邀请出席哈工大能源学院于达仁教授的博士生胡清华的学位论文答辩会.目前胡已经是天津大学计算机学院教授,研究成果丰硕而突出.在胡与导师所著《应用粗糙计算》(科学出版社,2012年6月)的序中称:"我们的工作得到许多专家和同行的帮助,吴从炘教授将我们引入一个十分宽广的学术领域;……",其实吴仅在胡攻读博士期间在模糊数学方面曾对他有过一些帮助.应该说吴与年轻人的交流与讨论时,在其知识范围内还是尽心尽力的.

2008年10月,钟怀杰(前排左)和他的学生陈剑岚(后排左四)与吴从炘及其学生任雪昆(后排左五)一起去宁德返福州后,共同探望福建省数学界及全国泛函分析界前辈林辰先生(前排右)

2008年5月5日摄于中国传媒大学播音主持艺术学院

2009 年

● 4月22~28日,由清华大学国家基础课程数学教学基地和江南大学联合主办并由该校数理学院负责会务的"大学数学与创新人才培养"学术研讨会,原定于26日结束.经过吴从炘联络沟通,会议延续至28日,从无锡转到苏州科技学院.此次会议除王能超因住院外,原应用数学教材建设组成员,悉数到会,还有新加入的浙江大学出版社社长姚恩瑜(女)教授,共17人.马逢时因身体不适提前离会,其余参会者包括吴从炘在无锡会上都作了报告,到了苏州科技学院与数学教师见面时,则由二胡(胡迪鹤、胡毓达)主讲.吴从炘还和该院吴健荣、国起两教授及他们的研究生聚会交流.大家也参观了无锡灵山、苏州甪直古镇、金鸡湖等著名景区.

无锡会前,吴从炘顺访了浙江大学,为武俊德教授的硕、博士生讲了一次"Krein 空间",并见到大学同班同学干丹岩教授,还前往五泄与乌镇两处风景名胜地观光.

● 5月19~24日,北京信息科技大学理学院邀请吴从炘来访,由李国成教授承担接待任务.吴在20日下午为数学系本科生以"大学生如何在本科阶段培养创新能力"为题作了一场报告,该校数学系赵锡伯教授也来听讲,还见到在京的陈得刚、宋士吉、孙波和从河北远道而来的哈明虎、李法朝与何强.李国成还陪吴去了卢沟桥、周口店遗址和房山云居寺塔及石经等3个1961年由国务院颁布的首批国家重点文物保护单位.

● 校址在兰州的西北师范大学数学与信息科学学院邀请吴从炘于6月2~11日前来访问,具体事务由巩增泰、李宝麟负责.3日在学院院长马如云教授主持下,吴从炘向研究生及教师报告了"关于再生核 Krein 空间"的介绍.4~7日巩增泰陪吴顺访天水师范学院,6日为数学系本科生作了一次讲座.吴还去了麦积山、崆峒山和六盘山,在崆峒山吴仍能往返途经险要的"上天梯",登顶至皇城.8~10日,吴从炘先去兰州大学探望学长陈文塬教授(数学系范先令教授为伴),然后到兰州城市学院与西北民族大学的数学系分别对本科生和教师讲了"微积分"与"模糊分析学"方面的专题.此次出访西北师大,受到高规格礼遇,王校长与刘仲奎副校长(王退休后,刘接任校长)专门宴请了吴从炘,校博物馆李馆长亲自为吴讲解馆藏的古代文物.此外,吴从炘在兰州期间,还恰好与老朋友郭聿琦、岑嘉评两位教授的到访时间有所重叠,彼此曾有多次见面和叙谈.

● 7月21~25日,哈尔滨工业大学邀请刘应明院士来校指导数学学科的建设与发展.吴从炘陪刘院士去漠河调研.

● 吴从炘出席了由西安交通大学承办,8月11日开幕的第二届现代分析数学及其应用国际学术会议,阳名珠为主席,刘培德为学术委员会主席,马吉溥为组织委员会主席,徐宗本为名誉主席.大会有两个45分钟的报告,吴从炘报告的题目为:"The application of functional spaces in fuzzy analysis and machine learning",

阳名珠作为《应用泛函分析学报》的主编,在会上报告了"该刊的十年发展".大会前一天,即10日晚20:30~23:30,泛函空间理论组召开联络员全会,吴从炘参加了会议.主要议题是换届,由程立新接替已到届的刘培德任组长,原来的联络员均续任(陈述涛因从政,成为副省级干部,公务繁忙由宋文替换),还增添了国起、别克、陈泽乾、薛小平、侯友良.当日下午,王国俊、张文修两位老朋友还专程来访.13日程立新与吴去了西安的首批全国重点文物保护单位"兴教寺塔"、"汉长安城遗址"(长乐宫、未央宫)、"大明宫遗址"、"秦始皇陵"等地参观.

● 经哈明虎的联络与沟通,吴从炘很高兴地接受中国运筹学会不确定系统分会首任理事长、清华大学刘宝碇教授邀请,出席 8 月 21~24 日由重庆大学经济与工商管理学院承办的该分会第 7 届年会暨第 11 届中国青年信息与管理学者大会. 吴从炘与湖南师大杨向群各做 45 分钟报告,同获该分会的终身成就奖,大会另有 12 个报告,刘宝碇讲"为什么要用不确定理论". 会议还颁发钟家庆运筹奖、运筹新人奖及优秀论文奖各 2 名,与会者达 141 人. 该分会有自己的办会风格,如开幕式无主席台,更无领导致辞等,值得借鉴. 会议安排了武隆世界自然遗产的考察. 在回到承办单位工作的付强教授(曾出任重庆市外办副主任)特派一位暑期后入学的博士生全程陪同吴从炘去武隆,并一起参观了重庆主城区的首批全国重点文物保护单位"八路军重庆办事处旧址"(周公馆、红岩村),很感谢哈明虎、付强和他的那位博士生.

● 10 月 23~26 日全国模糊数学与模糊系统常务理事会议在舟山市浙江海洋学院召开,吴伟志承担会务工作,李雷到会汇报下届年会在南京邮电大学举办的各项准备工作,刘应明、王国俊、郑崇友、罗懋康、张德学都来了. 会议还安排赴桃花岛参观,该岛系舟山群岛的第 7 大岛,面积 42 平方公里,人口约 2 万. 吴从炘此次参会是经上海至舟山,返程则取道杭州,分别由陈仪香、王桂祥接待. 在上海吴从炘找到了首批全国重点文物保护单位"中国社会主义青年团中央机关旧址",在杭州又欣赏了超山的唐梅与宋梅.

● 原全国高校应用数学与计算数学教学指导组委员、北京大学教授陈维桓于 7 月 12~17 日访问哈工大数学系,就微分几何方面做了三次报告,吴从炘接待.

● 吴从炘 1 月 16 日欢迎前来哈尔滨参加粗糙集会议的吴伟志、米据生、陈得刚诸教授和王长忠博士,并一起聚会.

● 6 月 30 日赵治涛和薛小平的 2 名博士生共同进行论文答辩,由厦门大学程立新教授任答辩委员会主席. 吴从炘的另一位博士生李鸿亮则在 9 月 17 日通过博士答辩,又 7 月 19 日刘立山才正式收到全国优秀百篇博士论文提名奖证书,吴从炘为导师.

● 3 月中旬吴从炘接受数学系分管教学副主任委托,撰写开设《数学史》课的计划,并主讲"Wolf 奖得主"与"中国数学会 60 年(1935~1995)"两讲. 另外,又受系里委托于 3 月 20 日作了"再生核 Krein 空间介绍"的报告.

● 吴从炘于 3 月 24 日填写了聘岗申请表,总结了 2006~2008 三年聘期内的工作情况,又获数学系续聘 3 年.

● 9 月 25 日至 10 月 3 日吴从炘在哈工大医院住院,为控制高血压进行用药调整.

● 吴从炘为了表达对高中数学老师王杰官先生的感念,他还在福州一中的《三牧通讯》本年度 1 月出版的第 41 期 47~48 页上刊出文章:"福州一中入学 60 载——追思王杰官老师".

2009 年 7 月吴从炘与应邀来哈工大指导数学学科建设与发展的刘应明院士

2009 年 7 月陈维桓(左)在哈工大做三次微分几何报告,右为王元明

2010 年

● 巩增泰的首位博士生邵亚斌定于 5 月 14 日进行论文答辩,西北师范大学数学学院邀请吴从炘来主持答辩. 吴抵兰州的次日下午就作了"介绍刘应明引入的模糊点及应用"的报告. 第二天在邵亚斌博士答辩的同时,还有巩和李宝麟各 3 名硕士生也进行答辩. 15 日吴、巩二人乘火车赴银川的宁夏大学,张文修的博士魏立力教授具体接待. 17 日吴作了一个报告,研究断裂力学的李星副校长会见了吴从炘,吴还见到杜丽(刘应明的博士生,郭聿琦实际指导). 吴 18 日在银川城区游览了首批全国重点文物保护单位:海宝塔.

● 由浙江大学数学系和杭州电子科技大学理学院承办,宁波理工学院协办的"大学数学教学研讨会"于 5 月 23 ~ 29 日召开. 吴从炘准时到达浙大玉泉校区附近的百合花饭店报到. 以肖先生为首的 18 位原教材建设组委员全体出席研讨会. 两天后,参观宁波理工学院图书馆与明嘉靖兵部右侍郎范钦家藏书的天一阁. 27 日会议移至杭州电子科大进行,吴从炘和王能超应约于当天下午与该校数学老师座谈,吴介绍了"个人经历简介及如何从事教学与指导学生". 28 日下午吴从炘前往浙大参加数学系 4 位教授的博、硕士生共 5 人的论文答辩会. 这样,吴自然而然地成为 5 人答辩委员会的主席,其中 1 名博士生是武俊德和他在浙大做博士后时的合作导师鲁世杰教授共同指导的,其间还会见了冯英浚的博士生吴江琴,2001 年她来到浙大计算机学院工作. 会后,王桂祥与吴从炘同往衢州的围棋仙地"烂柯山"等地. 吴于 31 日返哈尔滨.

● 7 月 30 ~ 31 日,应大连理工大学数学科学学院邀请,吴从炘出席在该校召开的"数学与数学教育研讨会",并参加为我国著名数学家徐利治先生 90 岁华诞举行的祝寿宴会. 会前,《大连理工大学报》在 2010 年 7 月 23 日头版"大工人物"专栏发表了"徐利治的数学人生,写在徐利治先生 90 寿辰之际暨庆祝《徐利治论文集》出版".

寿宴时,寿星夫妇、欧校长、董韫美、冯果忱、巩馥州、叶永南、施光燕、吴从炘等在主桌就坐,吴在发言中讲到:"正是徐老师在大学三年级的课外学习小组,布置吴报告的一篇文章,引发吴踏上研究泛函分析之路". 在会上,吴还见到洪声贵、王仁宏、施吉林、冯恩民、张鸿庆以及郑斯宁、吴微、卢玉峯等等. 会下吴从炘向徐老师恭赠礼品,并和徐老师与董韫美合影,使吴尤感荣幸的是徐老师将当时手头仅存的一本《徐利治访谈录》(徐利治口述,袁向东、郭金海整理,湖南教育出版社,2009)亲笔题赠"从炘".

● 黑龙江省数学会于 8 月 2 ~ 5 日在黑河市召开年会,会议共有 6 个长报告和 14 个短报告. 开幕式上刘明珠理事长、薛小平副理事长兼秘书长讲了话,副理事长兼普委会主任王玉文介绍了中学数学竞赛情况,吴从炘也出席了会议.

● 8 月 8 ~ 13 日在成都望江宾馆召开"长江数学国际论坛暨刘应明院士 70 华诞学术会议". 本次会议共有 16 个大会报告和分布在 12 个小组的 164 个分组报告,与会人员登记在册的达 288 人. 吴从炘于 8 月 9 日下午 16:20 ~ 16:50 在"不确定性的数学理论及其应用"分组作"模糊分析与特殊泛函空间"报告,张德学教授是吴从炘所参加的分组组织者,该分组共有 14 个报告,吴全都在场. 至于 70 华诞庆典活动,刘院士初、高中母校的校长和大学母校北京大学数学学院院长均到会讲话. 哈工大数学系也派代表前来向刘院士赠送礼品表示祝贺. 会议期间,还参观了大邑县安仁镇的"建川博物馆"(私人)中"抗战正面战场"、"战俘"和"飞虎队"三个馆.

● 由哈尔滨工业大学、哈尔滨师范大学、哈尔滨理工大学主办的"泛函分析及其应用国际会议"于7月25~28日在哈工大召开. 参会的80余人中,8人来自美国与波兰,吴从炘的研究生达40人,其中从国内外返哈的近30人. 作报告的有20位,本次会议还特别举行对马吉溥、李树杰、吴从炘三人的祝寿晚宴,他们的年龄分别是75,70和75周岁,马、李二位分别从南京大学、中国科学院数学研究所被聘到哈尔滨师范大学的"曾远荣泛函分析研究中心"工作. 陕西师范大学杜鸿科教授为马、李、吴三人各创作一首赞诗,令祝寿活动达到高潮,现将有关吴的一首录之如下:

"恭贺吴从炘教授七五大寿,
　豁达大度深谙人生真谛,
　奇思深谋洞察数界高邃"
　吴深感当之有愧.

28日吴还分别与他的学生和波兰朋友进行餐叙.

● 6月16~22日刘笑颖邀请程立新与吴从炘同时访问徐州师大,都做了报告,吴的题目是"从两道极限题谈起",后来还顺访了盐城师院. 刘还陪程、吴一起去了泗洪县洪泽湖湿地、射阳县国家珍禽保护区和大丰县国家麋鹿保护区.

● 今年是哈尔滨工业大学建校90周年,学校举办一系列庆祝活动. 7月13日林群院士应邀为哈工大本科生做了一场精彩报告:"高中微积分". 吴从炘前往机场迎送.

● 李长春校友在《哈工大报》5月20日头版登载的文章"母校九十华诞感怀"中有这样的一段:"学校把学术造诣特别突出的年轻教师吴从炘从助教破格提升为副教授(当时学校职称很实,教授、副教授很少),影响很大."

● 9月3日11时23分哈尔滨工业大学前校长李昌同志去世,9月9日9时学校举行"缅怀李昌老校长"座谈会. 哈尔滨市《新晚报》于次日刊出报道:"哈工大26位'八百壮士'缅怀老校长",记述了4位发言者,其中之一为"永远难忘知遇之恩——哈工大教授吴从炘".

● 本年度哈工大获得一级学科博士点的自评权,6月中旬在林群院士,罗懋康、尹景学、陈杰诚、郭建华等专家的评审下,哈工大最终取得数学一级学科博士点的授予权,吴从炘参与了此项工作.

● 3月5日上午第3~4节,吴从炘为哈工大数学系首次开设《数学史》课,讲了第一讲"中国数学会前60年",听众为一年级大学生,共72人.

● 吴从炘出席了10月29日~11月2日由南京邮电大学承办的中国模糊数学与模糊系统委员会(国际模糊系统协会中国分会)第15届年会. 开幕式上有杨震校长致词、刘应明院士讲话和罗懋康作第7届专业委员会工作报告. 会议选举产生了第8届理事会,罗懋康当选新的理事长,会上共有11个大会报告和42个小组论文宣读(分别在2个理论组与1个应用类组内进行). 在国际上,陈国青被IFSA授予Fellow,应明生当选IFSA副主席. 会议期间,吴见到哈明虎、薛小平、张德利、陈得刚、李雷、叶国菊、仇计清、李法朝、巩增泰、蒋家尚、严从华、包玉娥、孙波等学生都前来参会,甚感欣慰.

10月30日上午10:00在南邮副校长黄维(2011年当选中科院院士)主持下,举行刘应明、吴从炘、王国俊受聘为南京邮电大学兼职教授的仪式,刘、吴、王三人分别讲了话并题词. 吴从炘的题词为"祝南邮数学更上一层楼."

吴还先后去了南京师大和河海大学,都有报告,还在叶国菊陪同下前往南京理工大学医院康复病房探望已故江泽坚先生的夫人,师母史光维. 此次会议的成功举办,理学院院长李雷功不可没.

● 接着,吴从炘前往厦门大学出席泛函空间理论组的一个小型研讨会,时间为11月5~8日. 吴在提前到达的次日,为程立新的研究生讲了一个题目:"Köthe序列空间介绍". 开幕式由厦大数学学院领导致欢迎词及历届空间理论组负责人讲话,刘培德教授主持.这次会议虽然仅15人到会,但基本上人人有报告,且涉及面较宽,工作也较深入,很难得,吴在会上则回顾了空间理论组30年来的活动.漳州师范学院院长李进金亲自邀请吴从炘到校讲学,为抓紧时间吴一天两讲,上午对研究生讲了80分钟,下午又面向本科生作100分钟报告.翌日,数学系李克典教授陪吴去东山岛.程立新还专程与吴走了一趟广东的梅州、潮州和汕头,吴旅行兴趣已开始集中于对全国重点文物保护单位的游览.

● 在福州一中的《三牧通讯》47期封2彩页刊出"10月18日,1951届校友吴从炘再为'王杰官奖学金'捐款,校友总会副理事长林世昌为其颁发证书"的照片.当时吴从炘返回故里,准备参加10月22日将召开的高中年级同学聚会.关于吴再次捐资之详情,见《三牧通讯》44期36页的"第二届'王杰官奖学金'颁发典礼在我校高中部隆重举行"一文.

● 1月20日吴从炘以黑龙江省科学技术协会第六届委员会的常委身份出席在哈尔滨蓝天宾馆召开的6届6次常委会和6届6次全委会.这离吴在1980年8月16~20日举行的黑龙江省科协第二次代表大会当选为常委已经整整30年,吴也是黑龙江省科协唯一当了五届的常委.可以说,吴从炘是改革开放以来黑龙江省科协工作的发展及其所做贡献的一位有力见证者,本次会议听取黑龙江省委常委、秘书长刘国中的讲话和省人大常委会副主任、省科协主席马淑洁代表常委会所做的工作报告:"开拓进取,扎实工作,努力开创科协工作新局面"并进行分组讨论.吴参加黑龙江省科协最后一次会议应该是2011年2月25日在哈尔滨银河宾馆举行的6届7次全委会.同年黑龙江省科协召开了"七大".

2010年7月,为吴从炘赋诗一首的杜鸿科(左一)

2010年7月,吴从炘单独与来哈尔滨出席泛函分析及其应用国际会议的波兰学者Wisla等3人共进午餐

2010年10月在南京邮电大学和包玉娥(左三)及她的学生合影

2011年5月与仇计清(左二)、李法朝(左四),摄于河北科技大学(石家庄)

2011年5月22日吴从炘与仇计清、李法朝等共同前往西柏坡中共中央旧址

2012年9月17日吴从炘在蓬莱市拍摄抗日名将戚继光故里

2012年11月2日摄于福州,右一:王绪柱,右二:王淑丽

2013年8月5日摄于山海关,这是八国联军营盘旧址中破旧的日军将军楼(1904年建)
左一为王晓敏,左三为山海关文管所崔副所长,她称"楼内有旱窖、水窖,其下曾发现人骨"

2013年7月31日吴从炘与陈德刚等前往参观天津大沽口炮台遗址及纪念馆

2014年5月21日摄于人民海军诞生地旧址(江苏泰州),左为蒋家尚

2014年8月摄于北京,左三:任丽伟;右一:张博侃

第二编 数学综述论文与报告选（1981~2010）

RESEARCH OF ORLICZ SPACES IN CHINA

WU CONGXIN
Harbin Institute of Technology
Harbin, China

WANG TINGFU
Harbin University of Science
and Technology
Harbin, China

It was more than half a century ago when W. Orlicz first defined his spaces in 1932, later the space was named after him, namely, the Orlicz space. The book *Convex Functions and Orlicz Spaces* by M. A. Krasnosel'skii and Ya. B. Rutickii also appeared for more than 30 years. During this period, the subject has made great advances. On one hand, the theory has been perfected, and at the same time, it helps open new directions, produce various extensions and deep results. In doing so, it provides rich background materials for the general Banach spaces, Frechet spaces, and topological linear spaces. On the other hand, other than applications to integral equations and trigonometric series, it has been successfully applied to partial differential equations, variational calculus, real analysis, complex analysis, probability, and control theory. Now the theory of Orlicz spaces has become an important branch of functional analysis, and is being used extensively in solving nonlinear problems. Our recent article [1] exemplifies the rationale for studying Orlicz spaces.

Chinese mathematicians have been doing research in Orlicz spaces and their applications for more than 30 years, and have produced numerous meaningful works. In this report, we shall introduce briefly some of these results so that the reader may have some ideas about the research works on Orlicz spaces done in China. For further information, the reader may refer to our two books *Orlicz Spaces and Their Applications* [2], *Geometry of Orlicz Spaces* [3], two survey papers [4, 5], and the book *Differentiable Functions and Partial Differential Equations* [6] by Ding Xiaqi.

Finally, we express due respect to Professor Guan Zhaozhi of Academia Sinica for initiating the study of Orlicz spaces. Also, we thank Professor Lee Peng Yee of the National University of Singapore for his encouragement, support and assistance concerning writing this report.

I. THE PERIOD 1957–1966

Due to the initiation of Guan Zhaozhi and the visit of Orlicz in 1958 to the Institute of Mathematics, Academia Sinica, for one month giving lectures, the research of Orlicz spaces in China started and flourished. In 1962, the chinese translation of the book by Krasnosel'skii and Rutickii (translated by Wu Congxin) was published, abbreviated as KR in what follows. This also helped in a definite way. During this period, the research results can be classified briefly in the following sections.

For convenience, we adopt the terms and the notations of [1–3]. In what follows, L_Φ^* denotes an Orlicz space. Unless otherwise stated, Φ and Ψ denote a pair of complementary N functions.

1. Embedding Theorems

In 1957, Ding Xiaqi was the first to publish papers on Orlicz spaces in China. In view of his research in partial differential equations, he introduced the space D_Φ^l, and studied embedding theorems and embedding operators involving such spaces where $D_\Phi^l = \{x(t) \in L_\Phi^* : r^l x(t) \in L_\Phi^*\}$, $r^l = (t_1^2 + \ldots + t_n^2)^{l/2}$, Φ is a Young function, $\|x\|_{D_\Phi^l} = \|x\|_{(\Phi)} + \|r^l x\|_{(\Phi)}$, and $\|\cdot\|_{(\Phi)}$ denotes the Luxemburg norm of L_Φ^*. Ding extended the well-known embedding theorem of Sobolev and applied it to partial differential equations, see [7–9]. Wu Congxin in 1958 extended D_Φ^l to the spaces D_Φ^h, in which r^l is replaced by an unbounded measurable function $h(t)$ with mes $\Delta_m < \infty$ for $m = 1, 2, \ldots$, and $\Delta_m = \{t \in R^n : |h(t)| \leq m\}$. Also, Wu improved Ding's result, obtaining necessary and sufficient conditions for embedding. Later Wu proved that D_Φ^h and L_Φ^* are topologically equivalent, that is, under the isomorphic mapping

$$T : x \to \bar{x} = x\chi_{\Delta_1} + \frac{x}{h}\chi_{R^n - \Delta_1}$$

(χ_{Δ_1} denotes the characteristics function of Δ_1) we have $\|x\|_{(\Phi)} \leq \|x\|_{D_\Phi^h} \leq 2\|x\|_{(\Phi)}$, see [10–12].

2. Caratheodory Operators and Urysohn Operators

First of all, there is the work of Guo Dajun. Concerning Caratheodory operators, he investigated in 1963 various conditions for continuity and boundedness and their relationship [13], in particular, a necessary and sufficient condition for continuity. More precisely, Caratheodory operator $f \in \{L_{\Phi_1}^* \to L_{\Phi_2}^*; c\}$ (c means continuous) if and only if for every $\alpha > 0$ there exist $\beta > 0, b > 0, a(s) \in L_1$ such that

$$\Phi_2[\beta f(s, u)] \leq a(s) + b\Phi_1(\alpha u) .$$

In 1962 Guo [14] gave a sufficient condition for Urysohn operator to be completely continuous, hence improving a basic theorem in the book KR. Zhang Shangtai [15] in 1963 weakened Guo's condition further. Zhang's result is:

$$\lim_{\substack{\text{mes } D \to 0 \\ D \subset G}} \sup_{x(t) \in T(\theta, r, L_{\Phi_1}^*)} \left\| \int_G |K(t, s, x(s))|\chi_D(s)ds \right\|_{(\Phi_2)}$$

implies that Urysohn operator $K \in \{T(\theta, r, L_{\Phi_1}^*) \to L_{\Phi_2}^*; \text{c.c.}\}$ where $T(\theta, r, L_{\Phi_1}^*)$ denotes the ball in $L_{\Phi_1}^*$ with centre θ and radius r and c.c. means completely continuous. Zhang [16] also obtained necessary and sufficient conditions for K to be completely continuous under certain situation. Those who have done research in this area include Zhang Shisheng and Chen Guangrong, see [17–19].

3. The Basic Properties and Extensions of Orlicz Spaces

The research of the basic properties of Orlicz spaces concentrates mainly on the characterization of compact sets. In 1958 Guo Dajun [20] characterized compact sets in separable Orlicz spaces of functions of two variables, which differs from that in the book KR. Following that Wu Congxin [21] in 1959 pointed out that if in an Orlicz space the Kolmogoroff-type criterion for compactness holds then the space must be separable. In 1966 Wang Tingfu [22] obtained finally a criterion for compactness in generalized Orlicz spaces, which are not necessarily separable. Furthermore, both Ren Zhongdao [23] and Zhang Shisheng [24] investigated the limit of the ratio of modular $\rho_\Phi(x) = \int_G \Phi(x(t))dt$ and norm $\|x\|_{(\Phi)}$.

During 1963–64 Wang Shengwang [25, 26] considered the problem of "pointwise product" of two Orlicz spaces included in third Orlicz space. For example, he proved that $L^*_{\Phi_1} \odot L^*_{\Phi_2} \subset L^*_\Phi$ if and only if there exist $\alpha, u_0 > 0$ such that $\Phi(\alpha u w) \leq \Phi_1(u) + \Phi_2(w)$ when $u, w \geq u_0$. This completed a corresponding discussion in the book KR. Here $L^*_{\Phi_1} \odot L^*_{\Phi_2}$ denotes the linear span of the function class $\{x(t)y(t) : x \in L^*_{\Phi_1}, y \in L^*_{\Phi_2}\}$.

Meanwhile Wang Shengwang [27] was the first to introduce N functions of several variables and use them to define vector-valued Orlicz spaces.

4. Orlicz Metric and Others

The earliest work in this direction is that of Wang Shengwang [28] in 1959 concerning Marcinkiewicz-Orlicz spaces, which are closely related to almost periodic functions. Zhang Qingyong [29] also studied the embedding problem of Orlicz-Sobolev spaces. Both Li Wenqing [30] and Chen Wenzhong [31] have studied Hardy-Orlicz spaces and their boundary value properties.

On the basis of Lebesgue-Orlicz points which were introduced by P. V. Salehov when studying singular integrals, Wu Congxin [32] in 1960 defined mean Lebesgue-Orlicz points, and studied their relationship with LO points. See also Qi Guangfu [33] for Orlicz spaces and singular integrals.

For continuity of linear integral operators, see Zhang Shisheng [34]. in 1965 Chen Guangrong [35] found the relation among some N functions related to the conditions of kernel functions mentioned in the book KR. Furthermore Wu Congxin [36] in 1962 gave a new proof to a theorem on the decomposition of linear operators in the book KR.

II. THE PERIOD 1978–1989

After a break of ten years, in 1978 Ding Xiaqi, Wu Congxin and others were the first to revive the research of Orlicz spaces. In 1979, Wu Congxin and Wang Tingfu gave a survey report on "the twenty-years progress of Orlicz spaces" at the Second National Conference on Functional Analysis in China. In 1980 and 1981, they presented talks respectively at the first and second national conferences on the theory and applications of the spaces. All this have helped to promote the research of Orlicz spaces in China, in particular, to stimulate the rapid growth in Harbin. In what follows, we report briefly the research results of this period in several sections.

1. Basic Properties of Orlicz Spaces

First of all, in 1978 Wu Congxin et al. [37] proved that the greatest lower bound in the formula for computing Orlicz norm in the book KR can be achieved. That is, $\|x\|_\Phi = [1 + \rho_\Phi(Kx)]/K\ (x \neq \theta)$ when and only when $K \in [K^*, K^{**}]$ in which

$$K^* = \inf\{K : \int_G \Psi[p(K|x(t)|)]dt \geq 1\},$$

$$K^{**} = \sup\{K : \int_G \Psi[p(K|x(t)|)]dt \leq 1\},$$

and $p(r)$ is the right-hand derivative of $\Phi(u)$. In 1982 Wu Yanping [38] gave another characterization of compact sets in generalized Orlicz spaces different from [22]. Li Huoling [39] used more general Steklov function to give a criterion, different from the book KR, for compact sets in separable Orlicz spaces. Ye Huaian [40] also considered the compact sets of Orlicz spaces.

Li Ronglu [41] in 1980 obtained a new representation theorem for continuous linear functionals on generalized Orlicz spaces. This provided another answer to an open problem in the book KR, following T. Ando (1960). Wang Yuwen [42] showed that a necessary and sufficient condition for L_Φ^* to be weakly sequentially complete is $\Phi(u) \in \Delta_2$ (i.e., $\Phi(u)$ satisfies Δ_2 condition, similarly below). This extended the result in the book KR on L_Φ^* being E_Ψ-weakly sequentially complete. Ren Zhongdao [43] again obtained a characterization of bounded sets in $L_{\Phi_1}^*$ being weakly sequentially compact sets in $L_{\Phi_2}^*$. In the same year, he [44] showed that a necessary condition for the embedding $L_{\Phi_1}^* \subset L_{\Phi_2}^*$ to be almost sequentially compact, given by L. B. Rabinovich (1968), is also sufficient.

In 1968 Ren Zhongdao [45, 46] further investigated various forms of the limit of the ratio of modular $\rho_{\Phi_1}(x)$ and norm $\|x\|_{(\Phi_2)}$, for example, giving necessary and sufficient conditions for

$$\lim_{\|x\|_{(\Phi_2)} \to \infty} \frac{\rho_{\Phi_1}(x)}{\|x\|_{(\Phi_2)}} = \infty,$$

and

$$\lim_{\|x\|_{(\Phi_2)} \to 0} \frac{\rho_{\Phi_1}(x)}{\|x\|_{(\Phi_2)}} = 0,$$

whereby extending the results in [23]. Hu Junyun [47] studied the corresponding problems for Orlicz sequence spaces l_Φ.

2. Geometry of Orlicz Spaces

The mathematicians in Harbin have studied this area systematically. Here we shall list all the criteria for convexity, non-squareness and non $l_2^{(1)}$ in tabular form. For brevity, $L_\Phi^*, L_{(\Phi)}^*, l_\Phi, l_{(\Phi)}$ denote respectively Orlicz function and sequence spaces with Orlicz and Luxemburg norms. Also, $\Phi \in$ UC and $\Phi \in$ SC$[a,b]$ denote respectively that $\Phi(u)$ is uniformly convex for sufficiently large u (sufficiently small u) relative to function spaces (sequence spaces) and strictly convex on $[a,b]$. In addition, U stands for uniform, C convex, W weak, L local, M midpoint, N near, KK Kadec Klee, UNS and LNS respectively uniformly non-square and locally uniformly non-square. The reference numbers in the table indicate the papers giving the criteria.

	$L^*_{(\Phi)}$	L^*_Φ	$l_{(\Phi)}$	l_Φ
UC	$\Phi \in \Delta_2$ Milnes $\Phi \in$ UC(1957) $\Phi \in$ SC$[0,\infty)$	Sundaresan as left(1965)	$\Phi \in \Delta_2$ [48] $\Phi \in$ UC $\Phi \in$ SC$[0,\Phi^{-1}(\frac{1}{2})]$	$\Phi \in \Delta_2$ [49] $\Phi \in$ UC $\Phi \in$ SC$[0,q(\Psi^{-1}(1))]$
WUC	$\Phi \in \Delta_2 \cap \nabla_2$ [50] $\Phi \in$ SC$[0,\infty)$	$\Phi \in \Delta_2$ [51] $\Phi \in$ UC $\Phi \in$ SC$[0,\infty)$	$\Phi \in \Delta_2 \cap \nabla_2$ [52] $\Phi \in$ SC$[0,\Phi^{-1}(\frac{1}{2})]$ $\Phi \in$ UC or $\Phi \in$ SC$[\Phi^{-1}(\frac{1}{2}),\Phi^{-1}(1)]$	as above [49]
LUC	$\Phi \in \Delta_2$ [53] $\Phi \in$ SC$[0,\infty)$	$\Phi \in \Delta_2 \cap \nabla_2$ [51] $\Phi \in$ SC$[0,\infty)$	$\Phi \in \Delta_2$ [54] $\Phi \in$ SC$[0,\Phi^{-1}(\frac{1}{2})]$ $\Phi \in \nabla_2$ or $\Phi \in$ SC$[\Phi^{-1}(\frac{1}{2}),\Phi^{-1}(1)]$	$\Phi \in \Delta_2 \cap \nabla_2$ [49] $\Phi \in$ SC$[0,q(\Psi^{-1}(1))]$
LWUC	as above [53]	as above [51]	as above [54]	as above [49]
MLUC	as above [53]	$\Phi \in \Delta_2$ [55] $\Phi \in$ SC$[0,\infty)$	$\Phi \in \Delta_2$ [56] $\Phi \in$ SC$[0,\Phi^{-1}(\frac{1}{2})]$	$\Phi \in \Delta_2$ [56] $\Phi \in$ SC$[0,q(\Psi^{-1}(1))]$
HSC	as above [53]	as above [57]	as above [58]	as above [58]
H	as above [57]	as above [57]	$\Phi \in \Delta_2$ [58]	$\Phi \in \Delta_2$ [58]
SC	as above [37]	$\Phi \in$ SC$[0,\infty)$ [37]	$\Phi \in \Delta_2$ [59] $\Phi \in$ SC$[0,\Psi^{-1}(\frac{1}{2})]$	$\Phi \in$ SC$[0,q(\Psi^{-1}(1))]$ [60]
NUC	$\Phi \in \Delta_2$ [61] $\Phi \in$ UC $\Phi \in$ SC$[0,\infty)$	as left [61]	$\Phi \in \Delta_2 \cap \nabla_2$ [61]	as left [61]
UKK	as above [61]	as above [61]	$\Phi \in \Delta_2$ [61]	as left [61]
UNS	$\Phi \in \Delta_2 \cap \nabla_2$[62-63]	as left [62-63]	as left [62-63]	as left [62-63]
UN$l_2^{(1)}$	as above [62, 63]	as above [62-64]	as above [62-64]	as above [62-63]
LN$l_2^{(1)}$	$\Phi \in \Delta_2$ [62-63]	$\Phi \in \nabla_2$ [65]	$\Phi \in \Delta_2$ [66]	as left [66]
LNS	as above [62-63]	no condition [65]	as above [66]	no condition [66]

Furthermore, see [60, 67] for extreme points, [68–70] for smoothness, [71] for flatness, [72–75] for ball-packing constant, and [76–78] for K-rotundity. The authors of the above papers are Wang Tingfu, Chen Shutao, Wang Yuwen, Ye Yining, Wu Congxin etc.

3. Extension of Orlicz Spaces

In 1981 Chen Shutao [79] pointed out that M. S. Skaff (1969) defined vector-valued Orlicz spaces using GN functions but the proof of two basic theorems is erroneous. Later Chen [80] gave afresh a correct proof of these two theorems. For further study concerning the above-mentioned space, see Chen Shutao [81] and Liu Huidi [82].

Concerning Musielak-Orlicz spaces – an important extension of Orlicz spaces, in 1986 Wu Congxin and Chen Shutao [83] obtained criterion for extreme points and hence characterization of strict convexity without requiring the range space to be separable. This is needed in corresponding results of Hudzik (1981). In 1987 Wu Congxin and Su Huiying [84] again gave criteria for complex extreme points and complex strict convexity of Musielak-Orlicz spaces. In the sequel, Wu Congxin, Chen Shutao and Sun Huiying [85–89] considered corresponding problems in Musielak-Orlicz sequence spaces etc.

For generalized Orlicz spaces induced by (not necessarily convex) N functions, see Wu Yanping [90], whereas Wu Lizhong [91–94] studied Ul'yanov spaces (a topological space only) which is more general than this class of spaces.

4. Applications of Orlicz Spaces

Concerning partial differential equations, first of all Ding Xiaqi [95–97] in 1978 introduced and studied the new function space $L_P(\Phi) = \{x(t) : |x(t)|^p \in L_\Phi^*\}$ using a N function of entire-function type $\Phi(z) = \sum_{m=1}^\infty a_m z^m (a_m \geq 0)$ in which $p \geq 1$,

$$\|x\|_{L_{P(\Phi)}} = \inf\left\{K > 0 : \int_\Omega \Phi\left(\left(\frac{|x(t)|}{K}\right)^p\right) dt \leq 1\right\}.$$

This is an extension of Orlicz spaces. Embedding theorems were obtained for $L_P(\Phi)$ and other forms of extension with application to *a priori* estimate and error estimates of differential and difference equations, strongly nonlinear variational problems, singular integral operators. There are more complete references in Ding Xiaqi's book [6]. The authors of the papers include Luo Peizhu, Gu Yonggeng, Fang Huizhong. Recently the papers in these areas continue to appear, for example, papers by Deng Yaohua, Shen Yaotian, Ma Jigang [98, 99]. We shall not list all here. In addition, Liu Xinglong [100] has considered Orlicz-Sobolev spaces with non-mixed derivatives only.

Concerning integral operators and operator interpolation, Deng Yaohua [101] proved that a class of singular integral operators in L_Φ^* being bounded is just the reflexivity of L_Φ^*. Wang Shengwang [102] obtained characterization of the differentiability of Caratheodory operators in Orlicz spaces; such operators are closely related with integral operators. Ren Zhongdao [103] in 1983 gave necessary and sufficient conditions in certain sense for continuity and complete continuity of linear integral operators in Orlicz spaces. Ye Huaian [104] extended a result in the book KR on decomposition of linear operators in Orlicz spaces.

Concerning real analysis, Wu Congxin and Liu Tiefu [108, 109] in 1980 and 81 discussed the relation between LB points introduced by Salehov (1968) and LO points. Generalized absolute functions in terms of Orlicz metric have been discussed by Wu Congxin [110] and in the book [111] by Wu Congxin et al. Wang Yuwen and Chen Shutao [112] in 1986 obtained characterization of the best approximation element in Orlicz spaces. For approximation theory, see also Xie Dunli [113] and Li Huolin [114].

References (All papers in Chinese unless otherwise stated.)

1. Wu Congxin and Wang Tingfu, *The rationale for studying Orlicz spaces*, J. Harbin University of Science & Technology (1) 13 (1989), 89–93.
2. Wu Congxin and Wang Tingfu, *Orlicz Spaces and Their Applications*, Heilongjiang Science & Technology Press, 1983.
3. Wu Congxin, Wang Tingfu, Chen Shutao, and Wang Yuwen, *Geometry of Orlicz Space*, Harbin Institute of Technology Press, 1986.
4. Wu Congxin and Wang Tingfu, *Research progress in Orlicz spaces (I)*, J. Math. Research & Exposition (3) 6 (1986), 155–162.
5. Wu Congxin and Wang Tingfu, *Research progress in Orlicz spaces (II)*, ibid, (4) 6 (1986), 143–148.
6. Ding Shiashi (Ding Xiaqi), *Differentiable Functions and Partial Differential Equations*, Hubei Science & Technology Press, 1983.
7. Ding Xiaqi, *On embedding theorems*, Science Record 1 (1957), 287–290 (in English).
8. Ding Xiaqi, *Some properties of a class of Banach spaces*, ibid, 2 (1958), 57–60 (in English).
9. Ding Xiaqi, *Some properties and applications of a class of functional spaces*, Acta Math. Sinica 10 (1960), 316–360.
10. Wu Congxin, *On the D_Φ^h spaces (I)*, J. Harbin Institute of Technology (4) (1958), 85–90.
11. Wu Congxin, *On the spaces $L_{M\Phi}$ and D_Φ^h (I) – Embedding problem*, Science Record 3 (1959), 207–209 (in Russian).
12. Wu Congxin, *On the spaces $L_{M\Phi}$ and D_Φ^h (III) – The equivalence of $L_{M\Phi}$ and D_Φ^h*, Advances Math. 5 (1962), 89–92.
13. Guo Dajun, *The properties of Nemyckii operators and their applications*, ibid, 6 (1963), 70–91.
14. Guo Dajun, *Complete continuity of P. S. Urysohn operators*, Scientia Sinica 11 (1962), 437–452 (in Russian).
15. Chang Shangtai, *Continuity and complete continuity of P. S. Urysohn operators*, Acta Math. Sinica 13 (1963), 204–215.
16. Chang Shangtai, *Some results of certain nonlinear operators*, ibid, 14 (1964), 137–142.
17. Chen Guangrong, *Continuity of Caratheodory operators*, J. Neimenggu Normal University (1) (1964), 1–6.
18. Chang Shisheng and Huang Fulun, *On complete continuity of P. S. Urysohn operators*, J. Sichuan University (1) (1965), 27–47.
19. Chang Shisheng, *Necessary and sufficient for complete continuity of nonlinear integral operators in Orlicz spaces*, ibid, (2) (1965), 51–60.

20. Guo Dajun, B^*-sequential compactness and B-sequential compactness of sets of Orlicz spaces, J. Sichuan University (1) (1958), 37–62.
21. Wu Congxin, On the spaces $L_{M\Phi}$ and D_Φ^h (II) – Separability, reflexivity and sequential compactness, Science Record 3 (1959), 267–269 (in Russian).
22. Wang Tingfu, Sequential compactness of spaces $B(S)$ and $L_M^*(G)$, Advances Math. 9 (1966), 287–290.
23. Ren Zhongdao, On five problems of Orlicz spaces, J. Harbin Normal University (1) (1963), 6–9.
24. Chang Shisheng, A characterization of Orlicz norm, J. Sichuan University (2) (1964), 27–38.
25. Wang Shengwang, On the product of Orlicz spaces, Bull. Acad. Polon. Sci. 11 (1963), 19–22 (in English).
26. Wang Shengwang, Product problem of Orlicz spaces, Advances Math. 7 (1964), 282–294.
27. Wang Shengwang, Convex functions of several variables and vector-valued Orlicz spaces, Bull. Acad. Polon. Sci. 11 (1963), 279–284 (in English).
28. Wang Shengwang, A note on Marcinkiewicz-Orlicz spaces, ibid, 7 (1959), 707–710 (in English).
29. Zhang Qingyong, Embedding theorems in spaces $L_M^{*(l)}$, Advances Math. 6 (1963), 191–196.
30. Li Wenqing, On boundary value of Orlicz analytic function class, J. Xiamen University (1) (1964), 144–149.
31. Chen Wenzhong, Boundary value property of Orlicz analytic function class, ibid, (1) (1965), 38–41.
32. Wu Congxin, A study on mean Lebesgue-Orlicz points, J. Harbin Institute of Technology (1) (1960), 93–100.
33. Qi Guangfu, A note on singular integrals of vector-valued functions, Bull. Acad. Polon. Sci. 8 (1960), 675–679 (in English).
34. Chang Shisheng, On a theorem of Krasnosel'skii – Rutickii and its application, J. Sichuan University (3) (1964), 94–105.
35. Chen Guangrong, Continuity of linear integral operators, J. Neimenggu Normal University (1) (1965), 1–5.
36. Wu Congxin, A note on decomposition of linear operators, J. Jilin University (1) (1962), 67–68.
37. Wu Congxin, Zhao Shanzhong, and Chen Junao, On norm-calculating formula and strictly convex condition of Orlicz spaces, J. Harbin Institute of Technology (2) (1978), 1–12.
38. Wu Yanping, Sequential compactness and weak convergence of Orlicz spaces, Nature J. 5 (1982), 234.
39. Li Huolin, On smooth modulars of Orlicz spaces and applications, J. Jiangxi Institute of Technology (2) (1981), 11–20.
40. Ye Huaian, Sequential compactness condition of Orlicz spaces, J. Chinese University of Science & Technology 13 (1983), 399–400.
41. Li Ronglu, General representation theorem of bounded linear functionals in Orlicz spaces, J. Harbin Institute of Technology (3) (1980), 91–94.
42. Wang Yuwen, Weak completeness of Orlicz spaces, Northeastern Math. J. 1 (1985), 241–246.
43. Ren Zhongdao, Weakly sequentially compact embedding theorems of Orlicz spaces, Nature J. 9 (1986), 313–314.
44. Ren Zhongdao, Reflexive Orlicz spaces and J. L. Lion's lemma, Science Bulletin 31 (1986), 1474–1475 (in English).

45. Ren Zhongdao, *On some theorems involving comparison of Orlicz spaces*, J. Xiangtan University (2) (1986), 22–31.
46. Ren Zhongdao, *On modulars and norms in Orlicz spaces*, Advances Math. **15** (1986), 315–320.
47. Hu Junyun, *An embedding problem in Orlicz sequence spaces*, J. Xiangtan University (2) (1985), 56–61.
48. Wang Tingfu, *Uniformly convex condition of Orlicz sequence spaces*, J. Harbin University of Science & Technology (2) (1983), 1–8.
49. Tao Liangder, *Convexity of Orlicz sequence spaces*, J. Harbin Normal University (4) (1985), 11–15.
50. Wang Tingfu, Wang Yuwen and Li Yanhong, *Weakly uniform convexity of Orlicz spaces*, J. Math. **6** (1986), 209–214.
51. Chen Shutao, *Some rotundities of Orlicz space with Orlicz norm*, Bull. Acad. Polon. Sci. **34** (1986), 7–8 (in English).
52. Li Yanhong, *Weakly Uniform convexity of Orlicz sequence spaces*, Nature J. **9** (1986), 471–472.
53. Chen Shutao and Wang Yuwen, *Locally uniform convexity condition of Orlicz spaces*, J. Math. **5** (1985), 9–14.
54. Chen Shutao and Shen Yaquan, *Locally uniform convexity of Orlicz sequence spaces*, J. Harbin Normal University (2) (1986), 1–5.
55. Cui Yunan, *Midpoint locally uniform convexity of Orlicz spaces*, Nature J. **9** (1986), 230–231.
56. Cui Yunan and Wang Tingfu, *Strong extreme points of Orlicz spaces*, J. Math. **7** (1987), 15–21.
57. Chen Shutao and Wang Yuwen, *H property of Orlicz spaces*, Chinese Annals of Math. **8A** (1987), 61–67.
58. Wu Congxin, Chen Shutao and Wang Yuwen, *H property of Orlicz sequence spaces*, J. Harbin Insitute of Technology, (1985), Math. issue, 6–11.
59. Wang Zuoqiang, *Extreme points of Orlicz sequence spaces*, J. Daqing Oil Institute (1) (1983), 112–121.
60. Chen Shutao and Shen Yaquan, *Extreme points and strict convexity of Orlicz spaces*, J. Harbin Normal University (2) (1985), 1–6.
61. Wang Tingfu and Shi Zhongrui, *Criteria for KUC, NUC and UKK of Orlicz spaces*, Northeastern Math. J. **3** (1987), 160–172.
62. Chen Shutao and Wang Yuwen, *On the non-squareness definition of the normed spaces*, Chinese Annals of Math. **9A** (1988), 68–72.
63. Chen Shutao, *The non-square property of Orlicz spaces*, ibid, **6A** (1985), 619–624.
64. Ye Yining, *Geometric equivalence condition for reflexivity of Orlicz sequence spaces*, Northeastern Math. J. **2** (1986), 309–323.
65. Wang Yuwen, *Non-squareness and flatness of Orlicz spaces*, J. Math. Research & Exposition (4) **4** (1984), 94 (in English).
66. Wu Congxin, Chen Shutao and Wang Yuwen, *Geometric characterization of reflexivity and flatness of Orlicz sequence spaces*, Northeastern Math. J. **2** (1986), 49–57.
67. Lao Bingyuan and Zhu Xiping, *Extreme points of Orlicz spaces*, J. Zhongshan University (2) (1983), 97–103.
68. Wang Tingfu and Chen Shutao, *Smoothness of Orlicz space*, J. Engineering Math. (3) **4** (1987), 131–134.
69. Chen Shutao, *Smoothness of Orlicz space*, Comment. Math. **27** (1987), 49–58 (in English).
70. Ye Yining, *Differentiability and gradient of Orlicz sequence spaces*, J. Harbin University of Science & Technology (2) (1987), 114–118.

71. Wang Tingfu, *Girth and reflexivity of Orlicz sequence spaces*, Chinese Annals of Math. **6A** (1985), 579–586.
72. Ye Yining, *Ball-packing values of Orlicz sequence spaces*, ibid, **4A** (1983), 487–493.
73. Wang Tingfu, *Ball-packing constants of Orlicz sequence spaces*, ibid, **8A** (1987), 508–513.
74. Ye Yining and Li Yanhong, *Ball-packing critical values and non-squareness of Orlicz sequence spaces*, J. Math. Research & Exposition (4) **5** (1985), 123-125.
75. Wang Tingfu, Cui Yunan and Li Yanhong, *Packing constant and strong extreme point in Orlicz spaces*, Advances Math. (2) **15** (1986), 217–218 (in English).
76. Wang Tingfu and Chen Shutao, *K-rotundity of Orlicz spaces*, J. Harbin Normal University (**4**) (1985), 11–15.
77. Shi Zhongrui, *K-uniform rotundity of Orlicz spaces*, J. Heilongjiang University (**2**) (1987), 41–44.
78. Chen Shutao, Lin Bor-Luh and Yu Xintai, *Rotund reflexive Orlicz spaces are fully convex*, Contemporary Math. **85** (1989), 79–86 (in English).
79. Chen Shutao, *The Δ_2 condition of a class of generalized Orlicz spaces*, Nature J. **4** (1981), 793.
80. Chen Shutao, *On vector-valued Orlicz spaces*, Chinese Annals of Math. **5B** (1984), 293–304 (in English).
81. Chen Shutao, *Extreme points and strict convexity of vector-valued Orlicz spaces*, J. Math. **7** (1987), 20–31 (in English).
82. Liu Huidi *A study on vector-valued Orlicz spaces*, J. Harbin Institute of Technology, (1984), Math. issue, 70–78.
83. Wu Congxin and Chen Shutao, *Extreme point and strict convexity of Musielak-Orlicz spaces*, Northeastern Math. J. **2** (1986), 138–149.
84. Wu Congxin and Sun Huiying, *Complex extreme points and complex strict convexity of Musielak-Orlicz spaces*, J. System Science & Math. (1) **2** (1987), 7–13.
85. Wu Congxin and Chen Shutao, *Extreme points and rotundity of Orlicz-Musielak sequence space*, J. Math. Research & Exposition (**28**) (1988), 195–200 (in English).
86. Wu Congxin and Sun Huiying, *Complex convexity of Orlicz norm in Musielak-Orlicz sequence spaces*, Comment. Math. **28** (1989), 397–408 (in English).
87. Wu Congxin and Sun Huiying, *Complex uniform convexity of Musielak-Orlicz spaces*, Northeastern Math. J. **4** (1988), 389–396.
88. Wu Congxin and Sun Huiying, *On the complex convexity of Orlicz space $L_M^*(X)$*, J. Harbin Institute of Technology (1) (1988), 101–102 (in English).
89. Wu Congxin, *Convexity and complex convexity of Musielak-Orlicz spaces*, Teubner-Texte zur Math., Band 103, (1988), 56–62 (in English).
90. Wu Yanping, *Continuous linear functionals on generalized Orlicz spaces*, J. Heilongjiang University (**3**) (1989), 14–17.
91. Wu Lizhong, *Some properties of a class of function spaces*, J. Harbin Institute of Technology (**1**) (1981), 87–99.
92. Wu Lizhong, *A note on convergence problem in $\Phi(L)$*, ibid, (**3**) (1986), 128–131.
93. Wu Lizhong, On weight function of class of $\Phi(L)$, ibid, (4) (1988), 118–119 (in English).
94. Wu Lizhong, *Some sequential convergence properties in the function space $\Phi(L)$*, J. Heilongjiang University (**3**) (1989), 66–69.
95. Ding Shiashi, *On some embedding theorems*, Scientia Sinica **21** (1978), 287–297 (in English).
96. Ding Shiashi, *A study on weighted Bessel potential spaces*, J. Wuhan University (**1**) (1978), 13–22.
97. Ding Shiashi and Luo Peizhu, *Space $B_{p,q}^{(\vec{r})}(\Phi)$ and $L_P(\Phi)$ error estimate of difference method*, J. Shandong University (**2**) (1978), 93–96.

98. Shen Yaotian, Deng Yaohua and Gu Yonggeng, *Nontrivial solution of equation* $-\Delta u = p(x, u)$, Science Bulletin **29** (1984), 324–328 (in English).
99. Ma Jigang, *Bessel potential spaces and Orlicz spaces*, Acta Math. Sinica **31** (1988), 603–614.
100. Liu Xinglong, *Estimate of derivatives of non-mixed order*, Science Bulletin **26** (1981), 337–340 (in English)
101. Deng Yaohua, *Singular integral equations in Orlicz spaces (I) – Boundedness of singular integral operators and reflexivity of Orlicz spaces*, Acta Math. Scientia **3** (1983), 51–62.
102. Wang Shengwang, *Differentiability of Caratheodory operators*, Science Bulletin **25** (1980), 42–45.
103. Ren Zhongdao, *On linear integral operators in Orlicz spaces*, Nature J. **6** (1983), 238–239.
104. Ye Huaian, *Extension of linear operators in Orlicz spaces*, J. Chinese University of Science & Technology **12** (1982), 21–24.
105. Chen Guangrong and Meng Boqin, *Interpolation property in the $L_p(M)$ space*, Nature J. **9** (1986), 631.
106. Meng Boqin, *An application of approximate power functions in operator interpolation theorem*, J. Neimenggu Normal University (2) (1983), 10–14.
107. Meng Boqin, *Quasi power functions, approximate power functions, and comparison of two interpolation properties in Orlicz spaces*, ibid, (1) (1984), 14–18.
108. Wu Congxin, *Some properties of Lebesgue-Banach points*, Nature J. **3** (1980), 727.
109. Wu Congxin and Liu Tiefu, *On LO points, LB points, and MLO points of functions in the Orlicz space $L_M^*(0,1)$*, J. Math. Research & Exposition (1) **1** (1981), 43–54.
110. Wu Congxin, *Some properties of generalized absolutely continuous function spaces*, Science Exploration (1) **1** (1981), 95–96.
111. Wu Congxin, Zhao Linsheng and Liu Tiefu, *Functions of Bounded Variation, Their Extension and Application*, Heilongjiang Science & Technology Press, 1988.
112. Wang Yuwen and Chen Shutao, *Best approximation operators in Orlicz spaces*, Pure Math. & Applied Math. **1** (1986), 44–51.
113. Xie Dunli, *Characterization of best approximation elements in Orlicz spaces*, J. Hangzhou University (3) (1985), 319–322.
114. Li Huolin, *On CV_M^* approximation of linear positive trigonometric polynomial operators*, J. Math. **5** (1985), 1–8.

ABSTRACT FUNCTIONS OF BOUNDED VARIATION AND ABSOLUTE CONTINUITY

Wu Congxin   Liu Tiefu

Harbin Institute of Technology

Harbin 150001

Abstract   As well known that in 1938, I. M. Gelfand firstly introduced abstract functions of bounded variation from $[a,b]$ to a Banach space. After Gelfand's work, many mathematicians investigated various properties and extensions of this kind of abstract functions, and also paid attention to the abstract functions of absolute continuity In this paper, we summarize to explain our work [1—17] about this topic.

1. Abstract functions of kth bounded variation from $[a,b]$ to a Banach space E.

Definition 1.[1,2]   Let $x(t)$ be an abstract function from $[a,b]$ to a Banach space $E, k \geqslant 2$. If there is $M>0$ such that

$$\overset{b}{\underset{a}{V}}_k(x) \triangleq \Delta \underset{\pi}{\text{Sup}} \sum_{i=0}^{n-k} \| Q_{k-1}(x;t_{i+1},\cdots,t_{i+k}) - Q_{k-1}(x;t_i,\cdots,t_{i+k-1}) \| < M,$$

then we say that $x(t)$ is an abstract function of strongly kth bounded variation and denoted by $x(t) \in SV_k[a,b]$, where $Q_k(x,t_0,t_1,\cdots,t_k)$ is the difference quotient of k—order.

If $\forall f \in E^*$, (the dual of E), $f(x(t))$ is an ordinary function of kth bounded variation, then we say that $x(t)$ is a function of weakly kth bounded variation and denoted by $x(t) \in WV_k[a,b]$.

Definition 2.[1,2]   If $\forall f \in E^*$, $f(x(t))$ can be expressed as a difference of two rth convex functions, h_f and Φ_f, and $D_+^{r-1}h_f(a), D_+^{r-1}\Phi_f(a), D^{r-1}h_f(b), D^{r-1}\Phi_f(b)$ exsist (D_+^{r-1}, D_-^{r-1} is the general right or left Riemann derivative, respectively), then we say that $x(t)$ is weak rth convexly expressible. If there are $H, \Phi \in V[a,b]$ such that $\forall f \in U = \{f \in E^* : \|f\| = 1\}$, $[t_1, t_2] = [a,b]$,

$$D_-^{r-1}h_f(t_2) - D_+^{r-1}h_f(t_1) \leqslant \overset{t_2}{\underset{t_1}{V}}(H), \quad D_-^{r-1}\Phi_f(t_2) - D_+^{r-}\Phi_f(t_1) \leqslant \overset{t_2}{\underset{t_1}{V}}(\Phi)$$

then we say that $x(t)$ is strong rth convexiy expressible.

Theorem 1.[2]   The following statements are equivalent (i) $x \in SV_k[a,b](k \geqslant 2)$; (ii) $\forall 2 \leqslant r \leqslant k$ (or $\exists r: 2 \leqslant r \leqslant k$) such that $x^{k-r} \in SV_r[a,b]$; (iii) $D_+x^{k-2}, D_-x^{k-2} \in SV[a,b]$ and

$x^{k-2} \in SAC[a,b]$(or $\forall\ 2 \leqslant r \leqslant k, x^{k-r}(t) = (B)\int_a^t x^{k-r+1}(s)ds + x^{k-r}(a)$) ; (iv) $\forall\ 2 \leqslant r \leqslant k$(or $\exists\ r: 2 \leqslant r \leqslant k$), there is a $g \in SV_{r-1}[a,b]$ such that $x^{k-r}(t) = (B)\int_a^t g(s)ds + x^{k-r}(a)$; (v) $\forall\ 2 \leqslant r \leqslant k$ (or $\exists\ r: 2 \leqslant r \leqslant k$), $x^{k-r}(t)$ is strong rth convexly expressible; (vi) there is a dense subset D of U such that for every $f \in D$, 1) $f(x(t))$ is an ordinary function of bounded kth variation, 2) $\exists\ h \in V[a,b], \overset{t_2}{\underset{t_1}{V_k}}[f(x)] \leqslant \overset{t_2}{\underset{t_1}{V}}(h)$ when $[t_1, t_2] = [a,b]$.

Theorem 2.[2]   If E is a normed space which is weakly complete, then the following statements are equivalent (i) $x \in WV_k[a,b](k \geqslant 2)$; (ii) $\forall\ 2 \leqslant r \leqslant k$ (or $\exists\ r: 2 \leqslant r \leqslant k$) such that the weak $(k-r)$th derivative $wx^{k-r} \in WV_r[a,b]$; (iii) $WD_+[wx^{k-2}], WD_-[wx^{k-2}] \in WV[a, b]$ and $wx^{k-2} \in WAC[a,b]$(or $\forall\ 2 \leqslant r \leqslant k$, $wx^{k-r}(t) = (B)\int_a^t wx^{k-r+1}(s)ds + wx^{k-r}(a)$) ; (iv) $\forall\ 2 \leqslant r \leqslant k$(or $\exists\ r: 2 \leqslant r \leqslant k$), there is a $g \in WV^{r-1}[a,b]$ such that $wx^{k-r}(t) = (B)\int_a^t g(s)ds + wx^{k-r}(a)$; (v) $\forall\ 2 \leqslant r \leqslant k$ (or $\exists\ r: 2 \leqslant r \leqslant k$), $wx^{k-r}(t)$ is weak rth convexly expressible; (vi) $\forall\ 2 \leqslant r \leqslant k$ (or $\exists\ r: 2 \leqslant r \leqslant k$), there is a $M > 0$ such that

$$\underset{x}{\text{Sup}} \left\| \sum_{i=0}^{n-k} \varepsilon_i [Q^{r-1}(x^{k-r}; t_{i+1}, \cdots, t_{j+k}) - Q^{r-1}(x^{k-r}; t_i, \cdots, t_{j+k-1})] \right\| < M, \quad \varepsilon_i = \pm 1.$$

Theorm 3.[2]   The following statements are equivalent: (i) $x \in WV_k[a,b](k \geqslant 2)$; (ii) 1); (vi) 1 of Theorem 1, 2) $\exists\ M > 0$ such that $f \in D, \overset{b}{\underset{a}{V_k}}[f(x)] < M$; (iii) ((vi))(or (v))of Theorem 2 when $r = k$; (iv) $\forall\ f \in E^*$, there is a $g_f \in V_{k-1}[a,b]$ such that $f[x(t)] = \int_a^t g_f(s)ds + f[x(a)]$.

2. Abstract functions of bounded variation from $[a,b]$ to a locally convex space X.

Definition 3.[3]   Let $x(t)$ be an abstract function from $[a,b]$ to a locally convex space X if for any continuous seminorm $p(x)$ on X, there is a $M > 0$ such that

$$\overset{b}{\underset{a}{V_p}}(x) \triangleq \underset{x}{\text{Sup}} \sum_{i=0}^{n-1} p[x(t_{i+1}) - x(t_i)] < M,$$

then we say that $x(t)$ is a function of strongly bounded variation.

Definition 4.[3]   If for any weakly* bounded subset $B \subset X^*$, there is a $M > 0$ such that

$$\underset{x}{\text{Sup}} \sum_{i=0}^{n-1} \underset{f \in B}{\text{Sup}} |f(x(t_{i+1})) - f(x(t_i))| < M,$$

then we say that $x(t)$ is a function of H−bounded variation.

Themorem 4.[3]   Suppose that the locally convex space X is matrizable. Then for the abstract function from $[a,b]$ to X, H−bounded variation and strongly bounded variation are equivalent iff X is semi−nuclear.

Theorern 5[3]   Suppose that the locally covex space X is matrizable. Then for the abstract function from $[a,b]$ to X, H-bounded variation and weakly bounded variation are equivalent iff X is semi-nuclar.

3. Abstract functions of bounded variation from $[a,b]$ to a Köthe sequence space λ.

Definition 5. [4] Let λ be a Köthe sequence space and $X(t) = \{x_k(t)\}$ be an abstract function from $[a,b]$ to λ. If for each $U \in \lambda^*$, there is $M > 0$ such that

$$\overset{b}{\underset{a}{V}}(X,U) = \underset{x}{\text{Sup}} \sum_{i=0}^{n-1} \sum_{k=1}^{\infty} |U_k[x_k(t_{i+1}) - x_k(t_i)]| < M,$$

then we say that $x(t)$ is a function of bounded variation on λ.

Theorem 6. [4] The following statements are true.

(1) $X(t)$ is a function of bounded variation on λ iff $x_k(t)(k=1,2,\cdots)$ are ordinary function bounded variation of $\{\overset{b}{\underset{a}{V}}(X_k)\} \in \lambda^{**}$.

(2) If λ is perfect (namely $\lambda^{**} = \lambda$), then $X(t)$ is a function of bounded variation iff $X(t)$ can be expressed by the difference of two increasing functions $X^{(1)}(t) = \{X_k^{(1)}(t)\}$ and $X^{(2)}(t) = \{X_k^{(2)}(t)\}$:

$$X(t) = X^{(1)}(t) - X^{(2)}(t) \ (X_k(t) = X_k^{(1)}(t) - X_k^{(2)}(t), k=1,2,\cdots).$$

Theorem 7. [5] For any pair $X(t), Y(t)$ of functions of bounded variation on λ, the product $X(t)Y(t) = \{x_k(t)y_k(t)\}$ is also a function of bounded variation on λ iff for each function of bounded variation $z(t)$ on λ, we have $\lambda_{z(i)}^* \subset \lambda^*$, where $\lambda_{z(i)}^* = \{U^{z(i)} : U \in \lambda^*\}$ and $u_k^{z(i)} = (|z_k(a)| + \overset{b}{\underset{a}{V}} z_k))u_k(k=1,2,\cdots)$.

Theorem 8. [6] If λ is perfect. Then for any $\{X^{(m)}(t)\} \subset V([a,b], \lambda), \{X^{(m)}(t) : t \in [a,b], m=1,2,\cdots\}$ $\{\{\overset{b}{\underset{a}{V}}(X_k(m))\}_k : m=1,2,\cdots\}$ being bounded set of λ imply that there are a subsequence $\{X^{(m_1)}(t)\}$ and a function $X(t)$ in $V([a,b], \lambda)$ such that $\{X_1^{(m)}\}$ weakly (strongly) converges to $X(t)$ for every $t \in [a,b]$ iff λ is sequential strongly seqarable (correspondingly, all bounded sets of λ are sequentially relative strongly compact).

In [5,6], we also considered the continuity and differentiability in $V([a,b], \lambda)$, and the relations among many kinds of functions of bounded variation from $[a,b]$ to λ In [7,8], we further discussed functions of 2nd bounded variation from $[a,b]$ to λ.

4. Abstract functions of absolute continuity.

Definition 6. [10] Let E be a Banach space, $X(t) \in E, t \in [a,b]$. If for each $\varepsilon > 0$, there exists $\delta > 0$ such that for any set $\{t_{ij} \in [a,b] : i=1,2,\cdots,n; j=0,1,\cdots,k\}$, when $\sum_{i=1}^{n}(t_{ik} - t_{i0}) < \delta$ and $t_{ij} < t_{ij+1}, t_{ik} < t_{i+1,0}, (i=1,2,\cdots n-1; j=0,1,\cdots k-1)$, the inequality

$$\left\| \sum_{i=0}^{n-k} \varepsilon_i [Q_{k-1}(x;t_{i0},\cdots,t_{i,k-1}) - Q_{k-1}(t_{i_1},\cdots t_{ik})] \right\| < \varepsilon,$$

holds, then we say that $x(t)$ is an abstract function of absolute kth contiauity and denoted by $x(t) \in \mathrm{NAC}_k[a,b]$. Notice that $x(t) \in WAC_k[a,b]$ can not implies $x(t) \in \mathrm{NAC}_k[a,b]$, it is different from the case of the abstract functions of bounded variation (see Theorem 2 of section 1).

In [9,10], we considered the characterizations of function classes $\mathrm{NAC}_k[a,b]$, $\mathrm{SAC}_k[a,b]$ and $\mathrm{WAC}_k[a,b]$, for example, we have the following theorem.

Theorem 9. [5] The following statements are equivalent: (i) $x \in \mathrm{NAC}_k[a,b](k \geqslant 2)$; (ii) $\forall\ 1 \leqslant r \leqslant k$ (or $\exists\ r: 1 \leqslant r \leqslant k$) such that $x^{k-r} \in \mathrm{NAC}_r[a,b]$; (iii) $x^{k-1} \in \mathrm{NAC}[a,b]$ and $\forall\ 2 \leqslant r \leqslant k$, $x^{k-r}(t) = (B)\int_a^t x^{k-r+1}(s)ds + x^{k-r}(a)$; (iv) $\forall\ 2 \leqslant r \leqslant k$, there is $g \in \mathrm{NAC}_{r-1}[a,b]$ such that $x^{k-r}(t) = (B)\int_a^t g(s)ds + x^{k-r}(a)$; (v) $\forall\ 1 \leqslant r \leqslant k$ (or $\exists\ r: 1 \leqslant r \leqslant k$), $\overset{t}{V}_r(x^{k-r}) \in AC[a,b]$; (vi) $\forall\ 1 \leqslant r \leqslant k$, there is a dense subset D of unit sphere U of E^* such that $\forall\ f \in D$, 1) $f(x^{k-r}(t)) \in \mathrm{NAC}_r[a,b]$, 2) $\exists\ h \in AC[a,b]$, such that $\overset{t_2}{\underset{t_1}{V}}_r[(x^{k-r})] < \overset{t_2}{\underset{t_1}{V}}(h)$ when $[t_1,t_2] \subset [a,b]$.

In [11,5], we also discussed the case of that E is a locally convex space or a Köthe sequence space.

5. Applications and the others.

About the pettis integral, we have the following theorem.

Theorem 10. [13] Let E be a retlexive Banach space, $x(t)$ be a function from $[a,b]$ to E. Then $x(t)$ can be expressed by $x(t) - x(a) = (P)\int_a^t y(s)ds$ and $WDx(t) = y(t)$ a.e. iff $x(t) \in \mathrm{NAC}[a,b]$ and $x(t)$ satisfies locally Lipschitzian condition almost everywhere.

For the Bochner integral, the similar result is also given in [13].

In [14], we defined the Riemann-Stieltjes integral for an abstract function from $[a,b]$ to a locally convex algebra, and by means of the function of strongly bounded varidtion in the sense of Definition 3 of section 2, gave an existence theorem and a convergence theorem for this kind of RS integral.

About the linear operator T from $D[a,b]$, the space of all functions having discontinuities of the first kind, to a Banach space, we have the following theorem.

Theorem 11. [15] Every linear continuous operator T, from $D[a,b]$ to E may be expressed in the form

$$T(g) = \int_a^b g(t)df_t + \sum_{\substack{i=0 \\ b_i > a}} g(b_i - 0)(\psi_{b_i} - \psi_{b_i} - 0) + \sum_{\substack{i=0 \\ b_i < b}} g(b_i + 0)(\psi_{b_i} + 0) - \psi_{b_i})$$

$$+ \sum_{\substack{i=0 \\ c_i > a}} [g(c_i) - g(c_i - 0)]\psi_{c_i},$$

where $\{c_i\}$ denote the points of discontinuity of $g(t)$, $f_i+\psi_i \in V_E[a,b]$ (the space of all functions with bounded variation in E), $f_i \in VC_E[a,b]$ (the space of all continuous functions in $V_E[a,b]$), ψ_i whose points of discontinuity is $\{b_i\}$ is the jump function of $f_i+\psi$, ψ_i vanishes except at a denumerable set of points and the sum of the absolute values of $\Phi(X)$ at these points is finite.

Finally, in [16], we presented functions of bounded variation which take values in a Banach lattice and discussed the relations with respect to the abstract L-space and the generalized abstract L-space, and in [17], we also investigated the properties of set-value functions of bounded variation.

References

1 Wu Congxin, Liu Tiefu. Abstract bounded second variation functions. Northeastern Math J, 1985;1:41-53
2 Wu Congxin, Liu Tiefu. Abstract kth bounded variation functions. Sci Bull 1986;31:931-932
3 Wu Congxin, Xue Xiaoping. Abstract bounded variation functions on locally convex space. Acta Math. Sinica, 1990;33:107-112
4 Wu Congxin. Abstract bounded variation functions on sequence space (I). J harbin Institute of Technology, 1959;(2):93-100
5 Wu Congxin. Abstract bounded variation functions on sequence space (II). Acta Math Sinica, 1963;13:548-557
6 Wu Congxin. Abstract bounded variation functions on sequence space. Scientia Sinica, 1964;13:1359-1380
7 Wu Congxin Zao Linsheng. Abstract 2nd bounded variation functions on sequence space (I). J Math. Research & Exposition, 1982;2(4):143-150
8 Wu Congxin Zao Linsheng. Abstract 2nd bounded variation functions on sequence space (II). J Math Research & Exposition, 1984;4(1):97-106
9 Wu Congxin, Liu Tiefu Abstract functions of absolute kth continuity. J Harbin Institute of Technology, 1986;(1):123-124
11 Wu Congxin Xue Xiaoping. Abstract functions of absolute continuity on locally convex space. Chinese Annals of Math, 1990;12A Supplement:84-86
12 Wu Congxin Zao Linsheng Liu Tiefu. Bounded variation functions and their generalizations and applications. Heilongjiang Scientfic & Technique pub. House, 1988
13 Wu Congxin, Xue Xiaoping, A remark of Pettis integral. Science Bulletin, 1989;34:1836
14 Wu Congxin, Zhang Bo. Riemann-Stieltjes integral on abstract functions. J Harbin Institute of Technology, 1990;(2):1-7
15 Liu Tiefu. Linear oprator between $D[a,b]$ and a Banach space E. J Math 1988;1(2):105-112
16 Wu Congxin, Ma Ming. bounded variation of abstract function whose value is in a Banach lattice. Northeastern Math. J, 1992;8:293-298
17 Xue Xiaoping Zhang Bo. Properties of set-valued function with bounded variation in Banach space. J Harbin Institute of Technology, 1991;(3):102-105

Advances of Research on Orlicz Spaces in Harbin

Congxin Wu

Department of Mathematics, Harbin Institute of Technology, Harbin

Tingfu Wang

Harbin University of Science and Technology, Harbin

Shutao Chen

Department of Mathematics, Harbin Normal University, Harbin

This article makes a general survey of the contributions of the mathematicians in Harbin to Orlicz space theory and its applications. It consists of three parts — weak topology and rotundity of the spaces, geometric property of the spaces, generalizations of the spaces and applications of the space theory.

1. Weak topology and rotundity

1.1. Introduction

Suppose that $M(R \to R^+)$ is an even, convex and continuous function. We call M an N-function, if it satisfies that $\lim_{u \to \alpha} M(u)/u = \alpha \in \{0, \infty\}$ and that $M(u) = 0$ iff $u = 0$; and its complementary N-function N on R is defined by $N(v) = \max_{u \in R}\{uv - M(u)\}$. We always denote by M, N such a pair of N-functions and by p, q their right hand side derivatives, respectively. The function M is said to be strictly convex on R (resp., on $[a, b]$), or simply, $M \in SC$ (resp., $SC_{[a,b]}$) if

$$M((u+v)/2) < (M(u) + M(v))/2 \quad \text{for all} \quad u \neq v \text{ in } R \text{ (resp., in}[a,b]).$$

We also say that the complement N is smooth on R (resp., on $[a, b]$), or simply, $N \in S$ (resp., $S_{[a,b]}$) whenever $M \in SC$ (resp., $SC_{[a,b]}$).

For a measure space (G, M, μ) and a measurable function x on G, $\rho_M(x) \equiv \int_G M(x(t))d\mu$ is called the modulus of x, and the Orlicz space $L_M(G)$ and its subspace $E_M(G)$ are defined by

$$L_M(G) \equiv \{x : \rho_M(\lambda x) < \infty \text{ for some } \lambda > 0\} \text{ and}$$

$$E_M(G) \equiv \{x : \rho_M(\lambda x) < \infty \text{ for all } \lambda > 0\},$$

and the Orlicz norm $\|\cdot\|_M$ and the Luxemburg norm $\|\cdot\|_{(M)}$ on $L_M(G)$ by

$$\|x\|_M = \inf_{k>0} k^{-1}(1 + \rho_M(kx)) \text{ and } \|x\|_{(M)} = \inf\{\lambda > 0 : \rho_M(x/\lambda) \leq 1\}.$$

We only focus on the following two cases: i) $G \subset R^m$ is a closed bounded set with Lebesgue measure μ and ii) $G = \mathbb{N}$ (the set of positive integers) with $\mu(i) = 1$ for all i in $\mathbb{N}$. We also write in the first case

$$(L_M(G), \|\cdot\|_M) = L_M, \quad (L_M(G), \|\cdot\|_{(M)}) = L_{(M)},$$

$$(E_M(G), \|\cdot\|_M) = E_M, \quad (E_M(G), \|\cdot\|_{(M)}) = E_{(M)};$$

and in the second case

$$(L_M(\mathbb{N}), \|\cdot\|_M) = l_M, \quad (L_M(\mathbb{N}), \|\cdot\|_{(M)}) = l_{(M)},$$

$$(E_M(\mathbb{N}), \|\cdot\|_M) = h_M, \quad (E_M(\mathbb{N}), \|\cdot\|_{(M)}) = h_{(M)}.$$

Moreover, $M \in \Delta_2$ means in the first case that there are $u_0 > 0$ and $K \geq 2$ such that $M(2u) \leq KM(u)$ for all $u \geq u_0$, and in the second case, the inequality above holds for all $u \in [0, u_0]$. We also write $M \in \nabla_2$ if $N \in \Delta_2$. (The reader may consult [1] and [2] for details).

1.2. Weak topology and isomorphic subspaces

For a given Banach space X, we denote by $B(X)$ and $S(X)$ respectively, the unit ball and the unit sphere of X, and by X^* the dual of X.

Theorem 1.1[3-6]. Let $x \in L_M(G)$, $k_x^* = \inf\{k > 0 : \rho_N(p(k|x|)) \geq 1\}$ and $K_x^{**} = \sup\{k > 0 : \rho_N(p(k|x|)) \leq 1\}$, and let $\theta(x) = \inf\{\lambda > 0 : \rho(\lambda^{-1}x) < \infty\}$, $x_n = x|_{G_n}$, the restriction of x to $G_n \equiv \{t \in G : |x(t)| \leq n\}$ for $G \subset R^m$ and, $\equiv \{i \in \mathbb{N} : i \leq n\}$ for $G = \mathbb{N}$. Then
  i) $\|x\|_M = k^{-1}(1 + \rho_M(kx))$ iff $k \in K(x) \equiv [k_x^*, k_x^{**}]$;
  ii) $\inf\{k \in K(x) : \|x\|_M = 1\} > 1$ iff $M \in \Delta_2$;
  iii) $\sup\{k \in K(x) : \|x\|_M = 1\} < \infty$ iff $M \in \nabla_2$;
  iv) $\theta(x) = \lim_n \|x - x_n\|_M = \lim_n \|x - x_n\|_{(M)}$
     $= \inf\{\|x - \omega\|_M : \omega \in E_M(G)\} = \inf\{\|x - \omega\|_{(M)} : \omega \in E_{(M)}(G)\}$.

Theorem 1.2[7,8]. i) $L_M(G)$ is weakly sequentially complete iff $M \in \Delta_2$;

ii) $A \subset L_M(G)$ is weakly compact iff $\lim\limits_{\lambda \to 0} \sup\limits_{x \in A} \lambda^{-1}\rho(\lambda x) = 0$ and $\lim\limits_m \theta(\min\limits_{k \leq m}|x_k - x|) = 0$ for all sequences $\{x_k\}$ in A with $\lim\limits_k \int_E [x_k(t) - x(t)]dt = 0$ for all $E \in \Sigma$;

iii) $\{x_n\}$ is weakly convergent to 0 in $L_M(G)$ iff $\lim\limits_n \int_E x_n dt = 0$, $\lim\limits_{\lambda \to 0} \sup\limits_n \lambda^{-1}\rho_M(\lambda x_n) = 0$ and $\lim\limits_m \theta\left(\min\limits_{k \leq m}|x_{n_k} - x|\right) = 0$ for all $E \in \Sigma$ and subsequences $\{x_{n_k}\}$ of $\{x_n\}$.

Each $f \in L_M^*(l_M^*)$ can be uniquely decomposed into $f = v + \phi$, where $v \in L_N(l_N)$ and ϕ is a singular functional, i.e., $\phi(E_M) = \{0\}(\phi(h_M) = \{0\})$. We write $f|_E(x) \equiv f(x|_E)$ for any functional f, set E and $x \in L_M(G)$, and f is called positive if $f(x) \geq 0$ whenever $x(t) \geq 0$. Every singular functional ϕ can be represented as $\phi = \phi^+ - \phi^-$, the difference between the positive singular functionals ϕ^+ and ϕ^- [9].

Theorem 1.3[6,10]. Let $\phi \neq 0$ be singular on $L_M(G)$. Then

i) $\forall \varepsilon > 0, \exists E \in \Sigma$ such that $\|\phi^+|_E\| < \varepsilon$ and $\|\phi^-|_{G \setminus E}\| < \varepsilon$;

ii) ϕ is not norm attaining on $B(L_M)(B(l_M))$;

iii) ϕ is norm attaining on $B(L_M)(B(l_M))$ iff $\exists E \in \Sigma$ such that $\|\phi^+|_E\| = 0$ and $\|\phi^-|_{G \setminus E}\| = 0$;

iv) ϕ is an extreme point of $B(L_{(M)}^*)(B(l_{(M)}^*))$ iff $\|\phi\| = 1$ and either $\phi|_E = 0$ or $\phi|_{G \setminus E} = 0$ $\forall E \in \Sigma$.

[11] presents the criteria for functionals which are norm attaining and support functionals on $L_M, l_M, L_{(M)}$ and $l_{(M)}$.

Let X, Y be two Banach spaces. Y is called an almost isometrically complemented copy of X provided $\forall \varepsilon > 0, \exists$ a subspace of X and an isomorphism T from the subspace to Y with $\|T\|\|T^{-1}\| < 1 + \varepsilon$.

Theorem 1.4[12]. i) L_M has no subspace isometric to c_0;

ii) $M \overline{\in} \Delta_2$ iff $L_{(M)}$ copies c_0 iff $L_{(M)}$ isometrically copies l^∞ iff $L_M(L_{(M)}, l_M, l_{(M)})$ almost isometrically complementarily copies l^∞ iff $E_M(E_{(M)}, h_M, h_{(M)})$ almost isometrically complementarily copies c_0.

iii) $M \overline{\in} \nabla_2$ iff $L_M(E_M, l_M, h_M)$ complementarily copies l^1 iff $L_M(L_{(M)}, l_{(M)}, l_M)$ complementarily copies l^1 iff $L_M(L_{(M)}, l_M, l_{(M)}, E_M, E_{(M)}, h_M, h_{(M)})$ almost isometrically complementarily copies l^1;

iv) $L_M(l_M)$ copies l^1 iff it is nonreflexive.

1.3. Rotundity and smoothness

We denote by $UKR, WUR, LUKR, LWUR, MPLUR, R, KR, URED$ and KC, successively, the uniformly k-rotund, the weakly uniformly rotund, the locally uniformly k-rotund, the locally weakly uniformly rotund, the mid-point locally uniformly rotund, the rotund, the k-rotund, the uniformly rotund in every direction and the fully k-convex Banach spaces, and by SS, VS, S, SC and UC, successively, the strongly smooth, the very smooth, the smooth, the strictly convex and the uniformly convex Banach spaces.

The criteria of the rotundity and smoothness for Orlicz spaces are summarized in the following table.

	$L_{(M)}$	L_M	$l_{(M)}$	l_M
UKR	[27] $M \in \Delta_2$, $M \in UC$	[28] $M \in \Delta_2$, $M \in UC$	[29,30] $M \in \Delta_2$, $M \in UC[0, M^{-1}(1/(k+1))]$	[31] $M \in \Delta_2$, $UC[0, \pi_M(1)]$
WUR	[32] $M \in \Delta_2$ ∇_2, SC	[4] as above	[33] $M \in \Delta_2, \nabla_2$, $UC[0, M^{-1}(1/2)]$ or $SC[0, M^{-1}(1)]$	[34] as above
LUKR	[35, 36] $M \in \Delta_2$, SC	[4, 36] $M \in \Delta_2$, ∇_2, SC	[37, 38] $M \in \Delta_2, SC[0, M^{-1}(1/(k+1))]$, ∇_2 or SC $[M^{-1}(1/(k+1)), M^{-1}(1/k)]$	[34, 38] $M \in \Delta_2, \nabla_2$, $SC[0, \pi_M(1/k)]$
LWUR	[35] as above	[4] as above	[37] $M \in \Delta_2, SC[0, M^{-1}(1/2)]$, ∇_2 or $SC[M^{-1}(1/2), M^{-1}(1)]$	[34] $M \in \Delta_2, \nabla_2$, $SC[0, \pi_M(1)]$
MPLUR	[16, 39] as above	[16, 39] $M \in \Delta_2$, SC	[16, 39] $M \in \Delta_2$, $SC[0, M^{-1}(1/2)]$	[16, 39] $M \in \Delta_2$, $SC[0, \pi_M(1)]$
R	[3] as above	[3] $M \in SC$	[4] as above	[15] $M \in SC[0, \pi_M(1)]$
KR	[27] as above	[28] as above	[40] $M \in \Delta_2$, $SC[0, M^{-1}(1/(k+1))]$	[40] $M \in SC[0, \pi_M(1/k)]$
URED	[35] as above	[41] $M \in (*)$, SC	[37] as above	[42] $M \in (**)$, $SC[0, \pi_M(1)]$
KC	[43] $M \in \Delta_2$, ∇_2, SC	[44] $M \in \Delta_2, \nabla_2$, SC	[43] $M \in \Delta_2, \nabla_2$, $SC[0, M^{-1}(1/2)]$	[44] $M \in \Delta_2, \nabla_2$, $SC[0, \pi_M(1)]$
SS	[23] $M \in \Delta_2$, ∇_2, S	[6] $M \in \Delta_2$, ∇_2, S	[24] $M \in \Delta_2, \nabla_2$, $S[0, M^{-1}(1)]$	[24] $M \in \Delta_2, \nabla_2$ $S[0, \pi_M(1/2)]$
VS	[23] as above	[6] as above	[24] as above	[24] as above
S	[23] $M \in \Delta_2$, S	[6] $M \in \Delta_2$, S	[24] $M \in \Delta_2$, $S[0, M^{-1}(1)]$	[24] $M \in \Delta_2$, $S[0, \pi_M(1/2)]$

where

$$\pi_M(\alpha) = \inf\{s > 0 : N(p(s)) \geq \alpha\},$$

(*): for any $u' > 0, \varepsilon > 0, \varepsilon' > 0$, there exist $\tau > 0, D > 0$, such that for any $u > u'$,

$$p((1+\varepsilon)u) \leq (1+\tau)p(u) \Longrightarrow p(u) \leq Dp(\varepsilon' u), \tag{3}$$

$(**)$: for any $u' > 0, \varepsilon > 0, \varepsilon' > 0$, there exist $\tau > 0, D > 0$, such that (3) holds for all $u \in (0, u')$.

Remark. A few results in this paper are also obtained independently by some mathematicians out of Harbin, which are mentioned in [2].

Characterizations have been given for Orlicz spaces $E_M, E_{(M)}, h_M$ and $h_{(M)}$ to be Asplund and weak Asplund spaces, and for the spaces $L_M, L_{(M)}, l_M$ and $l_{(M)}$ to be Gateaux differentiabity spaces in [6, 20, 23–26, 45].

For localization of convexity and smoothness, characterizations have also been obtained for points in the spaces $L_M, L_{(M)}, l_M$ and $l_{(M)}$, which are extreme points, strongly extreme points, weakly uniformly rotund points and smooth points in [13-19]. For instance

Theorem 1.5[18,19]. i) If $M \overline{\in} \triangle_2$, then $B(L_{(M)})$ and $B(L_M)$ have no WURP; ii) If $M \in \triangle_2$, then x is a URP of $B(L_{(M)})(B(L_M))$ iff x is a WURP of $B(L_{(M)})(B(l_{(M)})$ iff $\mu\{t \in G : kx(t) \in I\} = 0$ for any $k \in K(x)$, whenever p is a constant on the interval I, and either $\rho_N(p(k|x|)) = 1$ or $\mu\{t \in G : k|x(t)| = b\} = 0$ for any $SAI[a,b]$ of $M(\{i \in \mathbb{N} : x(i) \neq 0\}$ which is a singleton, or $k \in K(x), i \in \mathbb{N} \Longrightarrow kx(i) \in S_M; k|x(j)| = b \Longrightarrow \sum_{i \neq j} N(p(k|x(i)|) + N(p_-(k|x(j)|)) < 1$; and $k|x(j)| = a \Longrightarrow \sum_{i \neq j} N(p_-(k|x(i)|)) + N(p(k|x(j)|)) > 1$ for every $SAI[a,b]$ of M, where WURP means weakly uniformly rotund point (a point $x \in B(X)$ is called a WURP if $\{x_n\} \subset B(X), \|x + x_n\| \to 2 \Longrightarrow x_n \xrightarrow{w} x$) and SAI means structural affine interval of the function M (M is affine on the interval but not affine on any interval containing properly the interval).

Theorem 1.6[20--22]. i) $S_s(L_{(M)}) = \{x \neq 0 : \theta(x/\|x\|) < 1, \mu\{t \in G : p_-(|x(t)|/\|x\|) < p(|x(t)|/\|x\|)\} = 0\}$;

ii) $S_s(L_M) = \{x \neq 0 : \rho_N(p_-(k|x|)) = 1, k = \min\{K(x)\}$, or $\theta(kx) < 1$ and $\rho_N(p(k|x|)) = 1\}$;

iii) $S_s(l_{(M)}) = \{x \neq 0 : x$ has only one nonzero coordinate or otherwise with $\theta(x/\|x\|) < 1\}$ and M is smooth at each point $|x(i)|/\|x\|$;

iv) $S_s(l_M) = \{x \neq 0 : \rho_M(p_-(k|x|)) = 1$, or $\theta(kx) < 1$ but, $\rho_N(p(k|x|)) = 1$ or $J \equiv \{j \in \mathbb{N} : p_-(k|x(j)|) < p(k|x(j)|)\}, k = \min\{K(x)\}\}$ is unique or empty };

v) The smooth point set of $X \in \{L_{(M)}, L_M, l_{(M)}, l_M\}$ is dense in X.

2. Geometric property

2.1. Nonsquareness and nonsquare points

In the sense of Schäffer, $x \in S(X)$ is called a nonsquare point or S-NP (uniformly nonsquare point or S-UNP) provided $\max\{\|x+y\|\},\|x-y\|\} > 1(1+\delta_x$ for some $\delta_x > 0)$ for all y in $S(X)$; we say that X is nonsquare (locally uniformly nonsquare) or S-N (S-LUN) if each point of $S(X)$ is an S-NP (S-UNP); and X is called uniformly nonsquare (S-UN) if δ_x mentioned above can be chosen so that it is independent of $x \in S(X)$.

In the sense of James, we can obtain the notion of J-NP, J-UNP, J-LUN space, J-N space and J-UN space by substituting min, $<$ and 2 for, successively, max, $>$ and 1 in the sense of Schäffer.

Results on the nonsquareness and nonsquare points[52--57] are listed below in Tables 2.1 and 2.2.

Table 2.1

$\|x\| = 1$	S-NP	S-UNP	J-NP	J-UNP
L_M, l_m	always	always	always	$M \in \nabla_2$
$L_{(M)}, l_{(M)}$	$R_M(x) = 1$	$M \in \Delta_2$	$\theta(x) < 1$	$\theta(x) < 1$

Table 2.2

	S-N	S-LUN	S-UN	J-N	J-LUN	J-UN
L_M, l_M	always	always	$M \in \Delta_2 \cap \nabla_2$	always	$M \in \nabla_2$	$M \in \Delta_2 \cap \nabla_2$
$L_{(M)}, l_{(M)}$	$M \in \Delta_2$	$M \in \Delta_2$	$M \in \Delta_2 \cap \nabla_2$	$M \in \Delta_2$	$M \in \Delta_2$	$M \in \Delta_2 \cap \nabla_2$

2.2. Normal and uniformly normal structures

X is said to have the normal (weakly normal) structure if for every bounded closed (weakly compact) convex set $C(\subset X)$ containing at least two elements, there exists $p \in C$ such that $\sup\{\|p-x\|: x \in C\} < \operatorname{diam}(C)$; X is said to have the uniformly normal structure if for each such closed bounded convex C there are $p \in C$ and $h < 1$ such that $\sup\{\|p-x\|: x \in C\} < h\operatorname{diam}(C)$.

In 1984, T. Landes (Trans. Amer. Math. Soc., 285(1984), 523–533) gave some criteria for the normal and the weakly normal structures of $l_{(M)}$, and analogous criteria for that of $L_{(M)}$ would easily follow in the same way. Other criteria listed in Table 2.3 were given[58-61] by mathematicians in Harbin.

Table 2.3 ($[a_i, b_i]$ denotes an SAI of M)

	W-structure	N-Structure	U-Structure
L_M	always	$\limsup_{b_i \to \infty} (b_i/a_i) < \infty$	$M \in \Delta_2 \cap \nabla_2$
l_M	always	$\limsup_{b_i \to \infty} (b_i/a_i) < \infty$	$M \in \Delta_2 \cap \nabla_2$
$L_{(M)}, l_{(M)}$	$M \in \Delta_2$	$M \in \Delta_2$	$M \in \Delta_2 \cap \nabla_2$

2.3. H-property

A point $x \in S(X)$ is called an H-point if for $\{x_n\} \subset S(X)$, $x_n \xrightarrow{\omega} x$ implies $\|x_n - x\| \to 0$. If all points in $S(X)$ are H-points, then we say that X has the H-property.

Table 2.4 [63, 65, 66]

	$x \in S(X)$ being H-point	H-property
$L_M, L_{(M)}$	Extreme point $+ M \in \triangle_2$	$M \in \triangle_2 \cap SC$
$l_M, l_{(M)}$	$M \in \triangle_2$	$M \in \triangle_2$

In [62, 68, 72–76, 92, 93, 95], characterizations and criteria have been given for $L_M, L_{(M)}, l_M$ and $l_{(M)}$ to have the H^*, the W^*PC, the PC, the denting, the W^*-denting and the Mazur intersection properties, and for points of the spaces to be H^*, W^*PC, PC, denting, W^*-denting points.

2.4. Girth and flatness

Let C be a symmetric with respect to the origin, closed and rectifiable curve lying in $S(X)$, i.e., $C \equiv \{g^s \in S(X) : 0 \leq s \leq \lambda(C)\}$, where g^s is a continuous mapping from $[0, \lambda(C)]$ to $S(X)$ with $g^{\lambda(C)/2+s} = -g^s$ and with $\lambda(C)$, the length of the curve C. We denote by Γ the family of all such curves, and define the girth of $B(X)$ by girth $B(X) \equiv \inf_{C \in \Gamma} \lambda(C)$. We call the space X flat if $\lambda(C) = 4$ for some $C \subset \Gamma$.

Table 2.5[69–71]

	Flat	Girth $= 4$ and nonattaining	Girth > 4
$L_{(M)}, l_{(M)}$	$M \overline{\in} \triangle_2$	$M \in \triangle_2 \backslash \triangledown_2$	$M \in \triangle_2 \cap \triangledown_2$
L_M, l_M	impossible	$M \overline{\in} \triangle_2 \cap \triangledown_2$	$M \in \triangle_2 \cap \triangledown_2$

2.5. λ-property and stability

Let $x \in B(X)$ and let

$$\lambda(x) = \sup\{\lambda \in [0,1] : x \in \lambda e + (1-\lambda)y, y \in B(X) \text{ and } e \in \text{Ext } B(X)\}$$

If $\lambda(x) > 0$, then we call x a λ-point of $B(X)$; and X is said to have the λ-property (uniform λ-property) if $\lambda(x) > 0$ for all $x \in B(X)$ ($\inf\{\lambda(x) : x \in B(X)\} > 0$).

Table 2.6[77–78] ($[a_i, b_i]$ denotes an SAI of M)

	$L_{(M)}$	L_M	$l_{(M)}$	l_M
λ-property	always	always	always	always
U-λ-property	$M \in SC$	$\sup\{b_i/a_i : b_i > 1\} < \infty$	$M \in SC[0,\eta]$ for some $\eta > 0$	$\sup\{b_i/a_i : 0 < b_i \leq 1\} < \infty$

x in $B(X)$ is called a stable point if the set-valued mapping $u \in S(X) \to \{(y,z) : y + z = 2u\} \in B(X) \times B(X)$ is lower semicontinuous at x. X is said to be stable if every x in $B(X)$ is stable. A. S-Granero (Bull. Pol. Acad. Sci. Math., 37 (1989), 7–12) and M. Wisła (Arch. Math. 54(1990), 1–9) have discussed the stability property of $L_{(M)}$ and $l_{(M)}$, and also discussed that of other spaces in [78].

Table 2.7[78]

	Stable point $x \in S(X)$	Stable space X
$L_{(M)}, l_{(M)}$	$R_M(x) = 1$	$M \in \Delta_2$
L_M, l_M	$K(x)$ is singleton	mapping $x \to K(x)$ is single valued

2.6. WM-property

Let $x \in S(X)$ and let $\nabla_x = \{f \in S(X^*) : f(x) = 1\}$. X is said to have the WM property if $\forall x, x_n \in S(X), \|x + x_n\| \to 2$ implies $\exists f \in \nabla_x$ with $f(x_n) \to 1$.

Table 2.8[80-81]

	$L_{(M)}$	L_M	$l_{(M)}$	l_M
WMP	i) $M \in \Delta_2$; ii) $M \in \nabla_2 USC$	i) $M \in \Delta_2 \cap \nabla_2$ ii) p is conti. at end points of SAIs of M.	i) $M \in \Delta_2$; ii) $M \in \nabla_2$ or $M \in SC[0, M^{-1}(1)]$	i) $M \in \Delta_2 \cap \nabla_2$ ii) p is conti. at a and b whenever $2N(p(a)) + N(p(b)) \leq 1$

2.7. Geometric constants

We recall the packing coefficient Λ_X of a space X:

$$\Lambda_X \equiv \sup\{r > 0 : \exists \{x_i\} \subset (1-r)B(X), \|x_i - x_j\| \geq 2r \text{ for } i, j \in \mathbb{N}, i \neq j\},$$

and let $D_X = \sup\{\inf[\|x_n - x_m\| : m \neq n \in \mathbb{N}] : \{x_n\}_{n=1}^\infty \subset S(X)\}$. Then $\Lambda_X = D_X/(2 + D_X)$.

Theorem 2.2[84--88]. Let $M \in \Delta_2$, $x \circ x = (x_1, x_1, x_2, x_2, \cdots)$ for $x = (x_i)$ and let $D_n = \sup\inf[\|x^{(1)} \pm x^{(2)} \pm \cdots \pm x^{(n)}\| : x^{(i)} \in X, i = 1, \cdots, n]$. Then

i) $D(l_{(M)}) = \sup\{c_x : R_M(x/c_x) = \frac{1}{2}, x \in S(l_{(M)})\}$,

ii) $D(l_M) = \sup\limits_{\|x\|_M=1} \inf\limits_{k>1} \left\{ c_{x,k} : R_m(k_x/c_{x,k}) = \dfrac{k-1}{2} \right\}$,

iii) $D(l) = \sup\{\|x \circ x\| : x \in S(l)\}$, where $l \in \{l_M, l_{(M)}\}$,

iv) $D_n(l_M) = \sup \left\{ c_x : R_M(x/c_x) = \dfrac{1}{n} \right\}$.

The rotund coefficient coef (X) of a Banach space X is defined by coef $(X) = \sup\{\varepsilon \in (0,2) : \delta_X(\varepsilon) = 1\}$ where $\delta_X(\varepsilon) \equiv \inf\{1 - \|x+y\|/2 : x,y \in S(X)$ with $\|x-y\| \geq \varepsilon\}$, the convexity modulus of X. Let $0 < \varepsilon < 1$ and let $V(\varepsilon) = \{(u,a) : u \geq 0, a \in [0,1], 2M\left(u\left(\dfrac{1+a}{2}\right)\right) \geq (1-\varepsilon)(M(u) + M(au))\}$ and $C(\varepsilon) = \sup\{c > 0 : \sum\limits_{i=1}^{n}\lambda_i M(u_i(1-a_i)/c) \geq \sum\limits_{i=1}^{n} M(u_i(1+a_i)/c, n \in \mathbb{N}, (u_i,a_i) \in V(\varepsilon), \{\lambda_i\} \subset R^+$ with $\sum\limits_{1}^{n}\lambda_i \leq \mu(G)$ and $1-\varepsilon < \sum\limits_{1}^{n}\lambda_i(M(u_i) + M(a_i u_i))/2 \leq 1\}$. With the notations above, coef $(L_{(M)})$ and coef (L_M) are obtained in [90,91]. We only give coef$(L_{(M)})$ here.

Theorem 2.3. coef$(L_{(M)}) = \inf\{C(\varepsilon) : \varepsilon > 0\}$.

The weakly convergently sequential coefficients for the spaces l_M and $l_{(M)}$ and the James and the Schäffer uniformly nonsquare coefficients have been obtained in [92, 93].

3. Generalizations of Orlicz spaces and applications

3.1. Geometry of Musielad-Orlicz (sequence) space

First, recall some definitions and notations.

Let X be a complex Banach space, (T, Σ, μ) an atomless measure space. And let $\Phi(t,s) : T \times R^+ \to R^+$ with

i) $\Phi(t,0) = 0$, $\lim\limits_{s\to\infty}\Phi(t,s) = \infty$ and $\Phi(t,s_0) < \infty$ μ-a.e. for some $s_0 > 0$;

ii) $\Phi(t,\cdot)$ is convex on R^+ (μ-a.e. on T) and

iii) $\Phi(\cdot, s)$ is μ-measurable for every $s \in R^+$.

Further, if $\exists$ a constant $K \geq 2$ and a nonnegative μ-measurable function $\delta(t)$ on T with $\int_T \Phi(t,\delta(t))d\mu < \infty$ such that

$$\Phi(t,2s) \leq K\Phi(t,s) \text{ whenever } s \geq \delta(t) \ (\mu\text{-a.e.}),$$

then we denote $\Phi \in \Delta$. Let

$$E(t) = \sup\{s > 0; \Phi(t,s) < \infty\} \text{ and } e(t) = \sup\{s > 0 : \Phi(t,s) = 0\}.$$

Let $\Phi = \{\Phi_n\} : X \times \mathbb{N} \to R^+$ satisfy the following conditions:

i) $\Phi_n(\theta) = 0$ and $\Phi_n(x_n) < \infty$ for all $n \in \mathbb{N}$ and for some $x_n \in X$;

ii) $\Phi_n(x)$ is convex for all $n \in \mathbb{N}$;

iii) $\Phi_n(e^{it}x) = \Phi_n(x)$ for $t \in R, n \in \mathbb{N}$ and $x \in X$;

iv) $\Phi_n(tx) : (0,\infty) \to [0,\infty]$ is, for any fixed $x \in X$, left continuous in t.

Moreover, if $\exists \lambda > 1, K > 1, q > 0, \{c_n\} \in l^1$ and $n_0 \in \mathbb{N}$ such that

$$\Phi_n(\lambda x) \leq K\Phi_n(x) + |c_n| \text{ whenever } \Phi_n(x) < a, n \geq n_0,$$

then we also denote $\Phi \in \triangle$.

Let X_T be the collection of all strongly μ-measurable functions $x(t) : T \to X$. For each $x \in X_T (x = \{x_n\} \in X^{\mathbb{N}})$, define

$$e_\Phi(x) = \int_T \Phi(t, \|x(t)\|) d\mu \left(e_\Phi(x) = \sum_{n=1}^{\infty} \Phi_n(x_n) \right),$$

and call

$$L_{(\Phi)} \equiv \{x(t) \in X_T : \exists k > 0 \text{ s.t. } e_\Phi(kx) < \infty\}$$

$$(l_{(\Phi)} \equiv \{x \in X^{\mathbb{N}} : \exists k > 0 \text{ s.t. } e_\Phi(kx) < \infty\})$$

the Musielak-Orlicz space (Musielak-Orlicz sequence space) with the Luxemburg norm $\|x\|_{(\Phi)}$ = $\inf\{k > 0 : e_\Phi(x/k) \leq 1\}$.

x in a convex set $D \subset X$ is called a complex extreme point of D, if $x + \lambda y \in D$ with $|\lambda| \leq 1$ and $y \in X$ implies $y = \theta$; and X is said to be complex strictly convex (CSR) if each $x \in S(X)$ is a complex extreme point of $B(X)$, and X complex uniformly convex (CUR) if $\forall \varepsilon > 0, \exists \delta > 0$ such that $\|x + \lambda y\|$ with $x, y \in X, \|y\| \geq \varepsilon$ and with $|\lambda| \leq 1$ implies $\|x\| \leq 1 - \delta$. We say that $x_n \in X$ is a complex strictly convex point of Φ_n, if $2\Phi_n(x_n) = \Phi(x_n + \lambda y) + \Phi(x_n - \lambda y)$ with $|\lambda| \leq 1$ implies $y = \theta$.

In [98–102], Wu Congxin, Chen Shutao and Sun Huiying obtained the criteria for extreme points, complex extreme points, SR, CSR and CUR of the spaces $L_{(\Phi)}$ and $l_{(\Phi)}$, and that for UR of the spaces were given by H. Hudzik (Bull. Acad. Polon. Sci. Math., 32 (1984), 303–313) and A. Kaminska (J. Approx. Theory, 47(1986), 302–322).

For brevity, we denote $\Phi \in (P)$ if Φ has a property (P). Now, we define some properties for Φ as follows:

(i) $\sup\{k : \Phi_n(kx) < \infty\} > 1$ for all $x \neq 0$ in X with $\Phi_n(x) < 1$ and $n \in \mathbb{N}$;

(ii) $(C(ii))$ for $n \neq m$ in $\mathbb{N}$ and $x, y \in X, \Phi_n(x) + \Phi_m(y) \leq 1$ implies that either x is a strictly (complex strictly) convex point of Φ_n or y is that of Φ_m;

$(S_{iii})((iii))\Phi_n(x)$ is not a constant on $\{y + \lambda z : \lambda \in [0,1]\}(\{y + \lambda z : |\lambda| \leq 1\})$ for any $y \neq 0, z$ in X with $\Phi_n(y) \leq 1$ and $n \in \mathbb{N}$;

(iv) $\forall \varepsilon > 0, \exists \delta > 0$ such that $\|x\|_{(\Phi)} > \varepsilon$ implies $e_\Phi(x) > \delta$;

(v) $\forall \varepsilon > 0, \exists \delta > 0$ such that $e_\Phi(x) \leq 1 - \varepsilon$ implies $\|x\|_{(\Phi)} \leq 1 - \delta$.

Theorem 3.1[98]. x in $B(L_{(\Phi)})$ is a complex extreme point of $B(L_{(\Phi)})$ iff the following conditions hold:

i) $\lim_{k \to 1^-} e_\Phi(kx) = 1$ or $\|x(t)\| = E(t)$ (μ-a.e.),

ii) For any $y \neq \theta$ in $L_{(\Phi)}, \mu G_{x,y} = 0$, where $G_{x,y} = \{t \in T : 2\Phi_0(t, \|x(t)\|) = \Phi_0(t, \|x(t) + \lambda y(t)\|) + \Phi_0(t, \|x(t) - \lambda y(t)\|), |\lambda| \leq 1\}$ and $\Phi_0(t,s) = \lim_{r \to E(t)^-} \Phi(t,r)$ if $s = E(t)$, $= \Phi(t,s)$ otherwise.

For the properties of SR, CSR, UR and CUR, we would also like to express the criteria for them by the following table.

	$L_{(\Phi)}$	$l_{(\Phi)}$
SR	$\Phi \in \triangle$ [96]	$\Phi \in \triangle, (i)$ [97]
	$X \in SR$	$\Phi \in (ii), (S_{iii})$
	$\Phi \in SC$	
CSR	$\Phi \in \triangle$ [98]	$\Phi \in \triangle, (i)$ [100]
	$X \in CSR$	$\Phi \in (C_{ii}), (iii)$
	$\mu\{t \in T : e(t) > 0\} = 0$	
UR	$\Phi \in \triangle$ (Hudzik)	$\Phi \in (iv), (v)$ (Kaminska)
	$X \in UR$	$\Phi \in (S_{vi})$
	$\Phi \in UC$	
CUR	$\Phi \in \triangle$ [99]	$\Phi \in (iv), (v)$ [100]
	$X \in CUR$	$\Phi(vi)$
	$\mu\{t \in T : e(t) > 0\} = 0$	

Now we turn to discussing the Orlicz norm for the Musielak-Prlicz sequence spaces. For this purpose, let X be the complex number field. In [103], Wu Congxin and Sun Huiying gave a calculating formula for Orlicz norm and by this formula obtained some criteria for complex extreme points and CSR for Orlicz norm. Ye Yining[104,105] investigated the differentiability property of Musielad-Orlicz sequence spaces. In [106], Wu Congxin and Duan Yangzheng extended $L_{(\Phi)}$ further to X being locally convex spaces.

3.2. Geometry of vector-valued Orlicz spaces

Suppose that $T \times R^n \to R^+$ fulfils i) For each $t \in T, M(t, \cdot)$ is even, continuous and convex on R^n, and for every $u \in R^n, M(\cdot u)$ is measurable; ii) For any $t \in T, M(t,u) = \theta$ iff $u = \theta$ and $\lim_{|u| \to \infty} M(t,u)/u = \infty$; iii) $\exists K \geq 1$ such that $M(t,u) \leq KM(t,v)$ for all $t \in T$ and $|u| \leq |v|$. It is easy to see that the corresponding vector-valued Orlicz space $L_{(M)}$ with the Luxemburg norm is not a special case of Musielak-Orlicz space $L_{(\Phi)}$. Chen Shutao[107,109] gave some characterizations of the extreme points, UR and SR of $L_{(M)}$. He also pointed out that proofs of the two results on $L_{(M)}$ in M. S. Skaff's work (Pacific J. Math., 28(1969), 193–206, 414–430) had some mistakes and corrected them.

3.3. Embedding theorm

In 1958, Wu Congxin introduced the Banach spaces

$$D_\Phi^h = \{x(t) \in L_{(\Phi)} : h(t)x(t) \in L_{(\Phi)}\}, \|x\|_{D_\Phi^h} = \|x\|_{(\Phi)} + \|hx\|_{(\Phi)}$$

where $h(t)$ is a fixed unbounded measurable function on R^n with $\text{mes}\Delta_m \equiv \text{mes}\{t \in R^n : |h(t)| \leq m\} < \infty, m \in \mathbb{N}$. Then he improved and extended Ding Xiaxi's results (Science Record, New Ser., 1(1957), 287–290), by giving the necessary and sufficient conditions for the embedding, and also generalized the Sobolev embedding theorem, that is,

Theorem 3.2[111]. $D_{\Phi_2}^h \subset L_{(\Phi_1)}$ iff i) $\exists a > 0, s_0 > 0$ such that $\Phi_1(as) \leq \Phi_2(s)$ whenever $s \geq s_0$ and ii) for each $x \in L_{(\Phi_1)}, \exists b > 0$ such that $\int_{R^n \setminus \Delta_1} \Phi_1(bx(t)/h(t))dt < \infty$.

Later, Wu proved that D_Φ^h and $L_{(\Phi)}$ are topologically equivalent. See Wu's works [110–113] for details.

3.4. Lebesgue-Orlicz points

Theorem 3.3[116]. Let $M(t)$ be an N-function. Then

i) For each $x \in L_M(0,1)$ and $t_0 \in (0,1), t_0$ being an LB point of $x(t)$ implies that t_0 is an LO point of $x(t)$ iff $M \in \Delta'$ (namely, $\exists L > 0$ and $s_0 \geq 0$ such that $M(st) \leq LM(s)M(t)$, whenever $s, t \geq s_0$);

ii) For each $x \in L_M(0,1)$ and $t_0 \in (0,1), t_0$ being an LO point of $x(t)$ implies that t_0 is an LB point of $x(t)$ iff $M \in \nabla'$ (the conjugate function $N \in \Delta^1$). (t_0 is called an LO or LB point of $x(t)$, if

$$\lim_{\Delta t \to 0} \left\| M^{-1}\left(\frac{1}{2\Delta t}\right)[x(t) - x(t_0)]\chi_{[t_0-\Delta t, t_0+\Delta t]} \right\|_M = 0$$

or

$$\lim_{\Delta t \to 0} \|x(t_0 + \Delta t) - x(t_0)\|_M = 0, \text{ respectively})$$

Note that Salehov (Vorone2 Gos. Uaiv. Trudy Sem. Funct. Anal., 10(1968), 114–121) only obtained the sfficiency of the theorem above with an additional condition $M \in \nabla_2$ for i).

3.5. Best approximation

For a Banach space X and a closed convex set C in X, if for every $x \in X$, there exists a unique $y \in C$ such that $\|x - y\| = \inf_{z \in C} \|x - z\|$, then y is called the best approximation of x in C, which we denote by $y = \pi(xC)$, and the operator $\pi(\cdot|C) : X \to X$ is called a best approximation operator.

Assume that $M \in \triangle_2$, its right derivative p is continuous and strictly increasing, and (T, Σ, μ) is a complete, nonatomic and finite measure space. For Orlicz spaces L_M with Luxemberg norm or Orlicz norm, Wang Yuwen and Chen Shutao [117] gave some necessary and sufficient conditions for $y \in C$ to be a best approximation of $x \in L_M$ in C. Recently, Duan Yanzheng and Chen Shutao [118] further obtained some sufficient conditions for $S : L_M \to L_M$ to be a best approximation operator $\pi(\cdot|L_M(\Sigma'))$ for some σ-Lattice $\Sigma' \subset \Sigma$, and this generalized the main theorems of Landerssand-Rogge (see Proc. Amer. Math. Soc., 76(1979), 307–309) and Dykstra (see Ann. Math. Statist., 41 (1970), 698–701).

3.6. Control theory

For the optimal boundary control, Wang Yuwen and Chen Shutao [119] considered the distributed parameter system

$$(\lambda - \triangle)y = x(t \in \Omega), \frac{\partial y}{\partial n} = u(t \in \Gamma_1), y = v(t \in \Gamma_0),$$

where Ω is a bounded open domain in R^m with smooth boundary $\Gamma = \Gamma_1 \cup \Gamma_0, \lambda > 0, u \in L^2(\Gamma_1), v \in L^2(\Gamma_0), x \in L^2(\Omega), \triangle$ is the Laplacian operator, and using Orlicz spaces they have solved the optimal control problem which guarantees the uniqueness of control.

Wang Tingfu and Wang Yuwen [120] considered the distributed parameter system:

$$x(t) = \int_0^t k(t,x)bu(s)ds$$

where $b, x(t)$ are in a Banach space $X(0 \leq t \leq T), K(t,s) \in L(X \to X)(0 \leq s \leq t \leq T), u(t) \in L_M(0,T)$, and under certain assumptions, proved that these exists in the system a unique minimum Orlicz norm control.

3.7. Other applications

In [121], Wu Congxin investigated the decomposition of linear operators in Orlicz spaces, and in [122], Wu Congxin and Duan-Yanzheng considered the continuity and complete continuity of a kind of nonlinear operators in Orlicz spaces. Wu Congxin [123] gave some properties for generalized absolutely continuous functions with Orlicz metric.

Recently, Wu Congxin and Fu Yongqiang [124, 125] proved that under certain conditions a class of quasi-linear partial differential equations has a weak solution in Sobolev-Orlicz spaces $W^2 L_M(\Omega)$.

References

[1] Wu Congxin, Wang Tingfu, Orlicz Spaces and Applications, Heilongjiang Sci. & Tech. Press, 1983.

[2] Wu Congxin, Wang Tingfu, Chen Shutao, Wang Yuwen, Theory of Geometry of Orlicz Spaces, Harbin Inst. of Tech. Press, 1986.

[3] Wu Congxin, Zhao Shanzhong, Chen Junao, On calculation of Orlicz norm and rotundity of Orlicz spaces, J. Harbin Inst. of Tech., (2)(1978)1–12.

[4] Chen Shutao, Some rotundities of Orlicz spaces with Orlicz norm, Bull. Pol. Acad. Sci. Math., 34(9–10)(1986)585–596.

[5] Chen Shutao, Wang Tingfu, Uniformly rotund points of Orlicz spaces, J. Harbin Normal Univ. 8(3) (1992) 5–10.

[6] Chen Shutao, Smoothness of Orlicz spaces, Comment. Math., 27(1987) 49–58.

[7] Wang Yuwen, Weakly sequential completeness of Orlicz spaces, Chin. Northeast Math., 1(1985) 241–246.

[8] Chen Shutao, Sun Huiying, Weak convergence and weak compactness in Orlicz spaces (to appear).

[9] Chen Shutao, Sun Huiying, Weak convergence and weak compactness in abstract M spaces (to appear).

[10] Chen Shutao, Sun Huiying, Wu Congxin, λ-property of Orlicz spaces, Bull. Pol. Acad. Sci. Math., 39(1)(1991) 63–69.

[11] Chen Shutao, Hudzik H., Kaminska A., Support functionals and smooth points in Orlicz spaces equipped with the Orlicz norm (to appear).

[12] Chen Shutao, Hudzik H., Sun Huiying, Complemented copies of 1, in Orlicz spaces, Math. Nachr., 158(1992) (in press).

[13] Lao Bingyuan, Zhu Xiping, Extreme points of Orlicz spaces, J. Zhongshan Univ., (2)(1983) 97–103.

[14] Wang Zuoqiang, Extreme points of Orlicz sequence spaces, J. Daqing Oil College., (1)(19983) 112–121.

[15] Cheng Shutao, Shen Yaquan, Extreme points and rotundity of Orlicz sequence spaces, J. Harbin Normal Univ., (2)(1985) 1–6.

[16] Cui Yunan, Wang Tingfu, Strongly extreme points of Orlicz spaces, Chin. J. Math., 7(4) (1987) 335–340.

[17] Wang Tingfu, Cui Yunan, Li Yanhong, Packing constants and strongly extreme points in Orlicz spaces, Chin. Adv. Math., 15(2)(1986) 217–218.

[18] Wang Tingfu, Ren Zhongdao, Zhang Yunfeng, Uniformly rotund points in Orlicz spaces, Chin. J. Math., (3) (1993).

[19] Wang Tingfu, Li Yanhong, Zhang Yonglin, UR points and WUR points of sequence Orlicz spaces, SEA. Bull. Math. (in press).

[20] Chen Shutao, Yu Xintai, Smooth points of Orlicz spaces, Comment. Math., 31(1991) 39–47.

[21] Chen Shutao, Smooth points of Orlicz spaces with Orlicz norm, J. Harbin Normal Univ., 2 (1989) 1–4.

[22] Wang Baoxiang, Zhang Yunfeng, Smooth points of Orlicz sequence spaces, J. Harbin Normal Univ., 7(3) (1991) 18–22.

[23] Wang Tingfu, Chen Shutao, Smoothness and differentiability of Orlicz spaces, Chin. J. Engin. Math., 1(3) (1987) 113–115.

[24] Tao Liangde, Some rotundities and smoothness of Orlicz sequence spaces, J. Harbin Normal Univ., 4(2) (1988).

[25] Wang Tingfu, Shi Zhongrui, Criteria for KUC, NUC and UKK of Orlicz spaces, Northeastern Math., 3(1987) 160–172.

[26] Chen Shutao, Duan Yanzheng, Convex functions or Orlicz spaces, Collected Youth Science Articles, Heilongjiang, (1990) 1–2.

[27] Wang Tingfu, Chen Shutao, K-rotundity of Orlicz spaces, J. Harbin Normal Univ. (4) (1985) 11–15.

[28] Shi Zhongrui, K-uniform rotundity of Orlicz spaces, J. Heilongjiang Univ., (2) (1987) 41–44.

[29] Wang Tingfu, Chen Shutao, K-rotundity of Orlicz sequence spaces, Canad. Math. Bull. 34(1)(1991) 128–135.

[30] Wang Tingfu, Uniformly convex condition of spaces, J. Harbin Univ. of Sci. & Tech., (2) (1983) 1–8.

[31] Wang Tingfu, Shi Zhongrui, KUR of spaces, SEA. Bull. Math., 14(1) (1990) 33–44.

[32] Wang Tingfu, Wang Yuwen, Li Yanhong, Weakly uniform convexity of Orlicz spaces, Chin. J. Math., 6(1986) 209–214.

[33] Li Yanhong, Weakly uniformly rotundity of Orlicz sequence spaces, Chin. Nature J., 9(1986) 471–472.

[34] Tao Liangde, Rotundity of Orlicz sequence spaces, J. Harbin Normal Univ., (1) (1986) 11–15.

[35] Chen Shutao, Wang Yuwen, Locally uniform rotundity of Orlicz spaces, Chin. J. Math., 5(1985) 9–14.

[36] Shi Zhongrui, Fan Ying, Locally uniform k-rotundity of Orlicz spaces (to appear).

[37] Chen Shutao, Shen Yaquan, Locally uniform rotundity of Orlicz spaces, J. Harbin Normal Univ. add., (2)(1985) 1–5.

[38] Cui Yunan, Locally uniform k-rotundity of Orlicz sequence spaces (to appear).

[39] Cui Yunan, Midpoint locally uniform rotundity of Orlicz spaces, Chin. Nature J. 9(1986) 230–231.

[40] He Miaohong, K-rotundity of Orlicz sequence spaces J. Qiqihar Normal College (to appear).

[41] Wang Tingfu, Shi Zhongrui, Cui Yunan, Uniform rotundity in every direction of Orlicz spaces, Comment. Math. (to appear).

[42] Wang Tingfu, Shi Zhongrui, Cui Yunan, Uniform rotundity in every direction of Orlicz sequence spaces, Acta Szeged Math. (to appear).

[43] Chen Shutao, Lin B., Yu Xintai, Rotund reflexive Orlicz spaces are fully convex, AMS, Contemporary Math., 85(1989) 79–86.

[44] Wang Tingfu, Zhang Yunfeng, Wang Baoxiang, Fully k-convexity of Orlicz spaces, J. Harbin Normal Univ. 5(3)(1989) 19–21.

[45] Liang Yanhang, On the set of smooth points of Orlicz sequence spaces l_M, J. Harbin Normal Univ., 7(3) (1991) 8–15.

[46] Chen Shutao, Hudzik H., On some convexities of Orlicz and Orlicz-Bochner spaces, Comment. Math. Caro. Univ., 29(1988) 13–29.

[47] Cui Yunan, Wang Tinfu, Convexity of Orlicz spaces, Comment. Math., 31(2)(1991) 49–57.

[48] Li Ronglu, General representation theorem of bounded linear fuctionals in Orlicz spaces, J. Harbin Inst. of Tech., (3)(1980))) 91–94.

[49] Wang Tingfu, Wang Baoxiang, Strongly and very smooth points of Orlicz spaces, Chin. Northeastern Math., 8(2) (1992) 223–230.

[50] Wang Tingfu, Zhang Yunfeng, l_N-weak compactness of Orlicz sequence spaces, J. Harbin Univ. of Sci. & Tech., 16(3) (1992).

[51] Wu Yanping, Sequential compactness and weak convergence of Orlicz spaces, Chin, Nature J., 5(1982) 234.

[52] Tingfu Wang, Zhongrui Shi, Yanhong Li, On uniformly nonsquare points and nonsquare points of Orlicz spaces, Comm. Math. Univ. Carolinae, 33:3(1992), 477–484.

[53] Tingfu Wang, On uniform non-l_n, Sci. Researr., 5:1(1985), 125–126.

[54] Shutao Chen, Nonsquareness of Orlicz spaces, Math. Ann., 6A(1958), 607–613, (Chinese).

[55] Yuwen Wang, Shutao Chen, On the definition of nonsquareness in normed spaces, ibid, 9A(1988), 69–73.

[56] Yuwen Wang, Shutao Chen, Nonsquareness, flatness and B-property of Orlicz Comm. Math. (Prace Mat.), 28(1988).

[57] Shutao Chen, Locally uniform nonsquareness of Orlicz sequence spaces, J. Harbin Inst. of Tech., 1(1987), 1–5, (Chinese).

[58] Tingfu Wang, Baoxiang Wang, Normal structure and Lami-Dozo property of Orlicz spaces, Math. Resear. Expo., 12(1992), 477–478.

[59] Shutao Chen, Yangzheng Duan, Uniform and weakly uniform normal structure of Orlicz spaces, Comm. Math. Univ. Carolinae, 32(1991), 219–225.

[60] Tingfu Wang, Zhongrui Shi, On uniformly Normal structure of Orlicz spaces with Orlicz norm, ibid, 34(1993).

[61] Shutao Chen, Huiying Sun, On uniformly Normal structure of Orlicz spaces studia Math., (to appear).

[62] Yunan Cui, Tingfu Wang, The roughness of the normal on Orlicz spaces, Comm. Math., (Prace Mat.) 31(1991), 49–57.

[63] R. Pluciennik, Tingfu Wang, Yonglin Zhang, H points and denting points of Orlicz spaces, Com. Math., (Prace Mat.) 33(1993).

[64] Tingfu Wang, (G) and (K) properties of Orlicz spaces, Comm. Math. Univ. Carolinae, 31(1990), 307–313.

[65] Shutao Chen, Yuwen Wang, H property of Orlicz spaces, Math. Ann. 8A(1987), 61–67, (Chinese).

[66] Congxin Wu, Shutao Chen, Yuwen Wang, H Property of Orlicz sequence spaces, J. Harbin Inst. of Tech., (1985) (Math.), 6–11.

[67] Tingfu Wang, Yunan Cui, Donghai Ji, Mazer's intersection property of Orlicz spaces, (to appear).

[68] Tingfu Wang, Zhongrui Shi, KUR, NUR and UKK of Orlicz spaces, Math. Northeast China, 3(1987), 160–172. (Chinese).

[69] Tingfu Wang, Girth and Reflexivity of Orlicz sequence spaces, Math. Ann., 6A(1985), 567–574.

[70] Yuwen Wang, Nonsquareness and flatness of Orlicz spaces, Math. Resear. Expo., 4(1984), 94 (English summary).

[71] Congxin Wu, Shutao Chen, Yuwen Wang, Criteria of reflexivity and flatness of Orlicz sequence spaces, Math. N-E-China, 2(1986), 49–57.

[72] Tingfu Wang, P-Rotundity of Orlicz sequence spaces, Math. Quar., 7(1992), 18–21. (Chinese)

[73] Yining Ye, Miaohong He, R. Plucinnik, P-Convexity and reflexivity of Orlicz sequence spaces, Comm. Math., (Prace Mat.), 31(1991), 203–216.

[74] BaoXiang Wang, Exposed point of Orlicz spaces, J. Baoji Norm. Univ. 12(1989), no2, 43–49. (Chinese)

[75] Tingfu Wang, Zhongrui Shi, Donghai Ji, The Criteria of Strongly exposed points in Orlicz spaces, (to appear).

[76] Shutao Chen, Geometry of Orlicz spaces, (to appear).

[77] Shutao Chen, Huiying Sun, On λ-property of Orlicz spaces, Bull. Pol. Acad. Aci. Math., 39(1991), 63–69.

[78] Congxin Wu, Huiying Sun, On λ-property of Orlicz spaces L_M, Comm. Math. Univ. Carolinae, 31(1991), 731–741.

[79] Huiying Sun, Shutao Chen, Stable points of Orlicz spaces with Orlicz norm, (to appear)

[80] Shutao Chen, Yanming Li, Baoxiang Wang, WM prroperty and LKR of Orlicz sequence spaces, Fasciculi Math., 4(1991), 19–25.

[81] Shutao Chen, Yanzheng Duan, WM property of Orlicz Spaces, Math. Northeast China, 8:3(1992).

[82] Tingfu Wang, Donghai Ji, U-spacial property of Orlicz spaces (to appear)

[83] Tingfu Wang, Some geomtric properties of Orlicz spaces, Teubner Texte Math., 120(1991), 49–53.

[84] Yining Ye, Packing constant of Orlicz sequence spaces, Math. Ann., 4A(1983), 487–493. (Chinese)

[85] Tingfu Wang, Packing constant of Orlicz sequence spaces with Orlicz norm, Math. Ann., 8A(1987), 508–513. (Chinese)

[86] Tingfu Wang, Youming Liu, Packing constant of a type of sequence spaces, Comm. Math., (Prace Mat.) 30:1(1990), 197–203.

[87] Tingfu Wang, Yunan Cui, Yuanhong Li, Packing constant and strong extreme point of Orlicz sequence spaces, Adv. Math., 15(1986), 217–218 (Chinese)

[88] Tingfu Wang, Geometric Constant and nonsquenceness, Teubner Texte Math., 103(1988), 37–40.

[89] Tingfu Wang, On d_n of Orlicz spaces, Pure. Appl. Math., (1987), n 0.3, 38–41.

[90] Tingfu Wang, Yonglin Zhang, Geometric coefficient of Orlicz spaces, J. Harbin Univ. of Sci. and Tech., 15:4 (1991), 70–78. (Chinese)

[91] H. Hudzik, Tingfu Wang, Baoxiang Wang, On the convexity characterstic of Orlicz spaces, Japonica Math., 37:4(1992), 691–699.

[92] Tingfu Wang, Yunan Cui, Weakly convergent sequence coefficient for Orlicz sequence space, (to appear).

[93] Donghai Ji, Tingfu Wang, Nonsquare coefficients of Orlicz spaces and L^F, (to appear).

[94] Tingfu Wang, Quandi Wang, Some notations on K_x of Orlicz spaces, (to appear).

[95] Tingfu Wang, Yunan Cui, Quandi Wang, Rough coefficient of Orlicz spaces (to appear).

Research on Some Topics of Banach Spaces and Topological Vector Spaces in Harbin

Congxin Wu

Department of Mathematics, Harbin Institute of Technology, Harbin

This paper presents a survey of the contributions of mathematicians in Harbin to some topics of Banach spaces and topological vector spaces, especially, to Köthe sequence spaces and the infinite matrix operator algebras on them, Banach spaces containing no copy of c_0, abstract functions and integrals, differentiability of convex functions and abstract duality.

Owing to the limitation of space, we will only state a few results for each topic mentioned above, and the reader may refer to the references listed at the end of this paper for more information.

1. Locally convex sequence spaces and matrix algebras

In 1957, at the suggestion of Prof. Jiang Zejian, Prof. Wu Congxin examined the Köthe theory of sequence spaces, and established the theory of perfect matrix algebra $\Sigma(\lambda)$ as a class of locally convex algebras [1-11].

Suppose that ω is the space of all sequences of complex numbers. Then each linear subspace $\lambda \subset \omega$ is called a sequence space and

$$\lambda^* = \{\overline{u} = (u_k) \in \omega : [\overline{ux}] \stackrel{\triangle}{=} \sum_{k=1}^{\infty} |u_k x_k| < \infty \text{ for all } \overline{x} = (x_k) \in \lambda\}$$

its Köthe dual. Clearly, $\lambda \subset \lambda^{**}$. If $\lambda^{**} = \lambda$, then λ is called (in this section, λ will always be) a perfect space. Thus, (λ, λ^*) is a dual pair with $\overline{ux} \stackrel{\triangle}{=} \sum_{k=1}^{\infty} u_k x_k$. We denote by $\sigma(\lambda, \lambda^*), \tau(\lambda, \lambda^*)$ and $\beta(\lambda, \lambda^*)$, respectively, the weak, the Mackey and the strong topologies, and by $n(\lambda, \lambda^*)$ the family of seminorms $\left\{\|\overline{x}\|_{\overline{u}} \triangleq [\overline{ux}] = \sum_{k=1}^{\infty} |u_k x_k| : \overline{u} \in \lambda^*\right\}$, the normal topology on λ. Clearly, $\beta(\lambda, \lambda^*) \geq \tau(\lambda, \lambda^*) \geq n(\lambda, \lambda^*) \geq \sigma(\lambda, \lambda^*)$.

Wu [7] proved a converse version of a Köthe's metrization theorem and [8] gave a characterization for $(\lambda, n(\lambda, \lambda^*))$ to be normalizable. He [7] (in 1965, but the publication time was delayed) showed independently the Grothendiech-Pietsch's nuclearity theorem for perfect spaces, and recently, $n(\lambda, \lambda^*) = \sigma(\lambda, \lambda^*)$ iff $\lambda = \omega$. He (1964, [5,6], the publication time was also delayed) first introduced the topologies for $\Sigma(\lambda)$, the perfect matrix ring or the set of all infinite matrices $A = (a_{lk})$ mapping λ into λ, such that $\Sigma(\lambda)$ becomes a locally convex algebra, i.e., the strong, the weak and the Mackey topologies, denoted by, respectively, T_s, T_w and T_k, are generated by the kinds of neighbourhood system of zero $\{A \in \Sigma(\lambda) : \sup[|\overline{u}A\overline{x}| < \varepsilon : \overline{u} \in N, \overline{x} \in M]\}, \varepsilon > 0, \overline{u}A\overline{x} = \overline{u}(A\overline{x})$, both $N \subset \lambda^*$ and $M \subset \lambda$ being bounded, finite and weakly compact.

Theorem 1[6]. The multiplication in $\Sigma(\lambda)$ is continuous with respect to T_s iff $\exists$ a bounded set $N_0 \subset \lambda^*$ s.t. $\forall$ bounded set $N \subset \lambda^*, \exists \alpha > 0$ with $N \subset \alpha N_0$ iff $(\lambda, \beta(\lambda, \lambda^*))$ is a Banach space iff $(\Sigma(\lambda), T_s)$ is a Banach algebra iff $(\Sigma(\lambda), T_s)$ is an m-convex algebra iff the multiplication in $\Sigma(\lambda^*)$ is T_s-continuous. (See [2] for T_w in $\Sigma(\lambda)$).

For approximating of $A \in \Sigma(\lambda)$ by finite matrix $A_{mn}(a_{lk} = 0, l > m, k > n)$, row-finite matrix $A_{m\infty}(a_{lk} = 0, l > m)$ and column-finite matrix $A_{\infty n}(a_{lk} = 0, k > n)$, we have

Theorem 2[4,1]. $\forall A \in \Sigma(\lambda), M_{mn} \in \{A_{mn}, A_{m\infty}, A_{\infty m}\}$ T_s-converges to A iff for every bounded set B in $\lambda(\lambda^*), (B, \beta(\lambda, \lambda^*))((B, \beta(\lambda^*, \lambda))$ is relatively sequentially compact iff the sequential convergences in $(\Sigma(\lambda), T_s)$ and $(\Sigma(\lambda), T_w)$ are equivalent.

We say that $A \in \Sigma(\lambda)$ is $T \in \{T_s, T_w, T_k\}$ completely continuous if it maps any bounded set in λ to a relatively $T_\lambda \in \{\beta(\lambda, \lambda^*), \sigma(\lambda, \lambda^*), \tau(\lambda, \lambda^*)\}$ compact set and denote $C_T(\lambda) = \{A \in \Sigma(\lambda) : A$ is T completely continuous $\}$. For approximating of $A \in C_{T_s}$ by $A_{mn}, A_{m\infty}$ and $A_{\infty n}$ we also have

Theorem 3[4]. For each $A \in C_{T_s}(\lambda), \{a_{\infty n}\}(a_{m\infty}, a_{mn})$ T_s-converges to A iff $\lambda^*(\lambda$, both λ and $\lambda^*)$ is (are) sequentially $\beta(\lambda^*, \lambda)(\beta(\lambda, \lambda^*)$, correspondingly both $\beta(\lambda, \lambda^*)$ and $\beta(\lambda^*, \lambda))$ compact.

Recently, Wu obtained a generalization of a well-known theorem for l_2, i.e.,

Theorem 4. $C_s(\lambda)$ is the minimal non-trivial T_s-closed ideal of $\Sigma(\lambda)$ iff λ and λ^* are sequentially $\beta(\lambda, \lambda^*)$ and $\beta(\lambda^*, \lambda)$ separable.

Also the T_k-closed ideal of $\Sigma(\lambda)$ was studied in [26].

In [1,3,5,7], Wu also considered the criteria of bounded set and convergence sequences in $\Sigma(\lambda)$ for some concrete sequence spaces, e.g., nuclear spaces, convergence-free spaces and so on. These generalize many results of some mathematicians.

After 1984, they further presented the matrix algebra $\Sigma(\lambda, \mu)$ between two sequence spaces λ and μ, which is different from $\Sigma(\lambda \to \mu)$ in Köthe's sense. In this case, they proved that $\Sigma(\lambda, \mu)$ is multiplicatively T_s-continuous iff $\Sigma(\lambda, \mu)$ is an m-convex algebra. But the m-convex algebra $\Sigma(\omega, \phi)$ is not a B_0-algebra where $\phi = \omega^*$, and so the discussion about the multiplicative T_s-continuity of $\Sigma(\lambda, \mu)$ is more complicate than that of $\Sigma(\lambda)$ (see [8–11]).

Let X and Y be two vector spaces over complex field such that (X, Y) forms a dual pair. For a perfect space λ, let

$$\lambda[X] = \{\overline{x} = (x_k) \in X^{\mathbb{N}} : (\langle x_k, y \rangle) \in \lambda \text{ for } y \in Y\}.$$

Define its Köthe dual with respect to the dual pair (X, Y) as follows:

$$\lambda[X]^* = \left\{\overline{y} = (y_k) \in Y^{\mathbb{N}} : \sum_{k=1}^{\infty} |\langle x_k, y_k \rangle| < \infty \text{ for each } \overline{x} \in \lambda[X]\right\}.$$

Then $(\lambda[X], \lambda[X]^*)$ form a dual pair with the bilinear functional

$$\langle \overline{x}, \overline{y} \rangle = \sum_{k=1}^{\infty} \langle x_k, y_k \rangle, \quad \overline{x} = (x_k) \in \lambda[X], \quad \overline{y} = (y_k) \in \lambda[X]^*.$$

In [15], a locally convex topology $\mathcal{J}$ on $\lambda[X]$ is called a GAK-topology if for each $\overline{x} = (x_k) \in \lambda[X]$, $\mathcal{J} - \lim_n \overline{x}(k > n) = 0$, where $\overline{x}(k > n) = (0, \cdots, 0, x_{n+1}, x_{n+2}, \cdots)$. And $(\lambda[X], \mathcal{J})$ is called a GAK-space if $\mathcal{J}$ on $\lambda[X]$ is a GAK-topology.

Theorem 5[15]. Each compatible topology on $\lambda[X]$ with respect to the dual pair $(\lambda[X], \lambda[X]^*)$ is a GAK-topology. Consequently, $\sigma(\lambda[X], \lambda[X]^*)$ and $\tau(\lambda[X], \lambda[X]^*)$ on $\lambda[X]$ are GAK-topologies.

Theorem 6[15]. Regarding the following statements (a)-(f) and (1)-(2):

(a) the strong topology $\beta(\lambda[X], \lambda[X]^*)$ on $\lambda[X]$ is a GAK-topology;

(b) in $\lambda[X]^*$, $\sigma(\lambda[X]^*, \lambda[X])$ convergent sequences coincide with $\sigma(\lambda[X]^*, \lambda[X])$ bounded and coordinate $\sigma(Y, X)$ convergent sequences;

(c) $(\lambda[X], \beta(\lambda[X], \lambda[X]^*))$ is a sequentially separable space;

(d) each $\sigma(\lambda[X]^*, \lambda[X])$ bounded subset of $\lambda[X]^*$ is relatively $\sigma(\lambda[X]^*, \lambda[X])$ compact;

(e) $(\lambda[X], \tau(\lambda[X], \lambda[X]^*))$ is a barrelled space;

(f) $(\lambda[X], \beta(\lambda[X], \lambda[X]^*))' = \lambda[X]^*$;

(1) $(X, \beta(X, Y))$ is a sequentially separable space;

(2) $(X, \tau(X,Y))$ is a barrelled space,

we have that (a) $\iff$ (b), (c) $\iff$ (a) + (1) and (d) $\iff$ (e) $\iff$ (f) $\iff$ (a)+ (2).

They also discussed the hereditary properties on $\lambda[X]$ from λ and X, such as the boundedness, compactness, sequential completeness, normedness, metrizability etc..

For information about the sequence spaces $l_p[X], l_p(X)$ and their applications, see [14, 17, 18, 20].

2. On Banach spaces containing no copy of c_0

As early as 1964, Jiang Zejian and Zou Chengzu [27] had made a study of Banach spaces containing no copy of c_0 in the view of spectral operator theory. Twenty years after, Chinese mathematicians paid attention to the c_0-absence once again and obtained a series of results [14, 21, 28, 29].

Theorem 1[27]. A dual space X^* of a Banach space X contains no copy of c_0 if and only if the conjugate operators of spectral operators on X are spectral operators on X^*.

See also [27] for spaces of c_0-absence characterized by Boolean algebra.

Theorem 2[28]. A Banach space X contains no copy of c_0 iff every continuous linear operator $T : c_0 \to X$ is compact.

Theorem 3[14]. A Banach space X contains no copy of c_0 iff $l_1(X)$ is a GAK-space iff each operator $T_{(x_i)} : X^* \to l_1, T_{(x_i)}f = \{f(x_i)\} (f \in X^*)$ is compact.

Theorem 4[29]. The space $X(X^*)$ contains no copy of c_0 iff every operator $T_{(x_i)} : X^* \to l_1$, where $\sum_{i=1}^{\infty} x_i$ is a weakly unconditional Cauchy series $(T : X \to l_1)$, is compact.

See [21] for characterizations of locally convex spaces containing no copy of c_0.

3. Abstract functions of bounded variation

As is well known, in 1938, I. M. Gelfand first introduced the abstract functions of bounded variation from $[a, b]$ to a Banach space. After Gelfand's work, many mathematicians investigated various properties and extensions of this kind of abstract functions, and also paid attention to the abstract functions of absolute continuity. Wu Congxin, Liu Tiefu, Xue Xiaoping et. al also did good jobs on these topics [30–46]. We state a few results here, and for the definitions of symbols and terminology appearing in the following, the reader is referred to [30-32, 39].

Theorem 1[31]. The following statements are equivalent: (i) $x \in SV_k[a,b](k \geq 2)$; (ii) for any (or for some) $r \in [2,k]$, $x^{k-r} \in SV_r[a,b]$; (iii) $D_+x^{k-2}, D_-x^{k-2} \in SV[a,b]$ and $x^{k-2} \in SAC[a,b]$ (or $\forall 2 \leq r \leq k, x^{k-r}(t) = (B)\int_a^t x^{k-r+1}(s)ds + x^{k-r}(a)$); (iv) for any (or for some) $r \in [2,k]$, there is $g \in SV_{r-1}[a,b]$ such that $x^{k-r}(t) = (B)\int_a^t g(s)ds + x^{k-r}(a)$; (v) for any (or for some) $r \in [2,k]$, $x^{k-r}(t)$ is strong rth convexly expressible; (vi) there is a dense subset D of U such that for every $f \in D$, 1) $f(x(t))$ is an ordinary function of bounded kth variation, 2) $\exists h \in V[a,b], \vee_{t_1,k}^{t_2}[f(x)] \leq \vee_{t_1}^{t_2}(h)$ when $[t_1, t_2] \subset [a,b]$.

Theorem 2[31]. If E is a normed space which is weakly complete, then the following statements are equivalent: (i) $x \in WV_k[a,b](k \geq 2)$; (ii) for any (or for some) $r \in [2,k]$, the weak $(k-r)$th derivative $wx^{k-r} \in WV_r[a,b]$; (iii) $WD_+[wx^{k-2}], WD_-[wx^{k-2}] \in WV[a,b]$ and $wx^{k-2} \in WAC[a,b]$ (or $\forall 2 \leq r \leq k, wx^{k-r}(t) = (B)\int_a^t wx^{k-r+1}(s)ds + wx^{k-r}(a)$); (iv) for any (or for some) $r \in [2,k]$, there is $g \in WV_{r-1}[a,b]$ such that $wx^{k-r}(t) = (B)\int_a^t g(s)ds + wx^{k-r}(a)$; (v) for any (or for some) $r \in [2,k]$, $wx^{k-r}(t)$ is weak rth convexly expressible; (vi) for any (or for some) $r \in [2,k]$, there is $M > 0$ such that

$$\sup_x \left\| \sum_{i=0}^{n-k} \varepsilon_i [Q_{r-1}(x^{k-r}; t_{i+1}, \cdots, t_{i+k}) - Q_{r-1}(x^{k-r}; t_i, \cdots, t_{i+k-1})] \right\| < M, \quad \varepsilon_i = \pm 1.$$

Theorem 3[31]. The following statements are equivalent: (i) $x \in WV_k[a,b](k \geq 2)$; (ii) 1) (vi) 1) of Theorem 1, 2) $\exists M > 0$ such that $\forall f \in D, \vee_{ak}^b[f(x)] < M$; (iii) (vi) (or (v)) of Theorem 2 when $r = k$; (iv) $\forall f \in E^*$, there is $g_f \in V_{k-1}[a,b]$ such that $f[x(t)] = \int_a^t g_f(s)ds + f[x(a)]$.

Theorem 4[32]. Suppose that the locally convex space X is metrizable. Then for the abstract function from $[a,b]$ to X, the H-bounded variation and strongly bounded variation are equivalent iff X is barreled.

Theorem 5[32]. Suppose that the locally convex space X is metrizable. Then for the abstract function from $[a,b]$ to X, the H-bounded variation and weakly bounded variation are equivalent iff X is semi-nuclear.

Theorem 6[33]. The following statements are true.

(1) $X(t)$ is a function of bounded variation on Köthe sequence space λ iff $x_k(t)(k = 1, 2, \cdots)$ are ordinary functions of bounded variation and $\{V_a^b(x_k)\} \in \lambda^{**}$.

(2) If λ is perfect (namely $\lambda^{**} = \lambda$), then $X(t)$ is a function of bounded variation iff $X(t)$ can be expressed by the difference of two increasing functions $X^{(1)}(t) = \{x_k^{(1)}(t)\}$ and $X^{(2)}(t) = \{x_k^{(2)}(t)\}$:

$$X(t) = X^{(1)}(t) - X^{(2)}(t) \quad (x_k(t) = x_k^{(1)}(t) - x_k^{(2)}(t), k = 1, 2, \cdots).$$

Theorem 7[34]. For any pair $X(t), Y(t)$ of functions of bounded variation on λ, the product $X(t)Y(t) = \{x_k(t)y_k(t)\}$ is also a function of bounded variation on λ iff for each function of bounded variation $z(t)$ on λ, we have $\lambda_{z(t)}^* \subset \lambda^*$, where $\lambda_{z(t)}^* = \{U^{z(t)} : U \in \lambda^*\}$ and $u_k^{z(t)} = (|z_k(a)| + V_a^b(z_k))u_k (k = 1, 2, \cdots)$.

Theorem 8[35]. If λ is perfect, then for any $\{X^{(m)}(t)\} \subset V([a, b], \lambda), \{X^{(m)}(t) : t \in [a, b], m = 1, 2, \cdots\}$ and $\left\{\left\{V_a^b(X_k^{(m)})\right\}_k : m = 1, 2, \cdots\right\}$ being bounded sets of λ implies that there are a subsequence $\{X^{(m_l)}(t)\}$ and a function $X(t)$ in $V([a, b], \lambda)$ such that $\{X^{(m_l)}(t)\}$ weakly (strongly) converges to $X(t)$ for every $t \in [a, b]$ iff λ is sequentially srongly separable (correspondingly, all bounded sets of λ are sequentially relative strongly compact).

[34, 35] also considered the continuity and differentiability in $V([a, b], \lambda)$, and the relations among many kinds of functions of bounded variation from $[a, b]$ to λ. [36, 37] further discussed the functions of 2nd bounded variation from $[a, b]$ to λ.

Theorem 9[39]. The following statements are equivalent: (i) $x \in NAC_k[a, b](k \geq 2)$; (ii) for any (or for some) $r \in [1, k], x^{k-r} \in NAC_r[a, b]$; (iii) $x^{k-1} \in NAC[a, b]$ and $\forall 2 \leq r \leq k, x^{k-r}(t) = (B)\int_a^t x^{k-r+1}(s)ds + x^{k-r}(a)$; (iv) for any (or for some) $r \in [1, k]$, there is $g \in NAC_{r-1}[a, b]$ such that $x^{k-r}(t) = (B)\int_a^t g(s)ds + x^{k-r}(a)$; (v) for any (or for some) $r \in [1, k], V_{a,r}^l(x^{k-r}) \in AC[a, b]$; (vi) for any (or for some) $r \in [1, k]$, there is a dense subset D of unit sphere U of E^* such that $\forall f \in D$, 1) $f(x^{k-r}(t)) \in NAC_r[a, b]$, 2) $\exists h \in AC[a, b]$, such that $V_{t_1, r}^{t_2}[f(x^{k-r})] < V_{t_1}^{t_2}(h)$ when $[t_1, t_2] \subset [a, b]$.

[36, 42] also discussed the case where E is a locally convex space or a Köthe sequence space.

Theorem 10[42]. Let E be a reflexive Banach space, $x(t)$ be a function from $[a, b]$ to E. Then $x(t)$ can be expressed by $x(t) - x(a) = (P)\int_a^t y(s)ds$ and $WDx(t) = y(t)$ a.e. iff $x(t) \in NAC[a, b]$ and $x(t)$ satisfies the locally Lipschitzian condition almost everywhere.

[43] defined the Riemann-Stieltjes integral for an abstract function from $[a,b]$ to a locally convex algebra, and by means of the function of strongly bounded variation, gave an existence theorem and a convergence theorem for this kind of (RS) integral.

Theorem 11[44]. Every linear continuous operator T from $D[a,b]$ to E may be expressed in the form

$$T(g) = \int_a^b g(t)df_l + \sum_{\substack{i=0\\b_i>a}} g(b_i-0)(\psi_{b_i}-\psi_{b_i-0}) + \sum_{\substack{i=0\\b_i<b}} g(b_i+0)(\psi_{b_i+0}-\psi_{b_i})$$
$$+ \sum_{\substack{i=0\\c_i>a}} [g(c_i) - g(c_i-0)]\phi_{c_i},$$

where $\{c_i\}$ denotes the points of discontinuity of $g(t)$, $f_t + \psi_t \in V_E[a,b]$ (the space of all functions with bounded variation in E), $f_t \in VC_E[a,b]$ (the space of all continuous functions in $V_E[a,b]$), ψ_t whose points of discontinuity is $\{b_i\}$ is the jump function of $f_t+\psi_t$, ϕ_t vanishes except at a denumerable set of points and the sum of the absolute values of $\phi(x)$ at these points is finite.

Finally, [4] presented the functions of bounded variation which take values in a Banach lattice, and discussed the relations with respect to the abstract L-space and the generalized abstract L-space, and [4] also investigated the properties of set-valued functions of bounded variation.

4. Differentiability of convex functions and some geometric topics

We Congxin and Cheng Lixin [71] extended the deep Preiss differentiability theorem: "Every locally Lipschitz function on a nonempty open convex set D of an Asplund space is densely Frechet differentiable in D", to locally lower (upper) semi Lips. functions, and also extended it in other ways. For instance

Theorem 1[71]. For every lower semicontinuous, lower bounded and nowhere Frechet differentiable function on a nonempty open subset D of an Asplund space, there exists a dense G_δ subset of D such that for each x in the subset we have

$$\lim_{t\to 0^+}\inf_{y\in B} \frac{f(x+ty)-f(x)}{t} = -\infty$$

where B is the unit ball of the space.

Wu and Cheng also showed the following

Theorem 2[47]. Suppose that f is a continuous convex function on an open convex subset D of a separable Banach space E. Then for each Gateaux differentiability point $x \in D$ of f, there is a closed convex set $C \subset D$ with $x \in C$ and with $C_x \equiv \bigcup_{\lambda > 0} \lambda(C - x)$ being dense in E such that x is a Frechet differentiability point of f_C, the restriction of f to C.

Theorem 3[78]. Every complemented subspace of a weak Asplund space is again a weak Asplund space.

Theorem 4[8]. With f and D as above and with $\dim E \geq 2$, then f is Frechet differentiable at $x_0 \in D$ with $f(x_0) > \inf_D f$ if and only if

i) $\lim_{t \to 0^+} \dfrac{f(x_0 + tx_0) - f(x_0)}{t} = \lim_{t \to 0^-} \dfrac{f(x_0 + tx_0) - f(x_0)}{t}$

and

ii) $\lim_{r \to 0^+} u, v \in S \cap U(x_0, r) \dfrac{f(x_0) - f(\frac{u+v}{2})}{\|u - v\|}$

where S denotes the level set $\{x \in D; f(x) = f(x_0)\}$ and $U(x_0, r)$ stands for the open ball centered at x_0 with radius r.

As an application of Theorem 4, Wu and Cheng [10] also gave the characterizations of Frechet [Gateaux] differentiability points of the original norms on $c_0(\Gamma)$ and $l_\infty(\Gamma)$ and Day's norm on $c_0(\Gamma)$, and they also considered the differentiability properties of convex functions on locally convex spaces and so on in [48, 71–80].

S. Kaijser and Q. Guo have generalized the important Dvorelzky theorem to nonsymmetric case.

Theorem 5[70]. For each $\varepsilon > 0$, there exists $\delta > 0$ with the following property. Let $B \subset R^N$ be a compact convex body and let b_0 be any interior point of B. Then for each integer $1 \leq n < \delta \log N$, there is an n-dimensional affine subspace F of R^N passing through b_0 such that $B \cap F$ is $(1 + \varepsilon)$-Euclidean.

Suppose that E_0 is a closed proper subspace of a Banach space E, and suppose that $x_0^* \in E_0^*$. Let S_ε denote all those functionals on E which are the norm-preserving extensions of x_0^*. For each fixed $\varepsilon > 0$, we set $S_\varepsilon = \{x^* \in E^*, x^* = x_0^* \text{ in } E_0 \text{ with } \|x^*\| \leq \|x_0^*\|_{E_0} + \varepsilon\}$. The following question was asked by Lin Borluh.

Is $S_\varepsilon \backslash S_0$ nonempty?

Cheng Lixin, Cheng Lianchang and Wei Wenzhan [49], [50] gave the question an affirmative answer.

Theorem 6[49]. With E, E_0 and x_0^* as above, letting $I = [\|x_0^*\|_{E_0}, \infty)$, for each $\alpha \in I$, there exists $x_\alpha^* \in E^*$ such that $x_\alpha^* = x_0^*$ in E_0 and $\|x_\alpha^*\| = \alpha$.

A point $x \in B$ [the closed unit ball of the space E] is called a λ-point provided there exist an extreme point e of B, y in B and $\lambda(0,1]$ such that $x = \lambda e + (1-\lambda)y$; the space E is said to have the λ-property if each point in B is a λ-point.

Chen Shutao, Sun Huiying and Wu Congxin have shown the following

Theorem 7[51]. The Orlicz space L_M with Luxemburg norm has the λ-property; moreover, the dual space L_M^* has no λ-property if M does not satisfy condition $\triangle_2$.

Hence, it gives a negative answer to the Aron-Lohman's question: Does the dual space E^* have the λ-property if the Banach space E has?

5. Abstract duality

Let G be an abelian topological group and E a nonempty set. For every nonempty $F \subseteq G^E$ we call the pair (E, F) an abstract duality pair with respect to G, or simply, a G-valued mapping pair.

Subseries convergence is a central problem in dual pair theory even now. Kalton (Math. Ann., 208 (1974), 267–278), Thomas (Ann. Inst. Fourier 20 (1970) 55–191), Swartz (Publ. DE'INSTITUTE Math., Tome 26 (40) (1977), 288–292; SEA Bull. Math. (1) 12 (1988), 31–38) and L Ronglu [81] have discussed the subseries convergence problem in other special mapping pairs such as $(\Omega, C(\Omega, X))$ and $(X, L(X, Y))$, etc. But these results are special cases of a very general result below.

For a G-valued mapping pair (E, F), let $\sigma(E, F)$ be the topology on E of pointwise convergence by F, and $\overline{F}^s$ the sequential $\sigma(G^E, E)$ closure of F in G^E.

Theorem 1. If a sequence $\{x_j\}$ in E is subseries $\sigma(E, F)$ convergent, i.e., for every nonempty $\triangle \subset \mathbb{N}$ there is an $x_\triangle \in E$ such that $\sum_{j \in \triangle} f(x_j) = f(x_\triangle)$ for all $f \in F$, then $\{x_j\}$ is subseries convergent in the topology of uniform convergence on the family of conditionally $\sigma(\overline{F}^s, E)$-sequentially compact subsets of $\overline{F}^s$.

Many important results in analysis, for instance, the Orlicz-Pettis-Bennet-Kalton theorm, the Thomas-Swartz theorem, etc, are special cases of the above general result, and also can be improved by the result (see, [84] for details, and see [83], also [84] for information about the continuity of limit functions on toplogical groups G and for the Schur summability of function matrices).

References

[1] Wu Congxin, Perfect spaces and perfect matrix rings (I), Science Record, 3(1959), 95–102.

[2] ——, Perfect spaces and perfect matrix rings (II), Science Record, 3(1959), 103–106.

[3] ——, Perfect spaces and perfect matrix rings (III), Acta Math. Sinica, 14(1964), 319–327.

[4] ——, On the complete continuity of matrix operators in perfect spaces, J. Jilin Univ., (1962), no. 1, 61–66.

[5] ——, Ideals of completely continuous matrix operators in perfect spaces, J. Harbin Inst. of Tech. (1977), no. 3, 32–38.

[6] ——, Perfect matrix algebras (I), Acta Math. Sinica, 21(1978), 161–170.

[7] ——, Some problems of nuclear perfect spaces, Acta Math. Sinica, 22(1979), 653–666.

[8] ——, Characterizations for normedness and metrizability of sequence spaces, J. Harbin Inst. of Tech., (1993), no. 4.

[9] Wu Congxin, Wang Hongtao, Matrix algebra $\Sigma(\lambda, \mu)$ and its topologies, J. Harbin Inst. of Tech., Math. issue (1984), 1–5.

[10] ——, ——, Multiplicative continuity under strong topology for $\Sigma(\lambda, \mu)$, Science Bulletin, 30(1985), 157–158.

[11] ——, ——, Multiplicative continuity under strong topology for $\Sigma(\lambda, \mu)$ on convergence free spaces, J. Harbin Inst. of Tech., Math. issue (1985), 12–15.

[12] Wu Congxin, Liu Lei, Matrix transformations on some vectorvalued sequence spaces, SEA Bull. Math., 17(1993), no. 1.

[13] Liu Lei, Wu Congxin, The topology on sequence spaces with values in Banach spaces, J. Harbin Inst. of Tech., Math. issue (1991), 8–9.

[14] Wu Congxin, Bu Qingying, The vector-valued sequence space $l_p[X]$ and Banach spaces not containing a copy of c_0, A Friendly Collection of Mathematical Papers I, Jilin Univ. Press, (1990), 9–16.

[15] ——, ——, Vector-valued sequence space $\Lambda[X]$ and its Köthe dual (I), J. Northeastern Math., 8(1992), 275–282.

[16] Wu Congxin, Bu Qingying, Characterizations of CMC (X) being GAK-space, J. Harbin Inst. of Tech., (1993), no. 1, 93–96.

[17] ——, ——, Köthe dual of Banach sequence spaces $l_p[X]$ and Grothendieck space, Comment. Math. Univ. Caroline, 34(1993), no. 2.

[18] ——, ——, The sequential completeness of operator spaces $L(l_p, X)$ and $K(l_p, X)$, J. Math. Res. & Expos., 12(1992), 366.

[19] ——, ——, Unconditionally convergent series of operators on Banach spaces, J.Math. Anal. Appl., to appear.

[20] ——, ——, Banach sequence spaces $l_p[X]$ and their properties, SEA Bull. Math., to appear.

[21] Li Ronglu, Bu Qingying, Locally convex spaces containing no copy of c_0, J. Math. Anal. Appl., 172(1993), 205–211.

[22] Bu Qingying, The locally convex space X for which $\lambda(X) \equiv \lambda[X]$, J. Harbin Inst. of Tech., Math. issue (1991), 142–144.

[23] ——, Barrelledness of vector-valued sequence space $c_0(X)$, J. Congcheng Shuxue Xuebao, 9(1992), 64–72.

[24] ——, Sequential representation of compact operator space $K(l_p, X)$, Hebei Jidian Xueyuan Xuebao, 10(1993), no. 2, 62–68.

[25] ——, Barrelledness of vector-valued sequence space $\Lambda(X)$, J. Harbin Inst. of Tech., (1993), no. 4.

[26] ——, Ideal of infinite matrix operators on perfect sequence spaces, Functiones of Approximation, 22(1993).

[27] Jiang Zejian and Zou Chengzu, On spectral operators, J. of Jilin Univ., 1(1964), 65–74.

[28] Li Ronglu, A characterization of Banach spaces containing no copy of c_0, Bull. Chin. Sci., 7(1984), 444.

[29] Wu Congxin and Xue Xiaoping, Bounded linear operators from Banach spaces not containing c_0 into l_1, J. of Math. (PRC), vol. 12, 4(1992), 430–434.

[30] Wu Congxin and Liu Tiefu, Abstract bounded second variation functions, Northeastern Math. J., 1(1985) 41–53.

[31] Wu Congxin and Liu Tiefu, Abstract kth bounded variation functions, Science Bulletin, 31(1986), 931–932.

[32] Wu Congxin and Xue Xiaoping, Abstract bounded variation functions on locally convex space, Acta Math. Sinica, 33(1990), 107–112.

[33] Wu Congxin, Abstract bounded variation functions on sequence space (I), J. Harbin Inst. of Tech., (1959), no.2, 93–100.

[34] Wu Congxin, Abstract bounded variation functions on sequence space (II), Acta Math. Sinica, 13(1963), 548–557.

[35] Wu Congxin, Abstract bounded variation functions on sequence space, Scientia Sinica, 13(1964), 1359–1380.

[36] Wu Congxin and Zao Linsheng, Abstract 2nd bounded variation functions on sequence space (I), J. Math. Res. Exp., 2(1982), no. 4, 143–150.

[37] Wu Congxin and Zao Linsheng, Abstract 2nd bounded variation functions on sequence space (I), J. Math. Res. Exp., 4(1982), no. 1, 97–106.

[38] Wu Congxin and Liu Tiefu, Some notes of the abstract functions of 2nd absolute continuity, Science Bulletin, 31(1986), 646–647, Northeastern Math. J., 2(1986), 371–378.

[39] Wu Congxin and Liu Tiefu, Abstract functions of absolute kth continuity, J. Harbin Inst. of Tech., (1986) no. 1, 123–124.

[40] Wu Congxin and Xue Xiaoping, Abstract functions of absolute continuity on locally convex space, Chin. Annals of Math., 12A(1990), Supplement, 84–86.

[41] Wu Congxin and Zao Linsheng and Liu Tiefu, Bounded variation functions and their generalizations and applications, Heilongjiang Scientific & Technique Pub. House, 1988.

[42] Wu Congxin and Xue Xiaoping, A remark of Pettis integral, Science Bulletin, 34(1989), 1836.

[43] Wu Congxin and Zhang Bo, Riemann-Stieltjes integral on abstract functions, J. Harbin Inst. of Tech., (1990) no. 2, 1–7.

[44] Liu Tiefu, Linear oprator between $D[a,b]$ and a Banach space E, J. Math., 1(1988) no. 2, 105–112.

[45] Wu Congxin and Ma Ming, Bounded variation of abstract function whose value is in a Banach lattice, Northeastern Math. J., 8(1992), 293–298.

[46] Xue Xiaoping and Zhang Bo, Properties of set-valued function with bounded variation in Banach space, J. Harbin Inst. of Tech., (1991) no. 3, 102–105.

[47] Wu Congxin and Cheng Lixin, A note on the differentiability of convex functions, Proc. Amer. Math. Soc. 121(1994), 1057–1062.

[48] Wu Congxin and Cheng Lixin, Characterizations of the differentiability points of the norms on $c_0(\Gamma)$ and $l_\infty(\Gamma)$, Northeastern Math. J. (to appear).

[49] Cheng Lixin and Wei Wenzhan, A Generalized Hahn-Banach extension theorm, J. Guanxi Teacher's College, No. 4(1988).

[50] Cheng Lixin and Chen Lianchang, The final answer for an open problem, J. Jianghan Petro. Inst. (3) 10(1988), 136–138.

[51] Chen Shoutao, Sun Huiying and Wu Congxin, λ-Property of Orlicz spaces, Bull. Polish Acad. Sci. Math. 39(1991), 63–69.

[52] Cheng Lixin, Orthogonalities of Banach spaces, J. Jianghan Petrol. Inst. (1) 9(1987), 1–5.

[53] S. Kaijser and Q. Guo, An estimate of the Minkowski distance between convex bodies. Uppsala Univ. Dept. Math Report 1(1992).

[54] J. Zhu, Topics in Banach space theory. Doctorial thesis of Lancaster Univ, Britain.

[55] Chen Shoutao and Wang Yuwein. On definition of non-squane normed spaces, Chin. Ann. of Math. 9A(1988), 330–334.

[56] Wu Congxin and Sun Huiying, On complex uniform convexity of Musielak-Orlicz spaces. Northeastern Math. J. 4(1988), 389–396.

[57] Wu Congxin and Guo Qi, On uniform convexity of locally convex spaces, Chin. Ann. of Math. 11A(1990), 351–354.

[58] Guo Qi and Wu Congxin, Strict convexity and smoothness in locally convex spaces, Northeastern Math. J., 5(1989), 465-472.

[59] Wu Congxin and Guo Qi, Uniform convexity and strict convexity in metric linear space, J. Liaoning Univ., (1989) No.3, 1-5.

[60] Wu Congxin and Li Yongjing, Extreme points and linear bounded operators, Northeastern Math. J., 8(1992), 475-476.

[61] Li Yongjin, Almost uniform convexity and reflexivity, J. Harbin Inst. of Tech., 9(1991) Supplement, 145-147.

[62] Li Yongjin, Complex convexity and complex smoothness, J. of Math., 12(1992).

[63] Li Yongjin, A note of WLUC points, J. Univ., (1992) No. 1.

[64] Cheng Lixin, Chen Lianchang and Cheng Wei, Orthogonalities of Banach spaces and Hilbert space, J. Daqing Petro. Inst. (4) 13(1989), 75-77.

[65] Cheng Lixin and Chen Lianchang, Comment: "L^p-orthogonality of Banach space", J. Math. Res. Exp. (1) 7(1987), 175-176.

[66] Cheng Lixin, Wang Tinfu and Chen Lianchang, A new class of characteristic functions for Banach spaces. J. Nature (8) (1988), 633-634; J. Harbin Univ. of Sci and Tech., (3)(1988), 93-97.

[67] Chen Lixin, Subinner-product and suborthogonality in Banach spaces, J. Jianghan Petrol. Inst. (1) 12(1990), 80-89.

[68] Cheng Lixin, On the characteristic functions of Banach spaces, J. Jianghan Petro. Inst. (3) 15(1993).

[69] Cheng Lixin, Cheng Lianchang and Wei Weinzhan, The claracteristic functions and the moduli of convexity and smoothness of Banach spaces, J. of Math., 10(1990), 309-314.

[70] S. Kaijser and Q. Guo, A Dvoretzky theorem for general convex bodies, Uppsala Univ. Dept. of Math. Report 1(1992).

[71] Wu Congxin and Cheng Lixin, Extensions of the Preiss Differentiability, Theorem, J. Funct. Anal. 124(1994), 112-118.

[72] Cheng Lixin and Nan Chaoxun, A sufficiency and necessity condition for Gateaux and Frechet differentiability of continuous gauges on Banach spaces, Bull. Sci., 34(1989), 795.

[73] Cheng Lixin, Li Jianhua and Nan Chaoxun, Gateaux and Frechet differentiability of continuous gauges on Banach spaces, Adv. in Math., 20(1991), 326-333.

[74] Cheng Lixin, Two notes on the smoothensss of Banch spaces, J. Math. Res. Exp. 9(1989), 315-316.

[75] Cheng Lixin, Smoothness and strong smoothness of Banach spaces, J. Jianghan Petro. Inst. (1) 11(1989), 102-107.

[76] Cheng Lixin and Wei Wenzhan, Some differentiability properties of continuous convex Functions on Banach spaces, J. Guanxi Univ. (1) 16(1991), 65-70.

[77] Cheng Lixin, Differentiability of convex functions and Asplund spaces, Acta. Math. Sci. (1) 15(1995).

[78] Wu Congxin and Cheng Lixin, On weak Asplund spaces, to appear.

[79] Wu Congxin and Cheng Lixin, Differentiability of convex functions on locally convex spaces, J. Harbin Inst. of Tech., E-1, 1(1994), 7–12.

[80] ——, ——, Approximation of functions on metric spaces and its application to differentiability of convex functions on meager sets, Wuhan Univ. Press, 1995.

[81] Li Ronglu and C. Swartz, K-convergence and the Orlicz-Pettis theorem, publ. De'Inst. Math., Tome 49(63), 1991, 117–122.

[82] ——, ——, Spaces for which the uniform convergence principle holds, Studia Sci. Math. Hungarica, 27(1992), 373–384.

[83] ——, ——, A nonlinear Schur theorem, Acta Sci. Math., to appear.

[84] ——, —— and Cho Min-Hyung, Abstract duality, to appear.

模糊数值函数分析学的若干新进展

吴从炘，薛小平

(哈尔滨工业大学数学系，哈尔滨 150001)

摘 要：本文将近年来在模糊数空间结构，模糊数值函数的微积分，模糊数测度以及模糊微分方程等方面我们的工作及相关方面的若干新的研究成果作一简要介绍和评述.
关键词：模糊数；模糊微分方程；模糊微分与积分
中图分类号：O 159 **文献标识码**：A

1 引言

模糊数是特定论域上(一般具有拓扑结构)的一类特殊模糊集，由于其截集具有鲜明的几何和拓扑性质，因此，模糊数及其相关问题的理论一直是被人作为模糊数学的一个单独分支而进行研究的.

近年来，模糊分析学的研究十分活跃，在模糊数的结构、模糊数值函数的微积分学及其模糊微分方程等方面已取得了可喜的进展，本文的目的是将上述诸方面我们的工作及相关研究现状及未来展望进行简要概述.

2 模糊数空间

最早的模糊数概念源于1972年 Chang 和 Zadeh 的文章[1]，他们结合概率分布函数的性质，称实数域 R 上的一族具有特殊性质的模糊集为模糊数，后来，借助于集值分析的基本理论，将一维模糊数推广到 n 维模糊数，形成了现在广泛采用的模糊数定义.

设 R^n 是 n 维欧氏空间，$I = [0,1]$，$u: R^n \to I$ 是一映射，若 u 满足：(1) u 是正规的，即存在 $x_0 \in R^n$，使 $u(x_0) = 1$；(2) u 是模糊的，即对任意 $x, y \in R^n$ 及 $\lambda \in [0,1]$ 有 $u(\lambda x + (1-\lambda)y) \geq \min\{u(x), u(y)\}$；(3) u 是上半连续函数；(4) u 的支集 $\text{supp} u = \overline{\{x \in R^n; u(x) > 0\}}$ 是紧集，则称 u 是一个 n 维模糊数，用 ε^n 表示 n 维模糊数全体组成的集合，即 n 维模糊数空间. 设 $u \in \varepsilon^n$，记 $u^\alpha = \{x \in R^n : u(x) \geq \alpha\}$ 及 $u^0 = \overline{\bigcup_{\alpha \in (0,1]} u^\alpha}$，$\alpha \in (0,1]$，表示 u 的截集则 u^α 是 R^n 的紧凸集.

2.1 ε^n 上的度量

1986年 Puri 和 Ralescu[2] 通过截集的 Hausdorff 度量给出了 ε^n 上的一种度量：
$$D(u,v) = \sup\{H(u^\alpha, v^\alpha); \alpha \in [0,1]\}, u, v \in \varepsilon^n.$$

---

* 收稿日期：2002 - 04 - 06
基金项目：国家自然科学基金资助项目
作者简介：吴从炘，薛小平，哈尔滨工业大学数学系教授（博导），研究方向：模糊分析等.

此处 $H(A,B)$ 表示 R^n 上紧凸集的 Hausdorff 度量,他们证明了 (ε^n,D) 是一个完备空间,但该度量空间不可分.

1986 年 Klement 等人[3]给出了另一类度量即 LP-度量:

$$d_p(u,v) = \left(\int_0^1 [H(u^\alpha, v^\alpha)]^p d\alpha\right)^{1/p} (1 \leq p < +\infty), u,v \in \varepsilon^n.$$

他们首先证明了度量空间 (ε^n, d_1) 是可分的,随后 Diamond 和 Kloeden[4]证明了对一切 $1 \leq p < +\infty$, (ε^n, d_p) 均可分.

关于 ε^n 上的其它度量及相应度量的完备性、可分性、子集的紧性刻画的进展,见[5].

1998 年以来,吴从炘、李法朝等人借助一维模糊数截集的特殊性和 Lebesgue 测度,引进了 ε^1 上的各种对称差度量,并讨论在这些度量定义下相应的一些拓扑性质,见[6~8,43].

2.2 ε^n 有嵌入问题

由于 ε^n 的代数结构仅具有加法和正数乘法运算即具有锥结构,为此,在 1983 年,Puri 和 Ralescu[9]借助于 Radström 的嵌入定理[10],将 ε^n 等距同构嵌入到一个 Banach 空间使之成为该空间内的顶点为零元的闭凸锥,这为模糊数值函数分析学的研究开辟了新的途径,但所获得的嵌入 Banach 空间不具体,为进一步的应用带来困难.1991 年,吴从炘和马明首先获得了 ε^1 的嵌入空间为 $\bar{C}[0,1] \times \bar{C}[0,1]$[11]($\bar{C}[0,1]$ 表示左连续、右极限存在的函数空间),后来,马明又找到了 ε^n 的嵌入空间为 $\bar{C}(I, C(S^{n-1}))$[12](此处,S^{n-1} 表示 R^n 的单位球,$C(S^{n-1})$ 表示 S^{n-1} 上的连续函数空间,$\bar{C}(I, C(S^{n-1}))$ 表示左连续,右极限存在的抽象函数空间).后来,吴从炘和张博侃又借助构造具体的 Fréchet 函数空间的方式给出非紧模糊空间 ε^{1-} 和 $\varepsilon^{n-}(n > 1)$ 的嵌入空间,详见[44].

2.3 其它工作

吴从炘,吴冲的[13]中关于 ε^n 的通常序结构的一个工作,证明有界模糊数集的上、下确界必定存在并给出了刻划.关于从 ε^n 到 Banach 空间上的模糊数空间的推广及相应性质的研究参见薛小平等人的[14,15].

2.4 评述

ε^1 的截集可用区间表示,结构简单,因此适用性强.$\varepsilon^n(n > 1)$ 的截集十分复杂,不便于应用.适当研究 ε^n 的若干子集,使其截集能具有简捷的表示形式,这将是十分有意义的工作.最近在这方面已有初步探讨[16].

3 模糊值函数的微积分学

本节介绍的模糊数值函数的微分与积分,均是通过集值分析的相关内容移植到模糊分析学的方式而得到的,不涉及通过其它途径引入.

3.1 模糊数值函数的微分

最早给出模糊数值函数分的概念是 puri 和 Ralescu[9],他们通过集值函数的 Hukuhara 导数[17]定义了从区间 $[a,b]$ 到 ε^n 的函数的可导性.设 $f:[a,b] \to \varepsilon^n, t_0 \in [a,b]$,称 f 在 t_0 点可导是指存在一个模糊数记为 $f'(t_0)$ 满足

$$\lim_{h \to 0} D\left(\frac{f(t_0+h) - f(t_0)}{h}, f'(t_0)\right) = \lim_{h \to 0} D\left(\frac{f(t_0+h) - f(t_0-h)}{h}, f'(t_0)\right) = 0.$$

这里的差运算表示 H-差,即若 $u,v,\omega \in \varepsilon^n$,使 $u = v + \omega$,则记 $u - v = \omega$.Kaleva[18]又对这种导数继续进行了研究,特别在 ε^1 情况,可通过截集的端点函数的可微性来刻画这种导数.吴从炘和马明[11]利用他们 ε^1 的嵌入定理考虑了与抽象函数的 Fréchet 可导之间的关系.

3.2 模糊数值函数的积分

模糊数值函数的积分是 Puri 和 Ralescu[19]研究模糊随机变量时引入的,这种积分完全基于截集形成的集值映身的 Aumanm 积分[20]. 设 $f:[a,b]\to \varepsilon^n$, 对 $\alpha\in[0,1]$, 则 $f^\alpha:[a,b]\to P_{kc}(R^n)$($R^n$ 的紧凸集空间)是集值映射, 用 f^α 的 Aumann 积分 $\int_a^b f^\alpha dx$ 组成 f 在 $[a,b]$ 上积分的 α-截集即

$$\left[\int_a^b fdx\right]^\alpha = \int_a^b f^\alpha dx.$$

Kaleve[21,22]对这种积分进行了进一步的发展,吴从炘,马明[11]借助嵌入定理研究了这种积分与抽象函数的 Bochner 积分和 Pettis 积分之间的联系. 最近,吴从炘、巩增泰的[45-46]还研究了模糊数值函数的 Henstock 积分(在经典情况下 Henstock 积分是 Lebesgue 积分的推广,是一种非绝对积分). 薛小平等的[14,15]又将这种积分推广到 Banach 空间中,建立了若干新的结果,如 Levi 型定理,控制收敛定理以及广义牛顿——莱布尼兹公式等.

3.3 模糊数值测度

模糊数值测度是与模糊数值积分密切相关的研究方向. 1982 年,张义修[23]首先通过集值测度在 R^n 空间中引入模糊数值测度的概念,并讨论了这种测度的 Lebesgue 分解. 1994 年 Stojakovic[24]将模糊数值测度推广到可分 Banach 空间中,获得了 Radon-Nikodym 定理. 1996 年,薛小平等的[25]通过一般集值测度的理论,定义了与上述测度略有不同的模糊数值测度,并把这种测度与模糊数值积分结合起来,讨论了测度的收敛性问题[15]. 吴健荣等的[26]借助于[25]中的定义与结果,获得模糊数值测度的 Radon-Nikodym 定理和 Vitali-Hahn-Saks 定理. 目前,模糊数值测度的工作尚不够深入,有待研究的问题还很多.

4 模糊微分方程

"模糊微分方程"这个术语是最早出现在文[27]中,这种方程的解是通过随时间变化的模糊过程来定义的. 模糊微方程是描述不确定系统的有效工具,经过三十多年的发展,目前,形成两种完全不同的提法:第一种是基于 Hukuhara 微分,模糊微分方程是空间 ε^n 的常微分方程,简称 (H) 型;第二种是基于微分包含(Differential Inclusion)的理论,通过模糊向量场取截集形成一族微分包含,这种微分包含的解集构成模糊微分方程解的截集,简称 (DI) 型. 下面介绍这两种类型的模糊微分方程的发展现状.

4.1 (H) 型模糊微分方程

设 $G:R\times\varepsilon^n\to\varepsilon^n$, 模糊初值问题(FIVP)为:

$$x'(t) = G(t,x(t)), x(0) = x_0 \in \varepsilon^n.$$

这里 $x'(t)$ 表示模糊数值函数的 Hukuhara 导数,给 G 附加一定的条件,方程的解存在并且是 ε^n 中的一条轨道.

Kaleva[21]首先在 G 关于度量 D 具有 Lipschitz 条件下利用压缩映象原理证明了方程解的存在性、唯一性及解的延拓性定理, 特别,他在[22]中指出,G 连续不能保证方程解的存在性,即 Peano 定理不成立. Seikkala[28]几乎与 Kaleva 同时也考虑了类似的问题. Friedman、马明、Kandel 的一系列工作[29-32]都是围绕这种模糊微分方程而展开的,他们还给出了方程数值解的求法. 吴从炘、宋士吉[33,34]借助于模糊数空间的嵌入定理,将模糊微分方程转化为嵌入 Banach 空间的闭凸锥上的抽象微分方程,通过抽象微分方程的理论,获得了新的结果,并扩展了 Kaleva 的工作. 薛小平等的[35]对于 G 满足 Caratheodory 条件时,得到了模糊微分方程 Caratheodory 解的一个存在性定理. 最近, Vorobiev 和 Seikkala[36]系统地评述了模糊微分方程的理论.

4.2 (DI) 型模糊微分方程

Baidosov[37]是最早通过微分包含来研究模糊微分方程的。他研究了如下的模糊微分包含：
$$\dot{x} \in (t, x).$$
这里 $G: I \times R^n \to \varepsilon^n$ 是模糊数值函数，这个包含的解 $R[I]$ 是作为 $AC(I, R^n)$（从 I 到 R^n 的绝对连续数空间）的模糊集定义的，其隶属函数为
$$\mu(x(\cdot) | R(I)) = essinf\mu(\dot{x}(t) | G(t, x(t)).$$
$\mu(x(\cdot) | R(I)) \geq \alpha$ 当且仅当 $\dot{x}(t) \in [G(t, x(t))]^\alpha \cdot e$。Baidosov 应用这种定义方式研究不确定微分方程 $\dot{x} = f(t, x, \varphi(t))$，这里 $\varphi(t)$ 是一个不确定的参数信息，且通过模糊集来表征的。

Hüllermeier[38]把模糊微分方程的(FIVP)问题转化为求解一族微分包含问题：
$$\dot{x}(t) \in [G(t, x(t))]^\alpha, x(0) \in [x_0]^\alpha, \alpha \in [0, 1].$$
这里 $G: R \times R^n \to \varepsilon^n, x_0 \in \varepsilon^n$，而模糊微分方程的解 $\sum(x_0, t)$ 的 α-截集则是通过相应的 α-水平微分包含的解来定义的。事实上，Hüllermeier 与 Baidosov 的思想是一致的。随后，(DI) 型模糊微分方程的研究迅速发展起来。Diamond[39,40]研究了这种解的吸引性、稳定性及周期解的存在性。最近，Rzezuchowski 和 Wasowski[41]利用微分包含的 Filipov-Wazewski 定理[42]重新研究了带有不确定参数的微分方程解的性态，丰富了 Baidosov 的工作。

4.3 评述

(H)-型模糊微分方程的解随时间增长是发散的，因此难以讨论解的渐近行为。(DI)-型模糊微分方程克服了这种不足，可以讨论解的稳定性、吸引性及周期解的存在性，这有助于深入分析系统的动力性态。但(DI)型模糊微分方程在某种意义上是局部的，有时会丢失部分信息，有例子可说明这一点。

参考文献：

[1] Chang S L, Zadeh L A. On fuzzy mapping and control[J]. IEEE Trans. SMC, 1972, 2:30-40.

[2] Puri M L, Ralescu D A. The concept of normality of fuzzy random variables[J]. Ann. Probab, 1985, 13:1373-1379.

[3] Klement E P, Puri M L, Ralescu D A. Limit theorem for fuzzy random variables[J]. Proc. Roy. Soc. London, 1986, A407:171-182.

[4] Diamond P, Kloeden P E. Metric Spaces of fuzzy Sets[J]. Fuzzy Sets and Systems, 1990, 35:241-249.

[5] Diamond P, Kloeden P E. Metric spaces of Fuzzy sets, Theory and Application[M]. World Scientific Publishing Co. Pte. Ltd, 1994.

[6] 吴从炘,李法朝,哈明虎.基于对称差的 Fuzzy 度量及收敛问题[J].科学通报,1998,43:106-107.

[7] Congxin Wu, Fachao Li. Fuzzy Metric and convergences ased on the symmeeric difference metric, Fuzzy Sets and Systems, 1999, 108:325-332.

[8] Fachao Li, Jianren Zhai. The problem of completenes for p-mean symmetric difference metric[J]. Fuzzy Sets and Systems, 2000, 116:459-470.

[9] Puri M L, Ralescu D A. Differentials of fuzzy functions[J]. J. Math. Anal. Appl, 1983, 91:552-558.

[10] Radstr H, An embedding theorem for spaces of convex sets[J]. Proc. Amer. Math. Soc, 1952, 3:165 – 169.

[11] Congxin Wu, Ming Ma. Embedding Problem of fuzzy number space[J]. part I - II. Fuzzy Sets and Systems, 1991, 44:33-35, 1992, 45:189-202, 1992, 46:281-286.

[12] Ming Ma. On Embedding Problem of fuzzy number space[J]. part IV-V, 1993, 58:185-193;313-318.

[13] Congxin Wu, Chong Wu. The supremum and infimum of the set of fuzzy numbers and its applications[J]. J. Math. Anal. Appl. 1997, 210:499-511.

[14] Xiaoping Xue, Minghu Ha. Random fuzzy number integral in Banach spaces[J]. Fuzzy Sets and Systems, 1994, 66:97-111.

[15] Xiaoping Xue, Xiaomin Wang. On the convergence and representation of random fuzzy number integrals[J]. Fuzzy Sets and

[44] Congxin Wu. Embedding problem of noncompact fuzzy number space $\varepsilon^{n\sim}$ [J]. Proc. of 9th IFs' A world Congress Vancouver, Canada, 2001, vol.1, 1200-1203.
[45] Congxin Wu, Zengtai Gun. On Hentock integral of interval-valued functions and fuzzy-valued functions[J]. Fuzzy Sets and Systems, 2000, 115:377-396.
[46] Congxin Wu, Zengtai Gun. On Heustock integral of fuzzy-number-valued functions(I), Fuzzy Sets and Systems, 2001, 120: 523-532.

The Advances of the Calculus of Fuzzy Number Valued Functions

WU Cong-xin, XUE Xiao-ping

(Departmetn of Mathematics, Harbin Institute of Technology, Harbin, 15001)

Abstract: This paper, the purpose of which is to survey the calculus of fuzzy number valued functions, includes our original work as well as reletive researches.

Key words: Fuzzy Number; Fuzzy Differential Equation; Fuzzy Integral

Summarization of fifty papers published in the International Journal "Fuzzy Sets and Systems"

Wu Congxin*

Department of Mathematics
Harbin Institute of Technology
Harbin, 150001, P.R.China
e-mail: wucongxin@hit.edu.cn

Abstract: This is a very short summarization of fifty papers published in "Fuzzy Sets and Systems"

Keywords: fuzzy measure, fuzzy number, fuzzy calculus

1 Introduction

From 1989 to 2008, this twenty years, I have been published fifty papers in "Fuzzy Sets and Systems" (FSS, for short). The summarization includes five parts: (1) Fuzzy functional analysis, (2) Fuzzy measure and fuzzy integral, (3) Fuzzy number space, (4) Fuzzy calculus, (5) Some notes on fuzzy topology, fuzzy algebra and fuzzy complex analysis.

2 Main Result

(1) Fuzzy functional analysis

In 1977 A. K. Katsaras and D. B. Liu introduced the concept of fuzzy topological vector spaces, this work started the study of fuzzy functional analysis. Later on, Wu Congxin, Fang Ginxuan and Katsaras continued the research of ftvs and modified the definition for ftvs respectively, but Wu and Fang used the notion of fuzzy points as a tool which is quite different with Katsaras method. G. P. Wang in 1984 pointed out that the definitions of Katsaras, Wu and Fang for ftvs are equivalent.

1.1 Fuzzy normed space

In the same year 1984, Katsaras, Wu and Fang presented the concepts of fuzzy normed space independently. Then paper [3] established the relation between this two kinds of definition and explained our definition is a little stronger than Katsaras's, in fact; the later is equivalent to that "there exists a unique fuzzy norm $||x_r|| \geq 0$ satisfying

(1) $||x_r|| = 0$ for some $r \in (0,1)$ iff $x = \theta$, where x_r is a fuzzy point;
(2) $||kx_r|| = |k|||x_r||$, $k \in \mathbf{R}$;
(3) $||x_r + y_r|| \leq ||x_r|| + ||y_r||$;
(4) $||x_r||$ is nonincreasing and left continuous for $r \in (0,1]$".

If (1) is changed by the stronger (1') $||x_r|| = 0$ for any $r \in (0,1)$ iff $x = \theta$, then the above conditions are just to describe our definition for fns.

1.2 Locally m-convex fuzzy topological algebra

The main result in [1] is the following representation theorem.

Theorem 1.1. *A separated fta* (X,T) *is a locally* $m-convex$ *fta iff* (X,T) *is linear homeomorphic to a subalgebra of the product of a family of fuzzy normed algebras.*

1.3 Fuzzy analysis on Banach space

The focus of papers [14], [32] and [34] is fuzzy analysis on Banach space. In this case, the basic set X is a Banach space, we only point out two view points here. First, for the fuzzy set on X, namely, $u : X \to [0,1]$, we use the fact that "the level sets $[u]^r$ is bounded convex in $\mathbf{R}^n$" is replaced by "$[u]^r$ is weakly compact convex in X" to define the fuzzy number on Banach space, so the corresponding derivative and integral for the mapping into the space of the fuzzy number on Banach space are all in "weak"'s sence. The second, the definition of fuzzy number (on Banach space)-valued measure is similar to the classical measure, possesses countable addtivity.

(2) Fuzzy measure and fuzzy integral

In 1974 M. Sugeno proposed and studied the fuzzy integral based on the continuous from above and below monotonic measure with $\mu(\phi) = 0$ (namely, fuzzy measure). Wang Zhenyuan introduced a structural characterization of fuzzy measure, autocontinuity and used to characterized the convergence of Sugeno integral in 1984. Now, this subject becomes an important area in fuzzy mathematics.

2.1 Fuzzy measure and additive set function

The paper [10] proved that if the space is countable and the fuzzy measure is finite, then null-additivity is equivalent to uniform autocontinuity. As a special case, the answer for an open problem presented by Z. Wang in 1992 is affirmative. Paper [11] introduced and discussed the regularity of fuzzy measure on metric space and in 2001 [35] considered the same subject on topological space. Correspondingly, this two papers also studied Lusin theorem for fuzzy measurable function. In addition, paper [13] discussed Egoroff theorem, and in [16] by introducing the double asymptotic null-additivity of fuzzy measure characterized that Cauchy sequence must convergence in fuzzy measure for fuzzy measurable functions.

Paper [29] gave a correct proof of Saks decomposition theorem which proposed by P. Pap, 1994 for null-additive set function. Corresponding to the atom for fuzzy measure which introduced by H. Suzuki, 1991, in 2007 [47] presented the concept of pseudo-atom for set function, established some fundamental conclusions about pseudo-atom on the assumption of null-null-additivity and obtained several decomposition theorems about pseudo-atoms and atoms for set function, they also improved the result of [29] in some sense.

2.2 Fuzzy integral in Sugeno's sense

It is well known that Orlicz space $L_\Phi(\mu) = \{f : f \text{ is } \mu- \text{ measurable and } \int_X \Phi(|f|)dx < \infty\}$ is important in nonlinear problem for classical measure μ where Φ is an Orlicz function. But for the case of fuzzy measure μ the situation is quite different, paper [2] pointed out that for any Orlicz function Φ we have $L_\Phi(\mu) = L_1(\mu)$ and $\Phi-$mean convergence is equivalent to the convergence in fuzzy measure μ. In 2003, paper [44] extended the Sugeno integral to real valued $\mu-$measurable function according to the classical method and gave

Theorem 2.1. *Let* $S(\mu) = \{f : X \to [-\infty, \infty] : f \text{ is } \mu-measurable \text{ and finite } \mu- \text{ a.e. on } X\}$, $\rho(f,g) = (S)\int_X |f(t) - g(t)|/(1 + |f(t) - g(t)|)d\mu(f, g \in S(\mu))$. *If* $\mu(X) < 1$, *then* $(S(\mu), \rho)$ *is a pseudo metric space iff* μ *is subadditive.*

2.3 Generalized fuzzy integral and related problems

Papers [9],[12] introduced and studied generalized triangle norm and generalized fuzzy integral which is similar to the form of Sugeno integral.

Definition 2.1. *If* $S : D \to [0, \infty]$ *satisfies*

(i) $S[0, r] = 0$, $\forall r \in [0, \infty]$ *and there exists* $e \in (0, \infty]$ *such that* $S[r, e] = r$, $\forall r \in (0, \infty]$, e *is called the identity of* S;

(ii) $S[r, s] = S[s, r]$;

(iii) $a \leq b$ *and* $c \leq d$ *implies* $S[a, c] \leq S[b, d]$;

(iv) if $\{(r_n, s_n)\} \subset D$, $(r,s) \in D$ and $r_n \nearrow r$, $s_n \searrow s$, then $\lim_{n\to\infty} S[r_n, s_n] = S[r,s]$ then S is called a generalized triangle norm. Where $D = [0,\infty]^2 \setminus \{(0,\infty),(\infty,0)\}$.

Obviously, $S[r,s] = \min\{r,s\}$ is a generalized triangle norm, so generalized fuzzy integral is an extension of Sugeno integral, but generalized triangle norm is not the extension of triangle norm. Moreover, paper [18] considered the solutions of a special kind of generalized fuzzy integral equation.

(3) Fuzzy number space

According to the monograph: "Metric Spaces of Fuzzy Sets" (P. Diamond and P. Kloeden, World Scientific, 1994), the fuzzy number space E^n is the set of all fuzzy number u with the metric $d_\infty(u,v) = \sup_{r\in[0,1]} d_H([u]^r, [v]^r)$ (d_H is Hausdorff metric), and $u: \mathbf{R}^n \to [0,1]$ is said to be a fuzzy number iff u possesses normality, fuzzy convexity, upper semi-continuity and boundedness of support.

3.1 Embedding problem of fuzzy number space

In 1983 M. L. Puri and D. A. Ralescu proved that E^n can be embedded into a Banach space isometrically and isomorphically. But this Banach space is not concrete, Papers [4], [7], [24], [38] and [42] constructed several concrete Banach or Frechet function spaces as the embedding spaces of E^n and some kinds of its subspaces. Here only present a result of [4] for E^1.

In fact, the embedding problem can be expressed as how to construct two Banach function spaces Y and Z such that the embedding $j: u \in E^1 \to (u_-, u_+) \in Y \times Z$ is isometric and isomorphic. Naturally, we take

$Y = Z = \overline{C}[0,1]\{f: f$ is left continuous on $(0,1]$ and has a right limit for $t \in [0,1)$, in particular, it is right continuous at $t = 0\}$, and $\|f\|_{\overline{C}[0,1]} = \sup_{t\in[0,1]} |f(t)|$

Theorem 3.1. (i) Embedding j is isometric and isomorphic from E^1 to $\overline{C}[0,1] \times \overline{C}[0,1]$;
(ii) $j(E^1)$ is a closed convex cone with vertex in $\overline{C}[0,1] \times \overline{C}[0,1]$;
(iii) $\mathrm{cl}(j(E^1) - j(E^1)) = \overline{C}[0,1] \times \overline{C}[0,1]$.

3.2 Fuzzy metric based on the symmetric difference in E^1

Papers [26] and [33] introduced and investigated the uniform symmetric difference metric $d_\triangle$ and p−mean symmetric difference metric $d_{\triangle p}$ in E^1 as follows:

$$d_\triangle(u,v) = \sup_{r\in[0,1]} m([u]^r \triangle [v]^r), \quad d_{\triangle p}(u,v) = \left(\int_0^1 (m([u]^r \triangle [v]^r))^p dr\right)^{1/p} \quad (1 < p < \infty)$$

where "m" means Lebesgue measure and "$\triangle$" means $A \triangle B = (A-B) \cup (B-A)$. One of the main result is the following theorem.

Theorem 3.2. (i) $(E^1, d_\triangle)$ and $(E^1, d_{\triangle p})$ $(1 < p < \infty)$ are quasimetric spaces; (ii) $(E^1, d_{\triangle p})$ $(1 < p < \infty)$ is separable.

3.3 The bounded set and compact set in fuzzy number space

In 2008, paper [49] pointed out that the criteria of compact set in (E^n, d_p) presented by Diamond and Kloeden, Ma Ming are incorrect, and gave the following correct characterization.

Theorem 3.3. A closed set $U \subset (E^n, d_p)$, $1 \leq p < \infty$ is compact iff
(i) U is uniformly p-mean bounded and p−mean equi-left-continuous;
(ii) Let $r_i \searrow 0$ in $[0,1]$. For $\{u_k\} \subset U$, if $\{u_k^{(r_i)}\}$ converges to $u(r_i) \in E^n$ in d_p, then there exists $u_0 \in E^n$ such that $[u_0^{(r_i)}]^r = [u(r_i)]^r$, $r_i < r \leq 1$, where for any $u \in E^n$, $u^{(r_i)}(x) = u(x)$ (if $u(x) \geq r$), $= 0$ (if $u(x) < r$).

Based on the existence and the expression of supremum and infimum of a bounded set in E^1 which pointed out by Wu and Wu Chong in 1997, the paper [23] discussed that the approximation property in d_∞ for the supremum and infimum of a bounded set in E^1. Moreover, in 2002 paper [40] obtained a representation by using $2n$ functions for fuzzy number in E^n.

(4) Fuzzy calculus

In 1982 D. Dubois and H. Prade studied the fuzzy calculus, then various kinds of integral and differential for fuzzy-valued function and related topics were investigated by many mathematicians. Therefore, it is also an important area in fuzzy mathematics.

4.1 Fuzzy Henstock-Kurzweil integral

It is well known that a general integration theory based on the concept of Riemann type integral sums was initiated by J. Kurzweil and R. Henstock around 1960, independently. In 2005 S. Schwabik and Ye Guoju published a monograph "Topics in Banach Space Integration" (Would Scientific), the aim of this book is systematically to explain the Henstock-Kurzweil integral for Banach (space)-valued function. In 2000-2002 papers [30], [37] and [39] introduced and discussed the Henstock-Kurzweil integral for fuzzy number (space)-valued function, the definition is as follows.

Definition 4.1. A fuzzy-number-valued function $f(x)$ is said to be Henstock-Kurzweil integrable to $H \in E^1$ if for every $\varepsilon > 0$ there is a function $\delta(\xi) > 0$ such that for any δ-fine division $P = \{[x, y]; \xi\}$ of $[a, b]$, we have

$$d_\infty(\sum f(\xi)(y-x), H) < \varepsilon$$

Here δ-fine division $P = \{[x_{i-1}, x_i]; \xi_i\}_{i=1}^n$ means satisfying

$$\xi_i \in [x_{i-1}, x_i] \subset (\xi_i - \delta(\xi_i), \xi_i + \delta(\xi_i)) \quad (i = 1, 2, \cdots, n)$$

4.2 Kaleva integral and fuzzy RSu integral

Papers [5], [28] and [42] showed that the embedding theorems in Section 3.1 can be applied to the calculus of fuzzy number-valued function widely, and papers [8],[17] devoted the fuzzy RSu integral, here only exhibit an application for Kaleva integral.

Theorem 4.1. *If $f : [a, b] \to E^1$, the following statements are equivalent:*
  (i) $f(t)$ is Kaleva integrable on $[a, b]$;
  (ii) $j \circ f(t)$ is Pettis integrable for $\overline{C}[0, 1] \times \overline{C}[0, 1]$ on $[a, b]$;
  (iii) $f_-(t), f_+(t)$ are Pettis integrable for $\overline{C}[0, 1]$ on $[a, b]$;
  (iv) $f_-(t)(r), f_+(t)(r)$ are Lebesgue integrable on $[0, 1](\forall t \in [a, b])$.

4.3 Fuzzy number (-valued) fuzzy measure and fuzzy integral

Papers [19-22] devoted this topic. Based on the following definition:

Definition 4.2. $\widetilde{\mu} : \mathcal{A} \to E^1(\mathbf{R}^+)$ is called a non-negative fuzzy number fuzzy measure if it satisfies:
  (i) $\widetilde{\mu}(\phi) = \widetilde{0}$;
  (ii) $A \subset B$ implies $\widetilde{\mu}(A) \leq \widetilde{\mu}(B)$;
  (iii) $A \nearrow A$ or $A_n \searrow A$ implies $d_\infty(\widetilde{\mu}(A_n), \widetilde{\mu}(A)) \to 0$.

For ordinary function f and fuzzy-valued function $\widetilde{f}$, [19-22] discussed the fuzzy integrals: $\int_A f d\widetilde{\mu}$, $\int_A \widetilde{f} d\widetilde{\mu}$ and the generalized fuzzy integrals in Section 2.3's sense: $(G)\int_A \widetilde{f} d\mu$, $(G)\int_A \widetilde{f} d\widetilde{\mu}$.

4.4 The integral of a fuzzy mapping over a fuzzy directed line

In 2007, paper [48] introduced the concept of fuzzy directed line, presented and investigated the integral of a fuzzy mapping over a fuzzy directed line systematically.

Definition 4.3. Let $u_0, v_0 \in E^1$, $(u_0)_+(0) < (v_0)_-(0)$. The fuzzy number set $\{w_t \in E^1 : w_t = (1-t)u_0 + tv_0, t \in \mathbf{R}\}$ is called fuzzy directed line induced by u_0, v_0 and is denoted by $\overrightarrow{u_0 v_0}$.

Theorem 4.2. $F(u)$ *is integrable over* $[u_0, w_s] \Leftrightarrow G(t) = (v_0 - u_0)F((1-t)u_0 + tv_0)$ *is integrable over* $[0, s]$ *and* $\int_{u_0}^{w_s} F(u)du = \int_0^s G(t)dt$. *Where the definition of the integral of fuzzy mapping over a fuzzy directed line is similar to the form of fuzzy Riemann integral.*

4.5 Some kinds of fuzzy mappings and related to fuzzy calculus

In 2002 paper [41] presented and discussed the concepts of bounded variation and absolute continuity for fuzzy number-valued function, and applied to Kaleva integral. Pay attention to the case of Banach (space)-valued function, in 2003 paper [45] introduced and studied the directional derivatives and subdifferential for fuzzy mapping, especially, considered the relation between the directional a.e. cut-derivatives and the subgradients for the convex fuzzy mapping from $M(\subset R^n)$ to E^1 and gave two results of application to convex fuzzy programming. Moreover, in 2002 paper [43] established some fixed point theorems for the increasing fuzzy mapping from $[u_0, v_0](\subset E^1)$ to E^1 and applied to a special kind of Kaleva integral equation.

4.6 Fuzzy differential equation

The references of V. Lakshmikantham, R. N. Mohapatra's monograph (Theory of Fuzzy Differential Equations and Inclusions, Taylor and Francis, London and New York, 2003) gave the list of papers on this area published before 2003, including [27] and other papers of Wu and Song Shiji about the topic of initial value problem of FDE. In 2008 paper [50] also considered the two-point boundary problem of FDE.

(5) Fuzzy topology, fuzzy algebra and fuzzy complex analysis

The papers [6] and [15] introduced and studied the fuzzy bitopological space and the connectedness in some concrete fuzzy topological space, respectively. Paper [46] investigated the classification of fuzzy subgroups of an infinite cyclic group. And papers [25], [31] and [36] considered the algebraic operations of fuzzy complex numbers, the convergence of the sequence of fuzzy complex numbers, continuity, differential and integral of fuzzy complex function.

References

[1] Congxin Wu, Ming Ma: Fuzzy normed algebras and representation of locally m-convex fuzzy topological algebras. *FSS* (1989) 30, 63-68.

[2] Congxin Wu, Ming Ma: Some properties of fuzzy integrable function space $L_1(\mu)$. *FSS* (1989) 31, 397-400.

[3] Congxin Wu, Ming Ma: Fuzzy norms, probabilistic norms and fuzzy metrics. *FSS* (1990) 36, 137-144.

[4] Congxin Wu, Ming Ma: Embedding problem of fuzzy number space:I. *FSS* (1991) 44, 33-38.

[5] Congxin Wu, Ming Ma: Embedding problem of fuzzy number space: II. *FSS* (1992) 45, 189-202.

[6] Congxin Wu, Jianrong Wu: Fuzzy quasi uniformities and fuzzy bitopological spaces. *FSS* (1992) 46, 133-137.

[7] Congxin Wu, Ming Ma: Embedding problem of fuzzy number space: III. *FSS* (1992) 46, 281-286.

[8] Congxin Wu, Hasheng Liu: On RSu integral of interval-valued functions and fuzzy-valued functions. *FSS* (1993) 55, 93-106.

[9] Congxin Wu, Shuli Wang, Ma Ming: Generalized fuzzy integrals: I. *FSS* (1993) 57, 219-226.

[10] Congxin Wu, Minghu Ha: On the null-additivity and the uniform autocontinuity of a fuzzy measure. *FSS* (1993) 58, 243-245.

[11] Congxin Wu, Minghu Ha: On the regularity of the fuzzy measure on metric fuzzy measure spaces. *FSS* (1994) 66, 373-379.

[12] Congxin Wu, Ming Ma, Song Shiji, Zhang Shaotai: Generalized fuzzy integrals: III. *FSS* (1995) 70, 75-87.

[13] Congxin Wu, Minghu Ha, Xue Xiaoping: On the null-additivity of the fuzzy measure. *FSS* (1996) 78, 337-339.

[14] Xiaoping Xue, Minghu Ha, Congxin Wu: On the extension of the fuzzy number measures in Banach spaces: I. *FSS* (1996) 78, 347-354.

[15] Guo-Ping Wang, Congxin Wu: The connectedness in Lowen spaces. *FSS* (1997) 90, 89-96.

[16] Minghu Ha, Xizhao Wang, Congxin Wu: Fundamental convergence of sequences of measurable functions on fuzzy measure space. *FSS* (1998) 95, 77-81.

[17] Congxin Wu, Cong Wu: A note of the RSu integrals of fuzzy-valued functions. *FSS* (1998) 95, 119-125.

[18] Congxin Wu, Shiji Song, Haiyan Wang: On the basic solutions to the generalized fuzzy integral equation. *FSS* (1998) 95, 255-260.

[19] Caimei Guo, Deli Zhang, Congxin Wu: Generalized fuzzy integrals of fuzzy-valued functions. *FSS* (1998) 97, 123-128.

[20] Caimei Guo, Deli Zhang, Congxin Wu: Fuzzy-valued fuzzy measures and generalized fuzzy integrals. *FSS* (1998) 97, 255-260.
[21] Congxin Wu, Deli Zhang, Caimei Guo, Cong Wu: Fuzzy number fuzzy measures and fuzzy integrals: I. *FSS* (1998) 98, 355-360.
[22] Congxin Wu, Deli Zhang, Bokan Zhang, Caimei Guo: Fuzzy number fuzzy measures and fuzzy integrals: II. *FSS* (1999) 101, 137-141.
[23] Congxin Wu, Cong Wu: Some notes on the supremum and infimum of the set of fuzzy numbers. *FSS* (1999) 103, 183-187.
[24] Congxin Wu, Bokan Zhang: Embedding problem of noncompact fuzzy number space E: I. *FSS* (1999) 105, 165-169.
[25] Congxin Wu, Jiqing Qiu: Some remarks for fuzzy complex analysis. *FSS* (1999) 106, 231-238.
[26] Congxin Wu, Fachao Li: Fuzzy metric and convergences based on the symmetric difference. *FSS* (1999) 108, 325-332.
[27] Shiji Song, Congxin Wu: Existence and uniqueness of solutions to Cauchy problem of fuzzy differential equations. *FSS* (2000) 110, 55-67.
[28] Congxin Wu, Bokan Zhang: Embedding problem of noncompact fuzzy number space: II. *FSS* (2000) 110, 135-142.
[29] Congxin Wu, Cong Wu: A note on the range of null-additive fuzzy and non-fuzzy measure. *FSS* (2000) 110, 145-148.
[30] Congxin Wu, Zengtai Gong: On Henstock integrals of interval-valued functions and fuzzy-valued functions. *FSS* (2000) 115, 377-391.
[31] Jiqing Qiu, Congxin Wu, Fachao Li: On the restudy of fuzzy complex analysis: I. *FSS* (2000) 115, 445-450.
[32] Jianrong Wu, Xiaoping Xue, Congxin Wu: Radon-Nikodym theorem and Vitali-Hahn-Saks theorem on fuzzy number measures in Banach spacers. *FSS* (2001) 117, 339-346.
[33] Fachao Li, Congxin Wu, Jiqing Qiu, Lianqing Su: Platform type fuzzy number and separability of fuzzy number space. *FSS* (2001) 117, 347-353.
[34] Jianrong Wu, Congxin Wu: The w-derivatives of fuzzy mappings in Banach spaces. *FSS* (2001) 119, 375-381.
[35] Jianrong Wu, Congxin Wu: Fuzzy regular measures on topological spaces. *FSS* (2001) 119, 529-533.
[36] Jiqing Qiu, Congxin Wu, Fachao Li: On the restudy of fuzzy complex analysis: II. *FSS* (2001) 120, 517-521.
[37] Congxin Wu, Zengtai Gong: On Henstock integral of fuzzy-number-valued functions: I. *FSS* (2001) 120, 523-532.
[38] Congxin Wu, Bokan Zhang: A note on the embedding problem for multidimensional fuzzy number spaces. *FSS* (2001) 121, 359-362.
[39] Zengtai Gong, Congxin Wu, Baolin Li: On the problem of characterizing derivatives for the fuzzy-valued functions. *FSS* (2002) 127, 315-322.
[40] Bokan Zhang, Congxin Wu: On the representation of n-dimensional fuzzy numbers and their informational content. *FSS* (2002) 128, 227-235.
[41] Zengtai Gong, Congxin Wu: Bounded variation, absolute continuity and absolute integrability for fuzzy-number-valued functions. *FSS* (2002) 129, 83-94.
[42] Guixiang Wang, Congxin Wu: Fuzzy n-cell numbers and the differential of fuzzy n-cell number value mappings. *FSS* (2002) 130, 367-381.
[43] Congxin Wu, Guixiang Wang: Convergence of sequences of fuzzy numbers and fixed point theorems for increasing fuzzy mappings and application. *FSS* (2002) 130, 383-390.
[44] Congxin Wu, Mamadou Traore: An extension of Sugeno integral. *FSS* (2003) 138, 537-550.
[45] Guixiang Wang, Congxin Wu: Directional derivatives and subdifferential of convex fuzzy mappings and application in convex fuzzy programming. *FSS* (2003) 138, 559-591.
[46] Degang Chen, Jiashang Jiang, Congxin Wu, E.C.C. Tsang: Some notes on equivalent fuzzy sets and fuzzy subgroups. *FSS* (2005) 152, 403-409.
[47] Congxin Wu, Bo Sun: Pseudo-atoms of fuzzy and non-fuzzy measures. *FSS* (2007) 158, 1258-1272.
[48] Hongliang Li, Congxin Wu: The integral of a fuzzy mapping over a directed line. *FSS* (2007) 158, 2317-2338.
[49] Congxin Wu, Zhitao Zhao: Some notes on the characterization of compact sets of fuzzy sets with Lp metric. *FSS* (2008) 159, 2104-2115.
[50] Minghao Chen, Yongqiang Fu, Xiaoping Xue, Congxin Wu: Two-point boundary value problems of undamped uncertain dynamical systems. *FSS* (2008) 159, 2077-2089.

第三编 数学相关活动文选(写作时间 2008~)

李昌校长与哈工大数学学科的建设与发展[①]

吴从炘

李昌,令我们永远怀念和尊敬的老校长不知不觉已西行一年了.他并没有远去,他仍然活在哈工大人的心间.李昌校长留下的办学思想、办学理念和办学作风是一份极其宝贵的财富.现仅从他对我校数学学科建设与发展的关注这一侧面,就个人所知作一简要回顾.

吴从炘(右)20世纪90年代与李昌老校长在一起

曾就读于我国著名学府清华大学物理系的李昌老校长,一年后虽因革命工作需要离开了学校,但清华的学术环境、学术氛围和他本人深厚的数理与外语基础,无疑使他在那时就已确信数学对理工科学习的重要性是举足轻重、不可替代的.

校长重修《高等数学》

李昌校长对哈工大数学学科是十分关注的.从他就任前就已确定数学而不是物理或其他课程作为自学的首选对象,可见其重视程度.对此,《李昌传》195页提到的"李昌当初接受了到哈尔滨工业大学当校长的任务后,就给自己定下了自觉深造的计划.他在临行前,曾到黄敬(他是李昌青年时代的知交,1945年任晋察冀军区副政委时,李昌曾任第四纵队政治部主任,胡耀邦系纵队的政委)家中,两人专门探讨了高等数学的自学方法",即为佐证.可是,他到任后,由于工作千头万绪,一直没有稳定的学习时间.1956年初,各项工作基本走向正常,他就定好了《高等数学》的学习时间表.

是年暑期,我被领导告知要在假期中为李昌校长讲授《高等数学》的积分与级数两大部分,每周上课24学时,即除星期六外每晚4学时.我根本没想到课时会安排这么多,况且当时自己只是一

[①] 永远的校长(哈工大怀念李昌校长文集),哈尔滨工业大学出版社,2011,154-160.

名见习期刚满,还没讲过一节大课的新教师,而前任又是通晓数学和物理的章绵讲师,因此感到压力很大.好在章绵给予无私点拨、传授要领:一是校长态度随和,平易近人,无需紧张;二是校长和通常听课的同学不同,会随时提问,但绝不意味对讲课内容不满,不必介意,只要把问题回答清楚就可以了;其三,校长的数学基础、接受能力都不错,可按正常同学的中上等水平讲,并结合习题课的部分内容,课后要适当留些习题,以中等难度为限,也不要太多,每次课前需当场批改上次作业并复习上次课的主要内容.章老师这种可贵的"传、帮、带"精神,对我启发极大.然而准备仅数日,手头又无讲稿和听大课笔记(因视力过差,无法笔录),写出一周24节(课时)教案都很难,更谈不上写完全部讲稿.经反复思考,我做出一个大胆决定:"不写讲稿,先借一本记得较好的数学课代表听大课的笔记,根据笔记和教材做好整个假期讲课的总体规划,从宏观上设计出每次课(即4学时)所要讲的内容与章节以及各次课之间如何相互衔接与联系,然后利用每次课前的白天时间,从微观上仔细推敲,吃透要讲的内容,抓住要点与关键,整理出讲解的脉络,写好简明提纲并熟记之,保证做到在时常被提问的情况下仍能完全脱稿."也许正是这种备课方式,对可能被提问的问题会事先有所预判,也有助于提高讲授效果.事后得知:"李昌校长对我的讲课表示满意."

尽人皆知,没有讲稿是讲课者之大忌.因此,我到校长办公室上第一次课时,心情格外忐忑不安.而校长的欢迎表示和亲切话语,以及为使我放松紧张感而主动提出的各种话题,使我原本绷紧的神经松弛了下来,讲课也就自如了.李昌校长听课认真,特别是还坐在硬板凳上边听边记边问;课后仍在非常繁忙的假期工作中挤时间做习题,且做得还相当好.校长如此勤奋地学习数学,使我深切地感到,作为他所领导下的一名数学教师、一个数学工作者岂能不加倍努力呢.同时也使我真切地体会到一位党的优秀高级领导干部踏实认真的学习态度、积极主动的工作作风,我敬重不已.

这段期间李昌校长与我有过不少"课余闲谈",内容是多方面的.作为党内长期负责青年工作的李昌自然从中得以较全面地了解真实的我.而这个经历无疑是我生平中最光彩、最值得回忆和怀念的一页.许多"闲谈"还是围绕着数学,这使我异常兴奋,对校长所提的各种相关问题都尽力回答.这里介绍一个有过多次"问"与"答"的问题,即我所就读的经过1952年院系调整才组建的东北人民大学(即现在的吉林大学)数学系的实际情况,如师资队伍的数量、结构、水平、来源、培养及建设,教学的课程设置(含特色课)、任务分配、工作量、教材、授课方式与考试、教与学的质量、课外指导及毕业论文,科研的课题来源、人员配备、组织形式、研究方式、成果提交与教学关系,以及校图书馆和系资料室的藏书等.再举几个李昌校长颇感兴趣的我的回答,如"东北人大数学系1954年毕业的绝大部分'三好'生(指政治表现好、业务水平好、表达能力好)全部留系任教,并加上三副'担子'(接替老教师讲专业课、补做毕业论文、担当社会工作)";又如"某位在三年级任教的老师组织部分学生(约占班级的四分之一)成立课外小组,指定组内每个成员分别选读英文论文,每周在小组上轮流报告、讨论并由教师作总结.且我也仿效之,在哈工大电机系55级带习题课的小班中组织课外学习小组,并有一名同学后来发表了一篇数学小论文";再如"系主任仅3篇论文,1955年就评为首批数学学部委员,也有位教师没有发表论文,却被公认很有水平,另有些教授却不被学生认可"等.

李昌校长对数学的关注,使我深受鼓舞,对哈工大数学学科的建设与发展充满信心.

造就哈工大"八百壮士"中的数学团队

李昌校长刚到哈工大时,数学教研室只有十几位教师,仅主任王泽汉一位副教授,还有一些是提前大学毕业的,职称偏低.为了补充严重不足的数学师资,他采取"请进来,派出去"的方针.当时,"请进来"是第一位的,没有一定的规模,而"派出去"显然力不从心.于是,1954~1956年3年间,学校先后从北京大学、南开大学、武汉大学、四川大学、兰州大学、山东大学、东北人民大学等高校分配来哈工大工作的应届本、专科毕业生约40人,其中1956年毕业的首届全国统招生占60%,数学教研室人员空前壮大.这样一来,"派出去"成为可能.学校选派1949年毕业的章绵和1947年毕业的储钟武分别前往苏联莫斯科大学和中国科学院进修计算数学和偏微分方程,还派我重返母校进修泛函分析,时间均为两年(1956年秋至1958年秋).计算数学、偏微分方程与泛函分析是李昌校长批准的数学教研室学科发展规划中的3个主要方向,泛函分析也是教研室主任王泽汉的一个主要研究方向.由于"实变函数"不仅是学习泛函分析的重要基础,而且又为提升教师"高等数学"素养所必须的,因此王主任大力提倡教研室里没有学过"实变函数"的提前毕业和专科毕业的助教都应学习苏联那汤松著的《实变函数论》(有中译本).该书序言中指出:"书中大部分的章后都附有习题,这些习题一般说来是相当难的,有时需要经过很多的努力才能解决.但是对于要想切实地通晓这门知识的读者,我仍然建议他们务必尽量地努力至少解决其中一部分的问题."于是,做"那汤松书"的题、讨论"那汤松书"的题在年轻教师中蔚然成风,王泽汉还以身作则为他们讲了部分章节,予以启发.

李昌校长也在想方设法寻找人才,充实数学教研室.1956年学校曾聘请一位刚从日本回国、愿来哈工大执教数学的讲师,事前还征询过我的想法.校长这种倾听基层相关人员意见的工作作风,堪称典范.

"反右"结束,由于支援分建的哈尔滨建筑工程学院和富拉尔基重型机械学院以及照顾爱人关系等种种原因,大批教师调离了哈工大数学教研室.按照李昌校长的主张,从在校二年级本科生中选拔品学兼优的学生留到数学教研室任教,即所谓的"小教师",仅1958和1960年抽调两次就有40人之多.为了贯彻李昌校长1954年就已提出的"规格严格,功夫到家"的哈工大教学要求(现为校训),时任数学教研室副主任的曹彬付出了大量心血,做出了积极贡献.他组织"小教师"们认真听(老教师)课,结合教材消化讲课内容并做习题,写出讲稿完成备课,再试讲讨论,然后择优分批开始讲大课,做到"成熟一个,上(讲)台一个",受到听课同学的欢迎和好评,保证了这些小教师的教学质量.

李昌校长在政治上也保护了数学教研室的青年知识分子."反右"期间,章绵、我和李火林3名正在外单位进修的数学教研室教师,均在进修单位受到严重冲击,而李昌校长却给予直接或间接的保护,还让我们继续完成进修任务.我们都没有辜负校长的信任,李火林也成为第二位在国家级数学刊物上发表论文的哈工大数学教研室成员,这在当时是很不容易的.

如《李昌传》199页所述:"到了(反右)运动后期,他采取种种方式妥善安置了被打成'右派'的师生."数学教研室原副主任刘谔夫就是其中的一个典型例子.他被定为"右派"后,除免去教研室副主任职务外,职称、工资、住房等待遇一概没变.几年后,他又被李昌校长重新任命为副主任,对《高等数学》课教学质量的保证起到了积极有效的作用.这样的任命,在那个年代极为罕见,对刘本人则是一种巨大的鼓舞("文化大革命"后,刘谔夫曾先后担任湖北汽车工程学院的副院长、院长,显然与这次任命不无关系),更使在校其他被划为"右派"的师生看到希望,调动了他们的积极性.

"又红又专"始终是李昌校长对教师所坚持的一贯要求.他对"红专"的深刻见解,在1962年5月12日哈工大校刊的社论中隐约可见.社论中写道:"政治是统率一切,渗透一切,而不是占据一切,代替一切."今天透过那时的背景,从这里或多或少地可领略到李昌校长对"红专",也就是"德才"问题的远见卓识.正因为我在亲身经历中领会了校长的期望,改革开放后,我在几位兄长均曾先后担任民盟省级机构的专职负责人的情况下,仍选择加入中国共产党作为个人的奋斗目标,并通过基层组织的培养教育,于20世纪80年代实现了这个愿望.

由于李昌校长"站得高,看得远",重修了《高等数学》这门理论数学与应用数学的共同基础课,使他对数学理论与应用的真正关系心如明镜.因之,1958 年那场在全国数学界掀起的批判"理论数学脱离实际"的浪潮并未波及哈工大.在理论数学研究方面做出一定成绩的我得到李昌校长肯定,还被破格提升为副教授就是一个明证.与此同时,学校还鼓励已经过了教学关的数学教师,与专业教师和厂矿加强联系和交流,为开展应用数学研究做准备.后来,曹彬运用数理统计方法制定出我国小模数齿轮的第一个国家标准,罗声政则加入国内解决运筹学中的最优分批问题的研究行列,并完成了最后的"临门一脚".他们成为哈工大展开数学应用研究和应用数学研究的先行者.1963 年李昌校长建议并安排我进行泛函空间与自动控制合作研究的尝试,这在当时国内是超前的.可惜不久"四清运动"开始,一切只好暂停,无果而终,很是遗憾.

1962 年,李昌校长考虑到数学学科的发展需要,同意不久前因教学成绩突出被提升为副教授的林畛辞去数学教研室主任职务,派往复旦大学进修偏微分方程.从而林畛就带领部分青年教师和小教师刘家琦(后为哈工大副校长、偏微分方程反问题及应用专家)支撑起哈工大"偏微分方程"这个重要的数学研究方向.在母校武汉大学跟随学部委员学习过复变函数、已过教学关的青年教师罗声政,对当时国内颇为热门的复变函数几何理论展开研究,加上进修归来的李火林,于是理论数学中函数论研究方向在哈工大已经不缺腿了.我则借助指导几位小教师做毕业论文和培养由教育部指派前来哈工大进修泛函分析的黑龙江工学院讲师王廷辅的机会,组织领导了一个以泛函分析创始人之一 W. Orlicz 命名的泛函空间为研究对象的讨论班.很快,小教师赵善中(后曾任成都电子科技大学常务副校长)与王廷辅都写出高质量的论文,并和我一行 3 人出席了 1964 年召开的只有五六十人规模的第一届全国泛函分析学术会议,宣读了多种泛函空间的论文 3 篇,在国内产生了一定影响.王廷辅的论文幸运地发表于"文化大革命"前的国家级数学刊物(令人惋惜的是,王廷辅,这位我的长期合作者,几十年始终不渝地研究 Orlicz 空间并做出很大贡献的专家,2001 年却过早地离开了我们).

这表明在李昌校长的培育下,哈工大"理论数学"(按现今的学科专业名称,应称为"基础数学")中的 3 个方向:偏微分方程、函数论与泛函分析已现雏形,哈工大"八百壮士"中的数学团队也渐已形成.

此外,李昌校长还十分关心校图书馆有关数学书刊的订购及外文书刊的补充.他了解数学,知道书刊对于数学学习的必要性就相当于其他学科的实验室,然而比起仪器设备,书刊的花费是很少很少的.为此,他还让我担任校图书委员会委员.不久,图书馆就补齐 1930 年以后欧美各主要数学期刊的影印本,这在当时国内各工科院校中并不多见,为哈工大数学教师的科学研究提供了物质保障.

创建计算数学专业

1958 年哈工大创办了计算数学专业,并开始招收五年制本科生.这是李昌校长为哈工大的发展做出的一项重大决策,突破了工科院校不设理科专业的苏联模式框框.其根据有三:

1. 计算数学是一个极有发展和应用前景的新兴数学分支,只有北大、清华、哈工大等少数几所高校于 1956 年已派遣人员赴苏进修学习(其中以 2010 年末刚去世的北大百岁老人徐献瑜和清华赵访熊两教授为代表).因此,该专业的设立,哈工大在国内取得了先机.其实,1956 年学校派章绵留苏学计算数学的同时,又派储钟武和我在国内进修偏微分方程与泛函分析,就已为设立该专业准备了高年级数学基础课的授课师资,这对从未有过数学类专业的哈工大无疑是十分必要的,更体现出李昌校长的远见.

2. 计算数学与计算机是相匹配的专业,两者相得益彰.

3. 该专业的创办,不仅可为国家的国防经济建设输送大量急需人才,而且也可为哈工大数学与计算机教师队伍的培养和补充打造一个极好的平台.除了可以选留优秀的毕业生外,还可以通过让原有青年数学教师开设该专业的各种数学基础课,而不断提高他们的教学和学术水平.同时安排小教师工作之余随该专业本科生听适当的课程,乃至脱产写作毕业论文,使之成为具有一定工科知识的数学教师.这也是李昌校长为培养数学教师开辟的一条"边工作、边学习、边提高"的新途径.

李昌校长的又一个举措是面向众院校招收57级的三年级计算数学专业,即5711班('11'代表一系一专业)插班生.由于该专业一、二年级与数学专业的课程基本相同,各高校(包括若干综合大学)纷纷选送,以便为自己学校筹备成立计算数学专业做准备.这不仅把哈工大创办该专业又推前了一年,而且更加扩大了在国内的影响.尤其是该年级出现一位刻苦学习、成绩显著,来自浙江大学的学徒工出身、只有业余初中学历、高中课程全靠自学的学生蔡耀祖.1961年11月21日他在系里报告了"二次型判别定理的推广及其应用"的数学论文,引起了媒体的高度关注,《人民日报》《中国青年报》《光明日报》等报刊都刊登了蔡耀祖由一名学徒工成长为优秀大学生的事迹.李昌校长也在《中国青年报》上发表题为《大家都来做培养新苗的园丁》的文章,热情呼吁广大教育工作者,积极关心、扶持年轻人,为社会主义建设培养"又红又专"的人才,并且找蔡耀祖谈话,建议他把王安石的《伤仲永》作为借鉴,戒骄戒躁,继续努力.这件事在全国影响很大,哈工大计算数学专业已名声在外.

随着计算数学专业的招生,李昌校长组建了相应的计算数学教研室,从数学教研室调来储钟武任副主任,还有章绵副教授,由外校分配来的个别应届毕业生,其余都是"小教师",并把"小教师"全部送到北大进修.结果,"小教师派上了大用场",在章、储两位老教师的引领下,他们承担了该专业的专业课教学、带专业实习、毕业论文指导等方面的许多繁重教学任务,为专业建设做出了积极贡献.1961年12月22~24日召开的哈尔滨市数学年会,他们还宣读了在章、储的指导下完成的论文.该专业共培养出5届毕业生,其中不乏佼佼者,如5911班洪家荣,1990年就被国家评为计算机专业的博士生导师;王义和则是哈工大为人熟知的计算机名师等.

关于计算数学专业还应该提到的是,根据国家的"调整、巩固、充实、提高"的精神,1962年哈工大计算数学专业下马,停止招生,未毕业的学生可另选专业继续学习.而6111班竟有3位同学坚持不转专业,要求还读计算数学.李昌校长同意为这3名学生单独开班,这种"人性化"、以人为本的处理方式多么难得.

回顾历史,1986年哈工大取得了基础数学专业博士点,它是全国第一个没有老一辈数学家带领、也没有办过基础数学专业,却能获此殊荣的高等院校.这归功于李昌老校长当年对哈工大整个数学学科的建设和发展所倾注的无数心血,也归功于他造就了哈工大"八百壮士"中数学团队形成的基础数学3个研究方向和创办计算数学专业带来的相关专业的有力支持;这当然还得益于后来历届哈工大领导的继续扶持.长江后浪推前浪,新一代数学团队已于2011年获得一级学科博士点授予权.然而哈工大数学学科和国内外一流大学相比仍有很大差距,展望未来,任重道远,相信他们不会辜负李昌老校长的心血与期望,定会加倍努力,奋勇前进!

吴从炘,1935年生,1955年吉林大学数学系毕业后到哈工大工作,1962年任哈工大副教授.教授、博士生导师.历任数学教研室主任、数学系主任.

哈工大第二届李昌奖(优秀教工)
颁奖会的一分钟讲话[①]

吴从炘

各位领导、各位老师、同志们,大家好!

首先感谢学校李昌奖评审委员会授予我第二届李昌奖,也感谢理学院和数学系对我的推荐提名. 获李昌奖对我是最高的奖励,也是最大的鼓励,感到非常荣幸,非常高兴. 我更要感谢李昌校长和几十年来所有教导、培养、关心、支持、帮助我的领导、老师、学生和同志们,没有他们我是不可能得到李昌奖的,在这里我谨向他们表示深深的敬意和由衷的感谢!

为什么1956年我这样一个大学刚毕业一年没讲过一节大课的习题课教师,能够较好地为李昌校长单独讲了一个暑期每周24学时的高等数学,这主要得益于读大学时老师们的言传身教. 特别是参加三年级的课外学习小组和四年级的一个讨论班,两位年青教授给我提供许多次报告机会并加以点评,培养和锻炼了我的备课和讲课能力.

我深知,在我回母校进修时受到处分是要求"又红又专"的一大软肋,李昌校长为此也承受相当大的压力,尤其当我知道李昌校长还曾派专人去长春争取撤销对我的处分,并对该同志说:"处分不撤销,入党就很难了."我十分感动,也明白了李昌校长的期望. 因此,1979年吉大团委撤销对我的错误处分后,经努力,20世纪80年代初我加入了中国共产党,1979年我还放弃了一个可以完全实现的出国留学建议,我懂得,我理应留在哈工大好好工作.

谢谢大家.

[附言]颁奖后,我与哈工大李昌教育基金委员会领导多次沟通,终于接受我所提出将李昌奖5万元奖金留作奖励数学系优秀学生,其细则由李昌基金会和数学系商定的请求,根据李昌基金会提议,我提交了如下正式申请,以便存档.

哈工大李昌教育基金委员会:

感谢学校李昌奖评审委员会授予吴从炘第二届李昌奖,这是对我的最大鼓励,也是对我的最高奖励. 但我本人目前无法很好地处理这笔奖金,使其能够带来更好的社会效益. 因此,我恳切希望将该款项仍留在基金会,以便发挥更大的社会影响.

(2013年9月20日)

[①] 锻炼,29期(2014.3)5-6页."锻炼"系吴从炘于福州一中高中部就读1948~1951届(秋)的锻炼级联谊会编的级刊,2008年8月创刊,邹光椿任主编.

学习李昌校长 2000 年《回忆哈工大》一文的粗浅体会

——提出"规格严格,功夫到家"的背景、历史作用与现实意义[①]

吴从炘

  "规格严格,功夫到家"是李昌校长于 1954 年 9 月做的一个工作总结中,针对学生考试成绩不好的情况,提出对学生必须要求"规格严格",不能降低标准. 而国家建设需要大批人才,为此对教师又提出必须做到"功夫到家",保证不会出现学生的高淘汰率. 第二年取得显著效果. 这就是李昌校长提出"规格严格,功夫到家"的背景.

  李昌校长在《回忆哈工大》一文中对教学实行"规格严格,功夫到家"是这样做出评价的:"这和旧社会旧大学以淘汰学生比率高,保持毕业生的高质量和学校的高声誉是不同的教学路线. 这是运用教育规律指导实践的突破,是哈工大的传家宝."[2]

  显然,保持毕业生应有质量的高比率是不同于旧社会知名大学的教学路线,它具有社会主义特色,这无需做更多解读.

  再看下一句:"这是运用教育规律指导实践的突破". 这一句非常关键、非常重要、也非常切合哈工大实际,特别是"突破"两个字.

  长期从事青年工作并且具有"清华"经历的李昌校长深知,哈工大教师中年轻教师占绝大多数,他们热爱国家、拥护党的领导,愿意为社会主义努力工作. 遵循教育规律和现代大学理念就应该让他们依次过好教学关、科研关与水平关,并在这个过程中帮助他们树立淡泊名利,理论联系实际,团结协作等优良作风.

  然而,李昌校长在哈工大的 11 年中,这些年轻教师需要面对肃反、反右、大跃进、教育革命、反右倾、批修反修等一系列政治运动. 如何保护他们,使他们能够避免或者减轻受到伤害与冲击,同时还能得到正面教育,这是期待李昌校长予以解决的一大难题.

  由于"规格"、"严格"、"功夫"、"到家"这 4 个词语本身没有直接的政治含义,"规格严格"不仅对学生要用,也可以用于教师和干部,同样"功夫到家"除了对教师要用,对干部和学生也可以用. 这样,李昌校长果断采取直接而有区别地结合各历史阶段学校中心任务,运用"规格严格,功夫到家",实现他的办学理念,维护教育规律. 这从李昌校长的各种报告、讲话与措施的实践中得到证实,"八百壮士"们心里都有数. 李昌校长甚至借大跃进东风,1958 年办起数学、物理、力学三个专业,成立了数理力学系,为在哈工大实现当年"清华"的强大理科迈出坚实的一步.

---

  ① 2014 年 12 月 12 日在哈尔滨工业大学李昌教育思想研究会为纪念李昌老校长百年诞辰召开的李昌教育思想、工作作风、工作方法研讨会上的发言.

至于李昌校长本人是怎样身体力行他自己提出的"规格严格,功夫到家"呢?只举两件事:第一件事是学俄语.尽管李昌校长在上海读的私立初中完全用英语授课,又在德语著称的同济高中部就读,英语和德语功底都很好,但为了与苏联专家能更好地交流,开始学习俄语.据秘书陈一鹤撰文回忆道[3]:"李昌校长后来与苏联专家交流时,如果翻译用词不当,他可当场纠正.另外,1964年他去古巴参加庆祝活动,他用俄语与阿尔巴尼亚代表团团长进行交谈,代表团的团员们非常钦佩."

第二件事是重修数学.1956年暑期,李昌校长将平时每周2次数学课增至每周24节课,课后还要做作业,下次课当面批改.这对白天工作繁忙的李昌校长是多么的不容易呀.

虽然李昌校长对我在暑期讲课的印象还不错,两年后当我从母校进修返校,他对我能否过好教学关,又进行了严格而全面的考核.在三年多的时间,我讲过的课有:物理、力学、普通电工专修班(合班),电机系一年级、机械系二年级的高等数学,数学专业的数学分析、高等代数、微分方程、线性代数、实变函数、泛函分析,对于我这全是新课.我还参加大炼钢铁时调出为机械系老工人班讲中等数学以及派往哈尔滨铁道学院协助该校讲授高等数学等,周学时平均约为14,最高达20学时.

这期间,李昌校长还通过各种方式与途径对我的教学进行考核.举个有趣的例子:数理力学系黄文虎副主任曾突然到机械楼阶梯教室听我为数学59级讲的一节微分方程课,因为我当时视力极差,直到课讲完了,黄主任招呼我,我才知道刚才他来听课了.看来我是经受住李昌校长对我教学上的全面而严格的考核,过了教学关.

再来看李昌校长对数学教研室为工科学生讲高等数学课和为本专业学生讲数学类基础课的年轻教师是怎样实行"规格严格"和"功夫到家".

例子1 一位大学时微分方程方向的年轻教师,理所当然地被安排为本专业学生讲微分方程课.后来发现他虽然尽力了,但由于对该课程的理解与把握还不够深,效果还不够理想,课程结束后,就让他改教其他课程.

例子2 另一位大学时学代数方向且毕业论文已经发表被安排为本专业学生讲高等代数课的年轻教师,学生意见很大.经了解,他的健康状况不适合教书,而数学教师又必须承担教学任务.只好把他调到校外其他单位做本专业工作.

例子3 有几位毕业于著名大学的年轻教师,主要因为讲授高等数学仍存在问题,被调离哈工大,但仍安排在省会城市的高校任教.

可见李昌校长对待年轻教师过教学关,既"规格严格",又"功夫到家",且体现出以人为本.

李昌校长对数学学科过科研关更早有部署,1956年派出4人脱产进修计算数学和基础数学的三个方向.其中两位还没讲过课的年轻教师各自回母校进修泛函分析与函数论.在李昌校长相应措施保护下,这2人成为哈工大数学教研室在全国性数学刊物发表论文仅有的2位教师.正是李昌校长实行"规格严格,功夫到家",哈工大文革前就逐步形成泛函分析、函数论、偏微分方程三个基础数学方向和计算数学的支撑方向.

这样才有1986年哈工大在工科大学中,第一所没有老一辈数学家而取得基础数学博士点的高校,并于同一年就诞生出第一位博士.

如今,在历届校院领导传承李昌校长对数学学科的重视,给予大力扶植与支持下,通过数学学科上上下下的努力,哈工大数学学科2013年已进入世界百强,2014年又前进至前75名.

以上对哈工大实行"规格严格,功夫到家"的整体分析,和对数学学科这只麻雀的具体解剖,足以说明实行"规格严格,功夫到家"的历史作用是"突破"性的.

再讲一下关于李昌校长在《回忆哈工大》文中所述:"规格严格,功夫到家"是哈工大的"传家宝"这句,我个人的理解.这就是说改革开放以来的哈工大也一直以"规格严格,功夫到家"作为校训,在实践中与时俱进.在座许多同志都是亲历者,都清楚."规格严格"实际上就是依法治国在高校的一种具体体现,"功夫到家"又意味着是在道德层面的一种传承中华文化,也是以德治国在高校的一种具体体现.因此它和中共十八大以来,习总书记指出[4]:"坚持依法治国和以德治国相结合,把法治建设和道德建设紧密结合起来,把他律和自律紧密结合起来,做到法治和德治相辅相成,相互促进."保持高度一致.

回想当年哈工大年轻教师过三关需要一关一关地过,现在年轻教师都是博士,已经初步过了科研关,当时过水平关似乎还很遥远,现在过水平关者大有人在.因此,过三关就不再是一关一关地过,而是要抓两头,带中间,在抓高水平团队的组建与发展过程中带动大多数年轻教师过好科研关,在设置各种正面机制鼓励做好教学工作,帮助年轻教师过好教学关同时,还应该设有保证搞好教学的倒逼机制,作为辅助.

相信李昌校长提出的"规格严格,功夫到家"校训,定会继续与时俱进,在实现中国梦征程上,不断释放出正能量.

参考文献

[1] 李昌,回忆哈工大,哈尔滨工业大学学报(社会科学版)2000年第2卷.永远的校长,哈工大人怀念李昌校长文集,主编吴建琪,主审顾寅生,强文义,哈尔滨工业大学出版社,2011年,340-348.

[2] 永远的校长,343页12-14行.

[3] 永远的校长,93页17-20行.

[4] 开创法治中国新天地——以习近平同志为总书记的党中央全面推进依法治国述评,新晚报,2014年10月20日,B2版(由国务院法制办副主任袁曙宏转述,见该版第2列倒3段).

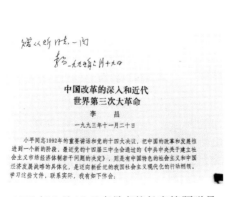

1995年6月19日李昌老校长亲笔题赠吴从炘

李昌老校长九十高龄撰写的两篇文章,盖印章赠吴从炘

江泽坚教授引导我走上泛函空间研究之路

——兼谈江先生对我国泛函空间理论发展的贡献[①]

吴从炘

去年是我国著名数学家、教育家江泽坚教授诞辰 90 周年,也是江先生去世 6 周年.因此,这次由龚贵华、蒋春澜、纪友清三位江门弟子组织召开缅怀江老师的系列纪念活动,正是我们期盼已久的一次盛会,也对我国泛函分析学科的发展具有重要意义.

(一)江先生引导我走上泛函空间研究之路

吴从炘是在 1953 年秋季学期、大学三年级由江泽坚老师主讲《实变函数》课 L^2 空间这一章的时候,才头一次知道有泛函空间一词.特别,当江老师用该课程最后一节课来回答吴曾在课堂上提出的一个问题:"为什么不研究 Riemann 平方可积函数空间"[注]之时,尽管因为看不清黑板,讲义上又没有这段文字,不是很懂,还是激发起吴对泛函空间的浓厚兴趣.后来得知,江老师将指导泛函分析方向的毕业论文.于是,吴决定跟着江先生学泛函分析.1955 年春季学期前半段,听江老师开的"Hilbert 空间"课,同时参加江老师所指导做毕业论文的 8 名同学组成的"Banach 空间"讨论班,读的是杨从仁译的《泛函数分析概要》前三章,其实准备报告时大家看的还是俄文本.老师指定吴从炘在讨论班总共 10 次报告中要讲 3 次,由于受江老师编写实、复变函数讲义和实际讲授风格的启迪,在每个学生报告后的导师点评中,吴的报告从内容组织、板书布局到语言表述均受到好评.该学期的下半段,江老师指导吴从炘写毕业论文.导师先布置吴读 2 篇有关解析函数空间 H^p 的论文,读了之后,就让吴着手考虑熟悉的单调函数列在熟悉的 L^p 空间中从弱收敛是否可推出几乎处处收敛,并且具体指出可以参考 A. Zygmund 1952 年的《三角级数》书中关于单调函数列的 Fourier 系数的 Caratheodory 定理,吴很快得到该问题的肯定性结果,接着转向要以 H^p 空间相关主要结果为特款的论文主体部分,先生的指导同样非常具体、细致和有效,对吴的论文初稿,先生就文章的布局、规范的书写格式和文字上又进行了字斟句酌的修改,甚至连每个标点符号都不放过,吴受到一次严格的训练,论文发表在《东北人民大学自然科学学报》1955 年第 1 期(创刊号).总之,在江泽坚先生的指导下,短短两个月的毕业论文写作对吴从炘的影响是决定性的,初步培养了能够进行一些科学研究的能力.

1956 年 9 月,吴从炘所在工作单位哈尔滨工业大学选派他重返母校,跟随江老师进修两年泛函分析.当时东北人大该学科的主要方向是"拓扑线性空间",先生在安排吴做些准备工作的同时,很快就指导吴研究 Köthe 序列空间,指出该空间被认为对拓扑线性空间的产生与发展有重要作用,并让吴系统学习这类空间许多德文论文,寒假后在讨论班作系列报告.吴需要的正是这种方向性的指导,很快吴完成了多篇论文,后来陆续发表于《科学记录》新辑等刊物,也成为国内首位研究该空

[①] 原为 2011 年 11 月 6 日会上即席发言,2014 年 8 月 6 日作了修改补充.

间的数学工作者.进修教师必须承担教学任务,江老师让吴指导两名本科生毕业论文,并且要吴自己去选择方向,予以锻炼,吴从炘早在做毕业论文阶段,就从 Zygmund 三角级数一书知道了比 L^p 空间更广的 Orlicz 空间,回到母校通过研读苏联 M. A. Красносильский 等人的研究工作,明确了 Orlicz 空间对非线性积分方程有实质性重要应用,且不像拓扑线性空间需要较多的预备知识,四年制本科生从中可以起步,并取得先生的肯定与支持. 不久,吴也完成多篇论文,1959 年 7 月《科学记录》新辑刊出其中 2 篇,只比同在该刊登载那 2 篇 Köthe 序列空间方面的文章晚 4 个月,吴也加入了我国最早 Orlicz 空间研究者的行列.

江泽坚教授不仅是吴从炘学习研究泛函空间理论的引路人、指导者,还始终是吴的有力提携者. 无论在 1962 年吴被破格提升副教授,1978 年晋教授,获全国科学大会奖,……,都离不开先生的有力提携.

(二)江先生对我国泛函空间理论发展的贡献

吴从炘结合亲身经历,从某些侧面介绍江泽坚教授对新中国泛函空间理论的引入与发展所做出的重要贡献. 江先生无疑是解放后高等学校泛函空间理论研究的奠基人、领军者和思想家.

早在 1955 年春,江先生应该就是解放后首位在高等学校为数学系本科生开设"Hilbert 空间"课,组织"Banach 空间"讨论班,指导(8 名)学生完成有关泛函空间毕业论文的高校教师,并将每篇论文摘要合订、油印成集,有的还在所在学校(东北人民大学)自然科学学报创刊号发表. 秋季学期,江先生又成为高校招收泛函空间研究生的第一人.

1956 年秋,江泽坚教授第一次在高校组织"拓扑线性空间"讨论班,在江老师指导下由数学系 5 位教师,1 名转为正式的副博士研究生和进修教师 2 人组成. 江先生非常关注 Bourbaki 关于拓扑线性空间分别于 1953 与 1955 年出版的 2 卷专著和 J. Dieudonne 的一个综合报告,但没有带领大家直接学习 Bourbaki 的书,这出于他对该丛书写得过于一般化,又不断引述前面各卷的内容,加之用法文撰写,显然不便初学者的考虑. 江先生充分吸收 Bourbaki 专著历史注记(第 2 卷 162-177 页)末尾一段和 Dieudonne 报告之精华,科学地制订讨论班活动计划. 围绕 1934~1935,1945~1946 与 1950~1951 年三个关键时间段有重要影响的文章,原汁原味研读,写成讲稿印发,再进行报告讨论,效果甚好,不少成员都有论文发表. 其中副博士研究生刘隆复在江老师提出"(BS)空间"概念来刻画著名的一致有界原理得以成立的局部凸拓扑线性空间启示下,他与刘隆复所发表的这个工作为《十年来的中国科学——数学,1949~1959》所收录. 反右期间系里调整了讨论班内三名教师研究方向,1 位进修教师奉召返校,造成讨论班人员减半,实际上可以准备报告的只剩下吴智泉与吴从炘 2 人. 于是,江先生只能安排吴智泉准备 G. W. Mackey 1945~1946 年两篇长文,吴从炘准备 Köthe 1951 年一篇新文章和 L. Schwartz 1950 年的《分布论》第 1 卷,后因 1958 年教育革命开展而未能报告分布论,"拓扑线性空间"讨论班也就终结.

20 世纪 60 年代初,江泽坚教授转而研究算子理论,却以他称之为(OP)型空间,即不含有与 c_0 拓扑同构的子空间的 Banach 空间的概念,于 1964 年与邹承祖刻画了 Banach 空间上谱算子的共轭算子仍为谱算子. "文革"后国内一些泛函空间理论工作者继续了对(OP)型空间的研究,只不过因为"文革"前是中文论文,(OP)型空间概念不为国外研究者所了解,造成这个重要概念没有被人们所沿用.

当模糊数学随"文革"结束在国内兴起,江泽坚教授就积极支持有关人员开展模糊泛函空间相应研究,注意其特色所在. 此后他更主张探索由模糊对象形成新类型泛函空间,使得泛函空间与模糊数学的联系与交互影响迈出了一步.

1964 年 8 月 5~11 日,江泽坚教授在长春成功组织召开了第一届全国泛函分析学术会议. 泛函空间是三个小组之一,有 13 个报告,他本人做了泛函分析方面第一个大会报告:"谱型算子与(OP)型空间. 在 1979 年于济南召开第二届泛函分析大会,他当选联络组成员(共 4 人,另 3 人为关肇直、田方增与夏道行)并且分管泛函空间组. 到了 1990 年第 5 届南京会议,江先生等老一辈数学家主动提出联络组实行新老交接,成立全新的 5 人联络组. 江先生十分关心泛函空间学科发展,每次分组活动都事先(后)认真听取会议筹备工作(进行情况)的汇报,提出带方向性的指导意见和具体建议,平时有机会乃至不担任联络组领导后均仍能这么做. 足见江泽坚教授对我国泛函空间的引入与发展做出了重要贡献,是奠基人、领军者和思想家,永远是国内泛函空间界后学者的学习楷模.

注:在 1953 年秋江泽坚教授主讲《实变函数》时能够专门花一节课时间详细讲述"Riemann 平方可积函数空间的不完备性",对于那个年代刚入三年级的大学生,可以受到如此高屋建瓴的教育是何等幸运啊. 2009 年常心怡在《高等数学研究》第 4 期 4-8 页所发表的文章"再谈为什么要学习勒贝格积分"中如下的一段话足以作为佐证,这就是"……,勒贝格积分是完备化了的,而 Riemann 积分不完备,这个事实最早是 20 世纪 70 年代由张恭庆院士和邓东皋教授聊天时谈到的,……".

1956 年江泽坚先生主持的泛函分析讨论班合影. 左起:李荣华、刘隆复、吴智泉、吴从炘、王文娴、邵震豪、江泽坚、王振鹏、黄炎明

与江泽坚先生在交流,聆听老师的教导

福州一中入学 60 载

——追思王杰官老师[①]

吴从炘

我 1948 年秋入省福中,今已一个甲子.然往事并不如烟,三年学习生活仍历历在目.名校所固有的一切,对我一生产生决定性转折的影响.其中从高二至高三整整两年担任我班数学课的王杰官老师,更起着关键性、不可替代的作用,我与数学结下不解之缘,并付出毕生的努力.

杰官先生来到我班任教,恰为我学习上极艰难的时刻.我出身卑微,小学与初中才读了两年,还只有在黄花岗中学读初三那一年是完整的.这是一所在当时也很少有人知晓的学校,它坐落于周围被无数荒坟野塚所环绕,无电灯照明的仓山白泉庵,以致升学考试,居然连"光复"、"三民"都不予录取,名落孙山.随后经几位大学生一年的突击应试式"家教",竟侥幸以倒数第二的名次考入省福中.入学不久,我之种种弊端、弱点,自必暴露无疑,每门课均高不可攀,不可企及,绝大多数同学也均无法望其项背,期末成绩列全班及格之末算是万幸.第二学期依然如故,未见起色.随即福州解放,激发了我的上进心,深感学习不佳将无以报效国家,内心不胜困惑,一片茫然,不知所措.

杰官师的到来,正如级友、文学家林则勋在"我心目中的福一中名师"(刊于《三牧通讯》第 35 期,40 页)一文中所述"杰官师一上课就以不借教具而能在黑板上一笔画圆而惊动全班,他讲课简要精刻地把握全书精华."述称"要不是前后林(指肇弗)、王(指杰官)两位老师之循循善诱,让我葆有对数学的兴趣,如数学得分过低,也会落榜而与北大无缘的."同样,数学课也成为我第一次对一门课产生浓厚兴趣的课目,也引发了一定要想方设法把它学好的急切愿望,期中也首次出现了中上等的成绩.继之,在杰官师个别指导和借阅下阅读了日本上野清著的大代数学讲义中译本,书中例题甚丰,经反复对比,思索与体会,得益良多.尤其在一次小考之后,先生对我所提出"其中的一道题,因假设不够完备,而造成可出现两种不同结论"的问题,竟首肯了其合理性.不禁喜出望外,大大鼓舞了我学习数学的热情、信心和决心,遂立志报考数学系.随着数学成绩的长足进步,触类旁通,各科均获较均衡的发展,1951 年秋以第 1 名考取东北工学院数学系,走上"数学"之路.

1955 年大学毕业论文在刊物刊出,即寄送杰官师,表示绝不辜负先生的培育与期望,定当继续努力进取(此时师已调往福建师范大学数学系).其后也还曾向先生作过几次汇报,师也时有回复鼓励.

1978 年 11 月,中国数学会在时隔 18 年之后,于成都召开第 3 次全国代表大会,杰官先生和我都参加了此次盛会,均当选为第 3 届以及后来的第 4 届理事会理事(福一中林碧英名师也同为理事并有幸得识).师生重逢,倍感欢欣与亲切,畅叙彼此的工作、学习以及不平坦的生活之路等等.当学生诉说先生之独特教学方式及个别教诲之恩,先生仅淡然一笑.随后的几次理事会议也均有会

[①] 三牧通讯,41 期(2009.1)47-48 页.

面,直至1985年12月在上海召开的中国数学会50周年年会,杰官师荣获中国数学会学会工作积极分子称号,这是很高的荣誉,每省平均还不足1人,这也是对他长期辛勤工作在福建省数学会秘书长岗位的充分肯定,学生为之感到骄傲,也为福一中校友争了光.随之,先生退休了.

经历10年念想,我1995年冬趁出席福州某会议之便,问候了杰官师,见先生身体还算健康,生活平静,颇觉宽心.至2001年正月初三返里与级友聚会时,本想再去拜见恩师,不意先生竟已驾鹤远去,真可谓感慨万千!有生之年将何以告慰吾师,思之再三,觉借级友入学60年相聚之机,设置并发放以王杰官老师名字命名的一次性奖学金,以激励后来者,似为一种可选择之方案,并征得少数级友的认可.顾及杰官师在母校工作时间不长且当时很年轻,后来又未曾有显赫之处,母校领导未必会同意设立以他命名的奖学金.乃托一位与李迅校长相熟的福建省数学界人士征询意见,很快李校长及校领导欣然允诺的喜讯就传来了,校方又迅速依程序选定5名获奖同学并定于2008年10月28日,1951届级友聚会期间举行颁奖大会.李迅校长亲临会场做了热情洋溢的讲话,对设置以普通教师命名的奖学金一事表示了赞许,使我深受感动.我诚挚地感谢李校长及校方为一位普通校友,一位已处暮年的王杰官老师的弟子向恩师略表心意创造的一个完美机会,更钦佩校方的高效工作,从中亦可窥见母校之所以能快速发展,长盛不衰的原由之一二.也衷心地感谢为此举贡献心力的级友和友人,特别要对母校1934届校友、已年逾九旬的福建师大数学系前主任、福建省数学会前理事长林辰教授,为此亲笔书写王杰官老师的生平介绍,致以最崇高的敬意和谢意!并祝他老人家健康长寿!

平心而论,杰官先生在我班的数学教学实践无疑是很成功的,全班同学均深得其益,还调教了文科特长生则勋兄和全科差生的我.正是:师恩无尽,风范长存.

福州一中李迅校长亲临会场做热情洋溢的讲话

2008年10月28日吴从炘在福州一中颁发王杰官奖学金会上发言表达对恩师和学校的感激之情

第二届"王杰官奖学金"颁奖典礼在我校高中部隆重举行①

2009年12月16日下午16时,福州一中第二届"王杰官奖学金"颁奖典礼在高中部隆重举行.颁奖典礼由教务处陈德燕主任主持,李迅校长、办公室吴锦华主任、德育处郭惠榕主任、教务处苏健副主任、德育处林浩源副主任出席了颁奖典礼.

本次颁奖典礼由两个议程组成.首先由陈德燕主任介绍了我校学生在2009全国高中数学联赛(福建赛区)中的优秀表现,并宣读了获奖名单.第二项议程为"王杰官奖学金"颁奖典礼.陈德燕主任介绍了创设"王杰官奖学金"的由来,并隆重宣读了第二届"王杰官奖学金"获奖学生名单.李迅校长、吴锦华主任、苏健副主任和林浩源副主任为获奖学生颁发了获奖证书和奖金(一等奖2 000元、二等奖1 000元).此后,黄山筱同学代表全体获奖学生发言致谢.他表示,能获此殊荣对于热爱数学的学子而言既是莫大的荣誉和赞赏,也是鼓励和鞭策,获奖学子将继续努力,为校争光.

颁奖会上,李迅校长对获奖学生表达了衷心的祝贺,并进一步对"王杰官奖学金"的特殊意义做了完整的、深刻的解读和诠释——"王杰官奖学金"是福州一中校友吴从炘教授因感念王杰官老师有教无类、春风化雨的桃李之教的恩情而设立的,以恩师名字命名,旨在激励母校后起之秀在数学的学习道路上勇于探索和创新,这也是福州一中有史以来首次由学生出资设立、以老师名字命名的奖学金,是师生间深厚情谊及校友与母校间的真挚感情的体现.李迅校长殷切希望一中的师生能将这种精神薪火相传,并谆谆教导一中学子应常怀赤子之心,学会感恩.

附:吴从炘教授来信

校领导:你们好!

日前锻炼级联络员邹光椿学长电话告知:"2009年王杰官奖学金定于12月16日(星期三)继续发放,并邀请你回来参加相关活动."我深知这是母校对我的极大厚爱,不巧的是,我刚开始(12月1日起)为我校(即哈尔滨工业大学)数学系四年级本科生讲授一门课,恰好15日与17日又都有课,实在分身乏术,无法返榕出席盛典,敬请领导见谅,并请转致对获奖10位同学的热烈祝贺,祝他们今后取得更大的成绩!

其实,11月间我从锻炼级级刊2009年第8期就已获悉:我2008年捐资的一次性"王杰官奖学金",在李迅校长的建议下,福建省三牧育才研究会和福州一中三牧校友总会决定出资继续发放.为此,我异常兴奋,并深信杰官先生九泉之下也必定为之感到高兴与欣慰!正是存在于"师生间的深情厚谊以及一中校友与母校的真挚情感"(见续办'王杰官奖学金'建议)的有形与无形,绵续永恒之无数事例,形成了母校长盛不衰,兴旺发达的一种巨大的原动力.而作为一名普通校友的我,对我所崇敬的一位普通教师的一个微不足道的小小举动,竟受到母校如此重视,出资使之长期化、常态化,惭愧之余,我必须将这种鼓励化作鞭策自己尽心尽力发挥余热的力量.在每年颁奖时日,自省当年所为,并谋划来年.另外,拟再捐资15 000元(款项在2010年内汇至母校账户)以供2011年

---

① 三牧通讯,44期(2010,1)36页.

(即锻炼级高中毕业60周年)的'王杰官奖学金'之用.

最后,值此新年即将到来之际,祝母校领导、全体师生员工、三牧校友总会与三牧育才研究会领导及全体工作人员:

新年快乐!

身体健康!

万事如意!

1951届校友吴从炘
2009年12月11日于哈尔滨

后记:学校于2009年12月17日给吴从炘教授回信,感谢他为母校普通教师设立奖学金,开创福州一中学生向老师表达师恩的先河.据悉该奖学金将续办5年,这5年款项由学校和三牧校友总会通过社会和校友捐助来接续,目前已有着落,吴教授可以放心了.

这是2010年11月9日举行第三届王杰官奖学金颁奖仪式的照片

这是2008年10月28日吴从炘向苏钧同学颁奖时的照片,该同学于2010年7月12日参加在哈萨克斯坦举行的第51届国际数学奥林匹克竞赛荣获金牌

香港见闻数则

吴从炘

1996年12月赴台参加亚洲模糊系统研讨会等学术活动,当时必须在香港办理入台手续并乘坐港台间的往返航班. 于是,有机会应香港中文大学校方正式邀请,顺访该校一周,在那里过的1997年新年. 香港还没有回归,回归后,我和香港有不少来往,直到2006年为止,前后不下十五六次,累计逗留时间近一年,其中多为学术交流,有合作研究,共同指导博士生,参加博士答辩,做学术研究报告,出席学术会议,策划书籍出版,乃至纯旅游,如此等等,见闻自然不少,为免使文章陷入长而乏味,择数则述之.

(一)博士生可以没有导师

我就遇见这样的一位博士生,并且这名学生与我还有直接关系. 话得从头说起,我在香港的首位合作者系中文大学数学系讲座教授岑嘉评(K. P. Shum),在英国体制高校中讲座教授是最高级别的教师,正是他出面具体安排接待我的第一次访港. 他是一位国际知名的代数学家,他的一名女硕士L已在某大公司有一份很不错的工作,收入颇丰,可她仍想再业余读个博士,纯粹是一种兴趣,可以说对她的职位毫无益处. 由于她希望将代数学与模糊数学结合起来作为攻读博士的研究方向,岑教授就找我和他联合指导L. 200?年秋L成为中文大学博士生,论文如期顺利完成,2004年秋即可进行答辩. 可是,到了2003年秋,岑年满60岁又延聘3年已到期,校方不同意再继续延聘,结果岑转到了香港大学,港大聘他到该校数学系任教授,任期5年. 这样一来,L在中文大学变成没有导师的博士生了,因为她坚决拒绝学校要为她另行安排导师的建议.

尽管L已在国际重要期刊刊发4篇论文,岑还是担心L与当局的矛盾可能会影响到她论文答辩的通过,他找了曾带出学生获菲尔兹奖(国际数学界40岁以下的最高奖,4年一度,每次2~4人)的某权威为首的一批代数学界重量级人物组成的答辩委员会(按规定本校只能出3名委员)为L保驾护航. 最终并未出现想像中那种紧张激烈的场面,答辩获得一致通过,虚惊一场,老师和学校怎么能不爱护自己的学生呢?

(二)博士生答辩委员会主席必须由其他学科学者担任的答辩模式

香港大学就是采用这种博士生答辩模式的一所大学,我于2004年秋,应邀参加港大数学系一位博士生的答辩会,主席是研究生物的,和数学学科相距甚远,在此我顺便介绍一下该校博士生答辩的具体操作程序:

博士生首先提出答辩申请,其学位论文经导师同意即可送审,由导师推荐两位审阅人,其中1人必须是港外的,审阅人在书写评审意见时,一定要对所评审的博士论文提出若干需要学生回答的问题,这些问题在答辩会上由主席宣读,再请学生应答,接受答辩委员们对此继续提问,事前不将问题告知学生,让他有所准备,答辩委员会共5人,无秘书,无其他旁听者,提问结束,进行投票,主席

---

① 锻炼,27-28期(2013.12)46-51页.

宣布答辩通过,答辩会结束,无茶点、照相、聚餐等举动.

再就是博士论文有评审费,但答辩委员无答辩费,港外答辩委员来港的旅差费,不能由导师的科研经费开支,只能以合作研究方式,按学校规定来访者每工作日薪酬标准支付,与大陆很不相同.

(三)出席1998年香港高等院校教职员国庆联欢晚宴

1998年10月1日是香港回归以后的第二个国庆,香港各界举办了多种形式的庆祝活动,教育界也不例外,由香港高等学校教职员联会和香港中文大学教员协会与职员协会组织了一次国庆联欢晚宴.中文大学的岑教授系香港高等院校教职员联会召集人,因此,他责无旁贷地成为这次活动实际上的具体负责人,这时我恰好应岑之邀到港访问一个月,策划一本书的出版(后因故撤销对此书的策划).一天下午我和复旦大学数学系前任系主任同在岑的办公室聊天,他让我们俩人随他一起去参加当晚6时在九龙尖沙咀香格里拉酒店举行的这次联欢晚宴,并且借给每人各一条领带,否则算作衣冠不整,不得入内.

大会分成两个阶段:酒会1个半小时和3小时晚宴,酒会其实就是请大陆某学者作一个多小时的演讲,本次主讲人和讲演题目分别是:

主讲人:林兆木(国家发展计划委员会宏观经济研究院常务副院长)
讲演题目:目前内地经济发展中的几个热点问题

晚宴过程中,除致欢迎辞和答谢辞外,还有新华社香港分社副社长王凤超致国庆贺辞和岑嘉评致贺辞,另外也有舞蹈、歌唱、中乐演奏等表演节目助兴,至晚10时30分活动结束.

令我们两位来访者感到十分意外的是,到了会场才知道出席此类宴会,每个港人都是要付钱的,不像大陆这些都算作一种礼遇,自然是"白吃"无需交费,在香港岑先生作为负责人也不能免交费用,当然,他早已替我们缴纳了每人500港元餐费,这就是实实在在的"一国两制",留下了难忘的记忆和深刻的联想.

(四)跟香港友人一起去看二手房——一种注重功能完善的小户型住屋

早些年香港某些大学教师们常可从学校租到面积很大,如中文大学每单元面积可达250平米及以上,而租金却仅占工资7%的超低价位的豪华住屋,估计要比市面上便宜十倍,甚至更多,不过,到退休之日,必须当天将租的房退还校方,因之,许多教员在退休前好几年就开始张罗看房买房,找一个日后较好的安身之地.

我在中文大学的一位友人也步入了这个年龄段,巧得很,一次碰到他和太太要去看房,难得有此机会,就跟他们一起去了.要看的房子是一套3室1厅,2卫(生间)1厨的小户型住屋,房主是一位准备移居新加坡的医生.虽然事先不知道所谓小户型空间有多小,但总觉得这么多房间放在一起,再小,也小不到那去,再说楼的外观,楼的周边环境都还不错,于是决定进屋看房.

开门就是客厅,入坐稍事寒暄,房主告知厅为12平方米,总面积是32平方米,这就是说余下的三室两卫一厨只有20平方米.我看出来我的朋友和太太嫌房子小了,我则十分吃惊,实在想象不出这20平方米该如何布局,很想见识一下.显然,主人并未觉察看房者表情的微妙变化,热情地带我们察看各个房间和室内设施,主卧室8平方米,另两室为4平方米与3平方米,最小房间实际上就是一铺板床,床下是两个可拉出的长箱子,供放置被褥等,除朝门方向,离床半米高由衣柜与书架环绕,在靠门一侧还有一张折叠式桌面靠墙位于书架之下,备不时之需,剩下5平方米的两卫一厨也设计得小巧而一应俱全,足见香港的小户型房子是很注重设备的完善的.

出了门,朋友和太太都说房子实在太小,不够住,还得再多看看,好在还有时间,后来,他们买到称心如意的住房,但离学校很远,我也没机会登门拜访了.

（五）宁静环保的愉景湾高档住宅区

愉景湾座落在大屿山东北的海边,最初我是从香港地图上得知这个地名,因为我很想去看名扬海内外的香港天坛大佛及附近的宝莲寺,也了解到它们都在比香港岛更大而人烟稀少的大屿山,就通过地图寻找这两个景点的具体所在位置和(海陆)公交行走路线且不走回头路,顺便看到,并非公交换乘点,也不会路过的愉景湾在地图上的方位.

一位在经商与我相熟的大陆人士 Z 某日驾车带我去他家坐坐,他家就在愉景湾,没想到此行会遇见许多意外的新鲜事.车开到大屿山的中心地东涌,停车购物后,第一件新鲜事就出现了,他不再走回停车场,询之,答"坐公交去",为何要坐公交,称"为避免空气污染,愉景湾禁止私车进入,必须换乘东涌——愉景湾的专线巴士".巴士沿途几乎不见房舍,直至驶入愉景湾地段,开始陆续有人下车,到愉景湾中心地愉景广场,第二件新鲜事发生了.下车了 Z 不是步行回家,而是走向另一停车场——电瓶车场,他说"电瓶车既环保,又便于老弱妇孺与携带较多物品者." Z 家是独栋三层的海景花园洋房,各层阳台均伸至海面,饮茶叙谈,不经意间,听到第三件新鲜事:"为保证愉景湾居民去港岛上班或办事的方便,愉景湾与中环(三号码头)之间有 24 小时服务的往返渡轮,愉景湾住户往往在中环还备有另一辆私车,他家也如此".往回走时,Z 和我漫步于愉景广场及周边,见到第 4 件新鲜事:到处都是白种人,儿童们在嘻笑欢乐,恍惚已置身于欧美地区. Z 说:"香港的外国人很喜欢住在这里,他们很会享受悠闲生活,黄昏时分常聚集在此,渡过宁静的夜晚,愉景湾之行,大开眼界.

（六）对一所教会医院的观后感

借一位朋友的太太在一所较大医院工作之便,我到这所医院进行过一次初步考察,它完全改变了我对香港医院原来的想象,自以为香港医院尽管医术、条件和服务肯定都不错,但费用会异常昂贵,高得惊人,这种心存疑虑,造成我在港期间从不上学校医务所看病拿药,甚至有一次腹泻发烧,我宁愿利用签证允许多次进出香港,特地去深圳医院并在当地住了一晚且往返还得坐火车.

这所教会医院服务之周到,价位之低廉,令我这样一位大陆访客大出意外,惊叹不已,我想以下三点足可说明一切.

第一点是病人的饮食.医院依据每位患者病情需要,科学地配制一日三餐的食谱,准时用密封保温车推到病床前,取出标明床号、姓名及食物品种的专用餐盒,放到病床附带可以推拉的桌面上,请病人就餐,此乃吾所亲眼目睹,与本人住院时护理员推车在走廊上喊叫"开饭了",然后病人或病人的看护者一拥而上的情景,实在是天壤之别.

第二点是病人的洗澡.医院按照每位患者病情轻重,分成 8 个护理等级区别对待,现在我只记得最低一级是护理员陪病人去浴室,再陪病人回病房,洗浴由患者自理,最高一级是只需病人躺在床上,洗浴完全由护理员操作,此外还有病人在浴室中站立和坐下,由护理员帮助洗浴这样两个等级,其他等级就记不清了,制度规章制订如此细致入微,以病人为本的精神令人叹服.

第三点是病人的费用.医院对每位患者不分病情,一天的床位、诊察、化验、用药和护理以及饮食等开支,总共一律统一收取 64 港元.虽然病房较大,每个房间约 8 张病床,也没有与通道隔断,浴室和卫生间是公共的,但由于病房中无陪护者,环境还是安静而舒适的,至于费用则低得不可思议,以近日香港政府公布的居民贫困线标准:每人每月 3 600 港元为例,住院 1 个月还可额外节余 1 680 港元,显然医院得到教会的支持、社会的资助以及政府的补贴等,这才能够正常运转.

文章已经不短了,就此结束吧!

香港中文大学正门

李淑仪博士答辩后与港外人士合影
左起：李淑仪（五），岑嘉评（六），Bokut（八，其学生曾获菲尔兹奖），摄于 2004 年 10 月 26 日

2001 年 1 月参加在香港理工大学召开的"国际工科数学教学及应用研讨会"。左起：韩波、王熙照、吴从炘、舒文豪、刘家琦

这是香港大学学生会楼，摄于 2004 年 12 月

旁听香港的"高等教育报告"论坛。香港高等院校教职员联会主席岑嘉评（左三）在发言

这是香港赛马会在港岛的跑马地马场，还有一个在新界的沙田马场

这是香港动植物公园中立的"纪念战时华人为同盟国殉难者"

红楼曾是孙中山策动推翻满清政府的行营,今建为中山公园

这是一所伊斯兰中学

与岑嘉评在敦煌画舫门前

澳门的高等院校及其他

吴从炘

改革开放后,我曾访问过新加坡、香港和台湾的不少大学,但此前却从未造访同是华人聚集区——澳门的任何高等学校,不免是个遗憾!令人高兴的是,2013年1月我访问了澳门科技大学,参加由该校的曾博士和我的一位在北京工作的陈博士联合主持的一个科研项目的研讨会,以及与此相关的各种交流活动,2月份又应澳门大学钱涛教授之邀访问澳大数学系,作了一次学术报告,也听取了钱教授及其团队近期研究成果的介绍.通过近20天的两次访问,使我对澳门高等院校有了一些初步了解和认识.需要说明一点,在以下的行文中,凡涉及的具体数字均有明确的依据,只是没有一一予以标明.

澳门的高等教育起步较晚,1981年才建立第一所高等学校——私立东亚大学,1988年由政府收购,转为公立大学,1991年更名为澳门大学,至今仍为澳门唯一的公立大学.2006年澳门行政长官颁布《澳门大学章程》,实行国际公开招聘,截至2012年11月已招聘来自科技、人文和商科领域的11位全球知名的讲座教授,以及具有国际背景的多国教员团队与海归教员,澳大的学术研究水平有了很大的提升.

注:其实,最初的西式学校应该追溯到都会开办,现早已不复存在的圣保罗学院.

2010年国家科技部正式批准澳大筹建"模拟与混合信号超大规模集成电路"和"中药质量研究"两个国家重点实验室,其中以中医药为主要研究领域的国家重点实验室尚无先例.同年,澳大校长赵伟讲座教授担任首席科学家的国家973项目:

"物联网基础理论及设计方法研究"

获得国家立项拨款资助.

2010年11月14日,国家总理温家宝到访澳大,参观了澳大大中华医药研究院,了解该院先进的中药品质技术等,温总理认同澳大科研学术成就,还对澳大在人文学科领域制定的《澳门学》研究与发展规划表示关切.对赵校长说:"研究澳门历史文化在中国乃至世界历史均有重要历史意义,须认真做好这方面的研究."在参观澳大东亚学院时,温总理还参加了同学们的一个讨论会并多次发言,有4位出席这次讨论会的同学在澳大刊物《澳大新语》2010年第3期撰文发表自己的感想.

温总理告别澳大时,寄语学生:"澳大是有前途的,澳门今后的发展,澳门的未来,都寄托在你们身上.大学的灵魂不仅在于物质条件,而在于它的精神,那就是自强不息,艰苦奋斗的精神,我相信澳大会越办越好,会形成自己的传统、风格和精神.自强不息、奋斗不止的精神永在."

为了澳门的高等教育能够快速发展,澳门特别行政区管辖的区域又太小,仅27.3平方公里,中央政府支持澳大迁往珠海市横琴岛靠近澳门的那一侧,即岛的东侧,并于2009年全国人大常委会通过了《澳门特别行政区对设在横琴岛的澳门大学新校区实施管辖》的议案. 胡锦涛主席还亲自主持了当年 12 月 14 日澳大新校区的奠基仪式, 且赠予"爱国爱澳　博学笃行"的八字题辞. 经过三年的紧张施工, 新校区已于 2012 年 12 月 20 日交付澳大, 比原校园约大 20 倍, 占地约 1 平方公里, 建筑面积约 80 万平方米, 可容纳 7 000 名本科生和 3 000 名研究生, 将成为一所万人大学, 而澳门行政区的人口据 2006 年的记载才 44.5 万人. 新校区共耗资约 78 亿澳门币, 折合成人民币约 65 亿, 如果将新校区的各种配套辅助设施全部计算在内, 那么每平方米建筑面积的造价大致为 8 152 元人民币. 至于澳大的搬迁工作, 今年 4 月进入准备阶段, 再经过小规模的试搬迁, 7 月开始启动整体搬迁, 计划在 2013 年秋季学期之前完成全部搬迁工作, 澳大更加辉煌的明天, 指日可待.

近年来澳大学术交流是很活跃的, 校方也大力支持, 以这次邀请我到科技学院数学系(该学院还包括土木工程、计算机科学、电机及电脑工程、机电工程等)访问的钱涛教授的相关情况为例, 即可窥及一斑. 我之所以不能将访问澳大的时间与访问澳科大相连接, 就是因为 1 月下旬钱教授实在太忙, 相继要接待 5 位来访教授, 而 2 月初和我一起到访的, 还有一位我的早期博士、曾任福建省数学会理事长的程教授, 这时已有 2 名大陆学者正在钱教授处进行合作研究, 他们与博士生不同, 连春节都不回家了, 像我这样一周左右的短期访问, 宿费及生活补贴由学校提供, 钱教授只负责讲课费, 钱教授下学期享有带薪学术休假. 钱涛教授是一位带有传奇色彩的著名数学家, 1978 年因无学历被北京大学直接录取为研究生, 在当时的年青人中影响很大, 后留学海外成就卓著, 从澳大利亚应聘来到澳大, 长期担任数学系主任.

澳门科技大学则是一所私立大学, 虽建校晚, 刚十一、二年, 规模也稍小, 但校园和设施诸方面一应俱全, 还有一栋医院大楼. 资讯系的曾博士亦为具国际背景之引进人才. 通过项目研讨会与学术交流, 除了发表个人见解, 对他们的学习环境、团结合作精神以及所得研究成果均有深刻印象, 一些 IEEE 的 Fellows 和大学校长等高端专家也时常往来, 值得关注.

关于澳门, 博彩业和旅游业是两大支柱, 回归前后, 本人对澳门也曾有过"走马观花"匆匆而过的经历. 现在时间已过去了好多年, 澳门这两个支柱产业又有了飞速的发展, 况且这次在澳的停留也长了很多, 可以也应该下马看花了. 尽管我对博彩业毫无兴致, 刚过了海关就让我大吃一惊, 数不清的各赌场豪华大巴排成一字长蛇阵, 来接的曾博士等就领我上了其中的一辆车, 接着再换乘另一辆, 即到达预订入住无赌场的金皇冠中国大酒店, 在澳门乘坐赌场的免费车出行也是一景, 相形之下, 各地大超市免费车的素质真是望尘莫及, 落魄得很. 以前葡京大酒店在澳门一支独秀, 是博彩业的排头兵. 如今, 我入关那天换乘赌场大巴的所在地——刚建不久的威尼斯人大酒店才是新的"大姐大", 酒店内居然有正在行驶游船的小河, 仿佛在这里再现了意大利威尼斯城的水乡风情. 甚至就在原葡京酒店咫尺之遥处, 又兴建起一座更高更大的"新葡京", 昔日不可一世的"老葡京"不得不低下头来, 自叹不如! 再就是世界各地无数赌徒、豪门权贵在此一掷千金, 折戟沉沙, 乃至踏上不归之路, 而汹涌人流却一浪更比一浪高, 前扑后继, 不可思议, 澳门人则巍然不动, 无人问津, 坐享博彩业为他们带来的红利.

澳门博彩业的兴隆, 及 2005 年 7 月《澳门历史城区》被联合国教科文组织世界遗产委员会第 29 届会议批准为世界文化遗产, 带动澳门旅游业更上一层楼. 澳门历史城区是我国现存的最古老西式建筑遗产, 是东西方建筑艺术的综合体现, 也是中西文化多元共存的独特反映, 极具特色. 它包括澳门半岛上如下的 25 处建筑:

(1) 妈阁庙

(2) 港务局大楼

(3) 亚婆井前地

(4)郑家大屋

(5)圣老楞佐教堂

(6)圣若瑟修院及圣堂

(7)岗顶前地

(8)岗顶剧院

(9)何东图书馆大楼

(10)圣奥斯定教堂

(11)民政总署大楼

(12)议事亭前地

(13)三街会馆(关帝庙)

(14)仁慈堂大楼

(15)大堂(主教座堂)

(16)卢家大屋

(17)玫瑰堂

(18)大三巴牌坊

(19)哪吒庙

(20)旧城墙遗址

(21)大炮台

(22)圣安多尼教堂

(23)东方基金会会址

(24)基督教坟场

(25)东望洋炮台(包括灯塔及圣母雪地殿圣堂)

其中以大三巴牌坊为核心的(18)~(21)和在民政总署大楼附近的(11)~(17),往往或为旅游者的首选,人群拥挤至极,澳门政府对这25处世界文化遗产的保护、管理与宣传十分到位,关于这25处文化遗产的情况介绍、图片与分布地图,4个彩色整版,印刷精美,在上述两大景区范围和酒店内几乎随处可得,而在各教堂、庙宇与博物馆中又常可相应地找到专门介绍澳门的所有教堂、庙宇或博物馆的小册子.还有少量保护单位则备有本单位的文字说明材料,可以随意带走,非常方便.这一切全免费的措施,比起那些只知道收取高价门票却不懂得要为观光者准备最普通的纸质景点简介,以"钱"为纲的场所和部门,人们该说些什么呢?

在澳门世界遗产的名录中有3处:(3),(7)与(12),后面的"前地"两字,它指的是一个小广场(或小草地),上述3个前地还有小售货亭和一些带靠背的长椅,供路人歇息且周围有多个遗产名录中的建筑,而这3个"前地"本身也列入遗产名录,澳门的许多路口都有小草地式的前地,好像对防止车辆拥堵起到一定的分流作用.

最后,再稍许介绍澳门半岛的两个离岛,也就是南面的氹仔岛和更南面的路环岛,1969年曾填海铺就一条长2 225米从氹仔到路环的公路,今氹仔岛已繁华异常,巨型酒店林立,澳大与澳科大分别座落于岛的北面和东面.氹仔的葡国建筑风格的别墅群及其相连的市区老街,也是澳门极富代表性的景区之一.某日同在澳大访问的程君和我,凭借旅游图成功步行往返于澳大和该景区,两人尽兴,身心愉悦.

路环则是澳门人的渡假胜地,居民不多,市区很小,亦无博彩业,我与参加澳科大研讨会的某张性校长等从岛之西侧最南端的谭公庙出发,沿海边公路,即西堤马路至路环圣芳济各圣堂,再至一间又一间紧挨着的旧船厂,终于漫步抵达联生工业村,沿途与之隔水相望的就是澳大新校区,极为壮观,不禁赞叹:澳大前程当不可限量! 一个星期日上午澳大钱教授百忙中又盛情邀请程君与我随他车游路环岛的南部与东侧的竹湾、黑沙湾,青山绿水、阳光沙滩、景色绝佳、心旷神怡.

澳门之行圆满结束!

蛇年的访问旅行又将开始!

澳门历史城区是 2005 年 7 月被批准为世界文化遗产

2013 年 1 月 20 日澳门葡韵住宅式博物馆

葡式住宅

追忆 1996 访问台湾的趣事轶闻

吴从炘

1996 亚洲模糊系统研讨会于 12 月 11～14 日在台湾南端屏东县垦丁风景区的凯撒花园酒店召开.我出席了这次会议并且是会议的国际顾问委员会成员(共25人,亚洲委员仅11位).会后我还访问了高雄的中山大学,台南的成功大学,台北的中央研究院数学研究所和台湾大学,为时共18天.

当时,去台湾参加国际性学术会议能得到国内批准是很难的,即使批准了,能够最后成行也并不容易.这从本次会议所邀请的8位大陆教授,虽最终均获批准,但到会者只有3人,便可知晓.

此次台湾行,本人收获颇丰,为节省篇幅,限于介绍一些轶闻趣事.

1. 一次被临时改变工作语言的国际会议

目前国际学术会议的工作语言通常都采用英语.为弥补某些台湾科技人员语言上有所不便,使得他们可以更广泛与深入地参与国际会议.研讨会专门设置两个场次用中文来宣读9篇论文.尤为有趣的是,我在报告我的论文《模糊微分方程》时,突然,擅自改用中文,这或许是前所未有,从没发生过此类事件.

情况是这样的,我的报告被安排在最后一天的最后一个时段,所在分组其他三个报告人都是台湾的,而我在讲开场白时,发觉听众中无外国人,并且不少中文场次的参加者也来了.于是,我灵机一动,就问大家可否改用中文,在场人员一致赞同,在提问和回答环节,彼此都很自如,格外活跃,效果甚佳,也算一种积极的回报.

2. 一辆被蒋介石带往台湾的座驾

研讨会结束,我应邀对位于高雄的中山大学作一个星期的正式访问.任务很简单,就是做一次报告,校方提供一间各种设施一应俱全的办公室和食宿费用.这几乎也是一周左右学术访问的一种模式.到达当晚,有一个数学系主任出面的宴请,由公款开支.席间主人谈起,校园边上有一栋蒋介石抵台后曾住过的两层小楼,底层还停放着一辆当年随蒋从大陆来到台湾的轿车.问明座落方位,翌晨早起怀着浓厚的兴趣单独前往观看,楼和车都极普通,无豪华可言.学校里,还有蒋介石与孙中山的铜像,中山先生取座姿,蒋则侍立在侧.

台湾同行很好客,邀请人黄毅青博士陪同览美景、尝美食,对佛教圣地佛光山的参观,印象更深,外观系中式庙宇,其内为西式楼房,中西合壁,相得益彰.其实中山大学本身,就座落在高雄市著名风景区——西子湾,环境十分优美.

3. 一个如同公交般的台湾岛内民航航班

由于当时我的视力极差,两年后则因彻底无法看书而不得冒险去做手术,幸好手术成功,这是

---

① 锻炼,27-28 期(2013.12)33-38 页.

后话. 为了保证我的旅行安全,黄博士亲自护送我安抵台北中央研究院数学研究所的陈明博教授处,该教授邀请我在数学所访问三天.

故事发生在高雄飞机场. 黄博士和我是到了机场才买飞机票的,接着就排队登机. 走了没几步,我突然发现机票上除了吴字,其余两字全写错了,急忙转身准备返回售票处更正,排在我身后的乘客和身前的黄博士都说不必去更正,这不要紧,绝对不会有问题. 我客随主便,只得跟着队伍前行,心里依然忐忑不安. 结果拿着有两个错别字的机票,既不要出示赴台通行证,也不要安检,就这样顺利登机了. 这与坐公交车又有什么差别,不可思议,这又能说明些什么呢?

4. 一种面向全台湾的周末学术讨论会

陈明博教授领导的中研院数学所泛函分析方向讨论班,实际上是面向全台湾泛函分析及相关领域研究人员的一种周末讨论会. 如无特殊原因,基本上每周六下午举行一次,每次有两人做1小时报告,报告人和报告题目要事先公布. 由于台湾面积不大,交通便利,感兴趣者定可赶来听会并参与讨论. 报告人可以来自岛内各高校或研究部门,也可以是访台的专家学者. 这种活动方式有力地推动了泛函分析学科在台湾各市县的发展,值得借鉴.

我被邀请在12月21日(星期六)下午在讨论会上作题为"Banach空间上凸泛函的微分"的报告,另一位报告人执教于岛内的一所大学. 会议主持人陈教授对《泛函分析杂志》(Journal of Functional Analysis)这个刊物给予高度评价称"在这一杂志刊登的文章,它的意义是不需要说的".

另外,中研院数学所图书馆所收藏的大陆与数学有关的期刊,包括各大学学报,种类之齐全,令我瞠目结舌.

同样好客的陈教授,领我去了中山纪念堂和中正纪念馆. 他发扬传承中华的"食"文化,以"食"会友,帮我认识了多位台湾数学界精英. 不幸的是,几个月后陈教授因肝癌过早离世,原定次年正式赴"所"开展合作研究计划随之自告终止.

5. 一位有20几个秘书的大学教授

这次亚洲模糊系统研讨会是由台湾大学庆龄研究中心承办. 顺便说一句,此庆龄乃严庆龄也,并非"国母"宋庆龄. 该中心工作范围很宽,除项目研究,也承办学术会议等等. 其主任范光照,一位机械工程的名教授,通过20几个秘书直接管理,不设什么科室. 这种管理模式挺有意思,一切都在正常运转之中.

我接触过范教授的三个秘书,全是女性,一位管会前和我联络,另一位管会议报到注册. 再一位管我后来去台湾大学访问期间的接待工作,她姓蔡,曾驾车带我观光台北市容半日.

我是接着对中研院的访问,应范教授之邀顺访台大三日. 尽管我的报告内容与机械工程无关,是纯数学的,但仍由机械系组织,有数学系教师来听,范教授曾出访哈工大,我们相识,我这次访台之所以能成行和他的多方帮助是分不开的,详情就不多说了.

6. 一间所有食物每单位重量价格相同的大学食堂

范教授多次引导我领略台大校园美丽风光,久负盛名的椰林大道,古朴的钟楼,……,品尝各餐厅的美味佳肴,还刻意带我去了一间看起来很普通的食堂. 进门先拿个统一的大盘子,随之像吃自助餐那样,按个人喜好选取食物,最后在出口处依总重量计价付款,就坐享用. 这就是说,在该食堂中每种食品单位重量的价钱都一样,很新奇.

范教授很用心,让我多看看台湾的新鲜事,譬如他特意陪我去坐了一次"捷运",即眼下大陆的高架轻轨,而那时还没有.

7. 一件被蒋介石最后运往台湾的稀世珍宝

前些年我曾在由全国政协委员会办公厅主管,中国文史出版社出版的刊物《纵横》某一期的一篇文章中见到:"玉石屏风",是蒋介石从大陆运往台湾的最后一件稀世珍宝(文章的题目,刊物的卷、期、页码都记不清了,核实应该不难). 没想到这件令无数人为之心仪的稀世珍宝,我早在1996访台就有幸观赏过实物,其时在场人们的目光都凝固了,为这件无价国宝惊叹不已.

我之所以取得这次极难得的机遇,还应从我探望哈工大台湾校友会会长张益瑶前辈一事说起. 张会长时已年逾八旬,早年曾任台湾公路局局长,住在南昌路1号,离我在台大住的酒店不远,这也是范教授的有意安排,便于我自己前去. 我幸运得很,也万分惊喜的是张会长主动提出他女儿任台湾故宫博物院副院长,并愿明早与我同去博物院观光. 次日出发,受到张副院长热情欢迎,她指派一位西班牙语翻译(平时任务不忙)作全程导游,恰好"玉石屏风"正在展出. 博物院藏品系轮换出展,还分贮藏、维护和外展(指在境外展览)三个部分,因此,我的运气真好. "玉石屏风"共四扇,红木框架,嵌以雕刻极其精美的整块玉石,似每扇高约1.8米,宽半米左右,观者皆叹为观止. 博物院珍贵展品极多,如闻名于世的翠玉白菜①,吴道子画的真迹……,不计其数,加之采光甚好,我大开眼界,大饱眼福. 此行还上了阳明山,到了蒋介石当年党政军会议的场所,登高望远,心情愉悦. 其间也路过了蒋纬国故居、林语堂图书馆等等.

8. 一回台湾机械工程学会理事会的年终聚餐

和大陆一样,台湾机械工程学会也是一个很大的学会. 每年终他们都要以聚餐形式开一次理事会,总结本年度工作,听取理事们的意见和诉求. 按照惯例,历届理事长均能到会,与大家会面叙谈. 很荣幸,我作为唯一客人被邀参加这回聚餐,这难免不使人感到意外.

我受到邀请,自然与身为该学会理事的范教授引荐有关,同时也得益于台湾国科会成员,机械工程方面元老之一的陈朝光教授的沟通和介绍. 陈教授对我的年轻合作者唐余勇和我将微分几何应用于机械工程的研究很有兴趣,并促使台湾机械工程界对我们的工作有所了解. 他出访哈工大时与我们有过交流和讨论,这次他还邀请我在访问中山大学时就便到他所在的工作单位成功大学去一下,唐余勇也多次访台与陈教授进行合作,成效显著.

出于对大陆的友好,我被当作尊贵的客人,与历届学会理事长同桌,我左边是金先生,满口京腔,当他知道我是学数学的并且认识在大陆的许国志先生后,就说:"我和许先生在石景山电厂共过事,他在那里工作,近况怎样?"我则一一作答. 气氛融洽,谈叙甚欢,席终意犹未尽.

总的来看,我这次访问台湾是成功的,内容充实,成果丰硕,留下了美好的记忆. 这一切和范光照、陈明博、陈朝光诸教授,黄毅青博士与前辈张会长等台湾友人以及香港中文大学岑嘉评教授,深圳教育学院李建华博士的关照、帮助和鼎力支持是分不开的,谨向他们表示衷心感谢和敬意.

---

① 7月16日晚6:55分从中央四台"国宝"电视节目中获悉翠玉白菜系台湾故宫博物院的镇馆之宝,原为清瑾妃收藏,1933年由北平运往南京. 特作补注.

1996年12月12日台湾垦丁第2届亚洲模糊会,名誉主席Zadeh讲话

承办单位为台大庆龄研究中心,右为中心主任范光照教授

左为台湾机械工程界著名教授陈朝光

右为哈工大台湾校友会主席张益瑶前辈

台大钟楼

台湾最南端的半岛鹅銮鼻

1996年12月16日访问
中山大学(高雄)一周

中山大学西子湾活动中心

中山大学内原蒋介石别墅

停放在别墅内的蒋介石于南京乘坐之轿车

林语堂纪念图书馆(台北)

此前陈朝光、范光照等曾访问哈工大,并与数学教师座谈

对境内几所专科学校数学活动的点滴回忆

吴从炘

吴从炘出访境内大学始于1962年3月对山东大学和曲阜师范学院的访问.前者系应该校数学系以某讲师个人名义发出的邀请,前往参加系里的校庆学术交流活动,做两次学术报告:"Köthe 序列空间"与"Orlicz 空间".后者则由曲师院出席山大数学系校庆学术活动的教师,代表他们系邀请吴从炘顺访曲阜,讲一次"读书怎样与研究相结合"并进行座谈.

当前80后、90后年轻的硕士、博士们可能觉得很新奇,一个才26岁的助教怎么会受到如此礼遇呢,很难相信50多年前真的发生过这样的事情.其实在那个年代这不足为奇,因为从1957年至1962年初,全国高校的青年人也就有过一次允许小范围晋升讲师的机会.

如今,吴从炘已访问过境内大学250多所,如果将境外学校也计算在内,恐怕就差不多300所了(所造访高校的目录清单,此处从略).其中一部分为知名大学,尽人皆知,无需介绍,另一部分院校的访问情况,书中稍有表述,这里不再提及,再一部分是层次偏低的专科学校等,本文择几所印象较深者作点滴回忆.

1. 云南省楚雄师专的数学活动

吴从炘于20世纪90年代中期应云南大学理学院院长郭聿琦之约,共同访问楚雄师专数学系,分别就如何结合代数学和分析学的基础课教学开展科学研究作学术报告.当时该校正聘请云大数学系退休教授汪林来系执教分析类课程并指导青年教师.汪教授对分析学中的反例造诣精深,20世纪80年代所著的:

[1] 泛函分析中的反例,高等教育出版社.

[2] 数学分析中的问题和反例,云南科学技术出版社.

在国内颇有影响(2000年他又与杨富春合著:

[3] 拓扑空间中的反例,科学出版社.

2014年他还独自完成著作:

[4] 实分析中反例,高等教育出版社).

短暂的报告、座谈、提问、讨论与交谈以及学校为每位副教授提供环境幽静、宽敞明亮的半栋二层小楼(一栋两户,各自独立)的住房.深深体察到校领导为培养年轻教师使之迅速成长做出的重要决策、采取的有效措施及青年人由此所发出奋力上进的求真精神和脚踏实地的实际成效,也深深领会到学有专长、经验丰富、关爱学生的教授所具有的影响与引领作用.

2. 福建省集美师专的数学活动

吴从炘参加了1993年由集美师专承办于11月1~7日召开的厦门国际实分析研讨会,才开始对该校的数学活动有所了解和认识.该会一年多前就在美国数学刊物《Real Analysis Exchange》,18(1992~1993) No.1 的第4页刊登会议通知,集美师专数学系许东福和陆式盘为联系人(该刊是实分析领域一个重要刊物,它还刊出实分析系列研讨会通知,每次会议的日程安排与报告摘要.如1993年6月23~27日在美国 Minnesota 的第17次研讨会通知就和厦门会同时发布,17次会议就在该刊第19卷(1993-1994)第1期登载了详细情况,见6~58页,同期刊物还有第18次会的召开信息).

集美师专数学系在学校的大力支持下成为李秉彝在大陆推动开展 Henstock 型积分研究的一个基地,成绩不错,形成团队,多人在《实分析交换》发表论文,为举办研讨会提供必备的人力、物力基础.李先生在国际上的人脉和影响力,保证了该领域许多著名学者应邀参会,如出席同一年第17次研讨会加拿大 P. Bullen,意大利 B. Bongiorno 与 L. D. Piazza 又都来到集美.会议组织十分规范,从发给与会代表合影照片,特别附上每排从左至右的每人姓名这一细节,足以显现会务组织之周到.承办方还成功争取厦门大学主办的《数学研究》刊物,将1994年第1期作为本次厦门国际实分析研讨会的论文专辑.

3. 黑龙江省克山师专的数学活动

20世纪80年代后期,作为黑龙江省数学会理事长,吴从炘耳闻克山师专数学系存在一个约十余人的青年教师群体,他们努力进取,钻研数学,开展研究,发表论文,攻读学位,谋求发展.在黑龙江省哈尔滨市外众高校数学系或数学教研室中可谓鹤立鸡群.当吴抵达坐落于齐齐哈尔市克山县的这所学校的数学系,眼见一切俱实,深受鼓舞.为了发扬这批年轻人的拼搏精神和实际成效,黑龙江省数学会遂决定1992年第7次年会在克山师专召开,借以推动省内数学界新生力量的成长与壮大.十多年过去了,克山师专数学系这群小伙子也步入中年,然个个事业有成,不负众望,令人无比欣慰,仅举数例以明之:

洪佳林乃其中的杰出代表,他是克山师专78级3年制专科毕业生,1992年9月入吉林大学读微分方程方向博士,1994年12月取得学位,到中国科学院做博士后,学术成就斐然,很快成为研究员、博士生导师.2008年4月起担任数学与系统科学研究院副院长,他还是中科院工会副主席,民革中央委员并已连任两届全国政协委员.

王尧系吉林大学代数学博士,南开大学同一方向博士后.曾应聘鞍山师院数学系主任,不久任副院长,又应聘由我国著名教育家陶行知创办的南京晓庄学院院长,现任南京信息工程大学副校长.

石忠取得哈尔滨工业大学数学硕士后,改读控制论博士.曾任锦州师院计算机系主任.不久成功应聘山东省滨州职业技术学院副院长,全身心投入高等职业教育,随即晋升院长.目前在全国高职教育界颇具影响力,可贺可喜.

鹿长余是吉大概率论硕士,东北师大统计学博士.之后转向金融学科,执教于上海金融学院.

杨海涛先在哈工大读硕士,后获复旦大学泛函博士和同济大学博士后.曾应聘担任厦门理工学院数学系主任.

1997年4月3日云南大学郭聿琦教授与吴从炘
访问楚雄师专时拍摄.左二为汪林教授

全国高等工业学校应用数学专业基础类选修课教材征稿处理情况[①]

吴从炘

（一）

1985年4月，教材委员会向全国各工科院校公开征求总计21门必修课和5类选修课教材，并公布每门课的学时数、基本要求、主要内容和特点，以及各类应征教材相应的责任委员名单. 吴从炘为4门选修课：

(1) 非线性泛函分析及其应用；

(2) 应用数学方法；

(3) 广义函数与索伯列夫空间；

(4) 组合拓扑学.

的责任委员.

（二）

在1986年5月于杭州浙江大学召开的教材委员会第二次会议上，对东北工学院赵义纯教授编著的(1)的应征油印稿进行了讨论，认为该油印稿系非线性泛函分析方向硕士生曾使用过的教材，应根据本教材委员会对这门选修课公布的主要内容：

1. 巴拿赫空间中的微积分；
2. 压缩算子与非扩展算子；
3. 拓扑度理论；
4. 变分方法；
5. 单调型映射；
6. 集值映射的不动点.

按本科生要求予以修改. 会议决定：这本教材连同其他6本已提交的应征教材，依照本次会议所提的正式意见修改后，由各书的责任委员审定同意，即可直接推荐给高等教育出版社出版.

吴从炘对赵义纯1987年末提交的修改稿，于1988年3月1日完成了仔细认真的审阅，肯定了此书已按本科生要求加以改写，且具有突出非线性泛函分析的基本内容，注意阐明各问题的来龙去脉，尽可能介绍非线性泛函分析的应用，强调与其前继课《实变函数与泛函分析》的紧密配合和培养高年级学生的独立工作能力等特色，并说明它已达到高等教育出版社教材出版的要求. 同时也指出了由于作者患病，找人抄写等原因，造成书稿中某些内容的表述、格式、记号和笔误等存在不少欠

[①] 应用数学专业协作组编著，应用数学专业35年回顾与思考，高教出版社(2014.5)48-52.

妥之处,仅审者用铅笔在原稿上直接改正的就多达百处.1989年3月该书由高等教育出版社成功出版,在书的版权页的内容提要中特别标明:该书经本教材委员会1986年5月杭州会议审定为教材.

(三)

吴从炘负责的其他类选修课的其余3门,即(2)~(4)均被列入1986年杭州会议和1987年长沙会议公布的教材委员会继续公开征稿的教材目录.

1988年9月,吴从炘在教材委员会于宜昌举行的第四次会议时,提出:其他类的(3)广义函数与索伯列夫空间课应该与偏微分方程课相配合,而不是只从泛函分析角度来展开的,似乎由微分方程组负责更恰当.吴从炘还提出:"其他类的(2)应用数学方法课,清华大学的瞿崇崐长期讲授此课并编有讲义,是否可改由清华大学负责,请瞿老师修改后应征."会议采纳了吴从炘的建议,于是在这次会议公开征稿的教材目录中将这两本教材的责任委员依次改为董光昌和萧树铁.

后来,《广义函数与索伯列夫空间》始终无人应征,教材委员会考虑到已推荐高等教育出版社出版的《偏微分方程的现代方法》教材中包含了一部分广义函数与索伯列夫空间的内容,遂决定此书就不再征稿了.至于瞿崇崐的《应用数学方法》经不断修改后,自然顺理成章地被教材委员会推荐到高等教育出版社出版.

(四)

因为全国工科院校从事过组合拓扑学的教学与研究的教师实在太少,以至直到1988年宜昌会议,《组合拓扑学》教材应包含的主要内容都无法制订.吴从炘在这次会议上提议主动邀请浙江大学干丹岩教授协助.教材委员会就委托吴从炘与干丹岩联络,并称"如果干教授愿意执笔撰写教材则更好."

干丹岩经过相当一段时间的思考,于1989年9月9日致信吴从炘,告:"大纲(指组合拓扑学)随信附上",信中还说:"此大纲之特点,我已在说明中介绍,主要想使初学者便于接受,而又不失太肤浅,既有重要理论,又有一定应用特色,当然写起来尚要克服一定困难",又说:"若认为可用,我将用一年半时间来完成."

该大纲共分8章,每章还有要点和细目,总学时为72,并附有其6大特点的说明.该说明确实反映出信中对此大纲特点的概括,很具特色,如以头两个特点为例,即:

1. 点集拓扑知识,选择最小限度;
2. 从闭曲面之分类开始,使读者在极富直观背景的讨论中得到组合拓扑学之训练.经验证明:这一理论是引人入胜的,常使青年人产生浓厚的兴趣,而决心对拓扑学做深入之探究.

可惜由于种种原因,其中本届教材委员会面临换届与更名,即该委员会将与理科院校的应用数学组合并成国家教委首届高等学校数学与力学教学指导委员会的应用数学组,出版教材已不再是该组的主要职能,这应该是造成《组合拓扑学》教材无果而终的最重要原因.

(五)

吴从炘除了担任其他类选修课应征教材的责任委员外,还参与了基础必修课《应用泛函分析》的教材出版工作.这门课在1985年3月教材委员会的计划中确定为从各校已编用的教材内选送出版,因而未被列入同年4月教材委员会的21门公开征稿目录.但10月份于武汉华中工学院召开部分应邀教师关于《数学分析》、《高等代数》和《应用泛函分析》三门基础必修课的座谈会时,并未发现可以选送出版的《应用泛函分析》教材.于是,在1986年杭州会议上将《应用泛函分析》增列为教材委员会之应征教材,方爱农是责任委员.

1987年,在长沙举行的教材委员会第三次会议之前,先通过小组评审方式,向大会推荐了同济大学吴卓人等《实变函数与应用泛函基础》和天津大学熊洪允等《勒贝格积分与泛函分析基础》这两本教材,另一种教材则不予推荐,并且小组的倾向性意见是推荐后者由高等教育出版社出版,前者就推荐到其他出版社.第三次会议对评审小组的推荐表示认同,委托吴从炘在出版前对熊洪允等3人的最终修改稿再进行认真仔细的审阅,向高等教育出版社写出正式的审查意见.

吴从炘收到熊洪允等的书稿,立即仔细认真地阅读全书,反复推敲,写出审稿意见递交高等教育出版社.吴从炘还应作者之邀,为此书作序,在1990年3月8日草就的序中写道:"本书作者多年从事《实变函数与泛函分析》课程的讲授,积累了丰富的教学经验,在原有讲义基础上,又经过多次反复修改,才最后形成书稿.书中系统地介绍了实变函数与泛函分析的基本概念和方法;并且对概念和方法的引入与阐述格外注意深入浅出与直观背景;全书层次分明,重点突出;对度量空间等部分的安排与处理具有一定特色;文字叙述流畅易懂;另外每章之后还配有难易适当的习题,便于读者的学习和领会."该书于1992年5月在高等教育出版社顺利出版.

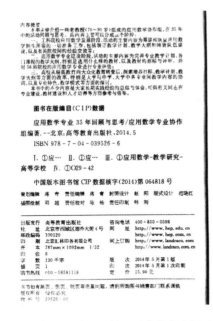

《应用数学专业35年回顾与思考》的内容提要与编审小组名单

一元微积分深化引论的前言与目录

吴从炘,任雪昆

前 言

之所以能撰写本书,得益于这样一个机会:1997 年哈尔滨工业大学数学系安排我在每年的秋季学期为本系四年级本科生讲授一门 20 学时的新课 "数学分析续",似有协助提高他们考研成效之意. "题海战术" 固所不愿,任务则不可推脱. 经协调,明确该课的要求是:"在学生已修毕数学专业主干课的基础上,深化对一元微积分的理解和掌握,并适当兼顾对考研试题的介绍." 所谓深化,乃指课程中要力求贯彻以下五条设想:

(1) 把握一元微积分最重要的基本概念、基本理论和基本方法,简称 "三基".
(2) 将 "三基" 与纵向后续课,如 "实变函数"、"泛函分析" 等相结合并深化之.
(3) 将 "三基" 与横向的课程 "高等代数"、"空间解析几何" 等相结合.
(4) 体现一元微积分仍存在可以被发现、可以被解决的理论上与实际中的问题.
(5) 在实现 (1)~(4) 过程中尽力采取探索、发现而非单纯演绎的方式.

作为授课者,这五条做起来谈何容易. 好在本书作者求学之初,就逐渐懂得教学科研应相辅相成:教学中常常思索是否有可探究之处,科研中也每每顾及是否有可纳入授课的内容. 早在 20 世纪 60 年代初,本书作者就曾以实数基本定理的框架为计算数学专业 "泛函分析" 课讲授了 "距离空间" 这一章. 其后在这方面又不断有些积累. 于是,按个人设想的这门新课如期开出,且内容也年复一年地在修改补充完善和变更中. 在很长时间内根本没有想过,把讲稿变成书稿,只因深知对这门课来说,这两者之间的差异是何等之大!

本书之所以能够完稿,更得益于曾听过这门课的几位研究生的提议特别是本书另一作者任雪昆博士,她在读硕士期间就第一次听了这门课,后来在博士生阶段以及留校工作之后还三次听课、录音、整理讲稿,并参与命题及考试. 当她表达可积极努力协助完成书稿的愿望和可能时,我接受了她的好意. 这样,便共同确定并执行了如下的撰稿三原则:

(1) 要把书的读者扩展到低年级,乃至一年级本科生. 为此,书中的 10 章正文均依照通常 "一元微积分教程" 的先后顺序并自成一体,行文上也采纳一元微积分的细致易懂的风格. 为加深各类读者对正文的理解和体会,书中留了一些供读者补证和查阅的内容,但不附习题,免得陷于题海,令人望而却步. 为便于初学者,书中还设有一些带 "*" 号的内容,已学过的对此可暂不阅读.

(2) 要在书的每一章体现出对一元微积分的深化. 也就是要按前面提到的五条深化设想,从不同角度、不同层面在每一章中实现.

---

① 科学出版社,2011.

(3) 要把本书写成引论的形式, 即深化的引论. 这就是说, 本书是一本小册子, 篇幅只有 150 页上下, 深化部分并未展开, 以期给读者们留有扩展空间和回旋余地. 自然, 这也有助于扩大读者群.

最后, 任雪昆还完成了本书的统稿、定稿、绘图、打印的全部工作.

在此, 衷心感谢哈尔滨工业大学数学系对本书出版的大力支持, 感谢系主任薛小平教授在百忙中承担的主审工作, 这对本书质量的提高起了重要的作用. 还要感谢科学出版社责任编辑张中兴所做的大量编辑工作和付出的辛勤劳动.

由于作者水平所限, 书中不足和疏漏在所难免, 离 "深化五设想" 和 "撰稿三原则" 尚有差距, 望读者不吝赐教.

吴从炘
2011 年 3 月 8 日

著者: 左为任雪昆(2008 年获博士学位, 2012 年评为副教授)

目 录

前言

第1章 实数基本定理与距离结构 ·· 1
   1.1 数列极限与实数基本定理 1 ··· 1
   1.2 有界性与实数基本定理 2 ·· 5
   1.3 实数基本定理 1 在距离空间中的相应形式 ························· 6
   *1.4 实数基本定理 2 在距离空间中的相应形式 ······················· 9

第2章 实数基本定理与序结构 ·· 15
   2.1 上、下确界与实数基本定理 3 ·· 15
   2.2 上、下极限 ·· 18
   2.3 部分有序集与格 ·· 19

第3章 函数的半连续性、一致连续性与等度连续性 ··················· 23
   3.1 函数极限与函数连续性和半连续性 ································ 23
   3.2 函数的一致连续性 ·· 31
   3.3 连续函数列的一致收敛性及等度连续性 ························· 34
   3.4 半连续函数列和连续函数列的一些其他结果 ·················· 39

第4章 单调函数及其线性扩张 ·· 42
   4.1 单调函数的一些性质 ·· 42
   4.2 单调增加函数类的线性扩张与有界变差函数 ·················· 45
   4.3 连续单调增加函数类的线性扩张 ···································· 50
   4.4 有界变差函数与单调函数的若干其他结果简介 ·············· 52

第5章 导数的概念、性质与微分中值定理 ······························· 54
   5.1 导数的概念 ·· 54
   5.2 可导函数与导函数的性质 ··· 58
   5.3 微分中值定理 ·· 62
   5.4 函数的一致可导性 ·· 66

第 6 章 微分中值定理的应用与对称导数 … 68
- 6.1 求不定式极限的洛必达法则——柯西中值定理的应用 … 68
- 6.2 拉格朗日中值定理的一些应用 … 72
- 6.3 对称导数 —— 导数概念的一种推广 … 76

第 7 章 黎曼积分与黎曼型积分 … 84
- 7.1 黎曼积分概念、可积条件与网收敛 … 84
- 7.2 Henstock 积分与 McShane 积分 … 92
- 7.3 Riemann-Stieltjes 积分 … 98

第 8 章 牛顿–莱布尼茨定理及应用 … 102
- 8.1 原函数与不定积分 … 102
- 8.2 牛顿–莱布尼茨定理及应用 … 107
- 8.3 无界函数与无穷区间的牛顿–莱布尼茨定理及应用 … 113
- 8.4 分部积分与广义导数 … 117

第 9 章 凸函数类 … 119
- 9.1 凸函数及其左、右导数 … 119
- 9.2 凸函数的积分性质及奥尔利奇的 N 函数 … 125
- 9.3 凸函数类的线性扩张 … 129

第 10 章 微积分的一个几何应用 —— 法向等距线 … 131
- 10.1 平面曲线的法向等距线 … 131
- 10.2 法向等距线的一些几何性质 … 133
- *10.3 平面曲线的向心等距线 … 138

参考文献 … 140

附录 无穷矩阵与极限次序的交换 … 143
- A.1 无穷矩阵及其运算 … 143
- A.2 无穷矩阵与空间 s 到 s 的线性算子 … 146
- *A.3 无穷矩阵环的 Köthe 理论简介 … 150

一元微积分深化引论

吴从炘　任雪昆　著

科学出版社
北京

内容简介

本书简明地阐述了一元微积分最重要的基本概念、基本理论和基本方法,并结合"实变函数"等后续课程与"高等代数"等相关课程对一元微积分的理解和掌握进行了"深化". 书中除介绍国内外其他学者的研究成果外,每一章都包含了作者的教学研究或科学研究成果.

本书共 10 章,主要内容包括实数基本定理与距离结构,实数基本定理与序结构,函数的半连续性、一致连续性与等度连续性,单调函数及其线性扩张,导数的概念、性质与微分中值定理,微分中值定理的应用与对称导数,黎曼积分与黎曼型积分,牛顿-莱布尼茨定理及应用,凸函数类,微积分的一个几何应用——法向等距线.

本书可供高等学校数学系本科生、研究生、教师和数学工作者及有关工程科技人员阅读参考.

图书在版编目(CIP)数据

一元微积分深化引论/吴从炘,任雪昆著. —北京:科学出版社,2011
ISBN 978-7-03-031473-4

Ⅰ.①一⋯ Ⅱ.①吴⋯ ②任⋯ Ⅲ.①微积分-研究 Ⅳ.①O172

中国版本图书馆 CIP 数据核字(2011) 第 109181 号

责任编辑:张中兴 / 责任校对:刘小梅
责任印制:张克忠 / 封面设计:北京华路天然图文设计工作室

科学出版社 出版
北京东黄城根北街 16 号
邮政编码:100717
http://www.sciencep.com

北京市文林印务有限公司 印刷
科学出版社发行 各地新华书店经销

*

2011 年 6 月第 一 版 开本:720×1000 1/16
2011 年 6 月第一次印刷 印张:10
印数:1—2 000 字数:200 000

定价:29.00 元
(如有印装质量问题,我社负责调换)

附录

附录1　吴从炘数学论著目录

吴从炘出版书籍有：

[1] M. A. 克拉斯诺西尔斯基,Я. B. 鲁季茨基,吴从炘译. 凸函数和奥尔里奇空间. 北京:科学出版社,1962.

[2] 吴从炘,赵林生. 数列极限与函数极限. 哈尔滨:黑龙江科技出版社,1982.

[3] 吴从炘,赵林生. 微分与积分. 哈尔滨:黑龙江科技出版社,1982.

[4] J. L. 凯莱著,吴从炘,吴让泉译. 一般拓扑学. 北京:科学出版社,1982.

[5] 吴从炘,王廷辅. 奥尔里奇空间及其应用. 哈尔滨:黑龙江科技出版社,1983.

[6] 吴从炘,唐余勇. 微分几何讲义. 北京:高等教育出版社,1985.

[7] 吴从炘,王廷辅,陈述涛,王玉文. Orlicz空间几何理论. 哈尔滨:哈尔滨工业大学出版社,1986.

[8] 吴从炘,赵林生,刘铁夫. 有界变差函数及其推广应用. 哈尔滨:黑龙江科技出版社,1988.

[9] 吴从炘,马明. 模糊分析学基础. 北京:国防工业出版社,1991.

[10] W. Oriicz. Linear Functional Analysis (Translated by Lee Peng Yee). Addendum by Wu Congxin. World Scientific,Singapore,1992,153-210.

[11] 吴从炘,马明,方锦暄. 模糊分析学的结构理论. 贵阳:贵州科技出版社,1994.

[12] 哈明虎,吴从炘. 模糊测度与模糊积分理论. 北京:科学出版社,1998.

[13] 吴从炘,林萍,卜庆营,李秉彝. 序列空间及其应用. 哈尔滨:哈尔滨工业大学出版社,2001.

[14] 李雷,吴从炘. 集值分析. 北京:科学出版社(现代数学基础丛书84),2003.

[15] 哈明虎,杨兰珍,吴从炘. 广义模糊集值测度引论. 北京:科学出版社,2009.

[16] J. L. 凯莱著,吴从炘,吴让泉译. 一般拓扑学(第二版). 北京:科学出版社,2010.

[17] 吴从炘. 吴从炘数学活动三十年(1951-1980). 哈尔滨:哈尔滨工业大学出版社,2010.

[18] 吴从炘,任雪昆. 一元微积分深化引论. 北京:科学出版社,2011.

[19] 吴从炘,赵治涛,任雪昆. 模糊分析学与特殊泛函空间. 哈尔滨:哈尔滨工业大学出版社,2013.

发表文章基本上有：

[1] 吴从炘. G_2型空间上弱收敛序列的性质. 东北人民大学自然科学学报. 1955,(1):167-171.

[2] 吴从炘. 关于单调函数的一些性质. 数学通讯. 1956,(2):1-4.

[3] 吴从炘,韩建枢. Lebesgue点的若干问题. 哈尔滨工业大学学报. 1958,(1):48-51.

[4] 吴从炘. 关于D_Φ^h空间(I). 哈尔滨工业大学学报. 1958,(4):85-90.

[5] 吴从炘. 完备空间与完备矩阵环(I). 科学记录新辑. 1959,3(3):75-80.

У Цун-синь. Совершенное пространство и совершенное матричное кольцо (I). Science Record (New Series). 1959,3(3):95-102. (MR0105018)

[6] 吴从炘. 完备空间与完备矩阵环(II). 科学记录新辑. 1959,3(3):81-83.

У Цун-синь. Совершенное пространство и совершенное матричное кольцо (II). Science Record (New Series). 1959,3(3):103-106. (MR0105019)

[7] 吴从炘. 序列空间上的囿变函数. 哈尔滨工业大学学报. 1959,(2):93-100.

[8] 吴从炘. 关于空间 $L_{M\Phi}$ 和 D_{Φ}^{h}(I). 科学记录新辑. 1959,3(7):207-209.
У Цун-синь. О пространствах $L_{M\Phi}$ и D_{Φ}^{h}(I). Science Record (New Series). 1959,3(7):263-266.(MR0108717)

[9] 吴从炘. 关于空间 $L_{M\Phi}$ 和 D_{Φ}^{h}(II). 科学记录新辑. 1959,3(7):210-212.
У Цун-синь. О пространствах $L_{M\Phi}$ и D_{Φ}^{h}(II). Science Record (New Series). 1959,3(7):267-269.(MR0108718)

[10] 吴从炘. 论 Lebesgue-Orlicz 点. 哈尔滨工业大学学报. 1960,(1):163-170.

[11] 吴从炘. 关于泛函数平均值的一点注记. 厦门大学学报(自然科学版). 1961,8(3):262-265.

[12] 吴从炘. 完备空间内矩阵算子的全连续性. 吉林大学自然科学学报. 1962,(1):61-66.

[13] 吴从炘. 关于线性运算子分解的一点注记. 吉林大学自然科学学报. 1962,(1):67-68.

[14] 吴从炘. 关于空间 $L_{M\varphi}$ 和 D_{φ}^{h}(III). 数学进展. 1962,5(1):89-92.

[15] 吴从炘. 序列空间上的囿变函数(II). 数学学报. 1963,13(4):548-557.

[16] 吴从炘. 完备空间与完备矩阵环(III). 数学学报. 1964,14(3):319-327.(MR0177288)

[17] У Цун-синь. Функции с ограниченной вариацией на пространстве последовательностей. Scientia Sinica. 1964,13(9):1359-1380.(MR0180886)

[18] 吴从炘. 关于平面谐波传动与齿轮传动几个基本问题的数学处理. 应用数学学报. 1976,(1):69-78.

[19] 吴从炘,赵善中. 关于具有混合伪范数的 $L_{\prod_{i=1}^{n}\mu_i}^{(p_1,p_2,\cdots,p_n)}(\prod_{i=1}^{n}X_i)$ $(0<(p_1,p_2,\cdots,p_n)<1)$ 空间. 哈尔滨工业大学学报. 1977,(3):3-31.

[20] 吴从炘. 完备空间内的全连续矩阵算子理想(I). 哈尔滨工业大学学报. 1977,(3):32-38.

[21] 吴从炘. 完备矩阵代数 I. 数学学报. 1978,21(2):161-170.(MR507197)

[22] 吴从炘,赵善中,陈俊澳. 关于 Orlicz 空间范数的计算公式与严格赋范的条件. 哈尔滨工业大学学报. 1978,(2):1-13.

[23] 吴从炘,王本正. 行列式图形展开定理在电路中的应用. 哈尔滨工业大学学报. 1978,(2):108-117.

[24] 吴从炘. 计算平面谐波传动共轭齿廓的数值方法. 应用数学学报. 1979,2(1):51-62.

[25] 吴从炘. 关于不分明拓扑线性空间 I. 哈尔滨工业大学学报. 1979,(1):1-19.

[26] 吴从炘. 关于核完备空间的几个问题. 数学学报. 1979,22(6):653-666.(MR559734)

[27] 吴从炘,田重冬,王义和. 不分明拓扑线性空间 II. 哈尔滨工业大学学报. 1980,(1):1-10.

[28] 吴从炘. 关于勒贝格-巴拿赫点的几个问题. 自然杂志. 1980,3(9):712.

[29] 吴从炘. 介绍模糊数学. 科学与应用. 1980,(1):19-21.

[30] 吴从炘,刘铁夫. 关于 Orlicz 空间 $L_M^*(0,1)$ 中函数的 LO 点、LB 点和 MLO 点. 数学研究与评论. 1981,1(1):43-54.(MR655867)

[31] 吴从炘. 关于广义绝对连续函数空间的一些性质. 科学探索. 1981,1(1):95-96.(MR634944)

[32] 吴从炘. Fuzzy 拓扑线性空间 I. 模糊数学. 1981,(1):1-14.(MR657828)

[33] 吴从炘. Fuzzy 拓扑线性空间 II. 模糊数学. 1981,(2):13-20.(MR657839)

[34] 吴从炘,赵林生. 序列空间上的二级囿变函数(I). 数学研究与评论. 1982,2(4):143-150.(MR693844)

[35] 吴从炘,戚振开.Fuzzy 群的转移定理.模糊数学.1982,(2):51-55.(MR664824)

[36] 吴从炘.Fuzzy 拓扑线性空间 III.模糊数学.1982,(4):27-32.(MR704070)

[37] 吴从炘,唐余勇.平面谐波传动的干涉现象分析和变位系数选择.哈尔滨工业大学学报.1982, (1):34-42.

[38] 吴从炘,赵林生.序列空间上的二级囿变函数.科学探索.1982,2(2):71-74.(MR705586)

[39] 吴从炘,方锦暄.Fuzzy 拓扑线性空间的再定义.科学探索.1982,2(4):113-116.(MR790831)

[40] 吴从炘,方锦暄.Kolmogoroff 定理的 Fuzzy 推广.哈尔滨工业大学学报.1984,(1):1-7.

[41] 吴从炘,李建华.Convexity and fuzzy topological linear space.科学探索.1984,4(1):1-4.

[42] 吴从炘,马明.Fuzzy 拓扑代数及局部乘法凸 Fuzzy 拓扑代数.科学通报.1984,29(20):1279.
Wu Congxin,Ma Ming. Fuzzy topological algebras and fuzzy locally multiplicatively convex fuzzy topological algebras. Science Bulletin. 1985,30(2):277.

[43] 吴从炘.可列集上的 Fuzzy 集和 Fuzzy 关系.模糊数学.1984,4(1):59-66.(MR769746)

[44] 吴从炘,赵林生.序列空间上的二级囿变函数(II).数学研究与评论.1984,4(1):97-106. (MR767018)

[45] 吴从炘.δ 函数对力学应用的几点注记.工程数学学报.1984,1(1):141-145.

[46] 吴从炘.导数概念的几种推广.工科数学.1984,(2):19-23.

[47] 吴从炘,陈文伟.非线性算子及其导算子的几点注记.国防科技大学学报.1984,(2):103-107.

[48] 吴从炘,王洪涛.矩阵代数 $\Sigma(\alpha,\beta)$ 及其拓扑.哈尔滨工业大学学报.1984,数学增刊:1-5.

[49] 吴从炘.对称导数、渐近导数与关于单调增加函数的导数.吉林师范学院学报.1984,(1):61-72.

[50] 吴从炘,方锦暄.Fuzzy 拓扑线性空间的再定义.南京师范大学学报(自然科学版).1984,(3):1-9.

[51] 吴从炘,王洪涛.矩阵代数 $\Sigma(\alpha,\beta)$ 的强拓扑乘法连续性.科学通报.1985,30(2):157-158.

[52] 吴从炘,王廷辅,任重道,陈述涛.奥尔里奇空间几何学在我国的进展.哈尔滨科学技术大学学报.1985,(1):75-83.

[53] 吴从炘,方锦暄.(QL)型 Fuzzy 拓扑线性空间.数学年刊 A 辑(中文版).1985,6(3),355-364. (MR842964)

[54] 吴从炘,李建华.凸性与 Fuzzy 拓扑线性空间(II).科学通报.1985,30(10):796.
Wu Congxin,Li Jianhua. Convexity and fuzzy topological linear space (II). Science Bulletin. 1986,31(1):68-69.

[55] 吴从炘,马明.Fuzzy 赋范代数及局部 m 凸 Fuzzy 拓扑代数的表示.科学通报.1985,30(11):876.
Wu Congxin,Ma Ming. Fuzzy normed algebras and representation of locally multiplicatively convex fuzzy topological algebras. Science Bulletin. 1986,31(7):498.

[56] 吴从炘,刘铁夫.抽象二级囿变函数.东北数学.1985,1(1):41-53.(MR828348)

[57] 吴从炘,刘铁夫.关于抽象二级绝对连续函数的注记.科学通报.1985,30(20):1595.
Wu Congxin,Liu Tiefu. Note on abstract function of absolute 2nd continuity. Science Bulletin. 1986,31(9):646-647.

[58] 吴从炘,刘铁夫.抽象 K 级囿变函数.科学通报.1985,30(21):1676-1677.
Wu Congxin,Liu Tiefu. Abstract function of bounded Kth variation. Science Bulletin. 1986,

31(13):931-932.
- [59] 吴从炘,关波. 拓扑代数的研究进展(I). 吉林师范学院学报. 1985,(1):8-18.
- [60] 吴从炘,关波. 拓扑代数的研究进展(II). 吉林师范学院学报. 1985,(2):1-8.
- [61] 吴从炘,关波. 关于本原拓扑代数的几个结果. 哈尔滨工业大学学报. 1985,增刊(数学专辑): 1-5.
- [62] 吴从炘,陈述涛,王玉文. Orlicz 序列空间的 H 性质. 哈尔滨工业大学学报. 1985,增刊(数学专辑):6-11.
- [63] 吴从炘,王洪涛. 收敛自由空间上 $\Sigma(\lambda,\mu)$ 的强拓扑乘法连续性. 哈尔滨工业大学学报. 1985,增刊(数学专辑):12-14.
- [64] 吴从炘,马明. 诱出 Fuzzy 拓扑的一个充要条件及其应用. 哈尔滨工业大学学报. 1985,增刊(数学专辑):35-38.
- [65] 吴从炘,唐余勇. 法向等距线与向心等距线的解析性质及其在机械工程中的应用. 哈尔滨工业大学学报. 1985,增刊(数学专辑):50-52.
- [66] 吴从炘,方锦暄. 有界性与局部有界的 fuzzy 拓扑线性空间. 模糊数学. 1985,5(4):80-89.
- [67] 吴从炘,刘铁夫. Abstract function of absolute kth continuity. 哈尔滨工业大学学报. 1986,(1):123-124.
- [68] 吴从炘,马明. Separation and fuzzy topology T_l. 哈尔滨工业大学学报. 1986,(1):125-126.
- [69] 吴从炘,高亚光. Local P-convexity of fuzzy topological linear space and quasi P-normed fuzzy topological linear space. 哈尔滨工业大学学报. 1986,(4):117-118.(MR892045)
- [70] 吴从炘,刘铁夫. K 级绝对连续函数. 自然杂志. 1986,9(5):393-394.
- [71] 吴从炘,王廷辅. Orlicz 空间研究的进展(I). 数学研究与评论. 1986,6(3):155-161. (MR927651)
- [72] 吴从炘,王廷辅. Orlicz 空间研究的进展(II). 数学研究与评论. 1986,6(4):143-148. (MR928933)
- [73] 吴从炘,陈述涛,王玉文. Orlicz 序列空间自反性的几何特征与平坦性. 东北数学. 1986,2(1):49-57.(MR872165)
- [74] 吴从炘,陈述涛. Musielak-Orlicz 空间的端点与严格凸. 东北数学. 1986,2(2):138-149. (MR872174)
- [75] 吴从炘,刘铁夫. 关于抽象二级绝对连续函数. 东北数学. 1986,2(2):371-378.(MR889572)
- [76] 吴从炘,李燕杰. 模糊逼近的存在唯一问题. 模糊数学. 1986,6(1):9-16.
- [77] 吴从炘,马明. (QL) Fuzzy 拓扑线性空间和 Fuzzy 一致空间. 科学通报. 1986,31(9):716. Wu Congxin, Ma Ming. (QL) Fuzzy topological linear space and fuzzy uniform spaces. Science Bulletin. 1986,31(23):1656.
- [78] 吴从炘,马明. (QL) Fuzzy 拓扑线性空间和 Fuzzy 一致空间. 吉林师范学院学报. 1986,(2):1-6.
- [79] 吴从炘,刘铁夫. K 级囿变函数的一些性质. 辽宁大学学报. 1986,(1):1-10.
- [80] 吴从炘,刘铁夫. K 级绝对连续函数. 辽宁大学学报. 1986,(2):1-9.
- [81] 吴从炘,尚琥. Fuzzy 拓扑群的 Fuzzy 一致化. 科学通报. 1986,31(21):1678. Wu Congxin, Shang Hu. Fuzzy uniformization of fuzzy topological group. Science Bulletin. 1987,32(13):933-934.

[82] 吴从炘,尚琥.(QU)型 Fuzzy 拓扑群.科学探索.1987,(1):121-123.

[83] 吴从炘,孙慧颖.关于 Musielak-Orlicz 空间的复端点与复严格凸.系统科学与数学.1987, 7(1):7-13.(MR888108)

[84] 吴从炘,段延正.Fuzzy 拓扑线性空间的归纳极限.模糊系统与数学.1987,1(1):35-44.

[85] 刘元任,吴从炘.关于剃前插齿刀设计中关键问题的探讨.哈尔滨工业大学学报.1987,(2): 119-122.

[86] 吴从炘,孙慧颖.On the complex convexity of Orlicz space $L_M^*(X)$.哈尔滨工业大学学报. 1988,(1):101-102.

[87] 吴从炘,陈述涛.Extreme points and rotundity of Orlicz-Musielak sequence spaces.数学研究与评论.1988,8(2):195-200.(MR959844)

[88] 吴从炘,孙慧颖.关于 Musielak-Orlicz 空间的复一致凸性.东北数学.1988,4(4):389-396. (MR987061)

[89] 吴从炘,马明.关于 Fuzzy 拓扑线性空间的几点注记.吉林师范学院学报.1988,(1):1-5.

[90] 吴从炘,尚琥.Fuzzy 拓扑群的模糊一致化.齐齐哈尔师范学院学报.1988,(1):1-17.

[91] 吴从炘,于伟建.Fuzzy 赋准范线性空间及若干性质.哈尔滨建筑工程学院学报.1988,21(3): 102-108.

[92] 吴从炘,尚琥.Fuzzy 拓扑群的分离性.自然杂志.1988,11(4):316-317.

[93] 吴从炘,方锦暄.Fuzzy 拓扑线性空间的 Fuzzy 度量化.模糊系统与数学.1988,2(2):1-10.

[94] 吴从炘,尚琥.关于 Fuzzy 拓扑群赋 Fuzzy 复范问题.模糊系统与数学.1988,2(2):36-45.

[95] Wu Congxin,Ma Ming.Continuity of fuzzy linear operators.Acta Mathematica Scientia.1988, 8(1):71-77.(MR958187)

[96] Wu Congxin.Convexity and complex convexity of Orlicz-Musielak space.Function Spaces. Teubner-Texte zur Mathematik,103,Leipzig,1988,56-62.(MR1066516)

[97] Wu Congxin,Ma Ming.Fuzzy normed algebras and representation of locally m-convex fuzzy topological algebras.Fuzzy Sets and Systems.1989,30(1):63-68.(MR994014)

[98] Wu Congxin,Ma Ming.Some properties of fuzzy integrable function space $L^1(\mu)$.Fuzzy Sets and Systems.1989,31(3):397-400.(MR1009269)

[99] Wu Congxin,Sun Huiying.On the complex convexity of Orlicz-Musielak sequence spaces. Commentationes Mathematicae.1989,28(2):397-408.(MR1024953)

[100] 吴从炘,马明,尚琥.具有代数结构 Fuzzy 拓扑的分离性.吉林师范学院学报.1989,(1):1-5.

[101] 吴从炘,王廷辅.试论引进 Orlicz 空间的意义.哈尔滨科学技术大学学报.1989,13(1): 89-93.

[102] 国起,吴从炘.局部凸空间的严格凸性与光滑性.东北数学.1989,5(4):465-472. (MR1053526)

[103] 吴从炘,薛小平.关于 Pettis 积分的一个注记.科学通报.1989,34(23):1836.

[104] 国起,吴从炘.线性距离空间的一致凸性与严格凸性.辽宁大学学报(自然科学版).1989, (3):1-5.

[105] 常勇,吴从炘,李延平.关于《按许用压力角设计最小尺寸的摆动从动杆平面凸轮的解析法》一文的两点注记.黑龙江商学院学报.1989,(2):49-54.

[106] 吴从炘,国起.局部凸空间的一致凸性.数学年刊 A 辑(中文版).1990,11(3):351-354.

（MR1072630）

[107] 吴从炘,薛小平. 取值于局部凸空间中的抽象囿变函数. 数学学报.1990,33(1):107-112. （MR1051010）

[108] 常勇,吴从炘,李延平.关于《按许用压力角设计最小尺寸的摆动从动杆平面凸轮的解析法》一文的再注记.黑龙江商学院学报.1990,(4):15-19.

[109] 吴从炘,马明,李克修.Fuzzy赋范空间上算子的连续性和有界性.哈尔滨师范大学自然科学学报.1990,6(4):1-4.（MR1116951）

[110] 吴从炘,张波.抽象函数的Riemann-Stieltjes积分.哈尔滨工业大学学报.1990,(2):1-7. （MR1077552）

[111] 段延正,吴从炘.Continuity and complete continuity of a kind of nonlinear operators in Fenchel-Orlicz spaces.哈尔滨工业大学学报.1990,(3):1-6.（MR1077558）

[112] 吴从炘,马明.Fuzzy集值映射的级数、积分及积分方程.哈尔滨工业大学学报.1990,(5): 11-19.（MR1091624）

[113] 吴从炘,金聪.Fuzzy赋范空间上算子的微分.哈尔滨工业大学学报.1990,(6):1-5. （MR1110706）

[114] Wu Congxin, Bu Qingying. The vector-valued sequence spaces $l_p(X)$ ($1 \leq p < \infty$) and Banach spaces not containing a copy of c_0. A Friendly Collection of Mathematical Papers I, Jilin University Press, Changchun, China, 1990, 6-16.

[115] 邓廷权,吴从炘.地震层位识别模糊数学方法.中国系统工程学会模糊数学与模糊系统委员会第五届年会论文选集.成都:西南交通大学出版社,1990,568-570.

[116] Wu Congxin, Ma Ming. An embedding operator for fuzzy number space E^1 and its application for fuzzy integral. Systems Science and Mathematical Sciences. 1990, 3(3):193-199. （MR1182743）

[117] Wu Congxin, Ma Ming. Fuzzy norms, probabilistic norms and fuzzy metrics. Fuzzy Sets and Systems. 1990, 36(1):137-144.（MR1063279）

[118] Wu Congxin, Wang Tingfu. Research of Orlicz spaces in China. Southeast Asian Bulletin of Mathematics. 1990, 14(2):75-85.（MR1086589）

[119] Wu Congxin, Song Shiji, Wang Shuli. Generalized triangle norm and generalized fuzzy integral. Proceedings of Sino-Japan Joint Meeting on Fuzzy Sets and Systems. International Academic Publishers, Beijing, China. 1990, A2-1:1-4.

[120] Wu Congxin, Ma Ming, Bao Yue. LF fuzzy normed spaces and their duals. Proceedings of Sino-Japan Joint Meeting on Fuzzy Sets and Systems. International Academic Publishers, Beijing, China. 1990, A2-3:1-4.

[121] Wu Congxin, Sun Huiying. On the λ-property of Orlicz space L_M. Commentationes Mathematicae, Universitatis Carolinae. 1990, 31(4):731-741.（MR1091370）

[122] 吴从炘,薛小平.取值于局部凸空间中的抽象绝对连续函数.数学年刊.1991,增刊:84-86. （MR1118269）

[123] 吴从炘,孙慧颖.Musielak-Orlicz序列空间的范数计算与复凸性.数学年刊.1991,增刊: 98-102.（MR1118272）

[124] 吴从炘,于伟建.Fuzzy赋准范线性空间中的几个问题.哈尔滨建筑工程学院学报.1991,

(3):102-107.

[125] 吴从炘,尚琥.(QU)型 Fuzzy 拓扑群的 Fuzzy 一致化与 Fuzzy 度量化.应用数学.1991,4(4):125-127.(MR1148771)

[126] 吴从炘,付强.局部凸空间的最小序列的扩充定理.哈尔滨工业大学学报.1991,数学增刊:1-2.(MR1297196)

[127] 吴从炘,尚琥. Fuzzy uniformization and fuzzy metrization of fuzzy topological groups of type (QU).哈尔滨工业大学学报.1991,数学增刊:3-7.(MR1297197)

[128] 刘磊,吴从炘.取值于 Banach 空间的序列空间的拓扑.哈尔滨工业大学学报.1991,数学增刊:8-9.

[129] 吴从炘,刘哈生.区间值函数与 Fuzzy 值函数的 RS 积分.吉林师范学院学报.1991,(1):1-8.

[130] 吴从炘,刘哈生.区间值函数与 Fuzzy 值函数的 RS 积分.齐齐哈尔师范学院学报.1991,(2):1-4.

[131] 吴从炘,方锦暄. FTL- 空间上的 Fuzzy 连续线性算子.模糊系统与数学.1991,5(2):11-19.(MR1152507)

[132] Chen Shutao, Sun Huiying, Wu Congxin. λ-property of Orlicz space. Bulletin of the Polish Academy of Sciences, Mathematics. 1991,39(1-2):63-69.(MR1194708)

[133] Wu Congxin, Ma Ming. Embedding problem of fuzzy number space: Part I. Fuzzy Sets and Systems. 1991,44(1):33-38.(MR1133980)

[134] 吴从炘,张波.拓扑代数的 Arens 正则性.数学研究与评论.1992,12(1):66-70.(MR1161124)

[135] 吴从炘,卜庆营. Weakly sequential completeness of $L(l_p,X)$ and $K(l_p,X)(1<p<\infty)$.数学研究与评论.1992,12(3):366.

[136] 吴从炘,吴健荣. Fuzzy 双拓扑空间的拟伪度量化.模糊系统与数学.1992,6(1):15-20.(MR1166132)

[137] 吴从炘,周玉江.广义 Fuzzy 内积空间.哈尔滨工业大学学报.1992,24(2):7-11.(MR1178247)

[138] 姚小波,吴从炘.广义有界变差函数的复合函数.哈尔滨工业大学学报.1992,增刊:1-5.

[139] 付永强,吴从炘.散度型拟线性偏微分方程在 Orlicz-Sobolev 空间的广义解.哈尔滨工业大学学报.1992,增刊:6-11.

[140] 吴从炘,卜庆营.矢值序列空间 $\Lambda[X]$ 及其 Köthe 对偶(I).东北数学.1992,8(3):275-282.(MR1210177)

[141] 吴从炘,卜庆营. Banach 空间上的无条件收敛算子级数.数学科学学术研讨会(长春)论文集.长春:吉林大学出版社,1992,79-80.

[142] 于伟建,吴从炘.诱出 Fuzzy 赋准范线性空间的 Fuzzy 完备性.哈尔滨建筑工程学院学报.1992,(4):113-116.

[143] 吴从炘,马明. Bounded variation of abstract function whose value is in a Banach lattice. 东北数学.1992,8(3):293-298.(MR1210180)

[144] 吴从炘,黎永锦. Extreme points and linear bounded operators. 东北数学.1992,8(4):475-476.(MR1210200)

[145] 吴从炘,薛小平.不含 c_0-Banach 空间到 l_1 的连续线性算子.数学杂志.1992,12(4):430-434.

(MR1254626)

[146] Wu Congxin, Ma Ming. Embedding problem of fuzzy number space: Part II. Fuzzy Sets and Systems. 1992, 45(2): 189-202. (MR1149420)

[147] Wu Congxin, Ma Ming. Embedding problem of fuzzy number space: Part III. Fuzzy Sets and Systems. 1992, 46(2): 281-286. (MR1167324)

[148] Wu Congxin, Wu Jianrong. Fuzzy quasi uniformities and fuzzy bitopological spaces. Fuzzy Sets and Systems. 1992, 46(1): 133-137. (MR1153598)

[149] Wu Congxin, Duan Yanzheng. Musielak-Orlicz spaces of functions with values in locally convex topological vector spaces. Functiones et Approximatio. 1992, 21: 51-55. (MR1296991)

[150] 吴从炘, 黎永锦. Banach 空间的强凸性. 数学杂志. 1993, 13(1): 105-108. (MR1250087)

[151] 吴从炘. 序列空间可赋范与可度量化的刻划. 哈尔滨工业大学学报. 1993, 25(5): 1-5. (MR1264770)

[152] 吴从炘, 卜庆营. Characterizations of $cmc(X)$ which is GAK-space. 哈尔滨工业大学学报. 1993, 25(1): 93-96. (MR1221688)

[153] 吴从炘, 马明. 关于 Fuzzy 赋范空间的若干问题(II). 模糊系统与数学. 1993, 7(2): 1-7. (MR1257082)

[154] 吴从炘, 吴自库. 二级 Φ- 有界变差函数. 吉林师范学院学报. 1993, (1): 1-5.

[155] Wu Congxin, Li Yongjin. Dentability and extreme points. Northeastern Mathematical Journal. 1993, 9(3): 305-307. (MR1273719)

[156] Wu Congxin, Fu Yongqiang. The generalized solutions in Orlicz-Sobolev spaces for linear elliptic partial differential equations. Applied Functional Analysis Vol. 1. International Academic Publishers, Beijing, China. 1993, 299-304.

[157] Wu Congxin, Liu Hasheng. On RSu integral of interval-valued functions and fuzzy-valued functions. Fuzzy Sets and Systems. 1993, 55(1): 93-106. (MR1215131)

[158] Wu Congxin, Wang Shuli, Ma Ming. Generalized fuzzy integrals: Part I. Fundamental concepts. Fuzzy Sets and Systems. 1993, 57(2): 219-226. (MR1229838)

[159] Wu Congxin, Ha Minghu. On the null-additivity and the uniform autocontinuity of a fuzzy measure. Fuzzy Sets and Systems. 1993, 58(2): 243-245. (MR1239482)

[160] Wu Congxin, Ma Ming. Continuity and boundedness for the mappings between fuzzy normed spaces. The Journal of Fuzzy Mathematics. 1993, 1(1): 13-24. (MR1230302)

[161] Wu Congxin, Ha Minghu. Completion of a fuzzy measure. The Journal of Fuzzy Mathematics. 1993, 1(2): 295-302. (MR1230320)

[162] Wu Congxin, Liu Lei. Matrix transformations on some vector-valued sequence spaces. Southeast Asian Bulletin of Mathematics. 1993, 17(1): 83-96. (MR1234477)

[163] Wu Congxin, Bu Qingying. Köthe dual of Banach sequence spaces $l_p[X]$ $(1 \leq p < \infty)$ and Grothendieck space. Commentationes Mathematicae, Universitatis Carolinae. 1993, 34: 265-273. (MR1241736)

[164] 徐日理, 吴从炘. 模糊回归在治疗视网膜脱落中的应用. 模糊系统与数学. 1994, 增刊: 600-606.

[165] 吴从炘, 宋士吉. L-Fuzzy 集上(G) Fuzzy 积分方程. 哈尔滨工业大学学报. 1994, 26(3): 1-6.

（MR1340330）

[166] 宋士吉,哈明虎,吴从炘. L-Fuzzy 集上 (G) Fuzzy 积分特性. 哈尔滨工业大学学报. 1994, 26(5):1-4. (MR1328768)

[167] 吴从炘,卜庆营. 强拓扑的可赋范化与可度量化. 数学研究与评论. 1994,14(2):235-238. (MR1293029)

[168] 吴从炘,薛小平. Banach 空间中集值测度的表示定理. 数学研究与评论. 1994,14(3):411-416. (MR1305725)

[169] Wu Congxin, Liu Tiefu. Abstractfunction of bounded variation and absolute continuity. Journal of Mathematical Study. 1994,27(1):14-18. (MR1318252)

[170] Wu Congxin, Yao Xiaobo. A Riemann-type definition of the Bochner integral. Journal of Mathematical Study. 1994,27(1):32-36. (MR1318255)

[171] Wu Congxin, Cheng Lixin. Differentiability of convex functions in locally convex spaces (I). Journal of Harbin Institute of Technology. 1994, English Edition-1(1):7-12.

[172] Wu Congxin, Ha Minghu. On the regularity of the fuzzy measure on metric fuzzy measure spaces. Fuzzy Sets and Systems. 1994,66(3):373-379. (MR1300294)

[173] Henryk Hudzik, Wu Congxin, Ye Yining. Packing constant in Musielak-Orlicz sequence spaces equipped with the Luxemburg norm. Revista Mathematica. 1994,7(1):13-26. (MR1277328)

[174] Wu Congxin, Li Ronglu, Cho Min-Hyung. Strong fuzzy inner product spaces. The Journal of Fuzzy Mathematics. 1994,2(3):463-468. (MR1293824)

[175] Wu Congxin, Song Shiji. The convergence of generalized fuzzy integrals on L-fuzzy sets:Part 1. The Journal of Fuzzy Mathematics. 1994,2(3):741-757. (MR1306625)

[176] Song Shiji, Wu Congxin, Li Mingzhi. The convergence of generalized fuzzy integrals on L-fuzzy sets:Part 2. The Journal of Fuzzy Mathematics. 1994,2(3):759-770. (MR1306626)

[177] Wu Congxin, Cheng Lixin. Extensions of the Preiss differentiability theorem. Journal of Functional Analysis. 1994,124(1):112-118. (MR1284605)

[178] Wu Congxin, Cheng Lixin. A note on the differentiability of convex functions. Proceedings of the American Mathematical Society. 1994,121(4):1057-1062. (MR1207535)

[179] Wu Congxin, Ma Ming, Song Shiji, Zhang Shaotai. Generalized fuzzy integrals:Part 3. Convergent theorems. Fuzzy Sets and Systems. 1995,70(1):75-87. (MR1323288)

[180] Wu Congxin, Fu Yongqiang. Generalized Morrey space and generalized Campanato space and their application (II). Journal of Harbin Institute of Technology. 1995,E2(2):1-5.

[181] Wu Congxin, Cheng Lixin. Some characterizations of differentiability of convex functions on small set. Fasciculi Mathematici. 1995,25(4):187-196. (MR1339640)

[182] Wu Congxin, Yao Xiaobo, Sergio S Cao. The vector-valued integrals of Henstock and Denjoy. Journal of Mathematical Science, Sains Malaysiana. 1995,24(4):13-22.

[183] 吴从炘,姚小波. 向量值函数的 Mschane 积分. 数学研究. 1995,28(1):41-48. (MR1410946)

[184] 吴从炘,宋士吉,付永强. 二个变量指数增长拟线性散度型椭圆方程解的存在性. 哈尔滨工业大学学报. 1995,27(1):8-12. (MR1344086)

[185] 吴从炘,武立中. 关于 W 型 Riesz 空间. 哈尔滨工业大学学报. 1995,27(6):7-12. (MR1406460)

[186] 吴从炘,卜庆营. 矢量序列空间 $\Lambda[X]$ 及其 Köthe 对偶(III). 黑龙江大学自然科学学报. 1995,12(4):11-17. (MR1391098)

[187] Wu Congxin, Song Shiji, E Stanley Lee. Approximate solutions, existence and uniqueness of the Cauchy problem of fuzzy differential equations. Journal of Mathematical Analysis and Applications. 1996,202(2):629-644. (MR1406252)

[188] Wu Congxin, Cheng Lixin, Ha Minghu, E Stanley Lee. Convexification of nonconvex functions and application to minimum and maximum principles for nonconvex sets. Computers & Mathematics with Applications. 1996,31(7):27-36. (MR1377100)

[189] Wu Congxin, Wang Tingfu, Chen Shutao. Advances of research on Orlicz spaces in Harbin. Functional Analysis in China. Series: Mathematics and its applications, 356. Kluwer Academic Publishers, Dordrecht, 1996, 187-204. (MR1379606)

[190] Wu Congxin. Research on some topics of Banach spaces and topological vector spaces in Harbin. Functional Analysis in China. Series: Mathematics and its applications, 356. Kluwer Academic Publishers, Dordrecht, 1996, 205-218. (MR1379607)

[191] Wu Congxin, Ha Minghu, Xue Xiaoping. On the null-additivity of the fuzzy measure. Fuzzy Sets and Systems. 1996,78(3):337-339. (MR1378729)

[192] Xue Xiaoping, Ha Minghu, Wu Congxin. On the extension of the fuzzy number measures in Banach spaces: Part I. Representation of the fuzzy number measures. Fuzzy Sets and Systems. 1996,78(3):347-354. (MR1378731)

[193] Wu Congxin, Wang Xiaomin, Cheng Lixin, E Stanley Lee. On the Asplund properties of locally convex spaces. Journal of Mathematical Analysis and Applications. 1996,204(2):432-443. (MR1421457)

[194] Wu Congxin, Wang Haiyan, Song Shiji. Remarks on convergent in fuzzy measure theorem of generalized fuzzy integrals on L-fuzzy sets. The Journal of Fuzzy Mathematics. 1996,4(1):187-197. (MR1383037)

[195] Wu Congxin, Cheng Lixin, Yao Xiaobo. Characterizations of differentiability points of norms on $c_0(\Gamma)$ and $l_\infty(\Gamma)$. Northeastern Mathematical Journal. 1996,12(2):153-160. (MR1409548)

[196] 吴从炘,郭彩梅,张德利. 集值函数的半模 Fuzzy 积分. 应用数学. 1996,9(增刊):105-107. (MR1435422)

[197] 吴从炘,王民智. 抽象 Hardy-Orlicz 空间(I). 哈尔滨工业大学学报. 1996,28(4):1-2. (MR1438896)

[198] 哈明虎,吴从炘,宋士吉. 距离空间上 Fuzzy 测度序列的弱收敛. 哈尔滨工业大学学报. 1996, 28(5):1-4. (MR1445674)

[199] Wu Congxin, Cheng Lixin. Approximation of functions on metric spaces and its application to differentiability of convex functions on meager sets of Banach spaces. Banach Space Theory and Its Applications. Wuhan University Press, Wuhan, China, 1996, 184-193.

[200] 李雷,吴从炘. Φ- 连续格的刻划与完全分配格的拓扑表示定理. 数学学报. 1997,40(6):875-880. (MR1612617)

[201] 吴从炘,李雷,王晓敏. 关于 A. Cellina 逼近定理的注记. 科学通报. 1997,42(3):332-333.

[202] 李雷,吴从炘. 凸结构空间上拟下半连续映射的连续选择与超空间可缩性. 科学通报. 1997,

42(7):781-782.

[203] 吴从炘,任丽伟. Köthe-Bochner 空间的几何性质. 科学通报. 1997,42(8):887.

[204] 吴从炘. 序列空间之间的无穷矩阵算子的拓扑代数. 科学通报. 1997,42(11):1134-1136. (MR1482455)
Wu Congxin. Topological algebras of infinite matrix operators between sequence spaces λ and μ. Science Bulletin. 1997,42(19):1591-1593. (MR1640997)

[205] 苏雅拉图,吴从炘. K 一致凸空间与 K 一致光滑空间. 科学通报. 1997,42(23):2490-2494. (MR1613801)
Suyalatu, Wu Congxin. K-uniformly rotund and K-uniformly smooth spaces. Science Bulletin. 1998,43(2):92-95. (MR1612753)

[206] 吴从炘,付永强. 广义 Morrey 空间与广义 Campanato 空间及其应用(I). 数学学报. 1997, 40(1):122-128. (MR1459255)

[207] 吴从炘,任丽伟. Orlicz-Lorentz 空间的局部一致凸. 数学研究. 1997,30(2):146-150. (MR1468144)

[208] 吴从炘,任丽伟. Marcinkiewicz 空间 $M(\alpha)$ 的子空间 $E_{M(\alpha)}$ 的刻划. 哈尔滨工业大学学报. 1997,29(5):4-6. (MR1613210)

[209] 李雷,吴从炘. 可数仿紧空间的连续选择存在性特征及其应用. 哈尔滨工业大学学报. 1997, 29(5):7-10. (MR1613214)

[210] Wu Congxin, Wang Xiaomin, Cheng Lixin. Differentiablity of convex functions in locally convex spaces (II). Journal of Harbin Institute of Technology. 1997, E4(1):1-4.

[211] Li Lei, Wu Congxin. Characterizations of τ-para compactness. Journal of Harbin Institute of Technology. 1997, E4(1):123-126.

[212] Wu Congxin, Song Shiji, Qi Zongyu. Existence and uniqueness for a solution on the closed subset to the Cauchy problem of fuzzy differential equation. Journal of Harbin Institute of Technology. 1997, E4(2):1-7.

[213] Bu Qingyin, Wu Congxin. Unconditionally convergent series of operators on Banach spaces. Journal of Mathematical Analysis and Applications. 1997,207(2):291-299. (MR1438915)

[214] Wang Guoping, Wu Congxin. The connectedness in Lowen spaces. Fuzzy Sets and Systems. 1997,90(1):89-96. (MR1460343)

[215] Wu Congxin, Bu Qingying. Operator spaces and characterizations of nuclearity. Mathematica Japonica. 1997,45(1):125-131. (MR1434967)

[216] Wu Congxin, Wu Chong. The supremum and infimum of the set of fuzzy numbers and its applications. Journal of Mathematical Analysis and Applications. 1997,210(2):499-511. (MR1453188)

[217] Wu Congxin, Zhang Deli. Generalized fuzzy integrals with respect to fuzzy number fuzzy measures. The Journal of Fuzzy Mathematics. 1997,5(4):925-933. (MR1488039)

[218] 吴从炘,叶国菊. $\mathbb{R}^n$ 中 Banach 值函数的 Mcshane 积分(I). 数学研究. 1998,31(2):140-144. (MR1646128)

[219] 姚小波,吴从炘. ACG_{**} 函数的可微性. 哈尔滨工业大学学报. 1998,30(1):1-2. (MR1651783)

[220] 苏雅拉图,吴从炘. K-强凸性与 K-强光滑性. 数学年刊 A 辑(中文版). 1998,19(3):373-378.(MR1641067)

[221] 吴从炘,李法朝,哈明虎,仇计清. 基于对称差的 Fuzzy 度量及收敛问题. 科学通报. 1998,43(1):106-107.

[222] 吴从炘,李宝麟. 不连续系统的有界变差解. 数学研究. 1998,31(4):417-427.(MR1685476)

[223] 宋士吉,吴从炘.(D)广义模糊积分. 哈尔滨师范大学自然科学学报. 1998,14(1):4-7.(MR1742790)

[224] Wu Congxin,Suyalatu. On K-smooth, K-very smooth and K-strongly smooth Banach spaces. Journal of Harbin Institute of Technology. 1998,E5(1):6-9.

[225] Wu Congxin,Song Shiji. Existence theorem to the Cauchy problem of fuzzy differential equations under compactness-type conditions. Information Science. 1998,108(1-4):123-134.(MR1632507)

[226] Ha Minghu,Wang Xizhao,Wu Congxin. Fundamental convergence of sequences of measurable functions on fuzzy measure space. Fuzzy Sets and Systems. 1998,95(1):77-81.(MR1611107)

[227] Wu Congxin,Wu Chong. A note of the RSu integrals of fuzzy-valued functions. Fuzzy Sets and Systems. 1998,95(1):119-125.(MR1611143)

[228] Wu Congxin,Song Shiji,Wang Haiyan. On the basic solutions to the generalized fuzzy integral equation. Fuzzy Sets and Systems. 1998,95(2):255-260.(MR1614863)

[229] Guo Caimei,Zhang Deli,Wu Congxin. Generalized fuzzy integrals of fuzzy-valued functions. Fuzzy Sets and Systems. 1998,97(1):123-128.(MR1618319)

[230] Guo Caimei,Zhang Deli,Wu Congxin. Fuzzy-valued fuzzy measures and generalized fuzzy integrals. Fuzzy Sets and Systems. 1998,97(2):255-260.(MR1645622)

[231] Wu Congxin,Zhang Deli,Guo Caimei,Wu Chong. Fuzzy number fuzzy measures and fuzzy integrals(I):Fuzzy integrals of functions with respect to fuzzy number fuzzy measures. Fuzzy Sets and Systems. 1998,98(3):355-360.(MR1640931)

[232] Cheng Lixin,Wu Congxin,Xue Xiaoping,Yao Xiaobo. Convex functions,subdifferentiability and renormings. Acta Mathematica Sinica. 1998,14(1):47-56.(MR1694028)

[233] Wu Congxin,Lee Peng Yee. Topological algebras of infinite matrices. Functional Analysis-Selected Topics(Editor Pawan K Jain). Narosa Publishing House,New Delhi,India. 1998,23-31.(MR1668787)

[234] Song Shiji,Wu Congxin. Remark on approximate solutions,existence,and uniqueness of the Cauchy problem of fuzzy differential equations. The Journal of Fuzzy Mathematics. 1998,6(4):923-928.(MR1663358)

[235] 吴从炘,廖俊俊. 关于无穷矩阵算子代数 $\Sigma(\lambda,\mu)$ 的乘法连续性问题. 数学学报. 1999,42(5):897-904.(MR1767232)

[236] 岑嘉评,陈德刚,吴从炘. 半群的模糊拟对称理想和它的根. 模糊系统与数学. 1999,13(1):1-3.(MR1690330)

[237] 吴从炘,张德利,郭彩梅. 广义 F 积分的表示(I). 模糊系统与数学. 1999,13(1):31-35.(MR1690336)

[238] 吴从炘,仇计清,李法朝,翟建仁. 复 Fuzzy 函数的 Buckley 导数与 Buckley 积分. 模糊系统与

数学. 1999,13(2):1-6.(MR1720760)

[239] 吴从炘,任丽伟. 赋 Orlicz 范数的 Orlicz-Lorentz 空间的严格凸性. 数学杂志. 1999,19(2):235-240.(MR1717888)

[240] Ye Guoju,Lee Peng Yee,Wu Congxin. Convergence theorems of the Denjoy-Bochner, Denjoy-Pettis and Denjoy-Dunford integrals. Southeast Asian Bulletin of Mathematics. 1999, 23(1):135-143.(MR1810791)

[241] 叶国菊,吴从炘,Lee Peng Yee. Approximately continuous integral in the plane. 数学研究. 1999,32(3):238-244.(MR1756179)

[242] Wu Congxin,Liu Danhong. A fuzzy Weierstrass approximation theorem. The Journal of Fuzzy Mathematics. 1999,7(1):101-104.(MR1682813)

[243] Li Fachao,Qiu Jiqing,Su Lianqing,Wu Congxin. The convergent problems for p-mean symmetric difference metric. The Journal of Fuzzy Mathematics. 1999,7(3):731-743. (MR1716008)

[244] Wu Congxin,Li Baolin,E Stanley Lee. Discontinuous systems and the Henstock-Kurzweil integral. Journal of Mathematical Analysis and Applications. 1999,229(1):119-136. (MR1664308)

[245] Wu Congxin,Zhang Deli,Zhang Bokan,Guo Caimei. Fuzzy number fuzzy measures and fuzzy integrals (Ⅱ):Fuzzy integrals of fuzzy-valued functions with respect to fuzzy number fuzzy measures on fuzzy sets. Fuzzy Sets and Systems. 1999,101(1):137-141.(MR1658944)

[246] Wu Congxin,Wu Chong. Some notes on the supremum and infimum of the set of fuzzy numbers. Fuzzy Sets and Systems. 1999,103(1):183-187.(MR1673998)

[247] Wu Congxin,Zhang Bokan. Embedding problem of noncompact fuzzy number space $\tilde{E}$(I). Fuzzy Sets and Systems. 1999,105(1):165-169.(MR1687994)

[248] Wu Congxin,Qiu Jiqing. Some remarks for fuzzy complex analysis. Fuzzy Sets and Systems. 1999,106(2):231-238.(MR1696876)

[249] Wu Congxin,Li Fachao. Fuzzy metric and convergences based on the symmetric difference. Fuzzy Sets and Systems. 1999,108(3):325-332.(MR1718327)

[250] 刘笑颖,吴从炘. 非连续弱紧增算子的不动点及其对 Banach 空间初值问题的应用. 系统科学与数学. 2000,20(2):175-180.(MR1771625)

[251] 宋士吉,冯纯伯,吴从炘. 关于模糊推理的全蕴涵三Ⅰ算法的约束度理论. 自然科学进展. 2000,10(10):884-889.
Song Shiji,Feng Chunbo,Wu Congxin. Theory of restriction degree of Triple I method with total inference rules of fuzzy reasoning. Progress in Natural Science. 2001,11(1):58-67. (MR1831578)

[252] 仇计清,李法朝,郭彦平,吴从炘. 复 Fuzzy 序列的度量收敛与水平收敛. 模糊系统与数学. 2000,14(1):27-32.(MR1797697)

[253] 陈德刚,Shum Kar Ping,吴从炘. Some results on the Sup property of fuzzy subgroups and its application. 模糊系统与数学. 2000,14(2):4-8.(MR1778412)

[254] 李法朝,吴从炘,仇计清. p-平均对称差度量关于代数运算的收敛问题. 模糊系统与数学. 2000,14(2):53-59.(MR1778421)

[255] 毕淑娟,吴从炘. 模糊数的运算性质及模糊数的距离与极限. 模糊系统与数学. 2000,14(3): 40-44. (MR1794228)

[256] 巩增泰,吴从炘. 模糊数值函数 Henstock 积分的原函数刻画. 模糊系统与数学. 2000,14(4): 24-30. (MR1802863)

[257] 王桂祥,吴从炘. The iterative solution of the equation $f = x + Tx$ for an accretive operator T in Banach spaces. 应用泛函分析学报. 2000,2(1):15-21. (MR1765639)

[258] 吴健荣,吴从炘. 集值映射的连续不动点定理及其在微分包含中的应用. 应用泛函分析学报. 2000,2(2):159-165. (MR1795385)

[259] 付永强,吴从炘. 变分泛函的半连续性问题. 应用泛函分析学报. 2000,2(3):276-283. (MR1799709)

[260] 廖俊俊,吴从炘. 关于 (λ,μ) 的乘积定理. 数学杂志. 2000,20(1):8-12. (MR1767241)

[261] 李雷,吴从炘. 对 Aubin 与 Frankowska 关于闭凸集值映射最小选择的一个结果的讨论. 数学研究与评论. 2000,20(1):153-156. (MR1764651)

[262] 姚慧丽,张传义,吴从炘. 一类具有逐段常变量微分方程的渐近概周期解的存在性. 哈尔滨师范大学自然科学学报. 2000,16(6):1-6. (MR1833817)

[263] Li Fachao, Qiu Jiqing, Wu Congxin. The convergence criterion and the form of representation of limit of fuzzy numbers sequence about p-mean symmetric difference metric. The Journal of Fuzzy Mathematics. 2000,8(3):669-676. (MR1787051)

[264] Lele Celestin, Wu Congxin. Transfer theorems for fuzzy semigroups. Journal of Harbin Institute of Technology (New Series). 2000,7(3):19-23.

[265] Wu Congxin, Zhang Bokan. Existence of supremum and infimum in $\tilde{E}$ and relations of (M) integral and (G) integral. Journal of Harbin Institute of Technology (New Series). 2000, 7(3):58-61.

[266] Gong Zengtai, Wu Congxin. The Mcshane integral of fuzzy-valued functions. Southeast Asian Bulletin of Mathematics. 2000,24(3):365-373. (MR1811395)

[267] Liu Xiaoying, Wu Congxin. Existence of coupled quasi-fixed points for mixed monotone operators and its application to the discontinuous integral equation. Applied Mathematics and Computation. 2000,112(2-3):171-180. (MR1758708)

[268] Song Shiji, Wu Congxin. Existence and uniqueness of solutions to Cauchy problem of fuzzy differential equations. Fuzzy Sets and Systems. 2000,110(1):55-67. (MR1748108)

[269] Wu Congxin, Zhang Bokan. Embedding problem of noncompact fuzzy number space $\tilde{E}$ (II). Fuzzy Sets and Systems. 2000,110(1):135-142. (MR1748118)

[270] Wu Congxin, Wu Chong. A note on the range of null-additive fuzzy and non-fuzzy measure. Fuzzy Sets and Systems. 2000,110(1):145-148. (MR1748120)

[271] Wu Congxin, Gong Zengtai. On Henstock integrals of interval-valued functions and fuzzy-valued functions. Fuzzy Sets and Systems. 2000,115(1):377-391. (MR1781457)

[272] Qiu Jiqing, Wu Congxin, Li Fachao. On the restudy of fuzzy complex analysis: Part 1. The sequence and series of fuzzy complex numbers and their convergences. Fuzzy Sets and Systems. 2000,115(3):445-450. (MR1781464)

[273] 刘笑颖,吴从炘. Banach 空间不连续的脉冲微分--积分方程的解与迭代解. 数学学报. 2001,

44(3):469-474. (MR1844607)

[274] 李雷,吴从炘. 集值映射的连续选择与线性算子的齐性右逆. 数学学报. 2001,44(6):1051-1062. (MR1876668)

[275] 李雷,吴从炘. 关于多值函数的逼近问题. 系统科学与数学. 2001,21(4):429-435. (MR1878029)

[276] 吴健荣,吴从炘. 集值测度的 Radon-Nikodym 定理及集值算子的 Pettis-Aumann 积分表示. 数学学报. 2001,44(2):249-258. (MR1831526)

[277] 吴健荣,吴从炘. 集值测度的弱 Radon-Nikodym 导数及弱集值随机变量条件期望的存在性. 应用数学学报. 2001,24(2):255-261. (MR1842737)

[278] 曾晓明,吴从炘. 无穷角形域 Baskakov 型算子族的 Lipschitz 类保持性质. 应用数学学报. 2001,24(4):502-508. (MR1894443)

[279] 巩增泰,吴从炘. 模糊数值函数 Henstock 积分的收敛定理. 模糊系统与数学. 2001,15(1):5-9. (MR1837432)

[280] Lele Celestin,吴从炘. Some properties of fuzzy ideal in BCK-algebras. 模糊系统与数学. 2001,15(1):10-16. (MR1837433)

[281] 邓廷权,陈延梅,吴从炘. Fuzzy mathematical morphology on complete lattices. 模糊系统与数学. 2001,15(2):25-32. (MR1840882)

[282] 李耀堂,吴从炘. Completely generalized mixed strongly variational inequalities for fuzzy mapping. 模糊系统与数学. 2001,15(4):14-19. (MR1872010)

[283] Wu Congxin,Liu Xiaoying. A fixed point theorem for a class of β-constrictive operators and its application to the integral equation in $L^1(0,\infty)$. Journal of Harbin Institute of Technology (New Series). 2001,8(2):143-146.

[284] Lele Celestin,Wu Congxin,Njock G Edward,Tonga Marcel. Some properties of fuzzy positive implicative ideals in a BCK-algebra. Journal of Harbin Institute of Technology (New Series). 2001,8(2):168-172.

[285] Weke Patrick G O,Wang Chengguan,Wu Congxin. Nearly best linear estimates of logistic parameters based on complete ordered statistics. Journal of Harbin Institute of Technology (New Series). 2001,8(2):178-183.

[286] Qiu Jiqing,Wu Congxin,Li Fachao. On the restudy of fuzzy complex analysis:Part II. The continuity and differentiation of fuzzy complex functions. Fuzzy Sets and Systems. 2001,120(3):517-521. (MR1829270)

[287] Li Fachao,Wu Congxin,Qiu Jiqing,Su Lianqing. Platform type fuzzy number and separability of fuzzy number space. Fuzzy Sets and Systems. 2001,117(3):347-353. (MR1799076)

[288] Wu Congxin. Perfect matrix algebras $\Sigma(\lambda)$(II):AK-property. Northeastern Mathematical Journal. 2001,17(4):392-396. (MR1968349)

[289] Wu Jianrong,Xue Xiaoping,Wu Congxin. Radon-Nikodym theorem and Vitali-Hahn-Saks theorem on fuzzy number measures in Banach spaces. Fuzzy Sets and Systems. 2001,117(3):339-346. (MR1799075)

[290] Wu Jianrong,Wu Congxin. The w-derivatives of fuzzy mappings in Banach spaces. Fuzzy Sets and Systems. 2001,119(3):375-381. (MR1815447)

[291] Wu Jianrong, Wu Congxin. Fuzzy regular measures on topological space. Fuzzy Sets and Systems. 2001, 119(3):529-533. (MR1815461)

[292] Wu Congxin, Gong Zengtai. On Henstock integral of fuzzy-number-valued functions (I). Fuzzy Sets and Systems. 2001, 120(3):523-532. (MR1829271)

[293] Wu Congxin, Zhang Bokan. A note on the embedding problem for multidimensional fuzzy number spaces. Fuzzy Sets and Systems. 2001, 121(2):359-362. (MR1834522)

[294] 吴健荣, 薛小平, 吴从炘. Existence theorem for weak solutions of random differential inclusions in Banach spaces. 数学进展. 2001, 30(4):359-366. (MR1863919)

[295] Wang Guixiang, Wu Congxin. $r_1 \sim r_2$-degree solution of variational inequalities for fuzzy mappings. The Journal of Fuzzy Mathematics. 2001, 9(4):903-912. (MR1879353)

[296] Lele Celestin, Wu Congxin. Some properties of fuzzy n-ford positive implicative ideals in BCK-algebras. The Journal of Fuzzy Mathematics. 2001, 9(4):927-936. (MR1879356)

[297] Lele Celestin, Wu Congxin, Weke Patrick G O, Mamadou Traore, Njock G Edward. Fuzzy ideals and weak ideals in BCK-algebras. Scientiae Mathematicae Japonicae. 2001, 54(2):323-336. (MR1859686)

[298] Li Fachao, Su Lianqing, Yu Xiangdong, Qiu Jiqing, Wu Congxin. The absolute value of fuzzy number and its basic properties. The Journal of Fuzzy Mathematics. 2001, 9(1):43-50. (MR1822312)

[299] 吴从炘, 薛小平. 模糊数值函数分析学的若干新进展. 模糊系统与数学. 2002, 16(专辑):1-6.

[300] 刘文奇, 吴从炘. 相似关系粗集理论与相似关系信息系统. 模糊系统与数学. 2002, 16(3):50-58. (MR1928619)

[301] 王晓敏, 惠兴杰, 吴从炘. Approximation of functions and its application to differentiability of lower semicontinuous functions. 应用泛函分析学报. 2002, 4(4):289-293. (MR1961929)

[302] 蒋家尚, 吴从炘. 关于半群的模糊素理想与模糊同余的几个注记. 南京大学学报数学半年刊. 2002, 19(2):142-149. (MR1969880)

[303] Magassy Ousmane, Wu Congxin. Fuzzy semi-continuity of fuzzy number-valued function. Journal of Harbin Institute of Technology (New Series). 2002, 9(2):139-141.

[304] Wu Congxin, Wang Guixiang, Wu Chong. Derivative and differential of convex fuzzy valued functions and application. Lecture Notes in Artificial Intelligence 2275. Springer-Verlag, 2002, 478-484.

[305] Ye Guoju, Wu Congxin, Lee Peng Yee. Integration by parts for Denjoy-Bochner integral. Southeast Asian Bulletin of Mathematics. 2002, 26(4):693-700. (MR2047500)

[306] Gong Zengtai, Wu Congxin, Li Baolin. On the problem of characterizing derivatives for the fuzzy valued functions. Fuzzy Sets and Systems. 2002, 127(3):315-322. (MR1899064)

[307] Zhang Bokan, Wu Congxin. On the representation of n-dimensional fuzzy number and their informational content. Fuzzy Sets and Systems. 2002, 128(2):227-335. (MR1908428)

[308] Gong Zengtai, Wu Congxin. Bounded variation, absolute continuity and absolute integrability for fuzzy-number-valued functions. Fuzzy Sets and Systems. 2002, 129(1):83-94. (MR1907999)

[309] Wang Guixiang, Wu Congxin. Fuzzy n-cell numbers and the differential of fuzzy n-cell number

valued mappings. Fuzzy Sets and Systems. 2002,130(3):367-381.(MR1928432)

[310] Wu Congxin,Wang Guixiang. Convergence of sequences of fuzzy numbers and fixed point theorems for increasing fuzzy mappings and application. Fuzzy Sets and Systems. 2002, 130(3):383-390.(MR1928433)

[311] Liu Lishan,Wu Congxin,Guo Fei. A unique solution of initial value problems for first order impulsive integro-differential equations of mixed type in Banach spaces. Journal of Mathematical Analysis and Applications. 2002,275(1):369-385.(MR1941790)

[312] Ha Minghu,Wang Ruisheng,Wu Congxin. Outer measures and inner measures on fuzzy measure spaces. The Journal of Fuzzy Mathematics. 2002,10(1):127-132.(MR1894608)

[313] Lele Celestin,Wu Congxin,Mamadou Traore. Fuzzy filters in BCI-algebras. International Journal of Mathematics and Mathematical Science. 2002,29(1):47-54.(MR1892331)

[314] 刘文奇,吴从炘. F 格上的逼近算子. 数学学报. 2003,46(6):1163-1170.(MR2035740)

[315] 刘笑颖,吴从炘. Banach 空间不连续脉冲微分-积分方程的周期边值问题. 系统科学与数学. 2003,23(3):374-380.(MR2013443)

[316] 李宝麟,吴从炘. Kurzweil 方程的 Φ- 有界变差解. 数学学报. 2003,46(3):561-570. (MR2012369)

[317] 程立新,吴从炘. w^*-Frechet 可微性质和 Radon-Nikodym 性质以及 w^*-Asplund 空间. 数学学报. 2003,46(2):385-390.(MR1988182)

[318] 马可赛,吴从炘. Notes on the limit of complex fuzzy functions. 黑龙江大学自然科学学报. 2003,20(1):1-7.(MR1988054)

[319] 黄艳,吴从炘.(N) fuzzy integral on fuzzy set. 黑龙江大学自然科学学报. 2003,20(3):1-5. (MR2025891)

[320] 张德利,郭彩梅,吴从炘. 模糊积分论进展. 模糊系统与数学. 2003,17(4):1-10. (MR2026782)

[321] 黄艳,吴从炘. 广义(N)模糊积分. 哈尔滨工业大学学报. 2003,35(11):1298-1300. (MR2038045)

[322] 巩增泰,吴从炘. Are the primitives of fuzzy (K) integrable functions differentiable almost everywhere. 数学研究与评论. 2003,23(4):604-608.(MR2032619)

[323] Wang Guixiang,Wu Congxin. Directional derivatives and subdifferential of convex fuzzy mappings and application in convex fuzzy programming. Fuzzy Sets and Systems. 2003, 138(3):559-591.(MR1998679)

[324] Wu Congxin,Liu Xiaoying. Integral-differential equations of mixed type with discontinuous terms in Banach spaces. Southeast Asian Bulletin of Mathematics. 2003,26(6):1041-1052. (MR2021663)

[325] Wu Congxin,Mamadou Traore. An extension of Sugeno integral. Fuzzy Sets and Systems. 2003, 138(3):537-550.(MR1998677)

[326] Magassy Ousmane,Wu Congxin. Semi-continuity of complex fuzzy functions. Tsinghua Science and Technology. 2003,8(1):65-70.(MR1957902)

[327] Deng Tingquan,Chen Yanmei,Wu Congxin. Adjunction and duality of morphological operators. Proceedings of International Conference on Fuzzy Information Processing,Tsinghua

University Press, Beijing, China, 2003, 13-18.

[328] 吴从炘. 概周期型函数和遍历性理论与应用的新发展 - 写在张传义教授的英文专著出版之际. 数学研究与评论. 2004, 24(1): 189-191.

[329] 吴从炘. 关于微分中值定理的一点思考. 高等数学研究. 2004, 7(5): 12-13.

[330] 吴从炘, 朱志刚. 关于模糊数绝对值的几点注记. 黑龙江大学自然科学学报. 2004, 21(1): 1-5. (MR2067745)

[331] 王丽媛, 吴从炘, 聂大陆. 几种凸模糊集间的转换关系. 模糊系统与数学. 2004, 18(1): 89-95. (MR2046102)

[332] Wang Yong, Wu Congxin. Global Poincare inequalities for Green's operators applied to the solutions of the nonhomogeneous A-harmonic equation. Computers & Mathematics with Applications. 2004, 47(10-11): 1545-1554. (MR2079864)

[333] Wang Guixiang, Wu Congxin. The integral over a directed line segment of fuzzy mapping and its applications. International Journal of Uncertainty, Fuzziness and Knowledge-Based Systems. 2004, 12(4): 543-556. (MR2103997)

[334] Liu Lishan, Wu Congxin, Guo fei. Existence theorem of global solutions of initial value problems for nonlinear integro-differential equations of mixed type in Banach space and applications. Computers & Mathematics with Applications. 2004, 47(1): 13-22. (MR2062722)

[335] Liu Lishan, Wu Congxin. A unique solution of initial value problems for nonlinear second-order integro-differential equations of mixed type in Banach spaces. Functional Space Theory and its Applications (Editor-in-Chief Peide Liu). Research Information Ltd, Herts, UK, 2004, 132-139.

[336] Sulayatu, Wu Congxin. Characterization of K-very smooth spaces and K-very convex spaces. Functional Space Theory and its Applications (Editor-in-Chief Peide Liu). Research Information Ltd, Herts, UK, 2004, 248-251.

[337] Wu Congxin. An embedding problem of two metric function spaces. Functional Space Theory and its Applications (Editor-in-Chief Peide Liu). Research Information Ltd, Herts, UK, 2004, 279-282.

[338] Lee Shuk Yee, Shum Kar Ping, Wu Congxin. Filters in fuzzy implicative semigroups. Communications in Algebras. 2004, 32(12): 4633-4651. (MR2111105)

[339] Wu Congxin, Shum Kar Ping. Fuzzy n-prime and fuzzy strongly n-prime semi-ideals in semi-lattices. Algebras, Groups and Geometries. 2004, 21: 437-450.

[340] Xing Yuming, Wu Congxin. Global weighted inequalities for operators and harmonic forms on manifolds. Journal of Mathematics Analysis and Applications. 2004, 294(1): 294-309. (MR2059888)

[341] 吴从炘, 邱骏. 离散型随机分布和几类 Toeplitz 矩阵. 黑龙江大学自然科学学报. 2005, 22(2): 154-157. (MR2160098)

[342] 吴从炘, 杨富春. 光滑 Banach 空间上扩张值函数的 Fréchet 次微分. 数学研究与评论. 2005, 25(3): 531-537. (MR2163735)

[343] 刘立山, 吴从炘, 郝兆才. Banach 空间非线性混合型微分 - 积分方程整体解的存在性和唯一

解.应用泛函分析学报.2005,7(4):331-338.(MR2206072)

[344] Lee Shuk Yee, Shum Kar Ping, Wu Congxin. Broad fuzzy extention of certain fuzzy ideals of semigroups on strong semilattices. The Journal of Fuzzy Mathematics. 2005,13(4):785-797. (MR2191335)

[345] Liu Lishan, Guo Fei, Wu Congxin. Existence theorems of global solutions for nonlinear Volterra type integral equations in Banach spaces. Journal of Mathematical Analysis and Applications. 2005,309(2):638-649. (MR2154141)

[346] Chen Degang, Jiang Jiashang, Wu Congxin, Eric C C Tsang. Some notes on equivalent fuzzy sets and fuzzy subgroups. Fuzzy Sets and Systems. 2005,152(2):402-409. (MR2138519)

[347] Jiang Jiashang, Wu Congxin, Chen Degang. The product structure of fuzzy rough sets on a group and the rough T-fuzzy group. Information Sciences. 2005,175(1-2):97-107. (MR2162507)

[348] Yan Conghua, Wu Congxin. Fuzzy L-bornological spaces. Information Sciences. 2005, 173(1-3):1-10. (MR2149107)

[349] Yan Conghua, Wu Congxin. L-fuzzifying topological vector spaces. International Journal of Mathematics and Mathematical Science. 2005,(13):2081-2093. (MR2177697)

[350] Li Baolin, Wu Congxin. Continuous dependence of bounded Φ-variation solutions on parameters for Kurzweil equations. Northeastern Mathematical Journal. 2005,21(4):421-430. (MR2196743)

[351] Wang Guixiang, Wu Chong, Wu Congxin. Fuzzy α-almost convex mapping and fuzzy fixed point theorems for fuzzy mappings. Italian Jounal of Pure and Applied Mathematics. 2005,(17):137-150. (MR2203471)

[352] 包玉娥,吴从炘. 广义 B-凸模糊映射及其应用. 模糊系统与数学. 2006,20(3):77-82. (MR2241767)

[353] 赵亮,吴从炘. 赋 Orlicz 范数的 Musielak-Orlicz 序列空间的暴露点. 黑龙江大学自然科学学报. 2006,23(2):184-187. (MR2242790)

[354] 黄渊丰,吴从炘. 取值收敛自由序列空间的抽象函数的连续性、可微性与可积性. 黑龙江大学自然科学学报. 2006,23(3):341-344. (MR2250406)

[355] 吴从炘,任雪昆. 模糊测度的空间中一种新的收敛性. 黑龙江大学自然科学学报. 2006,23(5):598-602. (MR2294887)

[356] Ren Liwei, Feng Guochen, Wu Congxin. Rotundity in Köthe-Bochner spaces. Advances in Mathematics. 2006,35(3):350-360. (MR2261713)

[357] Zhang Xinguang, Liu Lishan, Wu Congxin. Nontrivial solution of third-order nonlinear eigenvalue problems. Applied Mathematics and Computation. 2006,176(2):714-721. (MR2232063)

[358] Yang Fuchun, Wu Congxin, He Qinghai. Applications of Ky Fan´s inequality on σ-compact set to variational inclusion and n-person game theory. Journal of Mathematical Analysis and Applications. 2006,319(1):177-186. (MR2217854)

[359] Bao Yue, Wu Congxin. Convexity and semicontinuity of fuzzy mappings. Computers & Mathematics with Applications. 2006,51(12):1809-1816. (MR2245707)

[360] Huang Yan, Wu Congxin. Choquet integrals with respect to fuzzy measure on fuzzy σ-algebra. Lecture Notes in Artificial Intelligence 3930. Springer-Verlag, 2006, 329-337.

[361] Wu Congxin, Zhao Liang, The absolute additivity and fuzzy additivity of Sugeno integral. Lecture Notes in Artificial Intelligence 3930. Springer-Verlag, 2006, 358-366.

[362] 苏华,刘立山,吴从炘. 一类抽象算子方程组的迭代解及其应用. 数学物理学报. 2007, 27A(3):449-455. (MR2337720)

[363] 张娅,吴从炘. 收敛自由空间无穷矩阵变换集的有界性. 黑龙江大学自然科学学报. 2007, 24(4):503-507.

[364] 张娅,吴从炘. 收敛自由空间到序列空间 l_1 的无穷矩阵变换集. 徐州工程学院学报. 2007, 22(8):5-8.

[365] 吴从炘,熊启才. 模糊值函数级数的绝对一致收敛性. 黑龙江大学自然科学学报. 2007, 24(5):572-575.

[366] 陈明浩,张彦寰,吴从炘. 关于模糊微分方程初值问题解的一些研究. 黑龙江大学自然科学学报. 2007, 24(5):621-624.

[367] 包玉娥,吴从炘. 关于模糊映射的凸性与严格凸性. 哈尔滨工业大学学报. 2007, 39(4):639-641. (MR2329673)

[368] Wu Congxin, Sun Bo. Pseudo-atoms of fuzzy and non-fuzzy measures. Fuzzy Sets and Systems. 2007, 158(11):1258-1272. (MR2314681)

[369] Li Hongliang, Wu Congxin. The integral of a fuzzy mapping over a directed line. Fuzzy Sets and Systems. 2007, 158(21):2317-2338. (MR2360319)

[370] Wu Congxin, Sun Bo. A note on the extension of the null-additive set function on the algebra of subsets. Applied Mathematics Letters. 2007, 20(7):770-772. (MR2314706)

[371] Huang Huan, Wu Congxin. On the triangle inequalities in fuzzy metric spaces. , Information Sciences. 2007, 177(4):1063-1072. (MR2288746)

[372] Yu Daren, Hu Qinghua, Wu Congxin. Uncertainty measures for fuzzy relations and their applications. Applied Soft Computing. 2007, 7(3):1135-1143.

[373] Bao Gejun, Xing Yuming, Wu Congxin. Two-weight Poincaré inequalities for the projection operator and A-harmonic tensors on Riemannian manifolds. Illinois Journal of Mathematics. 2007, 51(3):831-842.

[374] Yan Conghua, Wu Congxin. Fuzzifying topological vector spaces on completely distributive lattices. International Journal of General Systems. 2007, 36(5):513-525. (MR2369699)

[375] Ren Xuekun, Wu Congxin, Zhu Zhigang. On the fuzzy Riemann-Stieltjes Integral. Dynamics of Continuous, Discrete and Impulsive Systems. Series A. Supplement. Advances in Neural Networks. 2007, 14:728-732. (MR2360371)

[376] Wang Changzhong, Wu Congxin, Chen Degang. Homomorphisms between relation information systems. Lecture Notes in Artificial Intelligence 4481. Springer-Verlag, 2007, 68-75.

[377] Bao Gejun, Xing Yuming, Wu Congxin. Two-weight Poincaré inequalities for the projection operator and A-harmonic tensors on Riemannian manifolds. Illinois Journal of Mathematics. 2007, 51(3):831-842. (MR2379724)

[378] Yang Fuchun, Wu Congxin. Subdifferentials of fuzzy mappings and fuzzy mathematical

programming problems. Southeast Asian Bulletin of Mathematics. 2007,31(1):141-151. (MR2319131)

[379] Wu Congxin,He Qiang. Combining multiple support vector machine classifiers. Dynamics of Continuous,Discrete and Impulsive Systems. Series A. Mathematical Analysis. 2007,14:222-226. (MR2362580)

[380] 吴从炘,李洪亮. 两个基本定理在模糊数度量空间的推广. 黑龙江大学自然科学学报. 2008,25(2):141-144.

[381] 熊启才,吴从炘. 模糊数级数的绝对收敛性. 黑龙江大学自然科学学报. 2008,25(3):287-290.

[382] 孙波,吴从炘. 局部紧 Hausdorff 空间上的 Fuzzy 测度. 黑龙江大学自然科学学报. 2008,25(3):305-308.

[383] 任雪昆,吴从炘. 模糊 Riemann-Stieltjes 积分的收敛定理. 黑龙江大学自然科学学报. 2008,25(5):630-633.

[384] 吴从炘,王长忠. 基于广义粗糙集的属性约简. 黑龙江大学自然科学学报. 2008,25(6):803-808.

[385] Chen Minghao,Wu Congxin,Xue Xiaoping,Liu Guoqing. On fuzzy boundary value problems. Information Sciences. 2008,178(7):1877-1892. (MR2404485)

[386] Wang Changzhong,Wu Congxin,Chen Degang. A systematic study on attribute reduction with rough sets based on general binary relations. Information Sciences. 2008,178(9):2237-2261. (MR2419731)

[387] Wang Changzhong,Wu Congxin,Chen Degang,Hu Qinghua,Wu Chong. Communicating between information systems. Information Sciences. 2008,178(16):3228-3239. (MR2456750)

[388] Hu Qinghua,Yu Daren,Liu Jinfu,Wu Congxin. Neighborhood rough set based heterogeneous feature subset selection. Information Sciences. 2008,178(18):3577-3594. (MR2438095)

[389] Chen Minghao,Fu Yongqiang,Xue Xiaoping,Wu Congxin. Two-point boundary value problems of undamped uncertain dynamical systems. Fuzzy Sets and Systems. 2008,159(16):2077-2089. (MR2431801)

[390] Wu Congxin,Zhao Zhitao. Some notes on the characterization of compact sets of fuzzy sets with Lp metric. Fuzzy Sets and Systems. 2008,159(16):2104-2115. (MR2431803)

[391] Huang Huan,Wu Congxin. On the completion of fuzzy metric spaces. Fuzzy Sets and Systems. 2008,159(19):2596-2605. (MR2450329)

[392] Wang Changzhong,Wu Congxin,Chen Degang,Du Wenju. Some properties of relation information systems under homomorphisms. Applied Mathematics Letters. 2008,21(9):940-945. (MR2436528)

[393] Wu Congxin,Ren Xuekun. Fuzzy measures and discreteness. Discrete Mathematics. 2008,308(21):4839-4845. (MR2446094)

[394] Lee Shuk Yee,Shum Kar Ping,Wu Congxin. Strong Semilattices of Implicative Semigroups. Algebra Colloquium. 2008,15(1):53-62. (MR2371577)

[395] Chen Minghao,Hiroaki Ishii,Wu Congxin. Transportation problems on a fuzzy network.

International Journal of Innovative Computing,Information and Control. 2008,4(5):1105-1109.

[396] Wu Congxin. Function spaces and application to fuzzy analysis. Function Spaces VIII. Banach Center Publication,79,Warsaw,2008,235-246. (MR2404997)

[397] 赵治涛,吴从炘. 模糊数空间在一类 L_p 度量下的性质. 黑龙江大学自然科学学报. 2009,26(1):109-112.

[398] 李洪亮,吴从炘. 凸模糊映射的运算. 黑龙江大学自然科学学报. 2009,26(4):443-444.

[399] Huang Huan, Wu Congxin. Approximation of level continuous fuzzy-valued functions by multilayer regular fuzzy neural networks. Mathematical and Computer Modelling. 2009, 49(7-8):1311-1318. (MR2508348)

[400] Huang Huan, Wu Congxin. Approximation capabilities of multilayer fuzzy neural networks on the set of fuzzy-valued functions. Information Sciences. 2009,179(16):2762-2773. (MR2547078)

[401] Zhao Zhitao, Wu Congxin. The equivalence of convergences of sequences of fuzzy numbers and its applications to the characterization of compact sets. Information Sciences. 2009,179(17):3018-3025. (MR2547766)

[402] Wu Congxin, Li Hongliang, Ren Xuekun. A note on the sendograph metric of fuzzy numbers. Information Sciences. 2009,179(19):3410-3417. (MR2574348)

[403] 赵治涛,吴从炘,张旭. 模糊数空间中的收敛关系. 黑龙江大学自然科学学报. 2010,27(2):197-200.

[404] Bao Yue, Wu Congxin. E-convex fuzzy mappings and its application. The Journal of Fuzzy Mathematics. 2010,18(2):275-291. (MR2664415)

[405] Bao Yue, Wu Congxin. Semistrictly convex fuzzy mappings. Journal of Mathematical Research and Exposition. 2010,30(4):571-580. (MR2742111)

[406] Ren Xuekun, Wu Chong, Wu Congxin. Some remarks on the double asymptotic null-additivity of monotonic measures and related applications. Fuzzy Sets and Systems. 2010,161(5):651-660. (MR2578623)

[407] Sun Bo, Wu Congxin. Yet another note on the range of null-additive fuzzy and non-fuzzy measures. Fuzzy Sets and Systems. 2010,161(5):769-770. (MR2578632)

[408] Huang Huan, Wu congxin. Approximation of fuzzy functions by regular fuzzy neural networks. Fuzzy Sets and Systems. 2011,177(1):60-79. (MR2812832)

[409] Wu Chong, Ren Xuekun, Wu Congxin. A note on the space of fuzzy measurable functions for a monotone measure. Fuzzy Sets and Systems. 2011,182(1):2-12. (MR2825769)

[410] He Qiang, Wu Congxin, Chen Denggang, Zhao Suyun. Fuzzy rough set based attribute reduction for information systems with fuzzy decisions. Knowledge-Based Systems. 2011, 24(5):689-696.

[411] He Qiang, Wu Congxin. Membership evaluation and feature selection for fuzzy support vector machine based on fuzzy rough sets. Soft Computing. 2011,15(6):1105-1114.

[412] He Qiang, Xie Zongxia, Hu Qinghua, Wu Congxin. Neighborhood based sample and feature selection for SVM classification learning. Neurocomputing. 2011,74(10):1585-1594.

[413] He Qiang, Wu Congxin. Separating theorem of samples in Banach space for support vector machine learning. International Journal of Machine Learning and Cybernetics. 2011, 2(1): 49-54.

[414] 赵治涛, 吴从炘, 郝翠霞. 模糊数级数的收敛性. 吉林大学学报(理学版). 2012, 50(1): 35-43.

[415] Zhao Zhitao, Wu Congxin. A Characterization for Compact Sets in the Space of Fuzzy Star-shaped Numbers with L_p Metric. Abstract and Applied Analysis. 2013, Article ID 627314, http://dx.doi.org/10.1155/2013/627314. (MR3049414)

[416] Huang Huan, Wu Congxin. A new characterization of compact sets in fuzzy number spaces. Abstract and Applied Analysis. 2013, Article ID 820141, http://dx.doi.org/10.1155/2013/820141. (MR3129340)

[417] Eric C C Tsang, Wang Changzhong, Chen Degang, Wu Congxin, Hu Qinghua. Communication between information systems using fuzzy rough sets. IEEE Transactions on Fuzzy Systems. 2013, 21(3): 527-540.

[418] 李洪亮, 裴慧丽, 吴从炘. Zadeh 扩张原理下模糊数空间的代数结构. 模糊系统与数学. 2014, 28(1): 84-87. (MR3222430)

[419] Huang Yan, Wu Congxin. Real-valued Choquet integrals for set-valued mappings. International Journal of Approximate Reasoning. 2014, 55(2): 683-688.

[420] Huang Huan, Wu Congxin. Approximation of fuzzy-valued functions by regular fuzzy neural networks and the accuracy analysis. Soft Computing. 2014, 18(12): 2525-2540.

[421] Wu Congxin, Ren Xuekun, Wu Chong. On the space of (s)-integrable functions for a monotonic measure. Commetationes Mthamaticae, 2013, 53(2): 235-245 (MR 3155052)

[422] 吴从炘, 任雪昆, 吴冲. 模糊分析学中的泛函空间. 中国科学：数学, 2015, 45(9):.

国际会议报告与论文主要有：

[1] Wu Congxin. Topological algebra $\sum(\lambda)$ of infinite matrix. International Conference Function Spaces, August 24-30, 1986, Poznan, Poland(报告).

[2] Wu Congxin. Convexity and complex convexity of Orlicz-Musielak Space(同一会议报告, 刊登于[96]).

[3] Wu Congxin. A survey of the advances of fuzzy topological vector spaces. Second Polish Symposium on Interval and Fuzzy Mathematics, September 4-7, 1986, Poznan, Poland(报告).

[4] Wu Congxin, Ma Ming. Uniformizable fuzzy topological vector spaces. Proceedings of the Second Polish Symposium of Interval and Fuzzy Mathematics, September 4-7, 1986, Poznan, Poland. 1987, 219-229(MR949481).

[5] Wu Congxin. Fuzzy topological vector spaces. Second International Fuzzy Systems Association (IFSA) Congress, July 20-25, 1987, Tokyo, Japan(报告, 刊于会议文集 466-469).

[6] Wu Congxin. Some results on fuzzy sets and systems in China. Sino-Japan Joint Meeting on Fuzzy Sets and Systems, October 15-18, 1990, Beijing, China(代表中方的报告, 且 Wu 与 Song Shiji, Wang Shuli 及 Ma Ming, Bao Yue 分别有一文在该会议宣读并刊于[119]及[120]).

[7] Wu Congxin. On the fuzzy differential equations. 1996 Asian Fuzzy Systems Symposium,

December 11-14,1996,Kenting,Taiwan(报告,刊于会议文集563-566).

[8] Wu Congxin,Qiu Jiqing,Li Fachao,Su Lianqing,Kar Ping Shum. On the structure theory of fuzzy complex analysis. Proceedings of the 8th IFSA World Congress,August 17-20,1999,Taibei,Taiwan,2:864-868(Shum 报告,Wu 未出席会议).

[9] Wu Congxin,Gong Zengtai,Kar Ping Shum. Characterization theorems for certain integrals of fuzzy-valued functions,Proceedings of 2000 Asian Fuzzy Systems Symposium,May 31-June 3,2000,Tsukuba,Japan,766-769(Shum 报告,Wu 未出席会议).

[10] Wu Congxin,Chen Degang. The theory of the fuzzy set-valued measure of fuzzy sets on the induced locally compact T_2 fuzzy topological space(同一会议文集248-250).

[11] Wu Congxin. Embedding problem of noncompact fuzzy number space $E^{n\sim}$. The 9th IFSA World Comgress,July 25-28,2001,Vancover,Canada(Invited paper, 报告并刊于文集第 2 卷 1200-1203).

[12] Wang Guixiang,Wu Congxin,Kar Ping Shum. The concept of n-cut cube fuzzy numbers and embedding theorem.(同一会议文集第 1 卷 145-148,Shum 报告).

[13] Wu Congxin,Mamadou Traore. An extension on Sugeno integral and Pettis-Sugeno integral.(同一会议文集第 1 卷 487-492,Wu 报告).

[14] Lele Celestin,Wu Congxin. Generalization of some fuzzy ideals in BCK-algebra.(同一会议文集第 2 卷 835-839).

[15] Wu Congxin,Wang Guixiang,Wu Chong. Derivative and differential of convex fuzzy valued functions and application. 2002 Asian Fuzzy Systems Society (AFSS) International Conference on Fuzzy Systems,February 3-6,2002,Calcutta,India(Wu Congxin 报告,文章刊于[304]).

[16] Wu Congxin. Some advances on the calculus of fuzzy mappings. Proceedings of 19th Japan Fuzzy System Symposium,September 8-10,2003,Osaka,Japan,47-52.(应邀做 1 小时特别讲演).

[17] Wu Congxin. Some kinds of function spaces and their application to fuzzy analysis. The Wladyslaw Orlicz Centenary Conference and Function Spaces VII,July 21-25,2003,Poznan,Poland(报告).

[18] Wu Congxin,Ren Xuekun. Some notes on the space of fuzzy measures and discreteness. International Conference in Discrete Mathematics with Application to Information Science and Related Topic,Chongqing,2004,10-12(Wu 报告).

[19] Wu Congxin. Some notes of fuzzy and nonfuzzy differential equations. Conference on Differential and Difference Equations and Applications,August 1-5,2005,Melboune,USA(Invite Lecture,报告).

[20] Huang Huan,Wu Congxin. Characterization of Γ-convergence on fuzzy number space, Proceedings of the 11th IFSA World Congress,July 28-31,2005,Beijing,China,Volume 1,66-70 (Huang 报告).

[21] Lee Shuk Yee,Kar Ping Shum ,Wu Congxin. Commutative and non-commutative fuzzy order filters(同一会议文集,Lee 报告,Wu 出席).

[22] Ren Xuekun,Wu Congxin. Notes on the class of the fuzzy bounded variation functions, Proceedings of 2006 AFSS International Conference,September 17-20,2006,Baoding,

China(Editors Liu Yingming,Wu Congxin,Ha Minghu,Ying Mingsheng),河北大学出版社,保定,中国,2006,258-262(Ren 报告).

[23] Huang Yan,Wu Congxin. Asymmetric Choquet integrals on fuzzy sets. 同一文集 263-266.

[24] Bao Yue,Wu Congxin. Generalized quasi-convex fuzzy mappings with application to fuzzy optimization. 同一文集 294-296.

[25] Wu Congxin. Functional analysis and its application in machine learning. 5th International Conference on Machine Learning and Cybernetics,August 13-16,2006,Dalian,China(Plenary Lecture,报告且 Wu Congxin,Zhao Liang 与 Huang Yan,Wu Congxin 在该会议各有一文刊于[361]与[360]).

[26] Wu Congxin. Function spaces,fuzzy analysis and support vector machine. International conference Function Spaces VIII,July 3-7,2006,Bedlewo,Poland(Plenary Lecture,报告并刊于[396])

[27] Wu Congxin. Summarization of fifty papers published in the international journal "Fuzzy Sets and Systems",The 11th Czech-Japan Seminar on Data Analysis and Decision Making under Uncertainly,September 15-17,2008,Sendai,Japan,165-170(Invite Lecture,报告).

[28] Wu Chong,Wu Congxin. Fuzzy continuous function and its application to fuzzy neural nets (Ⅰ). Proceedings of 2nd International Conference on Machine Learning andCybernetics. 2003,4:2534-2536(Wu Congxin 未出席会议).

[29] Wu Congxin,Wang Guixiang. The concept and application of the integral of fuzzy mappings from the fuzzy number space E to E. Proceedings of 2nd International Conference on Machine Learning and Cybernetics. 2003,2537-2540(Wu 未出席会议).

[30] Wu Chong,Wu Congxin. On Riemann-Stieltjes type integral of fuzzy-valued functions. Proceedings of 3rd International Conference on Machine Learning and Cybernetics. 2004,3:1802-1804(Wu 未出席会议).

[31] Wu Congxin,Huang Yan. Choquet integrals on fuzzy sets. Proceedings of 4th International Conference on Machine Learning and Cybernetics. 2005,4:2438-2442(Wu 未出席会议).

[32] Wu Congxin,Daniel S Yeung,Eric C C Tsang. Separating two classes of samples using support vectors in a convex hull. Proceedings of 4th International Conference on Machine Learning and Cybernetics. 2005,7:4233-4236(Wu 未出席会议).

[33] Wu Congxin,Zhao Liang. Three kinds of the additivity of Sugeno integral for real functions. Proceedings of 4th International Conference on Machine Learning and Cybernetics. 2005,9:5657-5660(Wu 未出席会议).

[34] Wang Changzhong,Wu Congxin,Chen Degang. A relation decision system and its properties. Proceedings of 5th International Conference on Machine Learning and Cybernetics. 2006,2257-2262.

[35] Ren Xunkun,Wu Congxin,Zhu Zhigang. A new kind of fuzzy Riemann-Stieltjes integral. Proceedings of 5th International Conference on Machine Learning and Cybernetics. 2006,1885-1888.

[36] He Qiang,Wu Congxin,Eric C C Tsang. Fuzzy SVM based on triangular fuzzy numbers. Proceedings of 6th International Conference on Machine Learning and Cybernetics. 2007,5:

2847-2852（Wu 未出席会议）.

[37] Huang Yan, Wu Congxin. Choquet integrals on L-Fuzzy sets. Proceedings of 5th International Conference on Fuzzy Systems and Knowledge Discovery. 2008, 1:576-580（Wu 未出席会议）.

[38] Hu Qinghua, Yu Daren, Wu Congxin. Fuzzy preference relation rough sets. Proceedings of 4th International Conference on Granular Computing. 2008, 300-305（Wu 未出席会议）.

附录2 吴从炘的研究生与进修教师等名册

博士研究生名册

序号	姓名	论文题目	毕业时间
1	李容录	Banach 空间及其对偶（系学位条例公布前的4年制研究生，1985年春被评为副教授，放弃取得博士学位）	1985 春
2	刘铁夫	抽象 K 级斜囿变函数与抽象 K 级斜绝对连续函数	1986 秋
3	关 波	系1987年春入学的博士生，1年后赴美联合培养，取得美国博士学位	
4	马 明	F 赋范空间理论与 F 数的嵌入问题	1989 秋
5	段延正	Orlicz 空间的若干结构问题（副导师陈述涛）	1990 秋
6	孙慧颖	关于 Orlicz 空间的弱拓扑和局部结构	1991 春
7	薛小平	抽象空间中取值的函数、级数、测度与积分	1991 春
8	黎永锦	Banach 空间凸性和光滑性的若干问题	1992 春
9	卜庆营	矢值序列空间 $\wedge[X]$ 的性质及其应用	1992 春
10	姚小波	非绝对积分：矢值积分、空间拓扑结构及广义微分方程 Φ-变差解	1994 春
11	程立新	凸函数、可微性及其应用	1995 春
12	付永强	Orlicz 空间在偏微分方程上的应用	1995 春
13	哈明虎	模糊测度与模糊积分	1995 春
14	宋士吉	两类广义模糊积分与模糊微分方程	1996 春
15	魏 利	系1993年秋录取的博士生并保留学籍1年，终因父母极需照顾，不能来校就读. 2006年春获军械工程学院导航、制导与控制博士. 教授	
16	王晓敏	无穷维空间上函数的微分及其应用	1997 春
17	南基洙	Steinberg 群的分解及矩阵几何的应用（副导师游宏）	1997 春
18	赵景军	延迟微分方程数值稳定性（合作导师刘明珠）	1997 春
19	崔成日	向量级数与抽象函数级数（副导师李容录）	1997 秋
20	张博侃	非紧模糊数空间的嵌入及应用	1997 秋
21	李 雷	连续选择存在性理论及其应用	1997 秋
22	张德利	单值模糊积分、集值模糊积分与模糊值模糊积分	1998 春
23	任丽伟	几类矢值 Banach 函数空间与矢值 Banach 序列空间的几何性质	1998 春
24	吴 冲	模糊数、模糊数值函数的理论	1998 春
25	李均利	系1996年春入学的博士生，出于健康原因，办理结业手续	

续 表

序号	姓名	论文题目	毕业时间
26	李宝麟	不连续系统与 KURZWEIL-HENSTOCK 积分	1999 春
27	叶国菊	高维空间中的非绝对积分理论	1999 春
28	巩增泰	非绝对模糊积分理论	2000 春
29	陈德刚	模糊集的模糊集值测度理论	2000 春
30	吴健荣	微分包含、集值分析及其在模糊分析中的应用	2000 春
31	刘笑颖	不连续算子的不动点与 Banach 空间若干类不连续微分方程	2000 春
32	仇计清	模糊复分析的研究	2000 秋
33	李法朝	模糊数空间上的度量及其收敛问题	2000 秋
34	赵东滨	系 1998 年春入学的博士生,在读期间病故	
35	Patrick Guge Oloo Weke	分布尺度参数的简单优化估计和接力线性无偏估计(副导师王承官)	2001 春
36	LELE Celestin	若干模糊代数概念的研究	2001 春
37	Mamadou Traore	模糊积分的推广	2001 春
38	国 起	有限维凸体一些基本性质的研究	2001 秋
39	王桂祥	模糊数及模糊映射	2002 春
40	邓廷权	基于模糊逻辑的数学形态学理论及应用研究	2002 春
41	Ousmane Magassy	模糊数与模糊值函数的半连续性	2003 春
42	刘文奇	系 2000 年秋入学的论文博士生,后因工作繁忙,在省部级科技奖、著作、论文诸条件具备情况下,无暇完成博士论文的整理工作而未能答辩.教授	
43	邢宇明	微分形式及相关算子的加权积分不等式	2005 春
44	王 勇	非齐次 A-调和张量及 Jacobi 行列式的加权估计	2005 秋
45	蒋家尚	模糊群、模糊半群与模糊粗糙集的若干问题	2006 春
46	赵 亮	Orlicz 空间的几何性质和 Sugeno 积分	2006 春
47	黄 艳	不可加测度上的模糊积分	2006 春
48	刘立山	Banach 空间微分方程解的研究	2006 春
49	杨富春	变分包含与模糊变分分析及应用	2007 春
50	包玉娥	关于模糊映射的凸性及其应用	2007 春
51	熊启才	系 2004 年春入学的论文博士生,出于健康原因,2006 年春办理结业手续	
52	孙 波	关于非可加集函数的若干问题研究	2007 春
53	陈明浩	模糊微分方程的定解问题及模糊优化问题	2007 秋
54	任雪昆	非可加测度与模糊 Riemann-Stieltjes 积分	2008 春

续 表

序号	姓名	论文题目	毕业时间
55	王长忠	属性约简、信息系统同态与粗糙群	2008 秋
56	包革军	关于 A-调和系统解的若干积分不等式及相关问题的研究	2008 秋
57	赵治涛	模糊数空间的收敛关系及其紧性刻画	2009 春
58	李洪亮	关于模糊数变量模糊数值映射的几点讨论	2009 秋
59	何强	基于不确定性数学的学习理论与方法研究	2012 春
59	李淑仪（Lee Shuk Yee）	Fuzzy semigroups and fuzzy implicative algebras，吴从炘为合作导师，导师岑嘉评（Shum Ka Ping），获香港中文大学博士	2004 年 8 月
60	严从华（博士后）	两种形式的 L-模糊拓扑向量空间 合作导师 吴从炘	2005 年 1 月
61	黄欢（博士后）	模糊神经网络的逼近能力研究 合作导师 吴从炘	2008 年 6 月

硕士研究生名册

序号	姓名	论文题目	毕业时间
1	刘铁夫	$L_M^*(0,1)$ 中 MLO 点与 LB 点，LO 点的关系	1980 年 1 月
2	李容录	赋范线性空间上有界线性泛函的一般形式	1980 年 1 月
3	刘惠弟	矢值奥尔里奇空间	1981 年 1 月
4	陈述涛	对参变量的矢值 Orlicz 空间的 Δ_2 条件的讨论	1981 年 1 月
5	武立中	一类函数空间的某些性质	1981 年 1 月
6	李建华	凸性与 Fuzzy 拓扑线性空间	1984 年 9 月
7	王洪涛	矩阵代数 $\Sigma(\alpha,\beta)$ 及其强拓扑乘法连续性	1984 年 9 月
8	关 波	关于拓扑代数	1985 年 3 月
9	马 明	Fuzzy 拓扑代数	1985 年 3 月
10	胡祥恩	动态模糊集（在华中工学院招生并答辩）	1984 年 12 月
11	刘齐金	模糊仿紧性与模糊连续函数格（在华中工学院招生并答辩，合作导师胡诚明）	1984 年 12 月
12	国 起	局部凸空间的几何理论	1986 年 7 月
13	孙慧颖	关于几类 Orlicz 空间的复端点、复严格凸和复一致凸	1986 年 7 月
14	王民智	抽象解析函数的 Hardy-Orlicz 空间的初步探讨	1987 年 6 月
15	刘 磊	抽象值序列空间的 Köthe 对偶、拓扑及矩阵变换	1987 年 6 月
16	段延正	Fuzzy 拓扑线性空间的归纳极限和射影极限	1987 年 6 月
17	赵东滨	关于 φ-空间和 φ-核空间	1987 年 6 月
18	吕广明	以广义蜗牛曲线为凸轮廓线的谐波传动设计的几何优化方法（合作导师唐余勇）	1988 年 6 月
19	吴健荣	Fuzzy 双拓扑空间理论的若干研究	1988 年 5 月
20	程利军	模糊识别及其在石油物探中的应用	1988 年 5 月
21	朱方群	关于赛克斯-9c 磨齿机柔性加工的几何模型及软件的研制（合作导师唐余勇）	1988 年 6 月
22	李军后	局部凸空间的 Radon-Nikodym 性质及某些几何性质的研究（合作导师李容录）	1988 年 5 月
23	朱 江	系 1986 年秋入学的硕士生，1 年后赴英国攻读并取得博士学位	
24	王淑丽	几类广义模糊积分	1989 年 1 月
25	张 波	关于拓扑代数的若干问题	1989 年 1 月
26	宋士吉	诱导模糊积分	1989 年 3 月
27	薛小平	直接成为吴从炘博士生，硕士未答辩	

续　表

序号	姓名	论文题目	毕业时间
28	赵　辉	关于 Fuzzy 测度与 Fuzzy 积分的一类问题	1989 年 1 月
29	付　强	Banach 空间的 Schauder 分解与拓扑向量空间的基	1990 年 1 月
30	李淑玉	矩阵代数 $\Sigma(\lambda,\mu)$ 的若干结果	1990 年 1 月
31	金　聪	Fuzzy 拓扑线性空间上算子的微分	1990 年 4 月
32	武俊德	局部凸空间之间的映射的可微性及性质	1990 年 1 月
33	邓廷权	地震层位自动析取的模糊数学方法（合作导师范祯祥）	1990 年 1 月
34	包玉娥	LF 赋范空间与 LF 线性算子	1990 年 4 月
35	周玉江	Fuzzy 内积空间	1991 年 1 月
36	李仁杰	关于模糊空间算子的全连续	1991 年 1 月
37	陈泽兵	一类 Perron、近似 Perron 可积函数的 Orlicz 空间的性质	1991 年 1 月
38	张彩霞	对 $W_\Phi^0[a,b]$ 空间及 $D_\Phi[a,b]$ 空间的进一步研究	1991 年 1 月
39	吕景贵	一类非线性反馈方法及其应用	1991 年 1 月
40	陈　兵	集值映射与集值测度	1991 年 1 月
41	刘哈生	区间值函数与模糊值函数的积分	1991 年 1 月
42	孙红岩	声波反射数据的 Born-WKBJ 线性化反演法及应用	1992 年 1 月
43	毛　峥	局部凸空间上凸性、光滑性、半范可微性及可凹集	1992 年 1 月
44	吴自库	二级 M 有界变差函数	1993 年 1 月
45	段宏伟	模糊数值函数的模糊积分	1993 年 12 月
46	杨海涛	不定度规空间的可测场及算子可测场	1993 年 12 月
47	李　杰	局部凸空间上的凸集与凸函数	1996 年 1 月
48	吴　冲	直接成为吴从炘博士生，硕士未答辩	
49	李均利	由广义模糊积分定义的模糊测度	1996 年 3 月
50	王忠英	L 模糊集上的 DG 模糊积分及其在模糊测度构造中的应用	1996 年 6 月
51	李　斌	利用模糊数学方法研究神经网络的几个问题	1996 年 6 月
52	廖俊俊	序列空间及其无穷矩阵算子代数	1997 年 6
53	刘丹红	模糊 Weierstrass 逼近定理与模糊 Hermite 插值定理	1997 年 6
54	张忠旺	模糊集类上的测度	1998 年 6 月
55	毕淑娟	模糊数的理论及模糊值函数的积分	2001 年 7 月
56	王同军	系 1996 年入学的硕士生，因外语成绩不佳退学	
57	陈　忠	取值于 l_p 空间的抽象函数	2001 年 7 月
58	洪振英	模糊规划的稳定性及基于序结构下的求解	2001 年 7 月
59	王丽媛	凸模糊集间的关系与凸模糊映射的性质	2002 年 7 月

续 表

序号	姓名	论文题目	毕业时间
60	蔡宏民	模糊 preinvex 及 invex 映射的性质	2003 年 7 月
61	饶 晓	序列空间的若干性质	2003 年 7 月
62	丁继才	模糊规则及若干问题	2004 年 7 月
63	余喜生	Orlicz 空间的装球问题	2004 年 7 月
64	任雪昆	不可加测度与模糊积分的若干问题	2004 年 7 月
65	邱 骏	从超几何分布到一类 Toeplitz 矩阵	2004 年 7 月
66	黄渊丰	序列空间上的微分方程	2005 年 6 月
67	赵治涛	模糊数空间中几种度量的性质及其关系	2005 年 6 月
68	朱志刚	模糊 Riemann-Stieltjes 积分及相关模糊数值函数	2005 年 6 月
69	刘长钦	支撑向量机及滚球算法求解分类问题	2005 年 6 月
70	连仁坤	各种模糊凸映射的性质及关系	2006 年 6 月
71	李英雄	模糊随机规划理论及其应用	2006 年 6 月
72	张 娅	收敛自由空间无穷矩阵变换集的有界性	2006 年 6 月
73	占小根	半范空间上的序列空间	2006 年 6 月
74	陆青学	在大连海运学院招生,吴从炘没有参加答辩	不详
75	XXX	在大连海运学院招生,吴从炘没有参加答辩	不详

进修教师等名册

1	王熙照	1990年10月在北京召开的"中日关于模糊集与系统双边会议"上,向吴从炘提出拟攻读模数数学方向博士,后因所在单位要求只能攻读计算机方向,最终由吴推荐成为哈工大计算机系"国批"博士导师洪家荣的论文博士生并于1998年取得博士学位,内容与模糊数学紧密相关.系深圳大学教授,IEEE Fellow	
1	尚琥	系1984年秋为进修教师(模糊拓扑群方向),教授(哈尔滨学院)	
2	林萍	系1988年秋为进修教师(序列空间方向),教授(首都师范大学)	
3	李克修	系进修教师(模糊数学方向),教授(燕山大学)	
4	余伟建	系进修教师(模糊数学方向),正处级(广州大学)	
5	刘元任	系进修教师(数学应用方向),哈尔滨理工大学	
6	高亚光	系进修教师(模糊数学方向)	
7	李燕杰	系1984年秋为进修教师(模糊数学与应用方向),教授(哈尔滨学院)	
8	王廷辅	系1963年秋为进修教师(Orlicz空间方向),教授(哈尔滨理工大学)	
9	苏雅拉图	系1977年访问学者(Banach空间几何方向),教授(内蒙古师范大学)	

附录3 吴从炘传

吴从炘 1935 年 7 月诞生于上海市,哈尔滨工业大学教授.研究方向为泛函空间,模糊数学.

(一)

1935 年 7 月 24 日我出生于上海租界,识字甚早.据家人称"系你长兄在 1937 年 7 月 7 日卢沟桥事变爆发,中断于日本早稻田大学的学业,返沪准备前往内地参加抗日救亡活动的间歇期间所教的",并称"最多时,日可学字五十,一两月后居然已识千余字".有件事我记忆犹新,那是四五岁时的一天,家有客人,当我读报读到"德军突破马其诺防线"的标题,一边将"突"误读为"哭",一边又自言自语地说"哭"如何能"破马其诺防线",引起哄堂大笑.

我自幼体弱多病,得过伤寒、麻疹等多种危重传染病,5 岁又不幸被传染上肺结核,有空洞且并发淋巴结核,当时无药可治,几乎算作一种"绝症",只能靠绝对卧床静养碰运气了.侥幸的是,两三年后竟奇迹般得以康复,我想这很可能是靠自己已经具有的初步阅读能力才能够静心疗养.但"卧式"这种不良的阅读姿势和昏暗的灯光无情地伤害了我的视力.直至 1944 年,家里让我跳过小学去读初一时,真正发觉其严重性,我完全看不清老师在黑板上的书写,配近视镜也无济于事.从此,我步入艰难的学生时代.

我进初中前并未得到应有的准备,只是父亲教过点古文,也要我做点作文.我还依稀记得其题目诸如"温故而知新"、"攻心为上,攻城为下"等,最后也因我不见长进而放弃指导了.数学只会数字的四则运算,对初一算术鸡兔同笼之类的应用题根本无从下手,以致在一个很不起眼的私立中学的算术期中考试仅得 25 分.后来,初一总算勉强读完.

抗战胜利,家庭团聚,举家返里,回到福建,我停学在家.1946 年我又跳级进入一所更为一般的私立中学读初三.令人难以想象的是,这所学校的校址竟位于福州市荒山野外的一座庙宇,无电灯照明,周围被无数荒坟野冢所环绕.全班考上高中的同学屈指可数,我名落孙山自在情理之中.去了一所补习学校,不久,连我这样的学生也深感其教学水平之低下而离去.

在此困难之际,长兄再一次帮助了我.他找到四位在农学院就读的闽清同乡,分别为我补习数理等课程,每周各教我一次,每次约 2 小时,效果明显.1948 年我考入福建省最好的高中,省立福州中学.尽管只列正式录取名单的倒数第二,但能成为从 1 300 多位考生中经七门功课各口、笔两轮考试筛选淘汰剩下的 90 名学生之一也算不容易了.我开始过起正规、系统、严格的学习生活.

入了省福中这所名校,我只受过相当差的学校的两年教育所带来的种种弊端暴露无遗,许多应知应会的课程和知识从未涉及或仅略知其皮毛,音乐、体育、美术更一无所知,劳作也一点不会,无从下手.对于如何学习才能学好,一片茫然,觉得班上那些由本校初中免试直升高中的同学简直高不可攀,无法望其项背.期末,自然而然地列及格名单之末.第二学期依然如故,不见起色.

翌年 8 月 17 日,福州解放.同年级许多优秀同学纷纷投身革命,奔向"革大"、"军大"、"参军"、"参干".这种环境和气氛激发了我留校学习的上进心.恰好此时,福建数学界前辈王邦珍之子王杰官老师(后调至福建师范学院任教,曾任中国数学会理事、教授,几年前去世,享年 77 岁)主讲我班代数课,他的讲解调动了我的积极性,使我第一次对一门课产生浓厚兴趣,产生了一定要把它学好的急切愿望.于是,我就期中考试中几道求解无门的试题进行了反思,并求教同班一位同学,他告诉我"这都是书中的习题",还为我指出它们的具体题号.这对我的启发极大,我懂得了习题不是做了就行,而需要反复领会,就这样我的数学成绩快速提高,同时触类旁通,各科也获得了较均衡的发展.该学期的总排名已升至中上游,在随后的三个学期我名列前茅了,报考数学系的志愿也已确定.几十年后与时任福州市委副书记的那位曾提醒我要格外关注习题的同学重逢时,我和他畅叙了这段他早已忘却的"一言九鼎"的往事.

(二)

1951年9月,经过华东与东北联合招生考试,我被录取到第一志愿——东北工学院数学系.当时因抗美援朝,学校的一年级新生一律到长春分院学习.一年级只有一门数学课——初等微积分,由一位刚从德国回来的老师授课,起点较高.不料同学们还在适应大学学习方式的过程中,老师突患重病——猩红热,必须长期治疗休养,课程只好由助教们替代.加之教师的"思想改造运动"的开展,又停了一段时间的课.因此,学习效果并不理想,极限概念没有掌握,运算能力训练不足,甚至连积分符号都没有介绍,这门课就不了了之宣告结束.

1952年在全面学习苏联的浪潮中,高等学校进行了全国性的院系调整,工科院校不再设有理科,东北工学院数学系学生全部并入原先未设数学系的东北人民大学(即现在的吉林大学).值得庆幸的是,东北人民大学数学系成立时,有一批来自北大、清华的建系"元老",依年龄为序他们是王湘浩、徐利治、江泽坚和谢邦杰(王柔怀与孙以丰是后来才调入的).说是"元老",其实当时他们都还未到不惑之年,有的连三十岁也不满.

他们认真负责,教导有方,先后分别为我们班级讲授:几何基础、近世代数、高等微积分、分析方法、变分学、实、复变函数、积分方程、希尔伯特空间和高等代数等十门课.特别是三四年级开设的七门课都有高质量的讲义(在此基础上,后来出版了多种颇有影响的教材和教学参考书,如江泽坚教授的《实变函数》和徐利治教授的《数学分析的方法及例题选讲》等),这对看不见"黑板"的我,无异于雪中送炭,终生获益.

三年级时,徐利治老师就组织了由部分学生参加的课外学习小组,让大家分头阅读分析学方面的一些较为易懂的论文并轮流报告,使我们开阔了眼界,提高了自学能力.我也就在准备报告一篇关于巴拿赫空间一致有界定理及应用论文的前前后后,逐渐感觉到泛函分析的高度概括与抽象所起的巨大作用并引起了对它的兴趣.随后在四年级就选择参加了江泽坚老师组织的关于《泛函分析概要》的一本俄文书(当时还没有中译本)的讨论班,还听了他所开设的希尔伯特空间课.这样,对泛函分析的基础知识就有一定的了解.

紧接着十个星期的毕业论文写作,又在江泽坚老师具体细致的指导和严格详尽的修改下,完成了"G_2型空间上弱收敛叙列的性质"一文,并刊登于《东北人民大学自然科学学报》1995年第1期,即创刊号.从课堂教学到课外学习小组和讨论班,再到做毕业论文.这是培养学生的一种好方式,我也正是这种可贵的培养方式的一个直接受益者,并在这个过程中使自己具有一定的自学能力和初步的科研能力.

每当回想起在东北人民大学数学系三年的学习岁月,总是万分感激那些建系"元老",堪称楷模的老师们为我们这些青年学子所做的一切,更深深怀念已经故去的王湘浩教授和谢邦杰教授.正是基于这种极为深厚的情感,经历了五十年风风雨雨和变动,我仍然完好地保藏着当年凝聚老师们无数心血所编写的全部讲义,我在课外学习小组和讨论班的读书笔记和报告稿,以及江泽坚老师为我的毕业论文所提出的书面指导性的要求和意见与经他严格详尽批改后的文稿.这是一笔宝贵而永恒的财富.

(三)

1956 年 1 月周恩来总理在中共中央召开的知识分子问题会议上,作了"关于知识分子问题"的报告,在报告中要求制定 1956～1967 年的 12 年科学发展远景规划,并号召"向现代科学进军".同年 9 月,也就是我从东北人民大学数学系毕业分配到哈尔滨工业大学数学教研室当了一年助教以后,学校根据数学教研室的发展规划,派遣我回母校跟随江泽坚教授进修泛函分析(同时还派遣两人分别前往苏联莫斯科大学和中国科学院进修计算数学).

当时江泽坚教授领导的"拓扑线性空间"讨论班刚刚开始.继有关一般拓扑和巴拿赫空间的一些补充知识的学习之后,就系统地学习关于拓扑线性空间的重要文献.讨论班人数最多时达 9 人,每次报告及相互提问结束,江老师都会指出所报告论文的更深刻的含意,并提出可以更深入思索的问题.因此,通过讨论班活动,我对拓扑线性空间的早期理论有了较好的理解和体会.

我在讨论班中所承担的报告任务,主要有:G. Köthe 关于完备(Vollkommen)序列空间的一系列工作和 L. Schwartz 的《分布论》卷 1. 前者对局部凸空间理论的产生与形成有重要影响,后者则推动了该理论的进一步发展.在此期间,我又结合系里分配给我指导两名学生的毕业论文以作为进修教师的一项教学任务,选择了 М. А. Краносельский 等人联系非线性积分方程展开的奥尔里奇(Orlicz)空间理论的系统工作为我与他们共同研究的选题.其实,早在我做毕业论文时,从江老师指定我阅读 A. C. Zaanen 的《线性分析》一书的某些章节,我就注意到了书中有奥尔里奇空间的内容介绍,它是 L_p 空间的推广,有可能容易入门.

我克服了不少论文的证明难懂,乃至完全没有证明,需要自己补正,以及不同语种等困难,完成了如上所述的各项任务,同时我自己也取得了若干研究结果.我想这可能得益于我刚到哈工大那一年把 И. П. Натансон 的《实变函数论》(旧版)的 114 道习题全做了一遍,并且还改进推广了其中的某些题,从而锻炼了自己的基本功.由于我所完成的各项任务均和特殊的具体泛函空间相联系,特别是完备序列空间和奥尔里奇空间都很具代表性.奥尔里奇空间不仅应用广泛且随其生成函数的变化多端而千姿百态,性质迥异,从"很好的"到"很坏的"无所不包,它是巴拿赫空间的一个内容丰富的模型库,类似地相对局部凸空间而言,完备序列空间也是一个颇有价值的模型库.自此,在我的数学生涯中也就和特殊的具体泛函空间结下不解之缘.

总的来说,这两年的进修对我个人的成长起着决定性的作用,但其间的反右运动对我也有过一定程度的冲击.

(四)

进修结束,哈尔滨的"大跃进"与全国各地一样如火如荼,全校基本停课.我参加了一段时间为大炼钢铁供应能源的"炼焦专业队",这是我有生以来第一次较正规的劳动锻炼,改变了我"肩不能挑"的旧貌.不久,我被抽调回校为刚入学的工农干部同学辅导中学数学,以保证他们在正式开课后能够正常地跟班学习.脱产进修已属偏得,我理所当然要担负更多更难的教学任务.既讲工科的高等数学,还先后为才创办的计算数学专业学生讲授了《数学分析》《高等代数》《线性代数》《微分方程》《实变函数》和《泛函分析》等6门课,周学时有时竟达22课时之多,有的课甚至在开课前三天才通知我.

凭借就学母校时期老师的言传身教在我身上刻下的深深痕迹,我努力地教好每一门课,尤其得到曾为他们讲过前面提到的6门专业课的5911班的一致好评.我仿效了我的老师们的某些做法,如曾组织工科一年级学生的课外学习小组,引导他们考虑一些小问题,习作一些"小文章",其中有一位学生的"小文章"被《数学通讯》刊出,又如曾对5911班数学分析课采用口试,每份考签最末一题选取学生平时不易见到的题型等,这些措施都有助于提高学生们的学习兴趣和积极性.

与此同时,刚刚尝到科研乐趣的我,紧抓课余时间陆续整理投寄进修时期关于完备序列空间和奥尔里奇空间以及接着又得到的关于抽象囿变函数的一些结果.1959~1964年我在《中国科学》《科学记录》《数学学报》和《数学进展》发表了8篇文章,并且在1962年翻译出版了Красносельский等人1958年的专著《凸函数和奥尔里奇空间》,该书是奥尔里奇空间方面的第一本专著,也是作者们一系列论文的总结,其中部分只公布结果于《苏联科学院报告》的定理,我曾给出相似或不同的证明.

这些成绩虽微不足道,但在繁重的教学和三年生活"暂时困难"这一特定的历史环境下,对于一个饭量甚大曾有"大胃"绰号之称的我,能走过来决非易事,需要毅力,更需要"精神".

1962年5月12日,哈尔滨工业大学校刊头版头条新闻的标题是:"喜看社会主义教师迅速成长提高",副标题是:"我校四十名讲师助教被提升为副教授",文中有如下一段:"26岁的青年助教吴从炘由于在教学和科学研究中的优异成绩,这次被破格提升为副教授.吴从炘自1955年在东北人民大学(现为吉林大学)毕业以来,由于党的培养和他个人的发奋努力……",同日,黑龙江日报也转发了这一消息.

毋庸置疑这是我一生中的一次重大转折.向来默默无闻的年轻助教忽然成了副教授,变成一位"人物",难免也产生过短暂的喜悦,但我清醒地认识到自己实在没有什么可值得称道之处,许多同辈人做得比我更好或者居于同一水平,我仅仅是多了一个"机遇"而已.这个机遇就是1956年我去母校进修前的那个暑假,原先为我校李昌校长定期讲授高等数学课的教师已先期赴苏留学,教研室领导让我在暑假临时接替该老师的这项任务.没想到课程安排异乎寻常的紧张,周学时24,除星期六外每晚4学时,更没想到校长听课格外认真,特别还坐在硬板凳上边听边记边问,课后仍要在假期还是非常繁忙的工作中挤时间做习题,做得还相当好.课间休息他则以各种话题与我"闲谈",这种"轻松"方式一下子大大缩短了一个来校不足一年还没有正式讲过课的助教与校长之间本应存在的距离.我真切地看到一位党的高级领导干部的高大形象,同时也使李昌校长得以较全面地了解真实中的我.这段经历无疑是我生平中最光彩,最值得回忆和怀念的一页.

我想李昌校长是基于整体上的一种更深刻的"考虑"和"认识",以及通过"听课"的特殊机会从局部上对我这个个体的"红""专"面貌的实际感受,才有1962年那次几乎破天荒的"破格提升"的一幕.其实,李昌校长的深刻见解在那年的同期校刊的社论中已隐约可见,社论中写道:"政治是统率一切,渗透一切,而不是占据一切,代替一切."今天,透过那个年代的背景,从这里或多或少地可领略到李昌校长对"红专",也就是"德才"问题的远见卓识.

毫无疑问,1962年的那次"破格提升"也是和当时全国形势的发展分不开的.1961年1月中共八届九中全会提出了"调整、巩固、充实、提高"八字方针,7月发布了由聂荣臻副总理主持制定的《中国科学院当前工作的十四条意见》.1962年1月中共中央召开了扩大的中央工作会议,即"七千人大会",对"三面红旗"进行了总结,2~3月间周总理在全国科技会议上作了"论知识分子问题"的报告,接着陈毅副总理又对知识分子作了"脱帽加冕"的讲话,即脱掉"资产阶级知识分子"的帽子,加上人民的、社会主义的、工人阶级的知识分子的称号.这种大环境表明1962年5月宣布"破格提升"的决定是历史造成的一个很可能稍纵即逝的最佳时机.

(五)

1962年9月,中共八届十中全会明确指出了"以阶级斗争为纲",随之而来的有1963年开始的"农村四清"和"城市五反"运动以及高校学习"九评苏修"的上挂下联等.对我的"破格提升"来自各方的批评和异议,此起彼伏,一浪高过一浪.直至"文化大革命"被列为"修正主义黑样板","反动学术权威",……与正式进"牛棚"完全失去自由只有一步之遥.所历经的劳动,种类齐全.农村劳动有从"种"到"收"的全过程,工厂从热加工的铸造车间、锻压车间到冷加工的机加车间也都去过.北方特有的锅炉房供暖劳动,除因自身"身份"不宜参与涉及千家万户冷暖重任的烧炉工作外,冬季每日要运进锅炉用煤,运出煤渣,夏季则钻地沟维护和加固输暖管道,并跟车装卸过冬供暖的用煤储备,日人均装卸量在10吨以上,其劳动强度可想而知.此外,还参加过"烧砖","伐木",至于打扫厕所等"清洁"劳动更不在话下.当然这一切都是后话.

对于中共八届十中全会公报的内容我是"敏感"的,我明白学校领导必定要为我的"破格提升"承受种种压力.我又能做些什么以报答对我的厚爱呢?谨慎言行外,带动教研室内部的提前抽调留校的"小教师"一起学习做研究,似乎是唯一的可行之举,因为在某种意义上他们来到教研室是为了"掺沙子",暂时可以不至于产生不良影响.于是,借指导他们补做大学毕业论文之机,组织了泛函分析讨论班,先共同学习我译的《凸函数和奥尔里奇空间》那本书及相关文献.参加者还有来自黑龙江工学院的进修教师王廷辅(后来我们成为好友,他稍年长于我,"文革"后曾共同倡导开展奥尔里奇空间的研究,他始终如一地坚持着并取得显著成就,不意竟先我而去,令人不胜惋惜与悲痛).不久就初见成效,讨论班有3人出席或列席了1964年7月在长春召开的第一届全国泛函分析学术会议.但到了年末,讨论班还是无法再延续下去了.

坦白地说,"文革"初始,1966年6月1日人民日报社论《横扫一切牛鬼蛇神》的发表,大量"大字报"的出现,一场更大规模、更加激烈的阶级斗争呈现在眼前,惊弓之鸟,顿感前途茫然,无所适从.运动的逐步深入,大批党和国家的领导人,各级党政干部纷纷被揪斗、被打倒,一切几乎陷于停顿,内心更加困惑,不知运动最终会引向何方.继而逐渐觉察这种状况极不正常,有悖于社会的发展规律,曙光必将再现,人们必须努力适应形势,保护自己,以等待光明的到来.

1972年7月报道了周恩来总理支持周培源提出的"关于加强基础理论的教学与科研的建议".正是这一缕尚可望不可及的微光,开启了已尘封6年之久的泛函空间的大门,我开始"秘密"前往黑龙江省图书馆,查阅美国的《数学评论》,这也是哈尔滨当时唯一可找到该刊物的场所,了解泛函空间研究的新动态,那时的省图书馆真可谓门可罗雀.这时工农兵学员已经进校,哈工大数学教研室除有4人留守外,全部分散到各系与专业相结合,我和其他3名教师到了机械系.我深信早已为历史所验证的数学应用的普遍性,数学也完全有可能应用于机械,自己应为之而努力.我自学了机械原理、齿轮啮合原理以及某些相关文献并从数学角度做了一些相应的思索,每当给出一个原本需依靠实验验证的结论的数学证明或者提炼出一个数学新模型,都为数学之大有用武之地倍感欢欣,备受鼓舞.同时,这也为我"秘密"恢复对泛函空间的学习与研究提供了"保护",人们对我仍冥顽不灵地做着那些暂时还"见不得人"的"纯理论",什么无穷矩阵拓扑代数、核序列空间之类的东西竟全不知晓.我还想告诉正在奔向小康社会的年轻人,当年我的大部分手稿都是站着写成的,因为显而易见这只能在夜深人静时"秘密"地写,可身居斗室,也就只好将台灯放到屋角的中柜上,用报纸遮住亮光,站在一旁来写,以免影响家里人的休息.

1976年10月,"四人帮"覆灭,大地复苏.很快,我在前个时期所"秘密"完成的多篇论文相继被发表或录用,其中有4篇发表在《数学学报》和《应用数学学报》上.1978年1月全国科学大会胜利召开,我的科研成果"关于若干类泛函空间理论及应用"获大会的科研成果奖,我个人也获得了黑龙江省和八机部的先进科技工作者的殊荣,这是我第一次与"先进"这两个字挂上了钩.科学的春天真的来到了!

联系实际的努力也带来了回报,1978年我被北京市机械工程学会谐波传动组邀请去做报告,介绍所建立的谐波传动共轮齿廓的数学模型,接着又被邀请作为第一届全国谐波传动学术会议的筹备组成员并参加了筹备会议.

1977年岁末,从一份材料见到有关肇直先生关于应开展对模糊数学研究的提法,由于关先生是泛函分析界很有影响的前辈并关心包括我在内的晚辈们的成长,他的这一提议立刻引起我的高度关注和兴趣.很快就借一次出差之便,在中国科学院图书馆查找复印一批资料,然后就将自己较熟悉的拓扑线性空间移植到模糊情形作为研究模糊数学的起步.这样,我也成为国内最早参与模糊数学研究的科技工作者中的一员.

全国科学大会结束,各省市相继恢复已中断十余年的高等学校教师职称评定,黑龙江省是启动相当早的一个省份.1978年7月,我被黑龙江省人民政府评为"文革"后首批教授.

(六)

1978年12月具有伟大历史意义的中共十一届三中全会召开,将全党的工作重点转移到现代化建设,并确定了改革开放的政策.从此我再也不必像当年那样忧心忡忡、瞻前顾后地做事,可以甩开膀子地工作,报效国家、社会和学校了.我较快地认识到抓紧教师得以早日晋升职称的各项准备工作刻不容缓,既是关系到他们切身利益的头等大事,又带动教学、科研和整体学术水平的提高.不仅较妥善地处理了科研与教学、理论与应用、资历与冒尖以及一碗水端平,不受"文革"中对我态度之好恶,与我关系之亲疏所左右等原则性问题,而且对相当数量教师在业务上的支持、鼓励和帮助是很实在、很具体的,往往超出了我本人的能力和学识的范围,作出了不是一般的付出.数学教研室和后来的数学系教师职称问题解决较好是我担任十多年主任期间所做的唯一可以自慰的事.

"文革"前,黑龙江省没有数学学会,只有哈尔滨市数学学会,黑龙江省仅有的两位老一辈数学家,哈尔滨军事工程学院的卢庆骏和孙本旺教授分别是理事长和副理事长,"文革"中他们分别调往北京和长沙,哈尔滨船舶工程学院戴遗山教授(申又枨教授的早年研究生)和我于1978年11月在成都召开的中国数学会年会上当选为中国数学会理事.由于戴遗山教授已经转向船舶流体力学领域,无暇顾及黑龙江省数学学会筹建的各项具体工作,这个任务就责无旁贷地落到我的肩上.经过全省广大数学工作者的共同努力和省科协领导的关心与支持,1980年黑龙江省数学学会宣告成立,我也当选为理事长并担任至今.只是工作平平,乏善足陈.

1978年冬,我一次收了5名泛函分析研究生,他们原有的基础大相径庭,有的是五年制泛函分析专门化毕业生,有的只在大学进修过八个月,还有根本不是学数学的,学的是拖拉机和锻压.国内各院校也都同样刚恢复或开始招收研究生,也难有所借鉴.创业伊始,确实不易,专业课程的设置、课程内容的选取与讲授、毕业论文的选题与指导等,几乎全由我一个人承担.1981年国家的学位条例公布后,他们全部顺利取得了基础数学专业硕士学位,也相应地在刊物上发表了论文,其选题基本上属于我熟悉的方向.在老一辈数学家和数学发达地区学者们,对边远的黑龙江省的扶植和支持下,1986年夏,哈尔滨工业大学得到了基础数学博士点,我也取得了博士生指导教师资格. 10月我的第一批硕士中有一名获得了博士学位,1989年12月我的第1位模糊数学方向博士生也获得了博士学位. 到2004年8月为止,我已培养出博士35名和硕士60名,另有在读博士生15人和在读硕士生8人,其中含非洲留学生3人,2001年7月2日两人已通过博士学位论文答辩,取得博士学位,另一人也在2003年7月按期取得博士学位.

我的博士生来自各地,他们中有许多人原先的研究方向我并不熟悉,甚至很不熟悉. 为了不让他们蒙受更改研究方向带来的困难和不便,我作出了宁可自己多费力而和他们一起学习和研究他们所熟悉的方向的选择. 实际效果还是好的,某博士生沿着他熟悉的研究方向实质性地推广了1990年国际数学家大会关于泛函空间方向唯一的45分钟报告中的主要结果. 与此同时我也拓宽了自己的研究方向,增添了泛函的可微性,抽象函数的非绝对积分,模糊复分析等方面的研究内容,这似乎也可算是"教学相长"的一种表现形式.

对研究生的培养,毕业、离校并不意味培养的终结,而正是步入人生旅途一个重要转折的开始,他们仍然需要关心和帮助,为此我也做了力所能及的工作. 总的来说,他们的成长还是不错的,他们中有的已经是大学校长或副校长,有的当上了副省级或厅级干部,还有不少成为博士生导师或教授.

如前所述,由于大学时期受到名师们的熏陶,耳濡目染. 因之,我教书很投入,注意认真备课,按自己对课程的理解组织其内容和体系,写讲稿不拘泥于已有的教材. 讲解时注重启发式,因材施教,乃至对板书格式,标点符号等也都顾及. 几十年来,未曾懈怠.

5~6年前,回顾自己的教书历程,感到讲课中似可考虑最大限度地遵循以下的四个结合及其16个着重点,即:

(1)证明与发现相结合,着重体现在问题的直观性,结论的预见性,推导的必然性与条件的必须性;

(2)数学与模型相结合,着重体现在模型的科学性,模型的合理性,模型的可解性与模式的普遍性;

(3)课程与发展相结合,着重体现在课程的提升,课程的联系,课程的前沿与课程的创新;

(4)理论与计算相结合,着重体现在连续的离散,定量的定性,算法的效率与计算的操作.

并于1998年夏在应用数学与计算数学指导组扩大会议上作了即席发言,引起与会者的一定关注. 我是该指导组的成员,共担任三届(其名称每届均不相同)15年. 我还是1989年的首批全国优秀教师.

至于我的科研工作,主要是泛函空间和模糊分析,出过一些书,也发表过不少文章,具体情况参见文末所附的部分论著目录. 除前面提到的全国科学大会科技成果奖外,我还曾获省部委科研成果二等奖4项,三等奖2项. 我前后担任过三届中国数学会理事和三届中国系统工程学会理事,自1979年以来我一直是泛函空间组联络员(相当于负责人),从1983年模糊数学与模糊系统委员会成立起我就是副主任委员之一,1998~2002年任主任委员,现为名誉主任委员. 我先后当过《模糊数学》与《模糊系统与数学》的副主编,《科学探索》《数学研究与评论》《东北数学》《应用数学》《数学研究》《J. Fuzzy Math.》(美)《Sci. Math. Japonicae》(日)编委,美国《数学评论》与德国《数学文摘》的评论员. 1990年我获航空航天部有突出贡献中青年专家称号,1991年获政府特殊津贴,2002年又获由中国科协颁发的全国优秀科技工作者荣誉证书.

（七）

  我也曾访问过若干国家和地区,但时间短暂,每次不超过 6 个星期.前辈曾劝我早日出国留学,我总因工作脱不开身而未能成行.直到 1991 年才决心赴美访问半年,开阔眼界,探索适合研究的新方向,给自己充下电,以利于博士生的培养.可是,天不遂人愿,我到美国还没来得及前往所要访问的衣阿华大学就因突患视网膜脱离不得不立即回国治疗,这对我无疑是一次打击,它意味着已年届 55 的我失去了出国深造的最后机会,更糟的是我还可能有失明之虞.但危难并没有把我击倒,我在北京住院手术期间仍能泰然处之,以乐观的态度感染了主刀大夫,同意与我合作开展针对该项手术的模糊数学应用研究,并最终取得一定成效,获得 1994 年北京市卫生局科技成果二等奖.出院后,按医嘱需倍加小心,以防复发,我却仍坚持于数学科研第一线直到如今.

  我算不上一位数学家,没有对数学做过什么贡献,只是愿为数学教育和研究奋斗不息,始终不渝而已.正因如此,数年前《中国现代数学家传》丛书常务副主编周肇锡教授要我为第三卷撰稿时,不胜惶恐而婉言拒之.2002 年 12 月学长成平教授再次敦促此事,也就不得不勉为其难了.2006 年 4 月 13 日江苏教育出版社寄来"中国现代数学家传(第 6 卷)320～338 页标题为'吴从炘'的校样",并在首页上注明"请吴先生校阅后寄回".由于写的是自传,所以这次就删去当时要求附上的 40 篇主要论文目录.

附录4 吴从炘其他文章选

光辉壮丽的一生——忆陈朝柱[①]

吴从炘

2009年11月15日中午级友岱新电话告知:"朝柱学长前日晚11时去世"这犹如晴天霹雳,我毫无思想准备,2008年10月28日上午,"锻炼级入学60载"聚会时,见到已明显消瘦的朝柱,抱病从医院到会致开幕词,很为他担心!后来知道他手术非常成功,又很为他高兴!也许以后锻炼级级刊不断刊出他本人的诗词、回忆与传记以及事迹报道等等文字,特别是光椿学长的《北郊做客》所附的4张"朝柱、岱新、光椿,三人的照片,我产生了一种错觉:朝柱大难已过,至少可在"锻炼级毕业60年"相聚时再致开幕词,而11月14日中午又获悉,我的一位香港朋友,10月份突发脑出血,经医生判定死亡后,又奇迹般复活且无任何后遗症,一切完好如初,大夫们甚为不解,以致美国专家也闻风而来,试图打开他的脑子,探其究竟,更以为朝柱决不会再有事了,可是不到24小时竟闻噩耗,岂不令人哀痛欲绝乎!

记得朝柱学长1985年就任福建省电力工业局局长后,曾因公来过哈尔滨,听他讲起:福建电力供应极度匮乏,建设资金又极端困难,他是如何组织领导成员,上下内外奔走呼吁,千方百计开辟资金来源渠道,从争取拨款到取得国外世界银行和科威特基金优惠贷款等等方式,筹集了以十亿元为计算单位的巨额资金来尽快建设以水口水电站为代表的一批电站,水口水电站的装机容量达 7×20 万千瓦,比当年我在东北吉林省读大学时听说的全国最大的吉林丰满水电站还多一倍有余,我是福建人,自然为之动容,兴奋不已. 如今,在朝柱局长带领下,水口水电站早已建成,其任期内,"福建省电力供应得到基本缓和". 当初他在哈尔滨对我等描绘的福建电力建设远景蓝图也成为被翻过一页的历史.

12月11日哈尔滨新晚报第3版刊载有这样一组数据对比:福建省民用电的月用电量在 $0 \sim 150$ 度之间,每度价格为0.44元;而四川省当月电量在 $0 \sim 60$ 度,$61 \sim 100$ 度,$101 \sim 150$ 度之间时,其每度价格分别为0.538元,0.618元和0.648元. 可见,在上述月用电量间隔内,四川省每度价格要比福建省依次提高22%,40%和47%,这说明当前福建电价为人民带来实实在在的福祉,其中陈朝柱局长功不可没.

朝柱学长是锻炼级唯一曾在国外留学并获得博士学位的同学,他所就读的捷克查理士大学是一所著名大学,他的导师又是捷克最权威的机械学教授之一(也是美国ASME成员),且同时还有5名来自苏联、东德、波兰和捷克本土的研究生同学,有的已经是工作了几年的工程师. 在这种良好的学习和研究的环境以及我国驻捷大使馆所创造包括反右期间在内的较宽松的政治氛围中,功夫不负有心人,留捷6年,陈朝柱成长为一位品德高尚,业务精湛的优秀博士、学者和专家. 依靠这种专业优势,他组织研究解决了福建电力发展中的许多重大问题,体现出他具有极强的开拓精神和创新能力.

陈朝柱学长还与时俱进,对风力发电、核电这些可再生能源和清洁能源,倾注了他退休后的许

[①] 三牧通讯,44期(2010.1)55页.

多精力,并有显著作用与成效.这也许和他多年生活在捷克,这个较发达的东欧国家,对早期工业化过程带来的某些弊端,可能会出现自己的暇想空间不无关系.

朝柱,您是我们锻炼级同学的楷模,也为三牧学子留下一份宝贵的遗产,您的一生是一幅光辉壮丽的诗篇和画卷!

朝柱,您可以安心地走好了,改革自有千千万万后来人!

(2009 年 12 月 13 日于哈尔滨)

摄于 1985 年出任福建省电力局长的陈朝柱(左二)到哈尔滨出差时

怀念级友陈逸芳

吴从炘

  陈逸芳师姐和我同在1948年秋考入省福中高中部,但未同班.由于住处曾相近,偶而会在途中巧遇,彼此点头示意或相互一笑而已.有一天她去"土改"归来,不知为何竟主动攀谈,她称"近闻你学有长进,很好,要继续努力"云云.师姐逸芳是"红楼"高处一朵奇葩,她思想进步、活动积极、能歌善舞、和蔼可亲、容貌出众.我则是一个入学前仅受过两年不入流的学校教育,头一学年成绩又列全班之末的年级最小的师弟,在三牧文化氛围、福中优良校风、师哥师姐呵护有加,老师们谆谆善诱和培育下,我初见成效,即获此赞许,岂能不受宠若惊而倍加努力么.鼓励之余,又得名师王杰官先生独特教导,数学猛进,触类旁通,各科皆得较均衡发展,终成母校一名合格毕业生.
  1955年秋,我从长春吉林大学数学系毕业,被分配到哈尔滨工业大学任教,逸芳师姐还在哈尔滨医科大学就读,工大和医大都是六年制.此后两年,也就是师姐逸芳毕业前那两年,她给予我这个小师弟以极大的关心、鼓励和帮助,影响久远,令我毕生难忘!
  师姐先嘱托我代办一些细微之事,诸如筹借晚会衣物道具、联络级友聚会叙谈等等,觉得我孺子尚可教.然后开始关心我在政治上的成长,她告诉我,她正在积极要求入党,希望我也能这么做.在她的帮助下,我取得了一定的进步,被工大重点选派,于暑期后重返吉大进修两年,机会难得,师姐很为我高兴.她对我此行在业务上的提高充满信心,主要还是叮嘱我,政治上一定不要放松要求.在随后的往来信件中,师姐始终强调这一点.特别是当师姐光荣地加入了中国共产党后,就更鼓励我要有自信,只要坚持不懈,必定也会实现参加党组织的愿望.不久大师姐双喜临门,找到意中人,小师弟自然也欣喜万分.
  其间,临近暑期时我曾建议师姐利用最后一个暑假,回福州老家看看.她说:"何尝不这样想,工作后就没有时间了,现在虽有时间,可旅费难筹呀,你能否帮我?"小师弟义不容辞,几经筹措,师姐终于成行.等师姐回哈,我已赴长春进修.从来信可见,师姐此次返里,甚感欣慰!
  寒假听师姐说,下学期她要去长春产院作毕业前的最后一次实习,大家都很高兴.
  师姐抵长春,我们就相见了.她曾不辞辛劳、艰难地找到5公里外我所住的吉大永昌三舍的斗室,我也曾陪伴她领略了长春的城市风貌,稍尽地主之谊.最难以忘怀的一次见面是师姐在"鸣放"后期约我的,当时电话联系极为不便,本地信函也很慢.等见面时已"反右"初起,师姐急匆匆地询问我的种种相关情况,知道政治上还很不成熟的小师弟要出麻烦了,是她的一席教导使我免遭灭顶之灾,当然劫难在所不免,这是后话.师姐是在这场"风浪"中唯一向我提出忠告的朋友和同志,这是何等的情深谊长!师姐实习结束,临别,她对我依然寄予真诚厚望,要我在政治上继续努力.
  自此师姐师弟天各一方,音讯俱无,一别就是1/4世纪,人生又有几个25年啊!这期间,我没有忘却逸芳师姐那高耸云天的榜样,我也在奋起.1962年我由助教被破格提升为副教授,也曾想向师姐报喜,又一转念,何喜之有,我并无过人之处,只是多了一份"机遇",况且师姐最期盼的乃是我政治上的进步,加入党组织,可这离我还很遥远,一旦师姐问及,将无言以对.后来是"十年浩劫",再后来"四人帮"覆灭,大地春回,中共十一届三中全会召开……,我正式提出了入党申请且被列入

---

① 三牧通讯,38期(2008.1)32-33页.

培养计划.这时级友告知师姐已患癌症多年,然而恢复较好,我心稍安,但探望师姐、诉说别后之心与日俱增.

1981年去大连,到了逸芳师姐所在工作单位,才知她已住院,等找到她的单人病房,我怎么也不敢相信,病床上所躺的一位插满管子的病人就是我那美丽如花的大师姐,人已完全"脱相".看护师姐的小保姆说:"病人是陈逸芳,她已不能说话,可以用笔写",她接着递给我一个本子和一支笔.此情此景,原先想说的话已全无意义,只能安慰并鼓励她以各种方式继续与病魔抗争,渡过难关,出现奇迹.师姐思维仍然清晰、敏捷,写字还算有力,我们笔谈许久,这里仅列出她写的开头与结尾两段:"记得,我怎能不记得你,谢谢你还专门来看我,我已不久于人世,我再也不能和你说话了","我是一个医生,我知道这次无论如何也挺不过去了,奇迹决不会出现,谢谢你安慰我,又陪我说了这么多的话,别难过,永别了."尽管师姐双眼含着晶莹的泪花,可仪态却还是那样的平和、安祥与从容.啊!师姐!你的意志还是那样的坚强,我的心碎了.福一中一位优秀学子、一颗光芒四射的星星陨落在东北原野!她没有走,她永远活在三牧群体和小师弟的心中.她的精神、她的育人为乐的高尚品德和大处着眼、小处着手的育人方法也永远飘逸流芳在三牧"骑楼"的上空!

弹指一挥,又一个25年过去了.如今,可以告慰遨游仙境的逸芳师姐,你的小师弟真的长大了,他已是一名具有20多年党龄的全国优秀教师和全国优秀科技工作者,年逾古稀仍奋斗不息.今朝,天涯无处觅芳踪,他日,彼岸有颜再相会!

陈逸芳

1956年摄于哈尔滨,陈逸芳为第2排右一

后记——策划者的话

吴从炘

　　林则勋是我在福一中锻炼级[1948～1951届（秋）]的一位好友．早在高中阶段，他的文学才能已为年级师生所共知．1951年4月30日，他在《福建青年》的爱国主义征文竞赛专栏刊出"跟祖国一起新生"一文，荣获三等奖．正因为他文科见长，理科又不弱，同年在华东与华北两大行政区的大学联合招生中脱颖而出，被北京大学中文系录取，实现其祖父盼望孙儿考入"京师大学堂"之夙愿．则勋爷爷是前清秀才，因科举废除，失去进京"会试"机会，转而将希望寄托于孙子，这也使得则勋少小时对古诗文即有扎实功底．

　　到了北大，则勋级友刻苦攻读，除了听中文系科目，他还兼听西语系相关课程；除此，这些系名师云集，拥有王力、王瑶、卞之琳、冯至、朱光潜、高名凯、吴组缃、何其芳、林庚、浦江清（以姓氏笔画为序）等大师和著名教授．这两者的结合，不断发出光芒耀眼的火花．如某日夜晚，则勋在灯月交辉的未名湖畔就着灯光朗读《中国现代文学名著选读》中的《十四行诗》，恰逢诗的作者西语系主任冯至路过，不意竟得到冯先生亲自点拨．又如，则勋长期旁听西语系朱光潜的《欧洲文学名著选读》课，居然获先生的认可并成为朱家的座上宾．

　　如此这般，级友则勋的诗文功力大增，兼通古今中外．诚如林兄所言："其性格特点，决定了他对诗歌具有更浓烈的创作和表现的欲望．"1955年北京大学"五四"校庆征文比赛，他以长篇诗歌《有这样一群青年人》一举拿下唯一的诗歌奖，并刊于北大校报（遗憾的是，由于毕业离校，他终未见到该期校报）．

　　此后，则勋著述甚丰，是一位出色的文学家、诗人和教授．

　　2008年10月，则勋在福一中锻炼级庆祝入学60年大会热情洋溢地朗诵他为此而作的长诗《重返三牧情》．诗歌的激情赢得了全体老同学的热烈掌声．此刻，我顿感这正是启动为则勋好友策划出文集的最佳时候了．尽管他一贯淡泊名利，异常超脱，而下述几点理由似有可能使他接受我的"出书"建议：

　　1．此次入学60年聚会，兄的"长诗"使之大为增色．倘若2011年锻炼级毕业60载庆典时，兄再出本文集，级友人手一册，当更放异彩，成为福一中一大盛事，何不为之，文学作品不分界别，雅俗共赏，吾侪皆已"坐"七"望"八，如能一读，岂不快哉．

　　2．固然兄的诗文多已发表于正式报刊，但即使级友们偶或见之，也会因种种笔名而不知作者的庐山真面目，和我们的"林则勋"擦肩而过．况且诗文与其他学科不同，合作文章极为鲜见，也无法从合作者处知其一二，这对广大级友是何等的遗憾啊！

　　3．一首寥寥数行的新、旧体诗可以是传世之作，对理工等学科而言出现这样的短文是不可思议的，这些学科刊发的文章往往有单行本等供作者保存，且每个作者发表的文章常常也只有几十篇，量并不很大，未必须要出文集．文学家、诗人则不同，一本诗文集在手，容易保存、查阅并回首往事，怀旧乃人之常情．

　　4．文集印数有限，仅供馈赠亲友，岂有名利之说．

　　复经几度函电沟通，2010年10月返里参加"新增"的年级会，终于从则勋手里拿到他"部分"作品的剪贴本复印件，心中"一块石头"总算落了地．由此策划者完成了出版"林则勋诗文集"目标中最重要最关键的一步．剩下来就是联系出版社，保证年级"大庆"之日书能发送到位．由于哈工大出版社陈守权社长欣然出面联络,黑龙江人民出版社同意出版该书,并答应夏末即可出书且寄达福州.不久,甲、乙双方协商确定如下事项:

1. 此书系文学著作,不宜包括伦理学、社会学等方面的文章.
2. 按规定,须报请上级出版部门审批的,颇费周折.然时不我待,只好割爱.
3. 由于刊物封面、文章插图难以处置,不少作品又缺原登载处、年代、卷期、页码等.因此,每篇诗文只保留题目和文字,多篇精彩的"封面写意"也无法收入书中.但可添加几张彩色照片,略为弥补单一文字之不足.
4. 文章和诗歌均按篇、首单独排版,稍显宽松,利于老年读者阅读.

然后,受则勋学长委托,按"八闽人物"、"今古名人"、"未名湖·三牧坊"、"文学论评"、"散文、小说及其他"和"诗歌"六大部分全权处理文稿.策划者所做的事主要有:

1. 根据与出版社约定的1～3项,选取入"集"的诗歌56首和前五部分178篇,其中,仅有一篇著者高中毕业时的获奖征文是策划者从福一中190周年校庆丛书:《雏凤清声》(福建教育出版社,2007)中查到并增添的.
2. 将前五部分入选的178篇逐篇划归其相应部分,并且设法补齐或处理原文稿剪贴本中少量文章结尾的缺失与复印中出现的一些不清晰之处,以及改正著者提供原文稿中若干勘误.
3. 对书中每一部分选定的全部诗文,编排顺序,写出目录.另外,还查询和选择几张照片作为书的彩页.
4. 校订出版社责任编辑对"样书"提出的各种建议.

在这里我要特别感谢我的学生,曾受过良好中小学语文教育的任雪昆博士,她对文集的问世付出了辛勤劳动.否则,前述工作中有许多将难以完成,甚至是根本不可能完成.

策划者长期从事"枯燥乏味"的数学工作与学习,可谓是一个十足的半"文盲".故书中一切失当之处,敬请著者及其亲友们见谅与海涵,更望给予指正和启迪.

最后,衷心感谢哈工大出版社陈社长、杨明蕾编辑和黑龙江人民出版社总编室张红主任等对此书出版的大力支持与帮助,更感谢责任编辑姜海霞自始至终卓有成效的工作.

(2011年7月于哈尔滨工业大学)

目 录

第一篇 八闽人物

林则徐的足迹/3
戚继光酒醉平远台/7
新闻巨星——邓拓/10
闽籍作家胡也频/14
"舆论飞将"林白水/17
从血泪童工到革命作家/19
归侨女英雄李林/21
福州的"江姐"——林姐/24
荷波大哥/26
为生命开绿灯的人——林巧稚/28
不应被忘却的闽籍文学大师——林语堂/32
一代才女——林徽因/35
八闽诗坛二女杰——谢冰心、林徽因/37
庐隐笔下的福州/38
爱国教育家萨本栋/39
体坛奇杰马约翰/43
从福州走向世界的名建筑师/45
楼影·诗行·建筑师/47
"万金油大王"胡文虎传奇/48
福建名医陈修园/51
无尽的思念/52
十载相知君遽去——缅怀《福建青年》社老编辑魏锦海同志/54
海军元老萨镇冰/56
三朝名相叶向高智救灾民/58
蔡襄与洛阳桥/60
冯梦龙 DE 县令生涯/62
深受歌伎乐工爱戴的词人——柳永/65
闽籍科技泰斗一瞥/68
马江恨/70

第二篇 今古名人

中国两弹元勋邓稼先/77

力学家钱伟长/79
建筑奇才贝聿铭/83
世界医学电脑第一手发明家/85
美国光纤界的华夏骄子——魏弘毅87
台湾十大杰出青年之一——猪博士朱瑞民/89
世界桥牌皇后杨小燕/91
大款球迷曾宪梓/94
奇才魏明伦/95
施剑翘三弹毙枭雄/96
奇才王勃/99
少年诗人李贺/101
唐代才女鱼玄机的悲剧/103
沈园魂断老诗翁/105
大学士与佛门举子痴情少女/107
一个高才薄行诗人的故事/110
报国情深颂廉颇/113
廉俭爱民颂汤斌/115
谭嗣同慷慨就义/116
马皇后之贤/117
思深虑远赞赵后/118
慈禧其人其事/119
劣迹斑斑说哈同/121

第三篇　未名湖·三牧坊

马寅初校长二三事/125
马寅初轶事/127
马寅初三骂蒋介石/129
美学巨擘朱光潜教授/131
"批识"朱光潜先生/134
语言学界的参天大树王力教授/136
未名湖畔忆名师——王瑶先生轶事及其他/139
"诗窠"里的教授——林庚先生/141
一堂元曲课——忆浦江清教授/142
燕南园里乡音稠/144
赵树理讲写作课/146
哭别朝柱,泪洒蓝天/148
悲而不伤,哀而不溺——学习淑旦学姐的一首小诗/149
留取丹心壮班魂——183,纪念日中最重的一页/150

依然碧波似当年——亡友开群五十九年祭/151
春雨无声——我心目中的福一中名师/152
北大印象(上)/154
北大印象(下)/156
清华二亭——我心中的亭/158
滕王阁散记/159
从春天的诗想起——已逝师友清明祭/160

第四篇 文学论评

意象——一把剖析诗词的犀利解剖刀/165
朦胧——美的通幽小径——诗词美学片谈/167
入"真"臻"善",是为美也——陶诗美学探索之一/169
阳刚阴柔之美/171
朦胧的美/172
意境美/173
天籁——返璞归真之美/174
美的层次/175
立足基础 培养能力——中文教研室开闭二卷考试法的尝试设想/176
选好角度 始能出新意——中文专业毕业论文琐谈/178
谈中文教师的知识结构/179
怎样走上"创作"之路/180
信的问候和祝颂/181
从"华容道"说到"斩马谡"——关羽诸葛亮人格观比照/182
刘备的哭与曹操的笑——强者逆境心态面面观/184
孙权无识 鲁肃有计/186
如果"三顾茅庐"在美国——中西知识分子价值观比较/187
《西游记》与中国古代政治弊端/189
狼三则——《聊斋志异》选译/191
孰优孰劣论元白——唐诗谈片/193
初夏读"萤"诗/194
姹紫嫣红春意浓——春日读李贺《南园》二首/195
解剖灵魂的艺术——鲁迅《二丑艺术》读后/196
一篇隽永深沉的艺术精品——《神秘的壁橱》读后/197
父母们的责任——苏联剧本《姑隐其名》读后/198
《古榕魂》之魂——读何少川散文集《古榕魂》/200
不拘一格写游记——读王仲莘《武夷游记》/202
生活,就在你身边流淌——读洋涌作品有感/203
家风似酒 亲情如花——韦立母女散文读后/204

勿将彩虹当金桥/206
电影叙述方式要尊重民族欣赏习惯/207
踏歌声声入画图——读马远《踏歌图》/208
丰收后的欣慰和祝愿——记《福建青年》小连环画评奖活动/209
青年喜爱名著名人连环画/211
窥探历史的奥秘——简介《秘史大观》与《中国历史之谜》/212
历史感与哲理性并茂的散文——推荐《秋风秋雨中的陈独秀墓》/214
《古人品性修养故事选》简介/215
《杨贵妃传》——日本作家井上靖笔下的杨贵妃/216
短·奇·深——介绍《神秘电话》/217
何必自惭形秽/218
漫话散文诗——写给《新生版》散文诗专页/220
一片冰心出图圄——读邓其俊的小诗/222
纯真,乃诗之魂/224
真情发之于实感/225
想象是诗的羽翼/226
《前路昭昭》的别具韵味/227
清新之笔寄以凝重之思/228
对《同胞赋》的看法/229
"遗憾"也是一种美——读《雨中寄情》/230
莫辜负了好题材/231
《母泪》之不足何在/232
失之交臂的"细节"/233
小花,带着忏悔的馨香——评友鸿几篇小说/234
一曲觉醒者的悲歌——推荐小说《字典》/235
心灵复苏的小花——从几篇女囚习作说起/236
评小小说《她来了,又走了》/237
对生活要独具慧眼/238
如何正确对待长刑期/239
由奢入俭的两难处境,怎么办/240
怎样才能走出苦恼的胡同/241

第五篇　散文、小说及其他

爱,是博大的……/245
糟糠情/249
一件往事/251
真情/253
追求更高层次的和谐美/255

老母病榻前/257
谈中国式的"爱"/259
书肆之恋/261
海外女士觅知音/263
肉铺前的喜糖/266
破碎的梦/268
不圆的圆月/269
月老基金/270
一朵洁白的云/272
"书寨"之恋/274
邂逅/277
歌厅情结/279
读报偶感/281
让时间为你的生命披上光彩/283
党费/285
在希望的田野上/287
主人翁精神在抗洪中闪光——福建化纤化工厂抗洪纪实/290
宁化抗洪目击记/292
心碑巍然/293
省府大院前的风波/294
"三味书屋"的联想/296
花趣/297
不尽乡思寄晚报/298
让国旗永在心中飘扬/299
戚公祠畔话郁词/300
稼轩笔下的福州西湖/301
岩骨花乡话岩茶/302
八闽绿意话葱茏/303
洞庭旧题有遗珠/305
读书杂谈/306
"楼""桥"与中西文化/308
冬泳颂/309
清风颂/311
风靡欧美的中国传统智谋文化/313
从"电"想开去……/314
话说"节电"与文明/315
从"食文化"——"吃疯"/316
从海南"穿山甲事件"谈起……/318
珍惜绿色庇护下的生灵/319
跟祖国一起新生/320

第六篇　诗歌

毛主席百年祭/325

礼品/327

金秋大地的一曲壮歌——颂党的"十三大"/328

十月的温馨/329

十月的辉煌/331

"八一"军威壮/332

北京08奥运颂/333

一曲狂飙壮歌——秋白墓抒怀/335

党员——悼念殷夫/336

孔繁森之歌/337

迎福州解放六十周年(七律)/338

抗战胜利思名将(七绝)/339

抗战胜利六十年抒怀/340

福州风景线/341

榕城,不拉闸的七月/342

咏水操台——厦门岛放目/344

厦门抒情/345

母亲河的诉说——写给闽江/346

武夷赞/348

山民的家(外一首)/349

水口之夜/351

水口的伟岸/352

电,民族的阳刚/353

电/354

电工和电杆/355

电的律动/356

电杆上飘飞的笑意/358

煤都的诗(二首)/359

致一位老教师/361

寄苏联专家/363

亮蓝的梦——献给科学勇士利赫曼/364

生命之歌/365

'92春潮/366

小雨——献给2010之春/368

快回来吧——寄给在台湾的丈夫/369

闻探亲有望寄所思——寄台湾的丈夫/371

清明雨/372

透过铁窗,透过铁窗……/373

手的启示/374

铁窗旁的小花——写在三八节/376

洒水车/377

架线工的爱/378

新媳妇插秧/379

镜春梦寻——一曲清歌般的归梦,《付88 风》/ 380

给母校/381

自嘲(七绝)/382

同窗情萦骑楼下——高中毕业 55 载忆级友逸芳/ 383

骑街楼放歌——三牧骑楼——金山天桥/385

重返三牧情/387

六十载屐痕深深/390

读《纪念册》有感/391

坐看云起处,青黛何葱茏——60 余年前,耀华邀作徒步鼓山之游,脱尘出俗,脚下生云,至今难忘/392

寄林衍(七律)/393

梦回北大/394

诗二首/395

赞母校190 周年华诞(绝句五首)/ 396

后记/ 397

右为书的作者林则勋(摄于 2010 年 10 月)

人间情

未名梦

林则勋 著

黑龙江人民出版社

作者简介

林则勋,1934年生,福建福州人.1955年毕业于北京大学中文系,系文学家、诗人.自1951年至今,60年来在《人民日报》《人物》《大众电影》《上海文学》《东西南北》《黑龙江文艺》《福建日报》《福建青年》等许多报刊发表各类文学作品数百篇,并有多篇获福建省文学出版界的多种奖项.他还在福建省多所高等院校开设并讲授"古代文学""现代文学""当代文学""美学""写作"等课程,前后达三十年.常用笔名有梦笔、乐进、愚一得等.

共温童真六十年

林则勋

伫立仙塔路口，高楼林立，无觅六十年前，已是高二年级，犹与从炘扎进路口小人书店，吃着蛎饼看连环画的往事。从炘与我相识于新乙班，但情好如初，60年不弃，感情基础是"童真"，我的母亲、外婆都记得他。我接待他并不因他是博导，而是童真之情使然。昨日又往仙塔路口，遍觅小人书店无存，不禁潸然泪下，一绝如下：

仙塔路口追童真
如烟似梦六十年
蛎饼小书真甜美
往事依依在眼前

纪念著名演员张瑞芳

吴从炘

  2012年6月29日从哈尔滨《新晚报》获悉我国著名表演艺术家张瑞芳因病于昨晚21时38分在上海逝世,享年95岁. 该报详尽地介绍了她的一生的不平凡经历,艺术成就,荣誉称号,社会任职及主演的电影片名清单等等并以"塑造经典喜剧形象'李双双'"作为这篇报道的副标题,接着该报仿效近年媒体喜好爆光演艺圈的婚恋孕育内幕,极尽人肉搜索之能事,对张瑞芳这位近百岁老人也不放过,十天内连续刊登了如下两篇文章
  "张瑞芳因何毅然与金山离婚"(7月3日)
  "张瑞芳经历多次婚姻,一生未育养子送终"(7月8日)
实乃可叹可悲矣!
  虽然不光顾电影院已经好多好多年了,其时间可用每十年作为一个计算单位,但文革前相当一段时间,很喜欢上电影院,甚至一日三趟. 因为那时候电影院有首轮、二轮、三轮之分,新片子一旦错过,还有机会到二、三轮影院补漏. 当时对级友石美芬参演的片子是每片必看,如《祝福》《怒海轻骑》《我们村里的年轻人》…… 似乎中学同学上了银幕,自己脸上也贴了金,很光彩,也时常向大学同学或同事兴高彩烈地提起某某片子中有我的中学同学在上演. 由于视力极差,总是买别人都不买的楼下第一排. 这种票很容易买到,有时还会便宜. 一般没有人愿意和我坐在同一排,每每都是单行独往,间或也有例外. 譬如逸芳学长在长春实习,就曾陪她去过某繁华地段一间颇具代表性的电影院,买的也是第一排座位,不过是楼上的,放映首轮影片时,楼上中间前两排叫作特别席,票价最贵. 当天演的是古装片《秋翁遇仙记》. 我视力不济,加上片中人物穿上古装难以辨认,所"答"非所"问"屡屡出现. 无奈之下,只好实言相告,师姐顿悟,连称:"何必如此,都坐楼下前些排,岂不是可兼顾彼此."一笑了之.
  因为喜欢电影,《上影画报》从20世纪50年代中期创刊征订开始,我就连续订阅. 这是国内唯一的电影画报,还是彩色的,其订价不菲,也是我订阅过仅有的一种非数学类的书刊. 过了好几年,有一次我同意帮助一位同事解决他爱人来哈尔滨短期探亲没有住处的困难. 将学校提供给副教授的集体宿舍单间住房(此时我已是副教授),暂借这对夫妇临时使用之后,才不再续订《上影画报》. 原因说来可笑,那就是我搬回原住处不久,偶然发觉我珍藏的《上影画报》不翼而飞,一本也没剩下,在检查其他财物却毫发未损,颇为诧异. 那个时代人们有道德底线,我房间内任何物品均不加锁,这究竟系何人所为,难道真的是她吗? 思之再三,觉得此类画报绝非小镇妇女所能见到,一旦发现爱不释手,终不惜瞒其夫而顺手牵羊,借以陪伴她孤寂的分居生活,于是不满之心顿失. 为免予重现波折,乃至产生被"小资"之虞,了结了对该刊的续订.
  喜欢电影就会喜欢电影中的演员,张瑞芳是我很喜爱的一位演员,有了《锻炼》级刊,也就想写

篇文章纪念她,又不愿人云亦云.这样,就想起:"如果我的那些《上影画报》还在的话,完全可以从中选出若干关于张瑞芳的剧照和文字串接成文且图文并茂.可是现实中是不存在如果…….由于我对电影艺术和演员演艺的无知,自己也说不清为什么喜爱张瑞芳,决不可能从艺术和表演层面入手撰稿,必须通过认真查阅有关张瑞芳的各种资料,从某些侧面介绍改革开放前各个历史时期的张瑞芳,或多或少地引发人们对那些时期的思考和遐想,最后选择了下述三个侧面:

(一)周总理为影片《李双双》平反;

(二)张瑞芳与赴美留学擦肩而过;

(三)廉维和女儿瑞芳的一场误会.

(一)周总理为影片《李双双》平反

1962年张瑞芳主演的影片《李双双》为新中国奉献了一个独一无二的喜剧形象"李双双",并荣获第二届大众电影百花奖最佳女演员奖.这部电影也受到了周恩来和邓颖超的喜爱,"文革"中"四人帮"一伙强加给《李双双》的罪名是:"工分挂帅;阶级斗争熄灭论,中间人物论,……".张瑞芳也于1967年12月8日至1969年12月17日,被关押在上海"少管所",长达25个月,同日至1971年10月28日在电影系统"五·七"干校劳动.(见张瑞芳生平大事年表)

1973年4月14日晚九时,周总理接见了包括张瑞芳在内的以廖承志为团长的中日友协访日代表团.这是文革中第一次派出的出国代表团,共54人,是由周总理亲自点名组成的.从团长到团员的名单确定,都是几经周折和斗争才得以拟成的,因为团员中大多数都受到"四人帮"的迫害,当时还带着各种帽子靠边站的各界代表人物,张瑞芳是电影界唯一的代表.代表团里还有于会泳、浩亮和其他少数"四人帮"的新贵们,他们总是用挑剔的眼光,扫射着这些"罪孽深重的人们".

会见时,周总理在整整两个多小时的谈话中,谈了无数的问题.其中用了相当长的时间谈到了《李双双》这部影片.周总理不无气愤的连声说:"《李双双》这部影片有什么问题?是作者有问题?还是工分挂帅?为什么要批判?它错在哪里?把我都搞糊涂了."全场沉默.

周总理严峻的直对身任国务院文化小组负责人的"四人帮"亲信说:"于会泳,你说,为什么要批判?"

于会泳支支吾吾的说:"我没有经手这件事……".

周总理又问:"浩亮,你说!"

浩亮没敢回答.

……

周总理又沉默了一会,语气较缓和地说:"李双双做了很多事情,都是为公的嘛.只是她丈夫的思想有点中间,要历史地看这个影片,整个影片的倾向是好的嘛.现在连《李双双》的歌都没人唱了."

这次,周总理在"四人帮"实行法西斯专政的情况下,公开为影片《李双双》恢复名誉,不仅是为一部影片平反而已,而是对中国一代知识分子的关怀和鼓励.会后,数学家华罗庚等同志都奔走相告,无不感到十分鼓舞.

(摘选编自《新文学史料》:"围绕着影片《李双双》发生的……",张瑞芳于1984年6月29日)

(二)张瑞芳与赴美留学擦肩而过

抗日战争胜利以后,中国共产党支持,或许还有安排,教科文卫界的地下党员到欧美进修学习,我在大学学习期间的徐利治老师就是以地下党员身份去英国留学的,他1946年10月入党,1951年任清华大学副教授,1956年晋东北人民大学教授,著名数学家,现已92岁高龄,还在发表研究论文,关于他赴英留学的详细情况,参看《徐利治访谈录》,湖南教育出版社,2009,77-79页.

1938年12月入党的张瑞芳,早在1945年末就已得到美国一所大学的中文助教聘书,办好了护照,携带了组织上的赴美介绍信,接受了交待的任务:"这两年在美国可以学好英文,搞好身体,了解一下他们的戏剧电影情况",以及语重心长的嘱咐:"可能有一个阶段,党的机关离远了,要慎重,无论在什么情况下,对党要作老实人,自以为聪明的人往往是没有好下场的.世界上最聪明的人是最老实的人,因为只有老实人才能经得起事实和历史的考验",这些话她一直铭刻在心上.然而,于1946年1月到上海后,却因体检查出了肺结核不予签证,最终聘书也过了期,未能成行,与赴美留学擦肩而过.

这样,在张瑞芳大事年表中才有"1946年1月~10月离开重庆,到北平养病"的一笔.

(三)廉维和她女儿瑞芳的一场误会

张瑞芳的母亲廉维,1939年,50岁的那一年,带着14岁的小儿子跟随北平地下党负责人离开北平,去了晋察冀根据地.由于年纪大,又骑驴摔伤了腿,没有随队向边区深处进发,留在了地方,在抗敌后援会工作.这期间有人告诉她:"张瑞芳变坏了,不革命了,和特务在一起,"她信以为真,对女儿产生了误会.长期把女儿当作已经死了,连想都不愿意想她.

直到1944年,党组织将在敌人残酷清乡扫荡中负伤未愈,右眼常常淌血致残的廉维送去延安治病.后来,周恩来从重庆返回延安,约见廉维,称赞她:"你的情况我知道,一位中将夫人,像你这样,确实难能可贵"(张瑞芳父亲张基,北伐时担任第一集团军炮兵总指挥,1928年在炮兵还在行军途中,徐州已宣告复失的情势下,内心痛苦,彻夜难眠,4月29日自杀于徐州前线,年仅42岁),又说:"小芳是好同志,你错怪她了,她做了许多工作,"还说:"她还是我自己管着的"(实际上,1941年皖南事变之后,周恩来曾派人通知张瑞芳:"不要再参加一般的支部活动,由他亲自单线联系"),这时廉维喜出望外,连连说:"我冤枉她了!我对不起她,我要向她检讨,"误会尽消.另一方面,周恩来也致信在重庆的张瑞芳,说"在延安见到你的母亲廉维同志,和她长谈过,你们的母亲是很值得钦佩的,她的许多事,你们做儿女的未必完全知道."女儿对她的英雄母亲有了更多的了解和思念.

1945年11月,周恩来又安排廉维从延安飞到重庆,母女相见,其实这次会面还另有原因.是年8月,抗战胜利前夕,瑞芳之兄决心脱离国民党军队,以结婚为名,由贵阳来重庆,瑞芳陪他谒见了周恩来,并于1946年春到了张家口,被分配到华北军区炮兵团,殊途同归.这样才有母女在重庆团聚的一幕.

关于传奇人物——廉维,不妨一读瑞芳之姐张楠写的"回忆我们的母亲——廉维同志".刊登于《人物》1986年第2期(张楠和小妹张昕也都是地下党员,小弟弟17岁时因疟疾转肺炎病逝.廉维1960年7月22日因脑溢血去世,安息在北京八宝山革命公墓,其墓碑"廉维同志之墓"是周恩来同志题写的).

张瑞芳在北平国立艺术专科学校(1936年)

在影片《李双双》中张瑞芳饰李双双(1962年)

张瑞芳(后右)和姐姐(后左)、哥哥(前右)、妹妹(前左)在八宝山烈士墓园内周恩来总理为他们母亲题写的墓碑旁(1992年)

在中南海西花厅邓颖超对张瑞芳说:"小芳,你单独拍张照吧!"(1987年,左一是邓的秘书)

数学家的情怀

——喜读吴从炘《纪念著名演员张瑞芳》

林君雄

老同学潘亮生在接到级刊之后,翻到吴从炘同学写的《纪念著名演员张瑞芳》一文,以奇怪的口气对我说:"吴从炘怎么写起张瑞芳呢?"我听了也很奇怪.今天收到《锻炼》23 期,我便怀着奇怪的心情,仔细阅读了全文.读后,我不禁拍案叫绝!

叫绝原因之一是,这篇文章让人全面了解到一位数学家的真实面貌.呵,原来他不是一心只装着数学,还装着电影和影星!一个人的精神世界往往是复杂的、多方面的.正如我们已知爱因斯坦十分爱好小提琴,华罗庚爱看武侠小说,我国老一代科学家都善于诗词,可见,作为一位著名的数学家吴从炘,从青年时代起爱看电影,敬仰影星,这是不奇怪的.这两者之间似乎风马牛不相及,其实,对文艺的爱好,也许正促使他在数学的钻研上思路灵活,别开生面,从而有所建树.

叫绝原因之二是:他从非艺术家的角度去谈艺术家,既不班门弄斧,也显得恰到好处.他的非艺术家的角度主要是政治的角度,举凡周总理为《李双双》的平反,张瑞芳之未能赴美,张瑞芳和母亲廉维的误会,都反映了不同时期我国的政治,作为艺术家是离不开政治的.吴从炘选取这三个视角去谈张瑞芳,反映了他作为人民的一分子的良知和情感,很有意思.

叫绝原因之三是:吴从炘的出其不意,敢想敢说.在一般人习惯性的思维里,要说某方面人和事,应该是这一方面的行家里手,否则,哪有资格,岂不惹人笑话?但从炘却一反常规,写出此文,让人眼睛一亮.在此,我也要感谢刊物的主编光椿兄,他有眼光刊载这篇文章,也使我不禁为之叫好.

从炘同学也有七十八岁了,他还有兴趣和精力写这题目的文章,足见他的身体状况良好,可喜可贺.祝他健康长寿.

2013 年 7 月 20 日与君雄
夫妇摄于哈尔滨

① 锻炼,24-25 期(2013.2)32-33 页.

吴从炘在2011①

(之一)

吴从炘少小时即喜爱史地常识,成年后,特别在改革开放以来,工作之余也去过不少名胜古迹.人云亦云,仅此而已,无自我之目标与计划.2010年,学生弄到一份国务院颁发的全国重点文物保护单位的完整目录,共6批,2 389处(首批是1961年公布的,第二批1982年公布,第三批1988年公布,第四批1996年公布,第五批2001年公布,第六批2006年公布,依次为180处、62处、287处、262处、518处和1 080处,请注意:数字可能有些微出入).于是,就以这2 389处全国重点文物保护单位作为个人今后旅行明确的首选目标,并要在行前作出具体的计划安排,甚至草拟具有参考价值的车行路线图.这样一来,效率大为提升,成绩显著,2011年,一年增添127($=2^7-1$)处,约占总数之5.3%.这里对再次游览的单位不予重复计算,但包括无法证明其先前已经游览过的单位(指没有照片或文字记载留存,也没有肯定印象存留于记忆等情形)和仅到过其中的某主要部分的单位.当然,每次计划实施中几乎都遇到许多意想不到的困难和艰辛,此处不细表了,待日后再作一些补白和介绍吧!回想过往,6次来至安徽,结果该省的56处全国重点文物保护单位竟一处均未谋面,这是何等的遗憾和缺失呀!网上有人分别宣布他们所去过的300多个与500多个全国重点文物保护单位的清单.觉得吴2011年就去了127个,也算很可以了,姑且列出,供大家一笑.

1. 南汉二陵(6批,广州)2011年4月
2. 粤海关旧址(6批,广州)2011年4月
3. 广东咨议局旧址(6批,广州)2011年4月
4. 六榕寺光塔(6批,广州)2011年4月
5. 怀圣寺塔(4批,广州)2011年4月
6. 圣心大教堂(4批,广州)2011年4月
7. 中国国民党第一次全国代表大会旧址(3批,广州)2011年4月
8. 中华全国总工会旧址(3批,广州)2011年4月
9. 广州公社旧址(首批,广州)2011年4月
10. 光孝寺(首批,广州)2011年4月
11. 柳侯祠碑刻(6批,柳州)2011年4月
12. 胡志明故居(6批,柳州)2011年4月
13. 昆仑关战役旧址(6批,宾阳县)2011年4月
14. 刘永福、冯子材旧居建筑群(5批,钦州)2011年4月
15. 金田起义地址(首批,桂平县)2011年4月
16. 毗卢寺(4批,石家庄)2011年5月
17. 万寿寺塔林(6批,平山县)2011年5月
18. 中山古城遗址(3批,平山县)2011年5月
19. 西柏坡中共中央旧址(2批,平山县)2011年5月

---

① 锻炼,21期(2012.2)22-27页.

20. 临济寺澄灵塔(5批,正定县)2011年5月
21. 大唐清河郡王纪功载政之颂碑(5批,正定县)2011年5月
22. 正定文庙大成殿(4批,正定县)2011年5月
23. 凌霄塔(3批,正定县)2011年5月
24. 开元寺(3批,正定县)2011年5月
25. 广惠寺华塔(首批,正定县)2011年5月
26. 隆兴寺(首批,正定县)2011年5月
27. 柏林寺塔(6批,赵县)2011年5月
28. 安济桥(首批,赵县)2011年5月
29. 永通桥(首批,赵县)2011年5月
30. 赵州陀罗尼经幢(首批,赵县)2011年5月
31. 赵邯郸故城(首批,邯郸)2011年5月
32. 响堂山石窟(首批,邯郸)2011年5月
33. 纸坊玉皇阁(6批,峰峰矿区)2011年5月
34. 磁州窑遗址(4批,峰峰矿区)2011年5月
35. 讲武城遗址(6批,磁县)2011年5月
36. 磁县北朝墓群(3批,磁县)2011年5月
37. 永年城(6批,永年县)2011年5月
38. 弘济桥(6批,永年县)2011年5月
39. 小南海石窟(5批,安阳)2011年5月
40. 安阳天宁寺塔(5批,安阳)2011年5月
41. 灵泉寺石窟(4批,安阳)2011年5月
42. 殷墟(首批,世界文化遗产,安阳)2011年5月
43. 马勒住宅(6批,上海静安区)2011年6月
44. 上海邮政总局(4批,上海虹口区)2011年6月
45. 沧浪亭(6批,苏州)2011年6月
46. 报恩寺塔(6批,苏州)2011年6月
47. 盘门(6批,苏州)2011年6月
48. 狮子林(6批,苏州)2011年6月
49. 艺圃(6批,苏州)2011年6月
50. 全晋会馆(6批,苏州)2011年6月
51. 俞樾故居(6批,苏州)2011年6月
52. 紫金庵罗汉塑像(6批,苏州)2011年6月
53. 轩辕宫正殿(6批,苏州)2011年6月
54. 春在楼(6批,苏州)2011年6月
55. 东山民居(6批,苏州)2011年6月
56. 耦园(5批,苏州)2011年6月
57. 宝带桥(5批,苏州)2011年6月
58. 罗汉院双塔及正殿遗址(4批,苏州)2011年6月
59. 环秀山庄(3批,苏州)2011年6月

60. 瑞光塔(3批,苏州)2011年6月

61. 玄妙观三清殿(2批,苏州)2011年6月

62. 网师园(2批,苏州)2011年6月

63. 太平天国忠王府(首批,苏州)2011年6月

64. 拙政园(首批,苏州)2011年6月

65. 留园(首批,苏州)2011年6月

66. 苏州文庙及石刻(首批,苏州)2011年6月

67. 柳亚子旧居(6批,吴江县)2011年6月

68. 崇教兴福寺塔(6批,常熟县)2011年6月

69. 彩衣堂(4批,常熟县)2011年6月

70. 张太雷旧居(6批,常州)2011年6月

71. 瞿秋白故居(5批,常州)2011年6月

72. 淹城遗址(4批,常州)2011年6月

73. 昭关石塔(6批,镇江)2011年6月

74. 镇江英国领事旧址(4批,镇江)2011年6月

75. 丹阳南朝陵墓石刻(3批,丹阳县)2011年6月

76. 京杭大运河(6批,镇江西津渡古街)2011年6月

77. 南京人化石地点(6批,南京)2011年6月

78. 国民大会堂旧址(6批,南京)2011年6月

79. 中央大学旧址(6批,南京)2011年6月

80. 中央体育场旧址(6批,南京)2011年6月

81. 金陵大学旧址(6批,南京)2011年6月

82. 龙江船厂遗址(6批,南京)2011年6月

83. 堂子街太平天国壁画(3批,南京)2011年6月

84. 梁带村遗址(6批,韩城县)2011年8月

85. 法王庙(6批,韩城县)2011年8月

86. 北营庙(6批,韩城县)2011年8月

87. 韩城普照寺(5批,韩城县)2011年8月

88. 韩城文庙(5批,韩城县)2011年8月

89. 韩城城隍庙(5批,韩城县)2011年8月

90. 党家村古建筑群(5批,韩城县)2011年8月

91. 魏长城遗址(4批,韩城县)2011年8月

92. 韩城大禹庙(4批,韩城县)2011年8月

93. 司马迁墓和祠(2批,韩城县)2011年8月

94. 易俗社剧场(6批,西安)2011年8月

95. 西安城隍庙(5批,西安)2011年8月

96. 西安清真寺(3批,西安)2011年8月

97. 阿房宫遗址(首批,西安)2011年8月

98. 妈祖庙(6批,莆田)2011年10月

99. 镇海堤(6批,莆田)2011年10月

100. 天中万寿塔(5批,仙游县)2011年10月

101. 施琅宅、祠和墓(6批,泉州)2011年10月

102. 德济门遗址(6批,泉州)2011年10月

103. 泉州港古建筑(6批,泉州)2011年10月

104. 陈埭丁氏宗祠(6批,泉州)2011年10月

105. 泉州府文庙(5批,泉州)2011年10月

106. 伊斯兰教圣墓(3批,泉州)2011年10月

107. 洛阳桥(3批,泉州)2011年10月

108. 磁灶窑址(6批,晋江县)2011年10月

109. 蔡氏古民居(5批,晋江县)2011年10月

110. 草庵石刻(4批,晋江县)2011年10月

111. 安平桥(首批,晋江县)2011年10月

112. 郑成功墓(2批,南安县)2011年10月

113. 抗战胜利纪念堂(6批,昆明)2011年12月

114. 真庆观古建筑群(6批,昆明)2011年12月

115. 惠光寺塔和常乐寺塔(6批,昆明)2011年12月

116. 妙湛寺金刚塔(4批,昆明)2011年12月

117. 地藏寺经幢(2批,昆明)2011年12月

118. 安宁文庙(6批,安宁县)2011年12月

119. 马哈只墓碑(6批,晋宁县)2011年12月

120. 石寨山古墓群(5批,晋宁县)2011年12月

121. 佛图寺塔(6批,大理)2011年12月

122. 松山战役旧址(6批,龙陵县)2011年12月

123. 和顺图书馆旧址(6批,腾冲县)2011年12月

124. 国殇墓园(4批,腾冲县)2011年12月

125. 朝阳楼(6批,建水县)2011年12月

126. 指林寺大殿(6批,建水县)2011年12月

127. 双龙桥(6批,建水县)2011年12月

毫无疑问,在可能情况下顺访邻近的地市和心仪已久的国务院公布之国家风景名胜区也是吴从炘所力争实现的另一目标.2011年,造访了广东西樵山、广西桂平西山与花山德天大瀑布、河北天桂山、河南云台山、云南腾冲地热火山与鸡足山和江苏周庄以及柳州、贵港、钦州、防城港、崇左、百色、安阳、焦作和保山等地市.

2011年4月18日,吴从炘摄于广西中越边境的德天大瀑布

2012年游南京中山北路有感

——记一位爱民的警卫战士[①]

吴从炘

  自级刊《锻炼》21期登载拙作"吴从炘在2011(之一)",某些朋友也耳闻:本人拟将国务院颁布的前6批全国重点文物保护单位,简称"国保"作为今后旅行首选目标,他们和级友一样,常劝弟写游记,甚至寄来《徐霞客游记》,以表鼓励与支持.然本人深知,小学初中经历的几乎完全缺失,造成语文基础过差,文笔拙劣,实在无此能力.而不动笔又无以对各位学长之美意.这样,作为唯一选择就只有先写点杂感或随笔之类的千字文,现姑妄一试.

  南京是我国首批历史文化名城,六朝古都,中山路往往又是城市的主要街道.民国期间,南京中山北路机关林立.第5批"国保"(2001年公布):国民政府旧址,其现存建筑物中就有多处位于中山北路.2012年4月,参加东南大学主办的一个数学教学研讨会,住在离中山北路很近的榴园宾馆.于是,相约一位在宁工作的女博士Y,一起去查寻这条路上252号原行政院旧址,303号原交通部旧址以及32号原外交部旧址.

  翌日16时许,与如约从大学城赶来的Y漫步于环境优美的中山北路,很快在萨家湾汽车站附近找到了252号,现为解放军政治学院.问询门岗,得知原行政院旧址确在其内且楼旁有"国保"的碑(每个"国保"单位都应有所在省市自治区设立的石碑),但这是军事管理区,不得入内,只好作罢.这时,视力极好的Y发现303号恰好就在马路对面,挂的牌子也是该政治学院.顿感希望渺茫,抱着既来之,则试之的态度,又过去询问了,警卫战士同样和蔼地拒绝我们进去拍摄的请求,他却又说:"如果你们只是想拍照的话,沿大门向右走不远,在围墙外即可拍到."再问:"能拍得清楚吗"?答:"碑上的字都清清楚楚".果不其然,那里地势稍高,清晰地拍摄了原交通部旧址及"国保"的碑,很是高兴!

  随即想到:对已经问过的252号是否能依样画葫芦.可是,沿围墙一路平坦,无所获,该围墙,求造型美观,还有由镶框的若干小孔配成的图案,孔太小,也无从下手,再一转念,也许刚才那位战士H("好"的意思)仍有办法.待回到303号,警卫已换人,Y博士进入休息室,去找H战士.片刻Y兴冲冲地出来,称:"有办法了".她说:"从对面大门往左,见一扇关闭的红色原大门,其左侧那个菱形小孔,就是仅有的能拍到原行政院旧址和'国保'碑全景的地方".按H战士所述,我们成功了,真的成功了!我与Y不禁发自内心的呼喊:"H战士太棒了,实在太好了!"

  这时,先前在32号门口遇到的些许不快,也就一扫而过,随风远去了.何以不快?情况是这样的,中山北路32号现在是江苏省人大常委会所在地,尽管原外交部旧址的"国保"碑立在围墙外,可以任意拍照,但到门前要拍建筑物时,被一名未着装的门卫所禁止,等远离正门,还过了非机动车道,正准备照张远景,不料那位门卫竟快步前来继续禁止,态度也更简单化了.这引起路过群众的不满和质问,好在他并不应答,回到原位,我们也知趣离开,算是什么都没有发生,就过去了.

  回到宾馆,久久不能平静,总在思索:H战士为什么会那么好,为什么会想到有人渴望拍摄他所

[①] 锻炼,24-25期(2012.2)27-29页.

警卫的军事管理区内的原交通部旧址并且要想方设法满足这些人的期待,又为什么还要千方百计去寻找本不属于他警卫的管理区另一部分的原行政院旧址拍摄的最佳位置呢?

答案只有一个,那就是他热爱人民,把人民放在心中,他深知:他既是一个军事管理区的警卫战士,同时又是该军事管理区内一个"国保"单位的守护者.每个"国保"单位都是中华五千年文明的重要体现和象征,国之瑰宝,他充分理解群众对"国保"单位的关切,期盼看到当年的原貌,尤其对具有时代历史见证意义的原行政院旧址更一睹为快的心情.他殚精竭虑,倾其所能,无份内份外之分,终让群众心满意足地实现了愿望.这是 H 战士对人民的大爱、至爱! 可敬,可佩!

军爱民,民拥军,军民一家亲乃强国兴邦之根本!

反观江苏省人大常委会的那位便衣门卫,还算努力去完成上级所规定的职责.然而,对照党中央最近的新"八条规定"以及习近平总书记南巡中的不封路,不清场等等做法,足见各级机关在实践中执行新"八条"规定大有可为!

南京市中山北路 252 号　原国民政府行政院旧址
（从围墙外小孔拍摄）

福建省三明与漳州两市前六批全国重点文物保护单位考察报告①

吴从炘

(哈尔滨工业大学 数学科学研究所,黑龙江 哈尔滨 150001)

摘要:三明市的万寿岩遗址得到整体保护,并且建成设施完善,馆藏丰富的"万寿岩遗址博物馆",令人欢欣;三明市的"博物馆展品已全部迁出正顺庙,庙宇原貌将逐步恢复",令人鼓舞;漳浦文庙大成殿是2006年批准为"国保"的,六七年又过去了,甚至连一块漳州"市保"的碑都不曾立过,令人担忧;漳州林氏宗祠位于漳州市芗城区振成巷,必将更加凸显这个历史街区以及漳州这座历史文化名城的原貌与风采,其社会效益及对旅游业的推动不言自明.

关键词:福建三明市、漳州市;重点文物保护;万寿岩遗址;漳浦文庙大成殿;漳州林氏宗祠;考察报告

中图分类号:G268.3 **文献标识码**:A **文章编号**:1671—1580(2013)08—0001—03

福建省三明市与漳州市境内各包含有前六批由国务院颁布的全国重点文物保护单位(其公布日期依次是:1961年,1982年,1988年,1996年,2001年和2006年)简称"国保"单位6处和14处(见[1],[2]),漳州还是中国历史文化名城(见[3]222页).笔者一行3人,老中青结合,于2012年11月6日至12日对其中的5处和11处进行了实地考察.本文就这次考察所见到的现状,着重对其中具有代表性的4处"国保"单位作如下报告.

一、三明市的万寿岩遗址(5批)得到整体保护,令人欢欣

万寿岩遗址位于三明市岩前镇岩前村西北的那座石灰岩孤峰.1999年以前,人们并不知道那里有文物,更不知道那里的文物会把古人类在福建生活的历史提前了十几万年,填补了福建省考古学年代上的一段空白.由于石灰石是炼钢需要的一种不可或缺的辅料,好多年前三明钢铁厂就已购买这座孤峰,作为生产石灰石的基地,成年累月的挖掘,山已掏空过半.1999年,有人发现其中混杂着一些似乎像化石之类的物品,引起当地文物部门的重视,经逐级上报和考古人员的抢救性发掘,初步判断这是一个很有价值的文化遗址.当年11月15日,中国科学院贾兰坡院士等专家学者对万寿岩遗址的出土文物进行了鉴定,一致认为该遗址是我国华东地区迄今发现最早的洞穴类型的旧石器时代的早期文化,原来福建省只有新石器时代的文化遗址,比这要晚十多万年,贾院士还亲笔题词:"这个遗址很重要,必须保护".

时任福建省省长的习近平同志,于2000年1月1日对省文化厅关于万寿岩遗址的保护建议,果断地作出批示,批文中的第一点是:"保护历史文物是国家赋予每个人的责任,也是实现可持续

---

① 收稿日期:2013年6月12日.
作者简介:吴从炘(1935—),男,1955年毕业于东北人民大学数学系,1978年晋升为哈尔滨工业大学教授,1986年成为博士生导师.主要研究领域:泛函空间;模糊分析;应用数学.已在国内外出版著译10本,发表论文240多篇,获国家或部委奖5项.多次担任国际学术会议的程序委员会委员、副主席、大会执行主席.

发展战略的重要内容,万寿岩旧石器时代文化洞穴遗址作为不可再现的珍贵文物资源,不仅属于我们,也属于后代子孙,任何个人和单位都不能为了谋取眼前或局部利益而爆破,保证配合省文化厅做好洞穴遗址的保护和考古发掘工作".

2001 年万寿岩遗址成为第 5 批"国保".在国家、省、市三级政府部门调拨资金,大力支持下,使得该遗址得到了整体保护,并且建成设施完善,馆藏丰富的"万寿岩遗址博物馆".

经三明学院友人朱同志与遗址博物馆的事先沟通,博物馆吴馆长亲切接待了来自远方年近八旬的同宗长者,热情介绍了镇馆之宝,国家一级文物砍砸器与刮削器等石制品及巨貘与中国犀等动物化石,他还亲自引领我们前往参观通常并不开放的万寿岩遗址的主要洞穴船帆洞,在该洞内有距今约两万年的人工石铺地面,露出来的面积约 120 平方米,属国内首次发现,世界罕见,大开眼界!各级政府和领导如此重视万寿岩遗址的整体保护,令人欢欣!

二、三明市的博物馆迁出正顺庙(6 批),令人鼓舞

正顺庙地处沙溪河畔西岸,三明市列东大桥北侧的鲤园中,坐北朝南,始建于 700 多年前的南宋绍定 6 年,即公元 1233 年,是为祭祀谢佑将军而建.元明期间屡次重建,清代以来也几经修葺,它是三明地区年代最早,保存最完好的木结构建筑,建筑面积 500 多平方米.主殿 7 开间,宽约 21 米,进深约 25 米.1984 年三明市设正顺庙文物保管所,负责保护管理,1996 年福建省人民政府公布其为第 4 批省级文物保护单位,2006 年成为"国保".长期以来,正顺庙作为三明市博物馆供市民参观游览,当我们在博物馆开放时间到达时,大门紧闭,询问门卫,方知博物馆正在搬迁中,现在不开放了,等以后搬到新馆才能开放.又经三明学院小朱入内,向博物馆某负责人说明来意,该负责人当即表示欢迎,并招呼旁边一位工作人员去打开庙门,请我们进去察看,此时呈现在我们面前的主殿已空无一物.该工作人员则称:"博物馆展品已全部迁出,庙宇原貌将逐步恢复".

三明市文化部门采取"庙"、"馆"分离的措施无疑是对重点文物单位的一种更深层次的保护.国内不少地方,常将古庙宇、古民居作为博物馆或展览馆,实现对它的管理与保护.这固然不失为一种有效或暂时的方式,但古庙宇与古民居两者的性质完全不同.古庙宇有其独特不可替代的功能,它与博物馆或展览馆有本质差异.因之,三明市将博物馆迁出正顺庙的举措十分正确,大有助于实现文化上的和谐,令人鼓舞!

三明市前六批"国保"除顺昌"宝山寺大殿"(6 批),此行还去过的其余 3 处:"泰宁尚书第建筑群(3 批),"建宁红一方面军领导机关旧址"(6 批)和永安"安贞堡"(5 批)都保护得很好,足见三明市对文物保护工作的重视程度.

三、漳浦文庙大成殿(6 批)现状令人担忧

漳浦文庙大成殿位于漳州市漳浦县绥安镇文庙内,文庙建于明洪武 2 年(1369 年).现仅存大成殿,建筑面积约 460 平方米(见[2]382 页).从网上得知,该文庙在绥安镇的后沟巷.

我们沿后沟巷往返数次,并未发现任何疑似文庙的房屋,迟疑间,一路过老妇称:"汝身后,即孔庙也".细察片刻,见身后侧旁有一对紧闭红门,门内似隐约可见古建筑之屋顶,却无足够的门缝可窥及之,敲门又无人回应.这时看到门右侧前方有一间尚未完工的小平房,很可能与院子相通,它有一扇朝向院外的窗户还没有玻璃,只有一根稍粗的横杆将窗户分成上下两部分,杆离下面窗框约半米,探头往里看,仍瞧不见院内.遂决定从窗户下半部分钻入一探究竟,自然年青者先行,中老年再鱼贯而入,果不其然,室内有门通向院中,大成殿尚在,还算完整,与[2]382 页的照片相比无明显变化,殿内是什么都没有了,殿外只有漳浦县人民政府 1979 年 8 月 12 日立的漳浦县文物保护单位

"漳浦文庙"的石碑.离开时,一位女子突然来为我们开启那紧闭的红门,看来还是有人为"国保"看堆的.

漳浦文庙大成殿是 2006 年批准为"国保"的,六七年又过去了,现状依然如此,甚至连一块漳州"市保"的碑都不曾立过,这怎么能不令人担忧呢?

四、漳州林氏宗祠位于漳州市芗城区振成巷

漳州林氏宗祠系漳州县林姓氏族合建的大宗祠,亦是接待本宗赴考来往生员之所,因供奉林氏始祖比干,又称比干庙.始建年代不详,现存为明代建筑,清末曾有修葺.原建筑为三进院,规模宏大,现仅存二进院的四方殿(大殿)和东侧的回廊(见[2]381 页),据其他记载可知,"文革"前仍高挂多块明清状元、探花(如林士章等)的牌匾.林士章系明嘉靖探花,任南京礼部尚书,万历 33 年赐三间五楼十二柱式石牌坊一座,石牌匾两面分别刻楷体字"尚书"与"探花",矗立在宗祠附近.解放前宗祠还曾作为华南小学.

尽管漳州市地图没有标出振成巷,询问一番就找到了,而林氏宗祠则无人知晓.环绕振成巷两侧小巷及与之平行的洋老巷一周,也未见任何与宗祠有关的标志物,只见一座挂有巨锁的顶天铁木栅栏门洞之二层楼房.从栅栏缝隙可看到其内杂乱的院落和一栋破旧的古建筑.虽无法攀越,也拍不到建筑物的全貌,但仍可拍到有漳州市人民政府于 1988 年 6 月 10 日公布的市级文物保护单位,林氏宗祠的石碑的清晰照片.此时隔壁一间小店的女店主好奇地出来看着我们一行人,她说:"我也不知道这里面是什么所在,主人是谁,似乎有人在养狗."昔日曾经辉煌过的林氏宗祠竟沦落到这般田地,实在令人忧虑!

然而,漳州市对"国保"并非不重视,其前六批"国保",除平和"南胜窑址"(6 批),华安"南山宫"(6 批)和南靖"德远堂"(6 批)外,所去过的另外 9 处:"东山关帝庙"(4 批),"漳州石牌坊"(4 批),漳州"江东桥"(5 批),漳浦"赵家堡-诒安堡"(5 批),"漳州府文庙大成殿"(5 批),"福建土楼"(5 批),龙海"林氏义庄"(6 批),龙海"天一总局旧址"(6 批)与漳州"中国工农红军东路军领导机关旧址"(6 批)都保护得不错.存在某些问题,特别是"林氏宗祠",应该只是个案,它可能具有诸如"产权"之类的复杂背景.相信依靠国家文物保护法等予以因应,任何困难都是可以妥善处理和解决的.

根据实地考察,可以判定"林氏宗祠"有关介绍那一段中所提到万历赐给林士章的石牌坊恰好就是位于芗城区香港路双门顶的"国保";漳州石牌坊(4 批)包括的两座石牌坊中主要的一座,另一座与之相距 28.5 米,则是 14 年后万历赐予另一位官员.石牌坊与其临近修文西路 2 号的"国保":漳州府文庙大成殿(5 批)共设一个文物管理所并与漳州市文物管理委员会办公室均在文庙内且大门朝向马路,十分醒目.这里也可看到由芗城区人民政府和漳州市旅游局监制的"唐宋古城历史街区"的中英文介绍,内容中只指出街区内有"国保"2 处(明代石牌坊两座,漳州文庙).因此,一旦 2006 年新增的"国保"林氏宗祠得以整修开放,必将更加凸显这个历史街区以及漳州这座历史文化名城的原貌与风采,其社会效益及对旅游业的推动不言自明.

参考文献

[1]《全国重点文物保护单位》编辑委员会编.全国重点文物保护单位(第一批至第五批)(第 I 卷)[M].北京:文物出版社,2004.

[2]国家文物局编.全国重点文物保护单位(第六批)(第V卷)[M].北京:文物出版社,2008.

[3]中国知识地图册[M].济南:山东地图出版社,2009.

Report on Preservation of Key Cultural Relics in Sanming and Zhangzhou of Fujian Province

WU Congxin

(Institute of Mathematical Sciences, Harbin Institute of Technology,
Harbin Heilongjiang 150001)

Abstract: The essay gives a detailed account to the historical relics in Sanming and Zhangzhou. Wan Shouyan sites in Sanming has got overall protection, and built "Wan Shouyan Ruins Museum" with full facilities and rich collection, which is a joy to people. "The exhibits in museum of Sanming have all been moved out, and the temple beauty will gradually restore", which is encouraging to people. ZhangPu Temple DaChengDian was approved for "national security" in 2006. But six or seven years have passed, even a tablet of "protection of the city" has not been set, which is worrying to people. Lin's ancestral hall in Zhangzhou is located in Zhencheng lane, Zhicheng district, zhangzhou city, which is sure to highlight the historical block, the beauty and the elegant appearance of the famous historical and cultural city. Its social benefits and promotion of tourism are self-evident.

Key words: Sanming and Zhangzhou in Fujian province; preservation of key cultural relics; Wan Shouyan site; ZhangPu temple DaChengDian; Lin's ancestral hall in Zhangzhou; report

写作经过:2012年12月31日我写了"2012之秋游福建"一文,原拟投送级刊《锻炼》.不久,我应邀前往澳门科技大学资讯工程系,参加2013年1月份举行的一个项目的合作研讨活动.其间,我曾提起11月中旬去过福建三明与漳州两市,印象颇深并草就稿子一份云云.学生及同行一致建议,改写成带有建设性意见的考察报告,当可力争在公开发行期刊上发表.于是,我将2010年11月已曾看过位于唐宋古城历史街区的漳州石牌坊和漳州文庙,与就在附近的林氏宗祠联系起来且削枝强干,形成此文.

再则就是文稿校样的阴差阳错,要么没有收到,要么忘了寄出.

摄于2012年11月,左为程立新

后 记

今年是抗日战争胜利 70 周年,为纪念和庆祝这个伟大的胜利,特从本人近年在红色之旅拍摄的照片中就古田会议召开至 1945 年 9 月 3 日日本无条件投降这一时间段精选出 44 张作为本书彩页的第一部分,共 8 页. 铭记历史,缅怀先烈,珍爱和平,开创未来,为实现中华民族的伟大复兴而努力奋斗!

另外,书中彩页较多,对每一年的纪事与每一篇非数学综述论文的文章也都附有相应的照片.

最后,《数学活动又三十年(1981~2010)》一书得以问世,衷心感谢薛小平、王勇、吴勃英、付永强等数学系领导的大力支持!同时对任雪昆、邢宇明博士、策划编辑刘培杰、张永芹,责任编辑尹继荣、刘家琳等为此书文稿撰写、照片收集及具体编辑出版所付出的一切,谨致由衷的敬意和谢意!

吴从炘
2015 年 6 月 7 日
(**哈工大建校 95 周年**)

哈尔滨工业大学出版社刘培杰数学工作室
已出版(即将出版)图书目录

书　　名	出版时间	定　价	编号
新编中学数学解题方法全书(高中版)上卷	2007—09	38.00	7
新编中学数学解题方法全书(高中版)中卷	2007—09	48.00	8
新编中学数学解题方法全书(高中版)下卷(一)	2007—09	42.00	17
新编中学数学解题方法全书(高中版)下卷(二)	2007—09	38.00	18
新编中学数学解题方法全书(高中版)下卷(三)	2010—06	58.00	73
新编中学数学解题方法全书(初中版)上卷	2008—01	28.00	29
新编中学数学解题方法全书(初中版)中卷	2010—07	38.00	75
新编中学数学解题方法全书(高考复习卷)	2010—01	48.00	67
新编中学数学解题方法全书(高考真题卷)	2010—01	38.00	62
新编中学数学解题方法全书(高考精华卷)	2011—03	68.00	118
新编平面解析几何解题方法全书(专题讲座卷)	2010—01	18.00	61
新编中学数学解题方法全书(自主招生卷)	2013—08	88.00	261
数学眼光透视	2008—01	38.00	24
数学思想领悟	2008—01	38.00	25
数学应用展观	2008—01	38.00	26
数学建模导引	2008—01	28.00	23
数学方法溯源	2008—01	38.00	27
数学史话览胜	2008—01	28.00	28
数学思维技术	2013—09	38.00	260
从毕达哥拉斯到怀尔斯	2007—10	48.00	9
从迪利克雷到维斯卡尔迪	2008—01	48.00	21
从哥德巴赫到陈景润	2008—05	98.00	35
从庞加莱到佩雷尔曼	2011—08	138.00	136
数学解题中的物理方法	2011—06	28.00	114
数学解题的特殊方法	2011—06	48.00	115
中学数学计算技巧	2012—01	48.00	116
中学数学证明方法	2012—01	58.00	117
数学趣题巧解	2012—03	28.00	128
三角形中的角格点问题	2013—01	88.00	207
含参数的方程和不等式	2012—09	28.00	213

I

哈尔滨工业大学出版社刘培杰数学工作室
已出版(即将出版)图书目录

书　名	出版时间	定　价	编号
数学奥林匹克与数学文化(第一辑)	2006—05	48.00	4
数学奥林匹克与数学文化(第二辑)(竞赛卷)	2008—01	48.00	19
数学奥林匹克与数学文化(第二辑)(文化卷)	2008—07	58.00	36′
数学奥林匹克与数学文化(第三辑)(竞赛卷)	2010—01	48.00	59
数学奥林匹克与数学文化(第四辑)(竞赛卷)	2011—08	58.00	87
数学奥林匹克与数学文化(第五辑)	2015—06	98.00	370
发展空间想象力	2010—01	38.00	57
走向国际数学奥林匹克的平面几何试题诠释(上、下)(第1版)	2007—01	68.00	11,12
走向国际数学奥林匹克的平面几何试题诠释(上、下)(第2版)	2010—02	98.00	63,64
平面几何证明方法全书	2007—08	35.00	1
平面几何证明方法全书习题解答(第1版)	2005—10	18.00	2
平面几何证明方法全书习题解答(第2版)	2006—12	18.00	10
平面几何天天练上卷·基础篇(直线型)	2013—01	58.00	208
平面几何天天练中卷·基础篇(涉及圆)	2013—01	28.00	234
平面几何天天练下卷·提高篇	2013—01	58.00	237
平面几何专题研究	2013—07	98.00	258
最新世界各国数学奥林匹克中的平面几何试题	2007—09	38.00	14
数学竞赛平面几何典型题及新颖解	2010—07	48.00	74
初等数学复习及研究(平面几何)	2008—09	58.00	38
初等数学复习及研究(立体几何)	2010—06	38.00	71
初等数学复习及研究(平面几何)习题解答	2009—01	48.00	42
世界著名平面几何经典著作钩沉——几何作图专题卷(上)	2009—06	48.00	49
世界著名平面几何经典著作钩沉——几何作图专题卷(下)	2011—01	88.00	80
世界著名平面几何经典著作钩沉(民国平面几何老课本)	2011—03	38.00	113
世界著名解析几何经典著作钩沉——平面解析几何卷	2014—01	38.00	273
世界著名数论经典著作钩沉(算术卷)	2012—01	28.00	125
世界著名数学经典著作钩沉——立体几何卷	2011—02	28.00	88
世界著名三角学经典著作钩沉(平面三角卷Ⅰ)	2010—06	28.00	69
世界著名三角学经典著作钩沉(平面三角卷Ⅱ)	2011—01	38.00	78
世界著名初等数论经典著作钩沉(理论和实用算术卷)	2011—07	38.00	126
几何学教程(平面几何卷)	2011—03	68.00	90
几何学教程(立体几何卷)	2011—07	68.00	130
几何变换与几何证题	2010—06	88.00	70
计算方法与几何证题	2011—06	28.00	129
立体几何技巧与方法	2014—04	88.00	293
几何瑰宝——平面几何500名题暨1000条定理(上、下)	2010—07	138.00	76,77
三角形的解法与应用	2012—07	18.00	183
近代的三角形几何学	2012—07	48.00	184
一般折线几何学	即将出版	58.00	203
三角形的五心	2009—06	28.00	51
三角形趣谈	2012—08	28.00	212
解三角形	2014—01	28.00	265
三角学专门教程	2014—09	28.00	387
距离几何分析导引	2015—02	68.00	446

哈尔滨工业大学出版社刘培杰数学工作室
已出版(即将出版)图书目录

书　名	出版时间	定价	编号
圆锥曲线习题集(上册)	2013—06	68.00	255
圆锥曲线习题集(中册)	2015—01	78.00	434
圆锥曲线习题集(下册)	即将出版		
俄罗斯平面几何问题集	2009—08	88.00	55
俄罗斯立体几何问题集	2014—03	58.00	283
俄罗斯几何大师——沙雷金论数学及其他	2014—01	48.00	271
来自俄罗斯的5000道几何习题及解答	2011—03	58.00	89
俄罗斯初等数学问题集	2012—05	38.00	177
俄罗斯函数问题集	2011—03	38.00	103
俄罗斯组合分析问题集	2011—01	48.00	79
俄罗斯初等数学万题选——三角卷	2012—11	38.00	222
俄罗斯初等数学万题选——代数卷	2013—08	68.00	225
俄罗斯初等数学万题选——几何卷	2014—01	68.00	226
463个俄罗斯几何老问题	2012—01	28.00	152
近代欧氏几何学	2012—03	48.00	162
罗巴切夫斯基几何学及几何基础概要	2012—07	28.00	188
用三角、解析几何、复数、向量计算解数学竞赛几何题	2015—03	48.00	455
美国中学几何教程	2015—04	88.00	458
三线坐标与三角形特征点	2015—04	98.00	460
平面解析几何方法与研究(第1卷)	2015—05	18.00	471
平面解析几何方法与研究(第2卷)	2015—06	18.00	472
平面解析几何方法与研究(第3卷)	即将出版		473
超越吉米多维奇.数列的极限	2009—11	48.00	58
超越普里瓦洛夫.留数卷	2015—01	28.00	437
超越普里瓦洛夫.无穷乘积与它对解析函数的应用卷	2015—05	28.00	477
超越普里瓦洛夫.积分卷	2015—06	18.00	481
超越普里瓦洛夫.基础知识卷	2015—06	28.00	482
超越普里瓦洛夫.数项级数卷	2015—07	38.00	489
Barban Davenport Halberstam均值和	2009—01	40.00	33
初等数论难题集(第一卷)	2009—05	68.00	44
初等数论难题集(第二卷)(上、下)	2011—02	128.00	82,83
谈谈素数	2011—03	18.00	91
平方和	2011—03	18.00	92
数论概貌	2011—03	18.00	93
代数数论(第二版)	2013—08	58.00	94
代数多项式	2014—06	38.00	289
初等数论的知识与问题	2011—02	28.00	95
超越数论基础	2011—03	28.00	96
数论初等教程	2011—03	28.00	97
数论基础	2011—03	18.00	98
数论基础与维诺格拉多夫	2014—05	18.00	292
解析数论基础	2012—08	28.00	216
解析数论基础(第二版)	2014—01	48.00	287
解析数论问题集(第二版)	2014—05	88.00	343
解析几何研究	2015—01	38.00	425
初等几何研究	2015—02	58.00	444
数论入门	2011—03	38.00	99
代数数论入门	2015—03	38.00	448
数论开篇	2012—07	28.00	194
解析数论引论	2011—03	48.00	100

哈尔滨工业大学出版社刘培杰数学工作室
已出版(即将出版)图书目录

书　　名	出版时间	定　价	编号
复变函数引论	2013—10	68.00	269
伸缩变换与抛物旋转	2015—01	38.00	449
无穷分析引论(上)	2013—04	88.00	247
无穷分析引论(下)	2013—04	98.00	245
数学分析	2014—04	28.00	338
数学分析中的一个新方法及其应用	2013—01	38.00	231
数学分析例选:通过范例学技巧	2013—01	88.00	243
高等代数例选:通过范例学技巧	2015—06	88.00	475
三角级数论(上册)(陈建功)	2013—01	38.00	232
三角级数论(下册)(陈建功)	2013—01	48.00	233
三角级数论(哈代)	2013—06	48.00	254
基础数论	2011—03	28.00	101
超越数	2011—03	18.00	109
三角和方法	2011—03	18.00	112
谈谈不定方程	2011—05	28.00	119
整数论	2011—05	38.00	120
随机过程(Ⅰ)	2014—01	78.00	224
随机过程(Ⅱ)	2014—01	68.00	235
整数的性质	2012—11	38.00	192
初等数论100例	2011—05	18.00	122
初等数论经典例题	2012—07	18.00	204
最新世界各国数学奥林匹克中的初等数论试题(上、下)	2012—01	138.00	144,145
算术探索	2011—12	158.00	148
初等数论(Ⅰ)	2012—01	18.00	156
初等数论(Ⅱ)	2012—01	18.00	157
初等数论(Ⅲ)	2012—01	28.00	158
组合数学	2012—04	28.00	178
组合数学浅谈	2012—03	28.00	159
同余理论	2012—05	38.00	163
丢番图方程引论	2012—03	48.00	172
平面几何与数论中未解决的新老问题	2013—01	68.00	229
法雷级数	2014—08	18.00	367
代数数论简史	2014—11	28.00	408
摆线族	2015—01	38.00	438
拉普拉斯变换及其应用	2015—02	38.00	447
函数方程及其解法	2015—05	38.00	470
罗巴切夫斯基几何学初步	2015—06	28.00	474
[x]与{x}	2015—04	48.00	476
极值与最值.上卷	即将出版		486
极值与最值.中卷	2015—06	38.00	487
极值与最值.下卷	2015—06	28.00	488
历届美国中学生数学竞赛试题及解答(第一卷)1950—1954	2014—07	18.00	277
历届美国中学生数学竞赛试题及解答(第二卷)1955—1959	2014—04	18.00	278
历届美国中学生数学竞赛试题及解答(第三卷)1960—1964	2014—06	18.00	279
历届美国中学生数学竞赛试题及解答(第四卷)1965—1969	2014—04	28.00	280
历届美国中学生数学竞赛试题及解答(第五卷)1970—1972	2014—06	18.00	281
历届美国中学生数学竞赛试题及解答(第七卷)1981—1986	2015—01	18.00	424

哈尔滨工业大学出版社刘培杰数学工作室
已出版(即将出版)图书目录

书　　名	出版时间	定　价	编号
历届 IMO 试题集(1959—2005)	2006—05	58.00	5
历届 CMO 试题集	2008—09	28.00	40
历届中国数学奥林匹克试题集	2014—10	38.00	394
历届加拿大数学奥林匹克试题集	2012—08	38.00	215
历届美国数学奥林匹克试题集:多解推广加强	2012—08	38.00	209
历届波兰数学竞赛试题集.第1卷,1949~1963	2015—03	18.00	453
历届波兰数学竞赛试题集.第2卷,1964~1976	2015—03	18.00	454
保加利亚数学奥林匹克	2014—10	38.00	393
圣彼得堡数学奥林匹克试题集	2015—01	48.00	429
历届国际大学生数学竞赛试题集(1994—2010)	2012—01	28.00	143
全国大学生数学夏令营数学竞赛试题及解答	2007—03	28.00	15
全国大学生数学竞赛辅导教程	2012—07	28.00	189
全国大学生数学竞赛复习全书	2014—04	48.00	340
历届美国大学生数学竞赛试题集	2009—03	88.00	43
前苏联大学生数学奥林匹克竞赛题解(上编)	2012—04	28.00	169
前苏联大学生数学奥林匹克竞赛题解(下编)	2012—04	38.00	170
历届美国数学邀请赛试题集	2014—01	48.00	270
全国高中数学竞赛试题及解答.第1卷	2014—07	38.00	331
大学生数学竞赛讲义	2014—09	28.00	371
高考数学临门一脚(含密押三套卷)(理科版)	2015—01	24.80	421
高考数学临门一脚(含密押三套卷)(文科版)	2015—01	24.80	422
新课标高考数学题型全归纳(文科版)	2015—05	72.00	467
新课标高考数学题型全归纳(理科版)	2015—05	82.00	468
整函数	2012—08	18.00	161
多项式和无理数	2008—01	68.00	22
模糊数据统计学	2008—03	48.00	31
模糊分析学与特殊泛函空间	2013—01	68.00	241
受控理论与解析不等式	2012—05	78.00	165
解析不等式新论	2009—06	68.00	48
反问题的计算方法及应用	2011—11	28.00	147
建立不等式的方法	2011—03	98.00	104
数学奥林匹克不等式研究	2009—08	68.00	56
不等式研究(第二辑)	2012—02	68.00	153
初等数学研究(Ⅰ)	2008—09	68.00	37
初等数学研究(Ⅱ)(上、下)	2009—05	118.00	46,47
中国初等数学研究　2009卷(第1辑)	2009—05	20.00	45
中国初等数学研究　2010卷(第2辑)	2010—05	30.00	68
中国初等数学研究　2011卷(第3辑)	2011—07	60.00	127
中国初等数学研究　2012卷(第4辑)	2012—07	48.00	190
中国初等数学研究　2014卷(第5辑)	2014—02	48.00	288
振兴祖国数学的圆梦之旅:中国初等数学研究史话	2015—06	78.00	490
数阵及其应用	2012—02	28.00	164
绝对值方程—折边与组合图形的解析研究	2012—07	48.00	186
不等式的秘密(第一卷)	2012—02	28.00	154
不等式的秘密(第一卷)(第2版)	2014—02	38.00	286
不等式的秘密(第二卷)	2014—01	38.00	268
初等不等式的证明方法	2010—06	38.00	123
初等不等式的证明方法(第二版)	2014—11	38.00	407

哈尔滨工业大学出版社刘培杰数学工作室
已出版(即将出版)图书目录

书 名	出版时间	定 价	编号
数学奥林匹克在中国	2014—06	98.00	344
数学奥林匹克问题集	2014—01	38.00	267
数学奥林匹克不等式散论	2010—06	38.00	124
数学奥林匹克不等式欣赏	2011—09	38.00	138
数学奥林匹克超级题库(初中卷上)	2010—01	58.00	66
数学奥林匹克不等式证明方法和技巧(上、下)	2011—08	158.00	134,135
近代拓扑学研究	2013—04	38.00	239
新编640个世界著名数学智力趣题	2014—01	88.00	242
500个最新世界著名数学智力趣题	2008—06	48.00	3
400个最新世界著名数学最值问题	2008—09	48.00	36
500个世界著名数学征解问题	2009—06	48.00	52
400个中国最佳初等数学征解老问题	2010—01	48.00	60
500个俄罗斯数学经典老题	2011—01	28.00	81
1000个国外中学物理好题	2012—04	48.00	174
300个日本高考数学题	2012—05	38.00	142
500个前苏联早期高考数学试题及解答	2012—05	28.00	185
546个早期俄罗斯大学生数学竞赛题	2014—03	38.00	285
548个来自美苏的数学好问题	2014—11	28.00	396
20所苏联著名大学早期入学试题	2015—02	18.00	452
161道德国工科大学生必做的微分方程习题	2015—05	28.00	469
500个德国工科大学生必做的高数习题	2015—06	28.00	478
德国讲义日本考题.微积分卷	2015—04	48.00	456
德国讲义日本考题.微分方程卷	2015—04	38.00	457
博弈论精粹	2008—03	58.00	30
博弈论精粹.第二版(精装)	2015—01	88.00	461
数学 我爱你	2008—01	28.00	20
精神的圣徒 别样的人生——60位中国数学家成长的历程	2008—09	48.00	39
数学史概论	2009—06	78.00	50
数学史概论(精装)	2013—03	158.00	272
斐波那契数列	2010—02	28.00	65
数学拼盘和斐波那契魔方	2010—07	38.00	72
斐波那契数列欣赏	2011—01	28.00	160
数学的创造	2011—02	48.00	85
数学中的美	2011—02	38.00	84
数论中的美学	2014—12	38.00	351
数学王者 科学巨人——高斯	2015—01	28.00	428
王连笑教你怎样学数学:高考选择题解题策略与客观题实用训练	2014—01	48.00	262
王连笑教你怎样学数学:高考数学高层次讲座	2015—02	48.00	432
最新全国及各省市高考数学试卷解法研究及点拨评析	2009—02	38.00	41
高考数学的理论与实践	2009—08	38.00	53
中考数学专题总复习	2007—04	28.00	6
向量法巧解数学高考题	2009—08	28.00	54
高考数学核心题型解题方法与技巧	2010—01	28.00	86
高考思维新平台	2014—03	38.00	259
数学解题——靠数学思想给力(上)	2011—07	38.00	131
数学解题——靠数学思想给力(中)	2011—07	48.00	132
数学解题——靠数学思想给力(下)	2011—07	38.00	133
高中数学教学通鉴	2015—05	58.00	479

哈尔滨工业大学出版社刘培杰数学工作室   已出版(即将出版)图书目录

书　名	出版时间	定　价	编号
我怎样解题	2013—01	48.00	227
和高中生漫谈：数学与哲学的故事	2014—08	28.00	369
2011年全国及各省市高考数学试题审题要津与解法研究	2011—10	48.00	139
2013年全国及各省市高考数学试题解析与点评	2014—01	48.00	282
全国及各省市高考数学试题审题要津与解法研究	2015—02	48.00	450
新课标高考数学——五年试题分章详解(2007～2011)(上、下)	2011—10	78.00	140,141
30分钟拿下高考数学选择题、填空题(第二版)	2012—01	28.00	146
全国中考数学压轴题审题要津与解法研究	2013—04	78.00	248
新编全国及各省市中考数学压轴题审题要津与解法研究	2014—05	58.00	342
全国及各省市5年中考数学压轴题审题要津与解法研究	2015—04	58.00	462
高考数学压轴题解题诀窍(上)	2012—02	78.00	166
高考数学压轴题解题诀窍(下)	2012—03	28.00	167
自主招生考试中的参数方程问题	2015—01	28.00	435
自主招生考试中的极坐标问题	2015—04	28.00	463
近年全国重点大学自主招生数学试题全解及研究．华约卷	2015—02	38.00	441
近年全国重点大学自主招生数学试题全解及研究．北约卷	即将出版		

书　名	出版时间	定　价	编号
格点和面积	2012—07	18.00	191
射影几何趣谈	2012—04	28.00	175
斯潘纳尔引理——从一道加拿大数学奥林匹克试题谈起	2014—01	28.00	228
李普希兹条件——从几道近年高考数学试题谈起	2012—10	18.00	221
拉格朗日中值定理——从一道北京高考试题的解法谈起	2012—10	18.00	197
闵科夫斯基定理——从一道清华大学自主招生试题谈起	2014—01	28.00	198
哈尔测度——从一道冬令营试题的背景谈起	2012—08	28.00	202
切比雪夫逼近问题——从一道中国台北数学奥林匹克试题谈起	2013—04	38.00	238
伯恩斯坦多项式与贝齐尔曲面——从一道全国高中数学联赛试题谈起	2013—03	38.00	236
卡塔兰猜想——从一道普特南竞赛试题谈起	2013—06	18.00	256
麦卡锡函数和阿克曼函数——从一道前南斯拉夫数学奥林匹克试题谈起	2012—08	18.00	201
贝蒂定理与拉姆贝克莫斯尔定理——从一个拣石子游戏谈起	2012—08	18.00	217
皮亚诺曲线和豪斯道夫分球定理——从无限集谈起	2012—08	18.00	211
平面凸图形与凸多面体	2012—10	28.00	218
斯坦因豪斯问题——从一道二十五省市自治区中学数学竞赛试题谈起	2012—07	18.00	196
纽结理论中的亚历山大多项式与琼斯多项式——从一道北京市高一数学竞赛试题谈起	2012—07	28.00	195
原则与策略——从波利亚"解题表"谈起	2013—04	38.00	244
转化与化归——从三大尺规作图不能问题谈起	2012—08	28.00	214
代数几何中的贝祖定理(第一版)——从一道IMO试题的解法谈起	2013—08	18.00	193
成功连贯理论与约当块理论——从一道比利时数学竞赛试题谈起	2012—04	18.00	180
磨光变换与范·德·瓦尔登猜想——从一道环球城市竞赛试题谈起	即将出版		
素数判定与大数分解	2014—08	18.00	199
置换多项式及其应用	2012—10	18.00	220
椭圆函数与模函数——从一道美国加州大学洛杉矶分校(UCLA)博士资格考题谈起	2012—10	28.00	219

哈尔滨工业大学出版社刘培杰数学工作室
已出版(即将出版)图书目录

书　名	出版时间	定　价	编号
差分方程的拉格朗日方法——从一道2011年全国高考理科试题的解法谈起	2012—08	28.00	200
力学在几何中的一些应用	2013—01	38.00	240
高斯散度定理、斯托克斯定理和平面格林定理——从一道国际大学生数学竞赛试题谈起	即将出版		
康托洛维奇不等式——从一道全国高中联赛试题谈起	2013—03	28.00	337
西格尔引理——从一道第18届IMO试题的解法谈起	即将出版		
罗斯定理——从一道前苏联数学竞赛试题谈起	即将出版		
拉克斯定理和阿廷定理——从一道IMO试题的解法谈起	2014—01	58.00	246
毕卡大定理——从一道美国大学数学竞赛试题谈起	2014—07	18.00	350
贝齐尔曲线——从一道全国高中联赛试题谈起	即将出版		
拉格朗日乘子定理——从一道2005年全国高中联赛试题的高等数学解法谈起	2015—05	28.00	480
雅可比定理——从一道日本数学奥林匹克试题谈起	2013—04	48.00	249
李天岩-约克定理——从一道波兰数学竞赛试题谈起	2014—06	28.00	349
整系数多项式因式分解的一般方法——从克朗耐克算法谈起	即将出版		
布劳维不动点定理——从一道前苏联数学奥林匹克试题谈起	2014—01	38.00	273
压缩不动点定理——从一道高考数学试题的解法谈起	即将出版		
伯恩赛德定理——从一道英国数学奥林匹克试题谈起	即将出版		
布查特-莫斯特定理——从一道上海市初中竞赛试题谈起	即将出版		
数论中的同余数问题——从一道普特南竞赛试题谈起	即将出版		
范·德蒙行列式——从一道美国数学奥林匹克试题谈起	即将出版		
中国剩余定理:总数法构建中国历史年表	2015—01	28.00	430
牛顿程序与方程求根——从一道全国高考试题解法谈起	即将出版		
库默尔定理——从一道IMO预选试题谈起	即将出版		
卢丁定理——从一道冬令营试题的解法谈起	即将出版		
沃斯滕霍姆定理——从一道IMO预选试题谈起	即将出版		
卡尔松不等式——从一道莫斯科数学奥林匹克试题谈起	即将出版		
信息论中的香农熵——从一道近年高考压轴题谈起	即将出版		
约当不等式——从一道希望杯竞赛试题谈起	即将出版		
拉比诺维奇定理	即将出版		
刘维尔定理——从一道《美国数学月刊》征解问题的解法谈起	即将出版		
卡塔兰恒等式与级数求和——从一道IMO试题的解法谈起	即将出版		
勒让德猜想与素数分布——从一道爱尔兰竞赛试题谈起	即将出版		
天平称重与信息论——从一道基辅市数学奥林匹克试题谈起	即将出版		
哈密尔顿-凯莱定理:从一道高中数学联赛试题的解法谈起	2014—09	18.00	376
艾思特曼定理——从一道CMO试题的解法谈起	即将出版		

哈尔滨工业大学出版社刘培杰数学工作室
已出版(即将出版)图书目录

书 名	出版时间	定 价	编号
一个爱尔特希问题——从一道西德数学奥林匹克试题谈起	即将出版		
有限群中的爱丁格尔问题——从一道北京市初中二年级数学竞赛试题谈起	即将出版		
贝克码与编码理论——从一道全国高中联赛试题谈起	即将出版		
帕斯卡三角形	2014—03	18.00	294
蒲丰投针问题——从2009年清华大学的一道自主招生试题谈起	2014—01	38.00	295
斯图姆定理——从一道"华约"自主招生试题的解法谈起	2014—01	18.00	296
许瓦兹引理——从一道加利福尼亚大学伯克利分校数学系博士生试题谈起	2014—08	18.00	297
拉格朗日中值定理——从一道北京高考试题的解法谈起	2014—01		298
拉姆塞定理——从王诗宬院士的一个问题谈起	2014—01		299
坐标法	2013—12	28.00	332
数论三角形	2014—04	38.00	341
毕克定理	2014—07	18.00	352
数林掠影	2014—09	48.00	389
我们周围的概率	2014—10	38.00	390
凸函数最值定理:从一道华约自主招生题的解法谈起	2014—10	28.00	391
易学与数学奥林匹克	2014—10	38.00	392
生物数学趣谈	2015—01	18.00	409
反演	2015—01		420
因式分解与圆锥曲线	2015—01	18.00	426
轨迹	2015—01	28.00	427
面积原理:从常庚哲命的一道CMO试题的积分解法谈起	2015—01	48.00	431
形形色色的不动点定理:从一道28届IMO试题谈起	2015—01	38.00	439
柯西函数方程:从一道上海交大自主招生的试题谈起	2015—02	28.00	440
三角恒等式	2015—02	28.00	442
无理性判定:从一道2014年"北约"自主招生试题谈起	2015—01	38.00	443
数学归纳法	2015—03	18.00	451
极端原理与解题	2015—04	28.00	464
中等数学英语阅读文选	2006—12	38.00	13
统计学专业英语	2007—03	28.00	16
统计学专业英语(第二版)	2012—07	48.00	176
统计学专业英语(第三版)	2015—04	68.00	465
幻方和魔方(第一卷)	2012—05	68.00	173
尘封的经典——初等数学经典文献选读(第一卷)	2012—07	48.00	205
尘封的经典——初等数学经典文献选读(第二卷)	2012—07	38.00	206
实变函数论	2012—06	78.00	181
非光滑优化及其变分分析	2014—01	48.00	230
疏散的马尔科夫链	2014—01	58.00	266
马尔科夫过程论基础	2015—01	28.00	433
初等微分拓扑学	2012—07	18.00	182
方程式论	2011—03	38.00	105
初级方程式论	2011—03	28.00	106
Galois 理论	2011—03	18.00	107
古典数学难题与伽罗瓦理论	2012—11	58.00	223
伽罗华与群论	2014—01	28.00	290
代数方程的根式解及伽罗瓦理论	2011—03	28.00	108
代数方程的根式解及伽罗瓦理论(第二版)	2015—01	28.00	423

哈尔滨工业大学出版社刘培杰数学工作室
已出版(即将出版)图书目录

书 名	出版时间	定 价	编号
线性偏微分方程讲义	2011—03	18.00	110
几类微分方程数值方法的研究	2015—05	38.00	485
N 体问题的周期解	2011—03	28.00	111
代数方程式论	2011—05	18.00	121
动力系统的不变量与函数方程	2011—07	48.00	137
基于短语评价的翻译知识获取	2012—02	48.00	168
应用随机过程	2012—04	48.00	187
概率论导引	2012—04	18.00	179
矩阵论(上)	2013—06	58.00	250
矩阵论(下)	2013—06	48.00	251
趣味初等方程妙题集锦	2014—09	48.00	388
趣味初等数论选美与欣赏	2015—02	48.00	445
对称锥互补问题的内点法:理论分析与算法实现	2014—08	68.00	368
抽象代数:方法导引	2013—06	38.00	257
闵嗣鹤文集	2011—03	98.00	102
吴从炘数学活动三十年(1951~1980)	2010—07	99.00	32
吴从炘数学活动又三十年(1981~2010)	2015—07	98.00	491
函数论	2014—11	78.00	395
耕读笔记(上卷):一位农民数学爱好者的初数探索	2015—04	48.00	459
耕读笔记(中卷):一位农民数学爱好者的初数探索	2015—05	28.00	483
耕读笔记(下卷):一位农民数学爱好者的初数探索	2015—05	28.00	484
数贝偶拾——高考数学题研究	2014—04	28.00	274
数贝偶拾——初等数学研究	2014—04	38.00	275
数贝偶拾——奥数题研究	2014—04	48.00	276
集合、函数与方程	2014—01	28.00	300
数列与不等式	2014—01	38.00	301
三角与平面向量	2014—01	28.00	302
平面解析几何	2014—01	38.00	303
立体几何与组合	2014—01	28.00	304
极限与导数、数学归纳法	2014—01	38.00	305
趣味数学	2014—03	28.00	306
教材教法	2014—04	68.00	307
自主招生	2014—05	58.00	308
高考压轴题(上)	2015—01	48.00	309
高考压轴题(下)	2014—10	68.00	310
从费马到怀尔斯——费马大定理的历史	2013—10	198.00	I
从庞加莱到佩雷尔曼——庞加莱猜想的历史	2013—10	298.00	II
从切比雪夫到爱尔特希(上)——素数定理的初等证明	2013—07	48.00	III
从切比雪夫到爱尔特希(下)——素数定理100年	2012—12	98.00	III
从高斯到盖尔方特——二次域的高斯猜想	2013—10	198.00	IV
从库默尔到朗兰兹——朗兰兹猜想的历史	2014—01	98.00	V
从比勃巴赫到德布朗斯——比勃巴赫猜想的历史	2014—02	298.00	VI
从麦比乌斯到陈省身——麦比乌斯变换与麦比乌斯带	2014—02	298.00	VII
从布尔到豪斯道夫——布尔方程与格论漫谈	2013—10	198.00	VIII
从开普勒到阿诺德——三体问题的历史	2014—05	298.00	IX
从华林到华罗庚——华林问题的历史	2013—10	298.00	X

哈尔滨工业大学出版社刘培杰数学工作室已出版(即将出版)图书目录

书　名	出版时间	定价	编号
吴振奎高等数学解题真经(概率统计卷)	2012—01	38.00	149
吴振奎高等数学解题真经(微积分卷)	2012—01	68.00	150
吴振奎高等数学解题真经(线性代数卷)	2012—01	58.00	151
高等数学解题全攻略(上卷)	2013—06	58.00	252
高等数学解题全攻略(下卷)	2013—06	58.00	253
高等数学复习纲要	2014—01	18.00	384
钱昌本教你快乐学数学(上)	2011—12	48.00	155
钱昌本教你快乐学数学(下)	2012—03	58.00	171
三角函数	2014—01	38.00	311
不等式	2014—01	38.00	312
数列	2014—01	38.00	313
方程	2014—01	28.00	314
排列和组合	2014—01	28.00	315
极限与导数	2014—01	28.00	316
向量	2014—09	38.00	317
复数及其应用	2014—08	28.00	318
函数	2014—01	38.00	319
集合	即将出版		320
直线与平面	2014—01	28.00	321
立体几何	2014—04	28.00	322
解三角形	即将出版		323
直线与圆	2014—01	28.00	324
圆锥曲线	2014—01	38.00	325
解题通法(一)	2014—07	38.00	326
解题通法(二)	2014—07	38.00	327
解题通法(三)	2014—05	38.00	328
概率与统计	2014—01	28.00	329
信息迁移与算法	即将出版		330
第19~23届"希望杯"全国数学邀请赛试题审题要津详细评注(初一版)	2014—03	28.00	333
第19~23届"希望杯"全国数学邀请赛试题审题要津详细评注(初二、初三版)	2014—03	38.00	334
第19~23届"希望杯"全国数学邀请赛试题审题要津详细评注(高一版)	2014—03	28.00	335
第19~23届"希望杯"全国数学邀请赛试题审题要津详细评注(高二版)	2014—03	38.00	336
第19~25届"希望杯"全国数学邀请赛试题审题要津详细评注(初一版)	2015—01	38.00	416
第19~25届"希望杯"全国数学邀请赛试题审题要津详细评注(初二、初三版)	2015—01	58.00	417
第19~25届"希望杯"全国数学邀请赛试题审题要津详细评注(高一版)	2015—01	48.00	418
第19~25届"希望杯"全国数学邀请赛试题审题要津详细评注(高二版)	2015—01	48.00	419
物理奥林匹克竞赛大题典——力学卷	2014—11	48.00	405
物理奥林匹克竞赛大题典——热学卷	2014—04	28.00	339
物理奥林匹克竞赛大题典——电磁学卷	即将出版		406
物理奥林匹克竞赛大题典——光学与近代物理卷	2014—06	28.00	345

哈尔滨工业大学出版社刘培杰数学工作室
已出版(即将出版)图书目录

书 名	出版时间	定 价	编号
历届中国东南地区数学奥林匹克试题集(2004～2012)	2014—06	18.00	346
历届中国西部地区数学奥林匹克试题集(2001～2012)	2014—07	18.00	347
历届中国女子数学奥林匹克试题集(2002～2012)	2014—08	18.00	348
几何变换(Ⅰ)	2014—07	28.00	353
几何变换(Ⅱ)	2015—06	28.00	354
几何变换(Ⅲ)	2015—01	38.00	355
几何变换(Ⅳ)	即将出版		356
美国高中数学竞赛五十讲.第1卷(英文)	2014—08	28.00	357
美国高中数学竞赛五十讲.第2卷(英文)	2014—08	28.00	358
美国高中数学竞赛五十讲.第3卷(英文)	2014—09	28.00	359
美国高中数学竞赛五十讲.第4卷(英文)	2014—09	28.00	360
美国高中数学竞赛五十讲.第5卷(英文)	2014—10	28.00	361
美国高中数学竞赛五十讲.第6卷(英文)	2014—11	28.00	362
美国高中数学竞赛五十讲.第7卷(英文)	2014—12	28.00	363
美国高中数学竞赛五十讲.第8卷(英文)	2015—01	28.00	364
美国高中数学竞赛五十讲.第9卷(英文)	2015—01	28.00	365
美国高中数学竞赛五十讲.第10卷(英文)	2015—02	38.00	366
IMO 50 年.第 1 卷(1959—1963)	2014—11	28.00	377
IMO 50 年.第 2 卷(1964—1968)	2014—11	28.00	378
IMO 50 年.第 3 卷(1969—1973)	2014—09	28.00	379
IMO 50 年.第 4 卷(1974—1978)	即将出版		380
IMO 50 年.第 5 卷(1979—1984)	2015—04	38.00	381
IMO 50 年.第 6 卷(1985—1989)	2015—04	58.00	382
IMO 50 年.第 7 卷(1990—1994)	即将出版		383
IMO 50 年.第 8 卷(1995—1999)	即将出版		384
IMO 50 年.第 9 卷(2000—2004)	2015—04	58.00	385
IMO 50 年.第 10 卷(2005—2008)	即将出版		386
历届美国大学生数学竞赛试题集.第一卷(1938—1949)	2015—01	28.00	397
历届美国大学生数学竞赛试题集.第二卷(1950—1959)	2015—01	28.00	398
历届美国大学生数学竞赛试题集.第三卷(1960—1969)	2015—01	28.00	399
历届美国大学生数学竞赛试题集.第四卷(1970—1979)	2015—01	18.00	400
历届美国大学生数学竞赛试题集.第五卷(1980—1989)	2015—01	28.00	401
历届美国大学生数学竞赛试题集.第六卷(1990—1999)	2015—01	28.00	402
历届美国大学生数学竞赛试题集.第七卷(2000—2009)	2015—08	18.00	403
历届美国大学生数学竞赛试题集.第八卷(2010—2012)	2015—01	18.00	404

哈尔滨工业大学出版社刘培杰数学工作室
已出版(即将出版)图书目录

书 名	出版时间	定 价	编号
新课标高考数学创新题解题诀窍:总论	2014-09	28.00	372
新课标高考数学创新题解题诀窍:必修1~5分册	2014-08	38.00	373
新课标高考数学创新题解题诀窍:选修2-1,2-2,1-1,1-2分册	2014-09	38.00	374
新课标高考数学创新题解题诀窍:选修2-3,4-4,4-5分册	2014-09	18.00	375
全国重点大学自主招生英文数学试题全攻略:词汇卷	即将出版		410
全国重点大学自主招生英文数学试题全攻略:概念卷	2015-01	28.00	411
全国重点大学自主招生英文数学试题全攻略:文章选读卷(上)	即将出版		412
全国重点大学自主招生英文数学试题全攻略:文章选读卷(下)	即将出版		413
全国重点大学自主招生英文数学试题全攻略:试题卷	即将出版		414
全国重点大学自主招生英文数学试题全攻略:名著欣赏卷	即将出版		415

联系地址:哈尔滨市南岗区复华四道街10号 哈尔滨工业大学出版社刘培杰数学工作室
网　　址:http://lpj.hit.edu.cn/
邮　　编:150006
联系电话:0451-86281378　　13904613167
E-mail:lpj1378@163.com

图书在版编目(CIP)数据

吴从炘数学活动又三十年:1981～2010/吴从炘著. —哈尔滨:哈尔滨工业大学出版社,2015.7
ISBN 978-7-5603-5308-1

Ⅰ.①吴… Ⅱ.①吴… Ⅲ.①数学-文集
Ⅳ.①O1-53

中国版本图书馆 CIP 数据核字(2015)第 070970 号

策划编辑	刘培杰　张永芹
责任编辑	尹继荣　刘家琳
出版发行	哈尔滨工业大学出版社
社　　址	哈尔滨市南岗区复华四道街10号　邮编150006
传　　真	0451-86414749
网　　址	http://hitpress.hit.edu.cn
印　　刷	哈尔滨市石桥印务有限公司
开　　本	787mm×1092mm　1/16　印张20.75　字数530千字
版　　次	2015年7月第1版　2015年7月第1次印刷
书　　号	ISBN 978-7-5603-5308-1
定　　价	98.00元

(如因印装质量问题影响阅读,我社负责调换)